投影寻踪模型原理及其应用
（第二版）

付强　纪毅　裴巍　李天霄　赵小勇　著

科学出版社
北京

内 容 简 介

本书介绍非线性复杂系统中数据处理的投影寻踪降维技术，给出投影寻踪在分类、评价和预测等方面的统计模型，包括 Friedman-Tukey 投影寻踪模型、投影寻踪 Spearman 相关系数模型、投影寻踪信息熵模型、聚类分析修正的投影寻踪模型、解不确定型决策问题的投影寻踪模型、投影寻踪回归及自回归模型。这些模型能充分提取数据信息、描述复杂系统的规律。书中深入浅出地介绍各种投影寻踪模型方法的思想、原理和步骤，通过实例分析论证投影寻踪模型稳健性好和准确度高等优点。

本书可供农业水土工程、环境工程、农业系统工程、水文学及水资源、农林经济管理等专业的科研、管理和工程技术人员阅读，也可作为相关专业研究生的参考书。

图书在版编目(CIP)数据

投影寻踪模型原理及其应用 / 付强等著. —2 版. —北京：科学出版社，2022.8

ISBN 978-7-03-069579-6

Ⅰ. ①投…　Ⅱ. ①付…　Ⅲ. ①投影-统计模型　Ⅳ. ①O212

中国版本图书馆 CIP 数据核字（2021）第 164358 号

责任编辑：孟莹莹　狄源硕 / 责任校对：王萌萌
责任印制：吴兆东 / 封面设计：无极书装

科学出版社 出版
北京东黄城根北街 16 号
邮政编码：100717
http://www.sciencep.com
北京中科印刷有限公司 印刷
科学出版社发行　各地新华书店经销
*
2006 年 6 月第　一　版　开本：787×1092　1/16
2022 年 8 月第　二　版　印张：21 3/4
2022 年 8 月第三次印刷　字数：513 000

定价：159.00 元

（如有印装质量问题，我社负责调换）

第二版前言

投影寻踪是由美国科学家 Kruskal 提出的一种用来分析和处理高维观测数据，尤其是非线性、非正态高维数据的新兴统计方法，是统计学、应用数学和计算机技术的交叉学科，属当今前沿领域。它通过把高维数据投影到低维子空间，寻找能反映原高维数据结构或特征的投影，达到研究分析高维数据的目的。它具有稳健性好、抗干扰性强和准确度高等优点，可以在许多领域，诸如预测、模式识别、遥感分类、优化控制、导航、模拟雷达、图像处理、分类识别等广泛应用。

《投影寻踪模型原理及其应用》第一版于 2006 年 6 月发行，经过十余年的发展，投影寻踪模型理论和方法已接近成熟。《投影寻踪模型原理及其应用》第二版是在第一版的基础上，作者根据近年来在投影寻踪模型领域的研究成果，对部分章节内容进行了删减、调整或增加，对全书的案例进行了更新，并重新编写了 MATLAB 程序。删减的内容有：原第五章“投影寻踪主成分分析及其应用”。调整的内容有：将原第二章标题由“基于遗传算法的投影寻踪模型”调整为“投影寻踪模型数据预处理及求解方法”，并增加了数据预处理方法的内容；将原第四章标题由“投影寻踪聚类模型及其应用”调整为“Friedman-Tukey 投影寻踪模型及其应用”，主要原因是本章模型是基于 Jerome H. Friedman 和 John W. Tukey 发表的成果，且与第一版相比，本章更新了所有的案例；将原第六章调整为第八章；将原第七章和第八章内容分别调整为第九章和第十章，并适当整合了小节标题，更新了部分案例。新增的内容有：第五章“投影寻踪 Spearman 相关系数模型及其应用”，在原书 4.3 节基础上，考虑到 Spearman 相关系数可以同时度量线性和非线性关系，用 Spearman 相关系数改进了等级评价模型；第六章“投影寻踪信息熵模型及其应用”，主要用信息熵来度量数据的分散和聚集程度，建立了新的投影寻踪信息熵模型；第七章“聚类分析修正的投影寻踪模型及其应用”，将基于分类的聚类分析方法与基于评价的投影寻踪模型相结合，依据两种方法的优势，构建了一种新的投影寻踪模型。

本书主要内容及撰写人员分工如下：第一章简要介绍了投影寻踪的由来、特点，分析了投影寻踪在各个研究领域中的应用现状，由付强撰写；第二章介绍了投影寻踪模型数据预处理方法以及模型求解的一般方法，主要包括六种数据预处理方法，遗传算法、改进遗传算法、粒子群优化算法、模拟退火算法和其他优化算法等常用算法，以及基于遗传算法的投影寻踪模型，由裴巍和李天霄撰写；第三章投影寻踪数据特征分析，详细介绍了投影寻踪指标和投影寻踪的小波估计，由付强和赵小勇撰写；第四章介绍了 Friedman-Tukey 投影寻踪模型原理及其应用，包括分类模型、评价模型及等级评价模型，详细介绍了该模型的降维思路、研究内容、窗口半径确定方法和应用归类，由裴巍和付强撰写；第五章介绍了投影寻踪 Spearman 相关系数模型及其应用，主要包括基于 Logistic 曲线和倒 S 曲线的两种投影寻踪模型，由裴巍撰写；第六章介绍了投影寻踪信息熵模型简介、模型分析及其在农业中的应用，由李天霄撰写；第七章介绍了聚类分析修正的投影寻踪模型简介、模型分析及其应用，由李天霄撰写；第八章介绍了解不确定型决策问题的投影寻踪模型简介及其应用，由裴巍撰写；第九章介绍了投影寻踪回归模型简介及其应用，主要包括五种回归模型，即投影寻踪回归模型、投影寻踪门限回归模型、基于神经网络的投影寻踪耦合模型、基于偏最小二乘回归的投影寻踪耦合模型、基于偏最小二乘回归的神经网络投影寻踪耦合模型，由纪毅撰写；第十章介绍了投影寻踪自回归模型简介及其应用，主要包括投影寻踪门限自回归模型、基于神经网络的投影寻踪自回归模型，由纪毅撰写。

本书得到了国家杰出青年科学基金项目“农田土壤冻融过程的水土环境效应”（项目编号：51825901）、国家自然科学基金重点项目（联合基金）“黑龙江省农田土壤冻融过程及生境健康调控研究”（项目编号：U20A20318）、国家自然科学基金青年项目“寒旱区大气-雪被-土壤水循环视角下春季农业干旱驱动因素研究”（项目编号：52009019）、黑龙江省自然科学基金联合引导项目“黑龙江省西部半干旱区农业干旱风险识别研究”（项目编号：LH2019E012）、黑龙江省自然科学基金项目（优秀青年）“农田土壤冻融过程对作物生境的影响研究”（项目编号：YQ2020E002）的联合资助。

在本书的研究过程中，我们参考和引用了大量国内外学者有关投影寻踪理论及应用方面的文献，吸收了同行的辛勤劳动成果，从中得到了很大的教益与启发，在此谨向各位学者表示衷心的感谢！另外，东北农业大学水资源研究室李庆林和王轶男两名博士研究生，左雨田、薛平、杨学晨和徐松四名硕士研究生在 MATLAB 程序的调试、书稿的校稿等过程中做了很多工作，在此一并表示感谢。

为便于读者理解，书中涉及的各种模型的源代码及应用程序可联系作者（fuqiang0629@126.com）获取。

由于作者水平有限，书中难免存在不足之处，诚望读者批评指正。

付　强

2021 年 3 月 10 日

第一版前言

投影寻踪是由美国科学家 Kruskal 提出的一种用来分析和处理高维观测数据，尤其是非线性、非正态高维数据的新兴统计方法。是统计学、应用数学和计算机技术的交叉学科，属当今前沿领域。它通过把高维数据投影到低维子空间，寻找能反映原高维数据结构或特征的投影，达到研究分析高维数据的目的。它具有稳健性好、抗干扰性强和准确度高等优点，可以在许多领域，诸如预测、模式识别、遥感分类、优化控制、导航、模拟雷达、图像处理、分类识别等领域广泛应用。

投影寻踪模型理论和方法处于发展阶段。本书是近五年来作者将这一理论应用于农业系统及相关领域开展研究工作的一个总结，包括以下 8 章：第 1 章简要介绍了投影寻踪的由来、特点，分析了投影寻踪在各个研究领域中的应用现状；第 2 章介绍了基于遗传算法的投影寻踪模型；第 3 章介绍了投影寻踪数据特征分析，详细介绍了投影寻踪指标和投影寻踪的小波估计；第 4 章介绍了投影寻踪聚类模型及其应用；第 5 章介绍了投影寻踪主成分分析及其应用；第 6 章介绍了解不确定型决策问题的投影寻踪模型及其应用；第 7 章介绍了投影寻踪回归模型及其应用；第 8 章介绍了投影寻踪自回归模型及其应用。

本书的特点是内容新颖，理论联系实际，深入浅出，便于理解和实际分析计算。本书可为高校从事数据处理的高年级本科生、研究生和教师提供帮助，同时适合于有关科技工作者事业和参考。

本书参考和引用了国内外许多学者的有关论著，吸收了同行们的辛勤劳动成果，作者从中得到了很大的教益与启发，在此谨向各位学者表示衷心的感谢！

本书得到了国家自然科学基金（No.30400275）、国家“863”计划项目（No.2002AA2Z4251-09）、中国博士后科学基金（No.2004035167）、黑龙江省青年基金（No.QC04C28）、黑龙江省教育厅科研基金（No.10541033）、黑龙江省教育厅人文社科基金（No.1054xy006）、黑龙江省博士后科学基金（No.LSZH-04081）、北大荒集团公司博士后科研工作站博士后科研基金（No.LRB04-069）、东北农业大学博士后科学基金（No.240009）的联合资助。

作　者

2006 年 2 月 10 日

目 录

第一章　绪　论

人类社会的发展历程与自然界的变迁和谐统一。在漫漫的历史长河中，人类学会了认识和利用自然；人类将认识事物的手段做了细致明确的分工，形成了众多的学科，建立了相应的理论体系和研究方法。经过长期的研究与实践，人们发现自然界的变化有着惊人的规律性和秩序性，有着高度的组织性和系统性，它像一个有机生命体，内部的器官间有着丰富、有序的信息传递，同时它与外部还有着信息交换和对外部信息的反应。所有这些为人类认识世界和考察事物提供了信息。在如此庞大和复杂的信息集合中辨识事物现象与其本质间的关系、现象与现象之间的关系是十分有意义的。物质、能源、信息是现代社会大厦的三大支柱。物质是社会的基础，能源是社会的动力，而信息是社会的神经系统，信息的重要性已经被人们所认识，信息理论也已经被广泛地应用到军事、医学、社会学、经济学、工业和农业等各个领域。信息科学的最新发展表明，建立在概率论基础上的 Shannon 信息论，只着重表达了信息的传递，但难以表达数据信息本身的含义。而信息科学不仅要研究数据信息“量”的问题，更重要的还要研究数据的信息特征及信息的定性问题。这就涉及数据信息的提取、描述、推理、判断和决策等富有挑战性的工作。

农业系统是国民经济大系统的重要组成部分，农业系统内部结构错综复杂，同时农业系统随时间演变的过程受到众多因素影响，这些因素之间存在着复杂的关系，随着人类活动对农业系统影响的加深，这些因素之间的关系更加复杂，因此对研究方法也提出了更高的要求。要求数理统计方法能够充分描述系统中各个因素之间的相互作用关系，比较全面地揭示农业系统演化规律。

在农业系统研究方法中，不确定分析方法占有重要地位。将不确定分析方法例如随机、模糊、灰色、人工神经网络、混沌等与农业系统结合，建立农业系统的不确定分析模型，研究系统的变化规律。建立模型时，每个独立的因素就是一个独立参数，因此有几个独立影响因素，其参数空间就是几维，研究对象的参数空间视运动复杂程度而定，可以是高维的。研究对象的参数空间常常超过形体或空间界限，描述的是信息架起来的数理模型复杂度，如果系统受到 n 个独立因素的影响和制约，就有理由认为此系统处于 n 维空间。当独立影响因素增加时，所张开的空间维数随之增加，要建立效果良好的农业系统模型，就要求有足够数量的数据来估计模型参数，在统计学中称之为高维问题。由于农业系统资料十分有限，因此数据量与预测精度之间的矛盾更加突出，高维问题降低了参数估计的稳健性。为此，在建立农业系统多因子模型时，需要引进新的、可靠的方法解决上述问题。

在近代统计学中，出现了一种解决高维问题的统计方法——投影寻踪，其是将高维问题引入低维空间后再进行研究。在农业生产系统研究中，用这种方法可以建立多因子预测、评价模型，解决资料长度与预测精度之间的矛盾。本书是在前人研究的基础上，解决投影寻踪方法在应用时出现的关键问题，解决农业系统领域研究中关于预测、多维评价以及多元复杂性问题，使投影寻踪高维降维技术理论得以发展和完善，并具体与农业系统相结合，解决农业系统中先前诸多悬而未解的实际问题，使该方法在理论与实际应用中上迈上新台阶，为解决农业系统复杂性问题开辟新的研究途径与模式。

第一节　投影寻踪简介

一、投影寻踪的产生背景

随着人们对事物复杂性认识不断深入，加之计算机技术日新月异的发展，高维数据的统计分析越来越重要。在许多实际问题中数据的维数相当高，因为事物在其演变过程中必然会受到众多因素的影响和制约。为了避免忽略任何可能的相关信息，在搜集资料时要全面考虑各个因素，所以多元分析方法的应用不但非常普遍而且很重要。但传统的多元分析方法是建立在总体服从正态分布的基础上的，而实际中有许多数据不满足正态假定，需要用稳健的、实用的方法来分析。遗憾的是当数据的维数较高时，这些方法将面临一些困难，主要困难有三：一是随着维数的增加，计算量迅速增大，画出可视的分布图或其他图形不易实现。二是当维数较高时，即使数据的样本点很多，散在高维空间中仍显得非常稀疏。例如，设有一个容量很大的高维点云均匀分布于 10 维单位球内，则含有点云 5%点的小球体半径约占原单位球体半径的 74%；如果该小球体的半径只占原单位球体半径的 5%，则该小球体只含有$(0.05)^{10}\approx 0$个资料点，几乎是个空球。Bellman[1]在 1961 年将这种现象称为“维数灾难”。高维点云的稀疏性使许多传统的、在一维情况下比较成功的方法，如关于密度函数估计的核估计法、邻域法等不能适用。因而在研究高维数据时，希望找到降维的方法，如聚类分析、因子分析、典型相关分析等，但这些方法仅着眼于变量间的距离，而忽略了不相干变量的存在，导致无法确定结果的正确性。三是在低维时稳健性很好的统计方法到了高维其稳健性就变差了。以上情况表明，传统的数据分析方法对于高维非正态、非线性数据分析很难收到很好的效果。其原因在于它过于形式化、数学化，难以适应千变万化的客观世界，无法找到数据的内在规律和特征，远不能满足高维非正态分布数据分析的需要。投影寻踪方法就是在这种形势下应运而生的。

推动投影寻踪技术产生的另一背景是人们在了解数据特征过程中对直观性的需求。对于一维和二维的数据结构，常常采用直方图来了解数据的特征。例如非正态的密度图，计算设计洪峰的皮尔逊Ⅲ型分布图就可以在平面上直接绘出。可以通过观测这些图形的变化趋势来判断已有或未来数据的结构。虽然这种观察方式非常粗糙，但也能为进一步研究提供启示。当数据维数大于 4 时，无法用眼直接观察数据结构，需要将原始数据投影到可以观察到的空间维即 1～3 维上，通过在低维空间的观测来研究数据在高维空间的结构，在科学研究中也有类似做法，比如在研究多个变量与一个变量的关系时，可以先挑选其中几个变量与一个变量来研究，再挑选另外的变量逐一研究。与这类方法相比，投影的思想更直接一些。

投影寻踪是用来处理和分析高维数据，尤其是来自非正态总体的高维数据的一类统计方法。它既可进行探索性分析，又可进行确定性分析。其基本思想是把高维数据投影到低维子空间上，寻找出能反映高维数据结构或特征的投影，以达到研究分析高维数据的目的。投影寻踪方法的特点主要可以归纳为以下几点。

（1）自然科学中有许多数据不符合正态分布或人们对数据没有多少先验信息，需要从数据本身找出其结构或特征。投影寻踪方法能成功地克服高维数据的“维数灾难”所带来的困难，这是因为它对数据的分析是在低维子空间上进行的，对 1～3 维的投影空间来说数据点就够密了，足以发现数据在投影空间中的结构或特征。

（2）投影寻踪方法可以排除与数据结构和特征无关的，或关系很小的变量的干扰。

（3）投影寻踪方法为使用一维统计方法解决高维问题开辟了途径。因为投影寻踪方法可以将高维数据投影到一维子空间上，再对投影后的一维数据进行分析，比较不同一维投影的分析结果，找出好的投影。

（4）投影寻踪方法与其他非参数方法一样可以用来解决某种非线性问题。投影寻踪方法虽然是以数据的线性投影为基础，但它找的是线性投影中的非线性结构，因此它可以用来解决某种非线性问题，如多元非线性回归。

投影寻踪方法的关键在于找到观察数据结构的角度，即数学意义上的线、平面维或整体维空间，将所有数据向这个空间投影，得到完全由原始数据构成的低维特征量，反映原始数据的结构特征。

二、投影寻踪研究的主要内容

投影寻踪方法最早出现在 20 世纪 60 年代末 70 年代初。为了发现数据的聚类结构，Kruskal 首先使用投影寻踪方法，把高维数据投影到低维空间，通过数值计算，极大化一个反映数据聚类程度的指标，从而找到反映数据结构特征的最优投影[2,3]。1970 年，Switzer[4]也通过高维数据的投影和数值计算解决了化石分类问题。1974 年，Friedman 和 Tukey[5]用数据的一维散布和局部密度的积构造了一类新投影指标，用来进行一维或二维情形下的聚类和分类，并利用这个新指标成功分析了计算机模拟的均匀随机数的散布结构、单纯形顶点上的高斯分布以及有名的鸢尾花聚类问题，并将此方法命名为投影寻踪。他们还领导编制了一个用来寻找数据聚类、散布的超曲面结构的计算机图像系统 PRIM-9[6]。

之后，关于投影寻踪方法的一系列研究成果在理论与应用研究领域引起很大重视。1979 年，在美国数理统计学会年会上数据分析专题组织者 P. J. Huber 邀请 Friedman 做了关于投影寻踪的报告，成为投影寻踪理论研究的引子，随后相继派生出投影寻踪回归[7, 8]、投影寻踪聚类[9]、投影寻踪密度估计[10]等方法。1981 年，Donoho 提出了用 Shannon 熵来定义一个投影指标[11]。1985 年，李国英和陈忠链[12]用投影寻踪方法给出了散布阵和主成分的一类稳健估计，并讨论了其统计特性，另外有许多统计学工作者还讨论了关于投影寻踪的几个问题[13-17]。

1985 年，应 *Annals of Statistics* 杂志的邀稿，Huber[18]发表了关于投影寻踪的综合性学术论文，并附有从事这一研究的理论工作者的讨论文章。至此，投影寻踪在统计学中的独立体系初步建立，大大推动了此方法的深入研究和实际应用。

从投影寻踪的理论与应用研究来看，主要涉及三方面内容，包括：投影寻踪聚类分析、投影寻踪回归以及投影寻踪学习网络。

（一）投影寻踪聚类分析

1936 年，Fisher[19]在研究鸢尾花数据的判别问题时，开创了线性判别分析思路，其实质是一种投影寻踪算法。1970 年，Switzer[4]对牙买加化石数据进行分类时，引入了 Fisher 的上述思想，提出投影寻踪聚类设想。1974 年，Friedman 和 Tukey[5]明确提出了投影寻踪思想：将数据集投影到低维子空间上，对投影得到的低维构形，通过定义好的投影指标，用计算机寻求使投影指标达到极大的一个（或几个）投影方向（或平面），给出直线（或平面）上的数据投影，由计算机图像系统显示出来，然后直接判断数据结构。以上一系列有代表性的研究为拓宽投影寻踪在实践中应用提供了基本思路。

之后，投影寻踪聚类方法被广泛用于模式识别领域，其基本思路是利用投影寻踪压缩和提取系统的高维特征量后，再对系统模式进行识别。

文献[20]的研究证明，利用投影寻踪技术压缩高维特征的空间维数后，更有利于识别高维系统模式，文中还构造了一个便于实现的投影指标，同时给出了寻找投影方向的新途径。

文献[21]、[22]将投影寻踪技术用于遥感领域，给出了识别卫星云图的新的投影指标。

文献[23]采用投影寻踪的思想构造稳健协差阵，建立了一种新的能抗异常值干扰的稳健判别方法，新方法的计算结果不易受异常值干扰。

文献[24]将投影寻踪聚类分析应用于环境质量综合评价，结果表明投影寻踪聚类分析不仅可以做出环境质量综合评价，而且还可以根据投影分量值分析相应指标影响环境质量的重要性程度，找出影响环境质量的主要因素。

文献[25]利用投影寻踪聚类分析来预测股票的行情，并采取信赖域算法来寻找最优投影方向，以求解此投影寻踪聚类模型。实证分析表明投影寻踪聚类分析对指导股票投资具有有效性和实用性。

文献[26]结合动态聚类思想，对投影寻踪聚类模型进行改进，建立了投影寻踪动态聚类模型。针对多因素聚类问题的高维复杂性，利用线性投影技术将其转换为关于投影特征值的线性聚类问题；根据动态聚类思想构建新的投影指标，对投影特征值序列进行动态聚类，进而在低维空间实现高维数据样本的聚类分析。

文献[27]将模糊聚类迭代理论与投影寻踪技术进行互补融合，构建了模糊投影寻踪聚类模型。该模型采用投影值标准差和投影值欧氏距离平方和来构造投影指标函数，避免了传统投影寻踪模型由于经验性选取密度窗宽导致过于主观的问题。

文献[28]主要对投影寻踪聚类分析模型中的关键因素进行了分析，主要有不同投影指标的特点和区别、多种窗口半径本质和区别以及数据归一化方法对投影寻踪聚类分析模型的影响，系统地分析了投影寻踪聚类分析模型。

文献[29]设置了 9 种不同的水肥组合，并且以实际的组合作为对照，研究了不同处理下玉米产量和水肥利用效率的变化，探究适宜的水肥管理方案。利用群搜索群智能优化算法的投影寻踪聚类模型选取了研究区域较为适宜的灌溉施肥制度。

以上研究表明，投影寻踪聚类方法为多元数据分析方法的实践提供一种新思路，取得了优于传统方法的良好效果。

（二）投影寻踪回归

Friedman 等很早便意识到投影寻踪方法产生初期所显示出来的处理高维数据的优势，因此将投影寻踪方法引入多元回归分析，建立了一种广义多元回归分析方法，在一定程度上克服了“维数灾难”的问题，取得了相当满意的预测效果。

杨力行、郑祖国等在前人研究工作的基础上，根据投影寻踪回归思想研制了投影寻踪回归分析软件包，在预测[30]、优化[31]等领域取得了丰富成果。

常红[32]将投影寻踪方法用于气象研究，指出这是一条新的、有用的途径。

李祚泳[33-35]将投影寻踪回归方法成功用于环境预测以及环境影响因子的污染作用分析等方面。

张欣莉等[36]针对传统非参数投影寻踪回归方法在应用时存在的问题，采用基于实数编码的遗传算法代替高斯-牛顿算法优化投影方向，采用非线性 Hermite 多项式代替非参数逐段线性回归来拟合岭函数，建立了参数投影寻踪回归模型，并将其应用于洪水预报的研究之中。

杨永生和何平[37]分别应用投影寻踪回归、反向传播（back propagation, BP）神经网络和逐步回归三种方法，建立前汛期降水趋势预测模型。结果表明：投影寻踪回归模型的预测效果优于 BP 神经网络模型以及逐步回归模型。

迟道才等[38]基于投影寻踪回归模型，构造出新的投影指标，采用可变阶的正交 Hermite 多项式拟合岭函数，并用基于实数编码的加速遗传算法优化投影指标函数，进而构建投影寻踪回归模型，用于作物腾发量的预测。

崔东文[39]针对投影寻踪回归（projection pursuit regression, PPR）模型矩阵参数难以确定的问题，利用一种新型群体智能仿生算法——飞蛾火焰优化（moth-flame optimization, MFO）算法优化 PPR 模型矩阵参数，提出 MFO-PPR 预测模型。

王亮等[40]利用投影寻踪回归对固化盐渍土的抗压强度数据进行分析，建立 PPR 计算模型，用该模型进行仿真计算，探索各影响因素与固化盐渍土抗压强度的关系，结果表明 PPR 计算模型具有较好的精度和较好的稳定性。

投影寻踪回归模型作为一种分析因变量和响应变量关系的统计方法，较常规多元分析方法的确表现出一定优势，可以解决参数估计时的高维问题。

（三）投影寻踪学习网络

从国内情况来看，对投影寻踪方法的应用研究是较薄弱的。在国外，投影寻踪方法自出现以来，引起了许多领域学者的重视，包括应用统计和神经网络研究方面的学者。

在 Barron[41]倡导的统计学习网络思想下，许多研究神经网络的学者将投影寻踪回归思想引入网络学习中，改变了前馈型神经网络中常用的 BP 算法以及神经元函数形式，提出了基于投影寻踪回归学习策略的投影寻踪学习网络（projection pursuit learning network, PPLN），其实质是一种更广泛意义上的网络回归模型。

Maechler 等[42]对比研究了人工神经网络（artificial neural network, ANN）和非参数 PPLN 的学习策略和网络结构，分别用这两种模型模拟了五种不同类型的二维函数，模拟结果表明：在同一精度下，PPLN 的训练速度比 ANN 快出几十倍；在训练的精度方面，就平均水平而言，ANN 稍优于 PPLN，主要原因是建立模型的样本个数有利于 ANN 的参数估计，而不能满足 PPLN 的非参数估计。通过对比研究，作者明确指出了 PPLN 的学习策略是优于 ANN 的。

由于非参数估计方法尚不完全成熟，且应用时有诸多不便，虽然其使用面广，但解决一些较复杂问题具有一定局限性，因此以参数神经元函数为主的 PPLN 模型依然是主要发展方向。

颜光宇和夏结来[43]针对传统因子分析方法易受异常值干扰的缺陷，采用稳健 M-估计和投影寻踪方法求解稳健相关阵，提出了一种新的可抗异常值干扰的稳健因子分析方法，应用表明，当数据中含有少量异常值时，此方法可抗异常值干扰，优于传统因子分析方法。国外学者还提出投影寻踪与模糊神经网络耦合的模型[44, 45]，对投影寻踪方法及其应用的未来发展趋势进行了讨论[46-50]。

田铮等[51]分析了非线性自回归投影寻踪学习网络的逼近性和收敛性，证明了在 L^k 空间上，投影寻踪学习网络可以以任意精度逼近非线性自回归模型。

严勇等[52]采用投影寻踪（projection pursuit, PP）学习网络方法建立了一种新的遥感影像分类模型。该方法结合了统计学中投影寻踪算法节点函数灵活的非参数估计特点和人工神经网络的自学习功能，具有简捷的网络结构和良好的鲁棒性能。

杜欣等[53]采用投影寻踪学习网络的方法，应用高分辨率影像，结合光谱、地形及纹理信息，实现了深圳市东部地区植物分类。结果表明该算法分类精度高，更新速度快。

投影寻踪方法的研究发展表明了此方法的应用价值，它能适应形式灵活的网络发展要求，对于不同研究对象可以采用各种形式的模型进行研究，是探索复杂系统规律的有效方法之一。

第二节　投影寻踪模型研究进展

投影寻踪方法是一种新兴的处理高维非正态数据的统计方法，其基本思想是将高维数据投影到低维子空间，寻找能反映原高维数据结构或特征的投影，从而克服高维数据所带来的“维数灾难”，同时排除与数据结构和特征无关的或关系甚小的变量干扰[25]。目前，投影寻踪模型已在工业、农业、水利、医学及遥感等领域得到广泛应用并相继取得了一批可喜成果。

20 世纪 90 年代，Flick[54]利用投影寻踪技术帮助海军沿着一致有利的路线到达目标点。即使位置测量存在误差，投影寻踪方法仍能排除干扰，给出稳定的方向解。Hwang 等[55]给出了一种参数 PPLN 形式，成为参数 PPLN 模型中的代表。本书作者研究和比较了两种解决回归问题的模型，即人工神经网络中含一个隐层的 BP 网络和以统计学为基础的投影寻踪学习网络。从比较的结果可以看出，BP 网络与投影寻踪学习网络存在明显差异。对比隐层的 BP 网络和投影寻踪学习网络分别对五种类型函数的逼近效果，投影寻踪学习网络更优，取得的逼近效果更好。本书作者从模型精度、吝啬程度（指使用神经元个数少、隐层数少)和学习速度三方面进行了细致比较，发现：基于非参数［基于超级平滑（super smooth)］的投影寻踪学习网络的学习精度优于 BP 网络，而参数（基于 Hermite 多项式）投影寻踪学习网络优于非参数投影寻踪回归模型；相同精度下，参数投影寻踪学习网络要求的神经元个数少于 BP 网络和非参数投影寻踪回归模型；在所有模拟试验中，BP 网络与投影寻踪学习网络都可以达到在 100 次循环后收敛，两种模型具有相当的收敛速度。总的来看参数投影寻踪学习网络优于 BP 网络，并在多个方面较非参数投影寻踪回归显示出优势。Zhao 和 Atkeson[49]用投影寻踪学习模型学习机器人手臂的反向动力变化规律，证明了投影寻踪回归的分组学习策略在应用时的有效性，认为参数投影寻踪回归较非参数投影寻踪回归具有较高的精度和收敛速度，而且参数投影寻踪用较少的参数可以取得较一个隐层的 S 型神经网络模型更高的精度。他们还给出了含一个隐层的神经网络模型的参数个数计算式$N \approx pd$(p为隐含节点数，d为输入空间的维数)，投影寻踪模型的参数经过分组后，其神经元个数的计算式为：$N' \approx \frac{p}{s}d$（s 为在每个投影方向上平行的超平面个数）。可以看出，投影寻踪学习要求的参数个数实际上少于一个隐层神经网络的参数个数。Safavian 等[56]用投影寻踪技术压缩可观测到的图像信息，进而识别其余未能观测到的系统灰信息。田铮和肖华勇[57]将投影寻踪回归分析方法用于导弹目标追踪问题的研究，由于高维特征量压缩与提取是声呐目标信号分类首先要解决的关键问题，文中基于投影寻踪理论提出了采用投影寻踪压缩与提取，进而分类的理论和方法。将此方法用于实测数据，结果表明其是降低特征空间维数、正确进行分类的行之有效的方法。Yuan 和 Fine[58]用投影寻踪学习为高维小样本序列设计了一个神经网络，将投影寻踪的思想与切片逆回归（slicing inverse regression, SIR）的统计思想联合，建立了快速投影寻踪学习模型，并将其用于短期负荷的电力预测，取得了满意成果，证明投影寻踪学习对解决小样本问题有许多优势。李祚泳等[59]应用投影寻踪回归技术，建立了流域年均含沙量的预测模型，用降水量和年平均径流等 4 个因子建立的某流域平均含沙量的 PPR 预测结果的拟合合格率达 100%，预留检验样本报准率为 75%，表明 PPR 用于泥沙输移规律的预测研究是可行的。

张欣莉等[60]针对现有紫坪埔洪水预报模型或不能充分挖掘样本信息或不便于实际应用的问题，采用投影寻踪回归方法建立了紫坪埔洪水预报模型，分别对洪峰和洪水过程进行了预报，并与其他方法进行了对比，取得了满意的效果，可以作为紫坪埔洪水预报的新方案。王春峰和李汶华[61]针对我国金融数据分布的非正态性和高维性特点，提出了一种新型模型——投影寻踪判别分析模型，研究我国商业银行的信用风险评估问题。

实证结果表明，与传统的判别分析方法和近邻法相比，投影寻踪判别分析模型在处理具有非正态、高维性的信用风险评估问题时，精度更高。文献[62]建立了应用于大型船舶运动的极短期预报的多维投影寻踪学习网络结构及算法，并将该算法所取得的预报结果与自回归预报法和周期图预报法的结果进行比较，预报结果说明了该算法的可行性。王顺久等[63]将投影寻踪回归建模技术用于悬板过流区自由水面的模拟和仿真，并与边界元法的计算结果进行了对比分析，得到了比较满意的结果。该技术具有计算快速简便、无须求解复杂的微分方程等特点，是用统计方法解决复杂工程水力学问题的有益尝试。田铮等[51]研究非线性自回归模型投影寻踪学习网络逼近的收敛性，证明了在 L^k（k 为正整数）空间上，投影寻踪学习网络可以以任意精度逼近非线性自回归模型。他们还给出基于投影寻踪学习网络的非线性时间序列模型建模和预报的计算方法和应用实例，对太阳黑子数据、山猫数据及西安数据进行了拟合和预报，将其结果与改进的 BP 网络和门限自回归模型相应的结果进行比较，结果表明基于投影寻踪学习网络的非线性时间序列的建模和预报方法是一类行之有效的方法。付强等[64]针对水稻节水效益评价问题，采用高维降维技术——投影寻踪分类模型，利用基于实数编码的加速遗传算法优化其投影方向，将多维数据指标（样本评价指标）转换到低维子空间，根据投影函数值的大小评价出样本的优势，从而做出决策，最大限度避免了模糊综合评判等方法中权重矩阵取值的人为干扰，取得了满意效果，为节水效益评价及其他评判决策问题提供了一条新的方法与思路。杜一平和王文明[65]用投影寻踪的方法搜寻理想的投影方向，使高维数据降维而发现数据中化合物的分类信息，并利用这样的分类信息对样本进行分类建模，取得了理想的结果。金菊良等[66]为预测年径流这类高维复杂动力系统，提出了投影寻踪门限回归模型，构造了新的投影指标函数，用门限回归模型描述投影值与预测对象间的非线性关系，并用实码加速遗传算法优化投影指标函数和门限回归模型参数，实例的计算结果表明，用投影寻踪门限回归模型预测年径流是可行有效的。侯杰等[67]应用投影寻踪回归技术，对非正态、非线性悬栅消能率实验数据，用 1/5 数据建模拟合，4/5 数据留做预留检验，拟合合格率 92%，预留检验合格率 92%，与激光测速得出的消能率及原型观测的消能率完全吻合。刘卓和易东云[68]分析了基于信息散度指标投影的寻踪方法在高光谱图像处理中的应用，给出了它与主成分分析处理结果的对比，并提出投影寻踪与高光谱研究将来的发展方向。林伟等[69]针对现有模糊图像的复原方法，提出了一类新型人工神经网络——投影寻踪子波学习网络，并将其用来处理图像的去模糊问题。这类新型网络具有投影寻踪学习网络的优点，在先验条件知道甚少的情况下，不用求点扩展函数，直接通过网络的学习来提取参数，以达到自适应剔除图像的模糊信息、恢复原图像的目的，其具有小波函数的时域局部性，可以对多种噪声源的模糊图像进行恢复。模拟结果表明，该方法对于图像无监督恢复明显优于现有图像恢复方法。金菊良等[70]针对动态多指标决策中指标和时段的权重确定问题，提出了基于投影寻踪的理想点法新模型（动态多指标决策问题的投影寻踪模型）。该模型利用决策矩阵样本的内部信息，把方案的三维决策矩阵综合成一维投影值，投影值越大表示该方案越优，根据投影值的大小就可对各方案进行综合排序决策。杨晓华等[71]采用大样本数据，利用投影寻踪、遗传算法、插值型曲线和水质评价标准，为水质综合评价建立了一种新的数学模型——遗传投影寻踪插值模型，实例研究表明，遗传投影寻踪插值模型建模方法直观、可靠、精度高，既具有较强的分类功能，又具有较好的排序功能，可广泛应用于各种环境质量的综合评价。张玲玲等[72]提出房地产投资多目标决策模型，结合指标及数据分布特点将投影寻踪方法应用到房地产风险评价中，采用基于实数编码的加速遗传算法来简化投影寻踪模型建模过程。该方法直接面向数据建模，将多种指标进行线性投影，为决策者提供了一个综合全部指标信息的决策依据，且具有简便、通用、准确等优点。

陈曜等[73]以四川省 1976～2006 年洪灾资料为基础，选择体现洪灾损失特性的相对受灾人口、死亡人口、洪灾经济损失和农作物受灾面积 4 个指标数据，采用投影寻踪法建立了四川省洪灾程度评估模型，利用该模型计算了四川省洪灾程度综合指标，并对其进行分级评估。高杨等[74]以遥感数据为基本数据源，选取聚集度、景观破碎度、景观形状指数、Shannon 多样性指数，利用基于遗传算法的投影寻踪方法，计算景观生态安全指数，评价研究区的景观生态安全状况。姜秋香等[75]为了解决土地资源承载力评价中指标权重赋值客观性差的问题，提出了基于粒子群优化投影寻踪模型的土地资源承载力评价方法，并将其应用于 2008 年三江平原土地资源承载力综合评价中，结果表明，该方法不仅可有效避免指标赋权时的主观任意性，而且评价结果与实际相符，方法可行有效。王茜茜等[76]为克服现有“两型社会”评价中存在的主观性强、不易处理高维数据等缺陷，提出了基于投影寻踪法的武汉市“两型社会”评价新方法。他们从资源、环境、经济、社会四个子系统出发，构建了武汉市两型社会评价指标体系，将多维评价指标值投影为一维投影数据；引入加速遗传算法，优化投影指标函数寻求最佳投影方向。王柏等[77]针对调亏灌溉方案优选过程中存在单项指标的灌溉优劣评估结果单一和难以客观评价灌溉综合效益等问题，提出了基于双链量子遗传算法的投影寻踪综合评价模型。该模型利用双链量子遗传算法优化投影指标函数寻求最佳投影方向，同时通过矢量距浓度筛选进入搜索空间的量子染色体，以及在进化过程中逐步优化、压缩搜索空间以对双链量子遗传算法进行改进。殷欣等[78]选取与资源利用效率、经济效益、生态效益相关的 15 个指标，将遗传算法与传统的优化方法结合，利用投影寻踪技术的基本原理，建立了农业水资源利用效率评价模型。孟德友等[79]通过建构县域交通优势度与经济发展水平综合评价指标体系，运用投影寻踪模型对河南省各县域单元的交通优势度和经济发展水平进行综合评价与比较，进而采用耦合协调度模型对河南县域交通优势度与区域经济发展水平的耦合协调性进行评价、比较与分类。王明昊等[80]结合驱动力-压力-状态-影响-响应（driving force-pressure-state-impact-response, DPSIR）框架构建了水资源系统脆弱性评价指标体系，利用混合蛙跳算法和投影寻踪方法建立了基于混合蛙跳和投影寻踪的水资源系统脆弱性评价模型，分别从驱动力-压力-状态-影响-响应 5 个方面及系统整体进行了水资源系统脆弱性评价，并以模型计算的投影值作为衡量系统脆弱程度的依据。葛延峰等[81]针对投影寻踪方法对多属性决策问题建模时，无法兼顾决策者经验及偏好、权重系数可能违背实际的问题，提出了一种基于层次分析和模糊专家评判的投影寻踪决策方法。该方法借助层次分析法的思想构建指标的层次结构，然后根据专家经验进行模糊评判，得到准则的重要程度排序关系，将其以约束的形式融入投影寻踪模型中。

2015 年以来，廖力等[27]针对洪水灾害样本集的复杂性、随机性以及差异性，将模糊聚类迭代理论与投影寻踪技术进行互补融合，构建了模糊投影寻踪聚类模型。该模型采用投影值标准差和投影值欧氏距离平方和来构造投影指标函数，避免了传统投影寻踪模型由于经验性选取密度窗宽导致过于主观的问题。楼文高和乔龙[82]从理论上证明了在投影寻踪分类（projection pursuit classification, PPC）建模中改变指标归一化方式前后，权重是互为相反数的重要特性等三个定理和两个推理，改变指标归一化方式不影响任意两样本投影值之间的距离和投影指标函数值。他们还提出了正确使用 PPC 进行建模的基本原则和步骤、判定指标属性（正向指标或者逆向指标）的准则等，实现了投影寻踪探索性研究和验证性分析的有机统一。Guan 等[83]采用梯形模糊数的方法建立了水资源利用效率指标体系，基于投影寻踪模型对黄河流域的水资源利用效率进行了评价。Liu 等[84]采用自适应人工鱼群算法（self-adaptive artificial fish swarm algorithm, SAAFSA）对 Lempel-Ziv 复杂度算法中的分段数粗粒化进行优化。该方法改进了等概率粗粒化的 Lempel-Ziv 复杂度（Lempel-Ziv complexity, LZC）算法，建立了基于 SAAFSA 的投影寻踪模型，并将其应用于不同复杂度的农场的复杂度属性分析。Zhou 等[85]利用投影寻踪模型计算客观权重，利用层次分析法计算主观权重，基于最小相对熵原理计算组合权重，建立了区域的预警模型。Pei 等[86]参考 Friedman-Tukey 投影指标要求投影点整体分散、局部聚集的思想，以信息熵度量投影点的离散程度，提出了改进的投影寻踪信息熵模型。同时，他们利用聚类分析方法确定局部密度，从而解决了局部密度窗口半径不易确定的问题，提出了聚类分析修正的投影寻踪模型，并将改进模型应用到农业旱灾风险分析之中[87]。刁俊科和崔东文[88]基于公平性、效率性和可持续性原则，选取水资源开发利用率等 17 个分水指标建立云南省初始水权分配指标体系，运用投影寻踪技术确定云南省各州市初始水权分配水量。针对 PP 模型最佳投影方向难以确定的不足，利用鲸鱼优化算法寻优 PP 模型最佳投影方向，构建耦合的初始水权分配模型。Liu 等[89]利用改进的鸡群优化算法（improved chicken swarm optimization algorithm, ICSOA）建立了地表水环境的投影寻踪评价模型，对最优投影方向进行优化。Yu 和 Lu[90]采用投影寻踪模型和灰狼优化（grey wolf optimization, GWO）相结合的方法，提出了一种创新的跨界流域水资源优化配置综合模型。胡恒博等[91]采用层次分析法从指标基本集里选取 8 个指标构建水资源综合利用效率评估体系，运用因子分析和 Ward 系统聚类方法获取经验等级，以经验等级和所构建指标体系为基础建立投影寻踪模型，并用遗传算法求解。Hu 等[92]为了反映高维指标的真实权重，建立了投影寻踪指标的评价模型，采用改进的粒子群优化算法对投影指数函数和模型参数进行优化，得到评价指标的客观权重。Meng 等[93]建立了由投影寻踪模型和混沌粒子群优化算法（chaotic particle swarm optimization, CPSO）组成的生态补偿综合评价模型，并以中国小洪河流域为例进行了研究。钱龙霞等[94]针对投影寻踪模型存在的一些不足之处，改进发展了一种基于信息熵理论的投影寻踪风险评估模型，基于极差正规化方法对指标进行预处理以消除指标的量纲效应，保持指标的同趋势化，采用投影值的信息熵表示投影指标函数，基于最大熵原理估计最佳投影方向对指标进行降维处理，克服了传统投影指标函数在某些情形下无法准确刻画序列的变异程度的困难。张亚晶和楼文高[95]根据平台风险指数 1 个一级指标、平台成交量等 4 个二级指标和平均预期收益率等 14 个三级指标构成的评价指标体系和采集到的样本数据，应用投影寻踪动态聚类（projection pursuit dynamic clustering, PPDC）对 100 家网贷平台进行实证评估研究，建模结果表明：PPDC 模型与投影寻踪聚类模型的结果基本一致。

第三节 本书的主要研究内容

投影寻踪模型理论和方法处于发展阶段。从已有的自然科学各领域应用看，投影寻踪模型具有很大的发展潜力。本书包括以下十章：第一章简要介绍了投影寻踪的由来、特点，分析了投影寻踪在各个研究领域中的应用现状；第二章介绍了投影寻踪模型数据预处理方法以及模型求解的一般方法，包括遗传算法、改进遗传算法、粒子群优化算法以及模拟退火算法等；第三章介绍了投影寻踪数据特征分析，详细介绍了投影寻踪指标和投影寻踪的小波估计，投影寻踪指标被分为密度型投影指标和非密度函数型投影指标，并指出不管是采用那种投影寻踪指标，其实质都是度量一个分布与其同方差的正态分布间的距离，因此偏离正态分布的程度是投影寻踪指标的重要特性，还给出了偏离正态分布的程度的计算公式；第四章介绍了 Friedman-Tukey 投影寻踪模型原理及其应用，详细介绍了该模型降维思路、研究内容、窗口半径确定方法和应用归类，模型用于多因素影响问题的综合评价，根据具体的分析问题的特点，目前可将其主要应用归纳为三个大的方面——投影寻踪分类模型、投影寻踪评价模型以及投影寻踪等级评价模型，详细介绍了三种模型在各领域中的应用；第五章介绍了投影寻踪 Spearman 相关系数模型，该模型用 Spearman 相关系数度量投影点与经验等级之间的相关性，并且基于 Logistic 曲线和倒 S 曲线引入了模型的应用；第六章详细介绍了投影寻踪信息熵模型及其应用，从理论角度分析了投影寻踪信息熵模型的建模优势，并介绍了该模型在不同领域中的应用；第七章介绍了聚类分析修正的投影寻踪模型及其应用，从理论角度分析了聚类分析与投影寻踪模型相结合的优势，并介绍了该模型在不同领域中的应用；第八章介绍了解不确定型决策问题的投影寻踪模型及其应用，详细介绍了解不确定型决策问题的投影寻踪模型原理及其在几种产品生产分析中的应用；第九章介绍了投影寻踪回归模型、投影寻踪门限回归模型、基于神经网络的投影寻踪耦合模型、基于偏最小二乘回归的投影寻踪耦合模型以及基于偏最小二乘回归的神经网络投影寻踪耦合模型，以及上述模型在不同领域中的应用；第十章介绍了投影寻踪自回归模型、投影寻踪门限自回归模型以及基于神经网络的投影寻踪自回归模型，以及上述模型在不同领域中的应用。

第二章　投影寻踪模型数据预处理及求解方法

利用投影寻踪方法解决实际问题的关键是构造能够找到最佳投影方向的有效算法。1969 年，Kruskal[2]提出借助计算机扩展眼功能的投影寻踪思想，这种方法是将散布于高维空间的点云投影到低维子空间（人眼可以观测的空间），优化某一投影指标，找到若干个投影方向，使得低维空间点的散布结构能反映高维点云的散布特征，通过研究高维数据在低维空间的散布结构，找到高维数据的特征。寻找最佳投影方向的手段是通过人眼对连续方向的观察，并没有给出能用计算机直接确定最佳投影方向的有效算法。

1974 年，Friedman 和 Tukey[5]根据 Kruskal 的思想给出了多元数据分析的投影寻踪算法，此算法的主要目的是寻找一两个揭示多元数据特征的线性投影。Friedman 运用固定角旋转（solid angle transport, SAT）技术，在初始方向的附近区域搜索最优的投影方向，从任意一个初始点开始，变动一个微小的固定角，当投影质量改善时，就沿这个方向继续搜索，否则就取相反的方向。对于投影方向对应的每一维向量都必须进行相应 SAT 运算。当空间维数增加后，数据结构变得复杂，可以从若干个不同的方向，多次进行 SAT 运算，搜索最优的投影方向。算法的实际应用表明，其解决了投影寻踪的两个基本问题：一是在低维空间中寻找更能揭示高维数据结构的投影；二是由多元数据在低维空间的散布结构以及局部密度两个测度的乘积构造的投影指标，作为优化投影方向时的目标函数。

后来的投影寻踪算法寻优时，主要是基于上述旋转变换的思想，可以用各种方式的优化计算方法来实现，例如梯度下降法[57]、高斯-牛顿法[7]等。

当研究对象复杂时，多元数据具有复杂的拓扑结构，以上算法存在的问题是：如何从成千上万个区域内选取若干个采样点作为初始方向。初始方向选取不妥，收敛到最优解的时间就会较长，有时甚至很难找到最优解。即使找到某些方向，旋转角度的大小直接影响算法的寻优效率：角度过小，计算耗时愈大；角度过大，可能会失去某些最优解。针对传统的优化方法处理多变量同时寻优时往往易陷入局部最优、早熟或提前收敛，寻求不到真正的最优解。

求解投影寻踪模型的优化算法很多，主要有遗传算法以及改进遗传算法、粒子群优化算法、模拟退火算法、蚁群算法、蜂群算法、萤火虫算法等。本书将对遗传算法以及改进遗传算法、粒子群优化算法以及模拟退火算法进行详细介绍。

本书的案例应用均采用全局优化算法——基于实数编码的加速遗传算法（real coded accelerating genetic algorithm, RAGA）求解，结合由目标函数反映的高维数据结构特性，在优化区域内直接寻找最优解。

第一节　数据预处理方法

投影寻踪在进行建模前，为了统一各指标的量纲和变化范围，需要对初始样本数据进行预处理。通常情况下，数据预处理主要包括数据清理、数据集成、数据规约和数据变换等[96-98]，其中数据变换又包括光滑、聚集、数据泛华、标准化和属性构造等。本书中数据预处理特指数据变换中的标准化（normalization），即根据样本指标的属性，将样本指标数据按照一定的规则，使之落入一个小的特定区间，进而去除样本指标数据的单位限制，将其转化为无量纲的纯数值数据。样本指标数据标准化处理后，有利于不同单位或量级的指标进行比较和加权，常用的标准化方法包括极差标准化、中心标准化、小数定标（decimal scaling）标准化、极值标准化、均值标准化、向量标准化等方法。

一、极差标准化

极差标准化处理是对原始数据进行线性变换，将样本 i 的第 j 个指标值 x_{ij}^0 通过极差标准化处理映射成在区间[0,1]中的值，根据指标性质的不同，其计算公式主要包括以下三种形式。

对于效益型指标（越大越优型）：

$$x_{ij} = \frac{x_{ij}^0 - x_{j\min}}{x_{j\max} - x_{j\min}}$$

对于成本型指标（越小越优型）：

$$x_{ij} = \frac{x_{j\max} - x_{ij}^0}{x_{j\max} - x_{j\min}}$$

对于区间型指标（越中越优型）：

$$x_{ij} = \begin{cases} 1 - \dfrac{a_j - x_{ij}^0}{\max\left[x_{ij}^0 - x_{j\min}, x_{j\max} - x_{ij}^0\right]}, & x_{ij}^0 < a_j \\ 1, & a_j \leqslant x_{ij}^0 \leqslant b_j \\ 1 - \dfrac{x_{ij}^0 - b_j}{\max\left[x_{ij}^0 - x_{j\min}, x_{j\max} - x_{ij}^0\right]}, & x_{ij}^0 > b_j \end{cases}$$

式中，x_{ij}^0 为样本 i 的第 j 个指标值；x_{ij} 为极差标准化处理后样本 i 的第 j 个指标值；$x_{j\min}$ 为第 j 个指标的最小值；$x_{j\max}$ 为第 j 个指标的最大值；$[a_j,b_j]$为第 j 个指标的最佳区间。

二、中心标准化

中心标准化又称为正态化，中心标准化处理后的数据符合均值为 0、方差为 1 的标准正态分布，具体计算公式如下：

$$x_{ij} = \frac{x_{ij}^0 - \overline{x}_j}{\mathrm{Std}x_j}$$

式中，$\overline{x}_j$ 为第 j 个指标的平均值；$\mathrm{Std}x_j$ 为第 j 个指标的标准差。该方法适用于样本指标最大值和最小值未知的情况，或有超出取值范围的离群数据的情况。当考虑指标性质时，将效益型或成本型指标前的正负号对调即可，该方法不适用于区间型指标。标准化后的指标值围绕 0 上下波动，大于 0 说明高于平均水平，小于 0 说明低于平均水平。

三、小数定标标准化

小数定标标准化处理是通过移动样本指标数据的小数点位置来进行标准化处理的一种方法。小数点移动多少位取决于样本指标数据中的最大绝对值，具体计算公式如下：

$$x_{ij} = \frac{x_{ij}^0}{10^{c_j}}$$

式中，c_j 是指通过移动第 j 个指标数据小数点的位置，使其转化为小数的最小位置移动数。例如：某指标值的最大绝对值为 368，为使用小数定标标准化处理，则至少需要将 368 的小数点向左移动三个位置，才可将 368 转化为小数 0.368，即 $c_j=3$。

四、极值标准化

极值标准化是根据样本指标的极大值和极小值，将样本指标初始数据映射到[0,1]区间的一种数据变换方法，具体计算公式如下。

对于效益型指标（越大越优型）：

$$x_{ij} = \frac{x_{ij}^0}{x_{j\max}}$$

对于成本型指标（越小越优型）：

$$x_{ij} = \frac{x_{j\min}}{x_{ij}^0}$$

式中指标的含义与极差标准化计算公式中相同。

五、均值标准化

均值标准化是利用样本指标的均值将样本指标值进行转换，转换后的指标集合均值为 1，具体计算公式如下：

$$x_{ij} = \frac{x_{ij}^0}{\overline{x}_j}$$

式中指标的含义与中心标准化计算公式中相同。

六、向量标准化

向量标准化是将样本指标数据与其构成的向量的模相除，具体计算公式如下：

$$x_{ij}=\frac{x_{ij}^{0}}{\sqrt{\sum_{i=1}^{n}(x_{ij}^{0})^{2}}}$$

式中，n 为样本个数，其他指标的含义同前。向量标准化与其他几种方法不同，标准化后无法通过指标值的大小分辨指标性质的优劣。

需要说明的是，对于不同的问题，采用不同的模型，由于数据本身的差异，并非每一种数据标准化方法都能提高算法精度和加快算法的收敛速度，故对于不同的问题可能会有不同的数据标准化方法。另外，数据标准化处理本身在一定程度上会导致原始样本数据部分信息的丢失，如中心标准化处理后，将丢失各指标间的变异信息（由于均为 0，故无法计算变异系数）。对投影寻踪模型而言，在本书中一般选择极差标准化方法。

第二节　遗 传 算 法

一、遗传算法的原理

生物进化过程本质上就是生物群体在其生存环境约束下通过个体的竞争（competition）、自然选择（selection）、杂交（crossover）、变异（mutation）等方式所进行的“适者生存，不适者淘汰”的一种自然优化过程。因此，生物进化的过程，实际上可以认为是某种优化问题的求解过程。遗传算法是由美国密歇根大学 John Holland 教授于 1962 年提出的[99, 100]，该方法按照类似有机体的自然选择和杂交的自然进化（natural evolution）方式，借助计算机程序有效地解决较复杂的非线性组合问题及多目标函数优化问题。遗传算法（genetic algorithm, GA）正是模拟生物的这种自然选择和群体遗传机制的数值优化方法。它把一族随机生成的可行解作为父代群体，把适应度函数（目标函数或它的某种变形）作为父代个体适应环境能力的度量，经选择、杂交生成子代个体，后者再经变异，优胜劣汰，如此反复进化迭代，使个体的适应能力不断提高，优秀个体不断向最优点逼近[99-101]。

下面是标准遗传算法（simple genetic algorithm, SGA）的计算原理。

不失一般性，设模型的参数优化问题为

$$\min f=\sum_{i=1}^{m}\left\|F\left(C,X_{i}\right)-Y_{i}\right\|^{q},\quad \text{s.t. } a_{j}\leqslant c_{j}\leqslant b_{j}(j=1,2,\cdots,p) \tag{2-1}$$

式中，$C=[c_j]$为模型 p 个待优化参数（优化变量）；$[a_j, b_j]$为 c_j 的初始变化区间（搜索区间）；X 为模型 N 维输入向量；Y 为模型 M 维输出向量；F 为一般非线性模型，即

$F:R^N \to R^M$；$\{(X_i,Y_j)|\ i=1,2,\cdots,m\}$ 为模型输入、输出 m 对观测数据；$\|\cdot\|$ 为取范数；q 为实常数，如当 q=1 时为最小一乘准则，q=2 时为最小二乘准则，等等，可视建模要求而定；f 为优化准则函数。标准遗传算法包括以下 7 个步骤。

步骤 1 变量初始变化空间的离散和二进制编码。设编码长度为 e，把每个变量初始变化区间$[a_j,b_j]$等分成 2^e-1 个区间，则

$$c_j = a_j + I_j d_j,\quad j=1,2,\cdots,p \tag{2-2}$$

式中，子区间长度 $d_j=\left(b_j-a_j\right)/\left(2^e-1\right)$ 是常数，它决定了 GA 解的精度；搜索步数 I_j 为小于 2^e 的任意十进制非负整数，是个变量。

经过编码，变量的搜索空间离散成$(2^e)^p$个网格点。GA 中称每个网格点为个体，它对应着 p 个变量的一种可能取值状态，并用 p 个二进制数

$$\left\{ia\left(j,k\right)|\ j=1,2,\cdots,p;k=1,2,\cdots,e\right\}$$

表示：

$$I_j = \sum_{k=1}^{e} ia\left(j,k\right)2^{k-1},\quad j=1,2,\cdots,p \tag{2-3}$$

这样，通过式（2-2）、式（2-3）的编码，p 个变量 c_j 的取值状态、网格点、个体、p 个二进制数 $\{ia(j,k,i)\}$ 之间建立了一一对应的关系。可见，优化变量的变化区间及编码长度决定了模型参数实际搜索空间的大小。SGA 的直接操作对象是这些二进制数。

步骤 2 初始父代群体的随机生成。设群体规模大小为 n。从上述$(2^e)^p$个网格点中均匀随机选取 n 个点作为初始父代群体。即生成 n 组[0,1]区间上的均匀随机数（以下简称随机数），每组有 p 个，即有 $\{u(j,i)|\ j=1,2,\cdots,p;i=1,2,\cdots,n\}$，这些随机数经式（2-4）转换得到相应的随机搜索步数：

$$I_j = \mathrm{int}\left(u\left(j,i\right)2^e\right),\quad j=1,2,\cdots,p;i=1,2,\cdots,n \tag{2-4}$$

式中，int(·)为取整函数，显然有 $I_j(i)<2^e$。这些随机搜索步数 $\{I_j(i)\}$ 由式（2-3）对应二进制数 $\{ia(j,k,i)|j=1,2,\cdots,p;k=1,2,\cdots,p;i=1,2,\cdots,n\}$，与此同时又由式（2-2）与 n 组待优化的变量 $\{c_j(i)|\ j=1,2,\cdots,p;i=1,2,\cdots,n\}$ 一一对应，并把它们作为初始父代个体。

步骤 3 二进制数的解码和父代个体适应度的评价。把父代个体编码串$\{ia(j,k,i)\}$经式（2-3）或式（2-2）解码成优化变量 $c_j(i)$，把后者代入式（2-1）得到相应的优化准则函数值 f_i。f_i 越小表示该个体的适应度值越高，反之亦然。把 $\{f_i|\ i=1,2,\cdots,n\}$ 按从小到大排序，对应的变量 $\{c_j(i)\}$ 和二进制数$\{ia(j,k,i)\}$也跟着排序。称排序后最前面几个个体为优秀个体（superior individuals）。定义排序后的第 i 个父代个体的适应度函数值为

$$F_i = \frac{1}{f_i^2+0.001},\quad i=1,2,\cdots,n \tag{2-5}$$

步骤 4　父代个体的概率选择。取比例选择方式，则第 i 个个体的选择概率为

$$p_i' = \frac{F_i}{\sum_{i=1}^{n} F_i} = \frac{\frac{1}{f_i^2 + 0.001}}{\sum_{i=1}^{n} \frac{1}{f_i^2 + 0.001}} \tag{2-6}$$

式中，分母“0.001”是凭经验设置的，以避免 f_i 为 0 的情况；f_i^2 的作用是增强各个适应度值的差异。令：

$$p_{i=} \sum_{k=1}^{i} p_k' \tag{2-7}$$

序列$\{p_i| i=1,2,\cdots,n\}$把[0,1]区间分成 n 个子区间，并与 n 个父代个体一一对应。

生成 n 个随机数$\{u(k)| k=1,2,\cdots,n\}$。若 $u(k)\in(p_{i-1}, p_i]$，则第 i 个个体被选中，其二进制数记为$\{ia1(j,k,i)\}$。同理，可得另外的 n 个父代个体$\{ia2(j,k,i)\}$。这样从原父代群体中以概率 p_i' 选择第 i 个个体，这样共选择两组各 n 个个体。

步骤 5　父代个体的杂交。由于杂交概率 p_c 控制杂交算子应用的频率，在每代新群体，有 $n\times p_c$ 对串进行杂交，p_c 越高，群体中串的更新就越快，GA 搜索新区域的机会就越大，因此这里 p_c 取 1.0。目前普遍认为两点杂交方式优于单点杂交方式，因此这里决定采用两点杂交。由步骤 4 得到的两组父代个体随机两两配对，成为 n 对双亲。首先生成 2 个随机数 $U1$、$U2$，转成十进制 $IU1=\text{int}(U1\cdot e)$，$IU2=(U2\cdot e)$。设 $IU1\leqslant IU2$，否则交换其值。第 i 对双亲$\{ia1(j,k,i)\}$和$\{ia2(j,k,i)\}$两点杂交，是指将它们的二进制数串第 $IU1$ 位至第 $IU2$ 位的数字段相互交换，生成两个子个体，即

$$i'a1(j,k,i) = \begin{cases} ia2(j,k,i), & \text{当}k \in [IU1, IU2] \\ ia1(j,k,i), & \text{当}k \notin [IU1, IU2] \end{cases} \tag{2-8}$$

$$i'a2(j,k,i) = \begin{cases} ia1(j,k,i), & \text{当}k \in [IU1, IU2] \\ ia2(j,k,i), & \text{当}k \notin [IU1, IU2] \end{cases} \tag{2-9}$$

$$j = 1,2,\cdots,p; k = 1,2,\cdots,e; i = 1,2,\cdots,n$$

步骤 6　子代个体的变异。这里采用两点变异，因为它与单点变异相比更有助于增强群体的多样性。生成 4 个随机数 $U1\sim U4$。若 $U1\leqslant0.5$ 时子代取式(2-8)，否则取式(2-9)，得到 n 个子代，记其二进制数为$\{ia(j,k,i)\}$。把 $U2$、$U3$ 转化成小于 e 的整数：

$$IU1 = \text{int}(U2 \cdot e) \tag{2-10}$$

$$IU2 = \text{int}(U3 \cdot e) \tag{2-11}$$

设变异率 p_m 为子代个体发生变异的概率，子代个体$\{ia(j,k,i)\}$的两点变异，即变换如下：

$$ia(j,k,i) = \begin{cases} \text{当}U4 \leqslant p_m,\text{且}k \in \{IU1, IU2\}\text{时，原}k\text{位值为}1\text{时变为}0, \\ \quad\text{原}k\text{位值为}0\text{时变为}1 \\ \text{其他情况不变} \end{cases} \tag{2-12}$$

利用随机数 $U1$ 以 0.5 的概率选取杂交后生成的两个子代个体中的任一个，利用 $U2$、$U3$ 来随机选取子代个体串将发生变异的两个位置，利用 $U4$ 来控制子代个体发生变异的可能性。

步骤 7　进化迭代。由步骤 6 得到的 n 个子代个体作为下一轮进化过程的父代，算法转入步骤 3，如此循环往复，使群体的平均适应度值不断提高，直至得到满意的个体或达到预定的进化迭代次数，算法终止。此时适应度值最高的个体对应的解即为所求优化问题的解。

上述遗传算法中，当两点交叉改为单点交叉时，称为简单遗传算法，又称标准遗传算法[99-101]。

SGA 计算主要是由基因编码、产生初始群体、评价个体优劣、选择、杂交、变异等六系列演变过程组成，其核心技术包括两方面内容：一是选择方法，选出的解具有良好的特征或适应值，以便产生优良的后代，同时选出的解在空间中应该尽量分散，以保证求得全局最优解；二是遗传算子应具备良好的计算特征，即一方面要保留原有解的优良特性，另一方面要有恢复丢失的重要信息或优良特征的功能。

二、遗传算法的特性

由于受环境、社会、人为等因素的综合影响，一些优化问题常表现出多维、多峰值、非连续性等复杂特征。这些复杂特征具体表现如下。

（1）模型的不确定性。

（2）模型的高维、非正态、非线性。

（3）复杂系统庞杂的信息类型。

对上述这些问题目前尚无一种行之有效的优化算法。传统的方法大致可归纳为确定性优化方法和随机优化方法（也称随机搜索法）两类。

确定性优化方法属于单路径寻优，对复杂的非线性优化问题的寻优效率很低。其中一类确定性优化方法就是枚举法，包括完全枚举法、隐式枚举法（分支定界法）、动态规划法等，它们的主要缺点是存在“维数灾难”问题，搜索效率不高。而随机优化方法中，每一个尝试点需要求 n 个随机数。可见随机优化方法是通过随机变量的大量抽样，得到目标函数的变化特性，然后逐渐得到近似最优点。该类方法只要求目标函数和约束条件是可计算的，寻优范围大，不会陷入局部最优点，但属“盲目”寻优，计算量大，搜索效率低。

由此可见，传统的优化方法尚无法满足许多复杂问题的要求。实际中经常遇到的优化问题使人们逐渐认识到，用某种优化方法寻求最优点不是唯一的目的，更重要的目的往往是解的不断改进的过程，对于复杂的优化问题更是如此。

遗传算法本身也是一类随机优化方法，但与传统的基于梯度的确定性优化方法相比，它克服了因线性引起的不稳定性以及依赖于初始点的选择而易陷入局部极小点等缺点，并且它本身是一类全局寻优方法，不需计算目标函数的偏导数，其定义域可任意设定，只要求对于输入可计算出用以比较的正的输出。与传统的优化方法相比，遗传算法的每步搜索都要利用已有寻优信息来指导解空间的搜索，它把搜索到的优秀信息遗传到下一代，淘汰劣点，因而它是一类自适应优化方法。遗传算法在运行过程中保持多个当前解，这样不仅使近似解的优化程度有所提高，同时也使得并行计算容易进行，且可获得近似加速的效果。遗传算法与传统优化方法关于寻优表现出较好的稳健性。也就是说遗传算法是一种理想的鲁棒优化方法。

归纳起来，遗传算法有如下特点[99-101]。

（一）适应性强

GA 只要求优化问题是可行的，对搜索空间没有任何特殊要求，搜索空间可以是离散的、非线性的、多峰值的或高维的、带噪声的。在算法运行中只利用了目标函数值信息，没有利用导数等其他信息，它与所示问题的性质无关。

（二）全局优化

GA 是多点、多路径搜索寻优，且各路径之间有信息交换，而不是单点、单路径“登山”。它同时从一代个体点群开始并行攀登多峰，并通过杂交算子在各个可行解之间交换信息，这使得它可以有效地在整个解空间寻优，能以很大的概率找到全局最优解或准全局最优解，即使在所定义的适应度函数是不连续的、非规则的或有噪声的情况下，因此，GA 是一类稳健的全局优化方法。

（三）编码特征

GA 通过编码将优化变量转换成与基因类似的数字编码串结构，遗传信息贮存在其中，可进行各种遗传操作，相应地有解码过程。GA 的操作对象就是这些数字编码串，而不是变量本身，而且编码技术在 GA 中一般是不变的。基于编码机制的 GA 用简单的杂交算子、变异算子等模拟了人类探索和发明创造等思维过程中存在的信息交换、渗透和激励机制，从而可以方便地处理离散性问题和连续性问题。

（四）概率搜索

GA 在选择操作时，用概率规则而不是确定性规则来引导搜索过程向适应度函数值逐步改善的搜索区域方向发展，这就克服了传统随机性优化方法的盲目性，只需较少的计算量就能找到问题的全局近似解。在杂交、变异操作过程中也是采用随机方式进行的。由于 GA 使用概率规则指导搜索，因此能搜索离散的、有噪声的或多峰的复杂空间。

（五）隐含并行性

GA 通过控制群体中 n 个串，实际上能反映出 $o(n^3)$个图式，这使 GA 能利用较少的数字串来搜索可行域中的大量区域，从而只花较少的代价就能找到问题的全局求解。GA 这种隐含并行性是它优于其他优化算法最主要的因素，因此它特别适合于处理复杂的优化问题。

（六）自适应性

GA具有潜在的学习能力，能把注意力集中在解空间中适应函数值最高的部分，挖掘出目标区域，因此它适用于具有自适应与学习能力的系统。

（七）应用的广泛性

GA兼有确定性优化方法与随机性优化方法的长处，只要求目标函数和约束条件具有可计算性，不要求梯度存在，因此它的适应范围很广。与传统的非线性方法相比，GA利用选择、杂交、变异操作有可能在更加广阔的范围内寻找问题的潜在解，故它适于处理各类非线性问题，并能有效地解决传统方法难以解决的某些复杂问题。

（八）算法的简单性和通用性

GA作为一个通用算法可以用于求解许多不同的优化问题。只需对算法做很小的修改即可适应新的问题。

GA本质上是一种智能优化方法，直接面向优化问题，与传统的优化方法相比，它具有一系列优点，它的结果是一组好的解而不是单个解，这为解的使用者提供了可选择的机会，所以它特别适合于处理复杂的非线性优化问题。对于一个具体问题，只需选择或编写一种具体的GA方案，按待求问题的目标函数定义一个适应度函数，就可以用GA来求解了，而不管实际问题的解空间是否连续、线性或可导。并且GA具有全局优化的能力。这一系列的优化特征是GA在诸多优化问题中能广泛应用的理论依据。

运用GA优化参变量的关键有两个：首先，要求待优化的变量有明确的值域；另外，要求有确定的目标函数。如果将投影方向参数作为有范围的一类参数，当目标函数确定后，就可采用GA的思路优化投影寻踪中的投影方向参数。

三、遗传算法的应用

目前，遗传算法得到了许多领域的重视。同时一部分学者也认识到求解复杂问题最优解是不现实的，转而求其满意解，而遗传算法也是较佳的工具之一。例如在水资源系统中，优化准则日益成为人们分析系统、评价系统、改善系统和利用系统的一种衡量标准。由于水文、气候、气象、地质条件、经济、人文等因素的影响及其相互之间的作用影响，水资源工程中的优化问题常常具有高维、多峰值、非线性、不连续、非凸性、带噪声等复杂特征。对于这些复杂问题的求解最优程度将影响水科学理论的深入发展，同时影响水科学理论转化为实践的程度。近年来，国内外专家学者已经对水资源工程领域的水资源模型参数识别、水资源环境优化问题、水电站优化调度、自然灾害预测与分析、灌溉制度优化以及多目标函数优化问题等方面进行了初步探讨，并取得了一定成果，这对提高水的利用效率、生产效益，对水资源的可持续利用与发展，进而维护自然生态平衡都具有深远的意义[102-111]。

第三节　改进遗传算法

一、遗传算法可行的改进措施

由于遗传算法涉及精度、可靠性、计算时间、探索与开发等诸多问题，通过改进遗传算法本身在某种程度上可以提高遗传算法求解问题的性能。针对各种情况做不同的改进，可克服遗传算法中存在的主要问题。为提高遗传算法的性能，对基本遗传算法可做以下几点改进。

（一）控制参数的设置

SGA 中需要设置的参数主要有编码长度 e、群体规模 n、杂交概率 p_c、变异概率 p_m 等，这些参数的设置对 SGA 的运行性能影响很大。

在 SGA 中这些控制参数是不变的。Scaffer 建议 SGA 的最优参数范围是：n=20～30，p_c=0.75～0.95，p_m=0～0.05[112]。目前常用的范围是：n=20～200，p_c=0.5～1，p_m=0～0.05。

目前许多学者认识到这些算法参数需要随 GA 的运行进程而做自适应变化，以使 SGA 具有更好的鲁棒性、全局最优性和寻优效率。例如，根据操作串的适应度值来调整参数 p_c、p_m 的大小；p_c、p_m 随进化迭代次数而变化。

（二）编码方式的改进

编码是 GA 应用中的首要问题，也是 GA 理论中的基础。不合适的编码不仅影响 GA 的收敛速度，而且也会极大地影响 GA 的搜索效率，因此在应用 GA 时必须认真考虑编码方案。对于具体问题，选择或设计一种便于 GA 求解的编码方法需要对问题有深入的了解。

常用的编码方式是：对变异算子，个体的每个分量以完全相同的概率在约束范围内随机取值；对杂交算子，用一点或两点交叉，则杂交点位置要处在各分量之间，而更为常用的杂交方式是采用两个配对个体的线性组合。另外，编码时也必须考虑所要求解问题的特征，如变量的约束条件，所采用的编码方式除了必须保证不丢失全局最优解外还应该考虑 GA 的求解效率，并尽量避免产生不可行解，这样可以提高计算速度。除此以外，GA 的编码方式也可根据应用问题的具体环境而作相应的变化，可突破传统的一维数字串编码形式，而采用二维数字矩阵或更高维的数字立方体编码方式。考虑问题的专门知识而设计的编码方式常常比通用的编码方法效率更高。

（三）选择算子的改进

选择算子的操作主要源于生物进化过程中适者生存、不适者淘汰的规则。在选择中，适应度值低的个体趋向于被淘汰（删除），而适应度值高的个体将趋于被保留（复制），所以选择算子的作用是提高了群体的平均适应度值，但同时也可能损失群体的多样性。选择操作在总体上决定着个体向着目标函数值改善的方向前进。选择算子并没有产生新个体，且群体中最佳个体的适应度值也不会得到提高。改进选择算子的目的是避免有效基因的缺失，提高 GA 的全局收敛性和搜索效率。选择操作与编码方式无关，而与适应度函数有关。由于适应度函数的分布特性与具体问题不同，因此一律采用 SGA 的比例选择方式是不恰当的。可以采用适当的适应度函数变换。而排序选择方式与适应函数的分布和取值无关，故常被采用。另外，如《现代数学手册》采用计算基于序的评价函数值，而后计算每个个体的累积概率进而进行选择操作，使选择只与个体的序号有关，避开适应度函数的影响。

（四）杂交算子的改进

杂交算子的操作主要源于生物群体内部染色体的信息交换机制，即通过两个父代个体的杂交产生新的个体，杂交产生的子代一般与其父代不同，并且彼此也不相同，每个子代都包含两个父代个体的遗传因子。杂交算子的作用是可以产生新个体，从而检测搜索空间中的新点，它有可能使群体中最佳个体的适应度值有所提高。同时须降低对有效基因的破坏率，以避免杂交后的子代反而不如父代的生存及适应能力强。

杂交算子的操作可采用单点、两点、均匀等变异方式。采用点态杂交算子，即先在个体串上随机选取一些位置，然后把这些位置上的值用随机选取的值来替换。此外，还可根据优化问题的领域知识来设计杂交算子。

（五）算法终止条件的改进

多数改进方法是基于某种判定标准，以判定群体已收敛并不再有进化趋势作为终止条件。如根据连续几代个体的平均适应度值之差小于某个较小的正值ε，也可根据群体中最佳个体适应度值与平均适应度值之差小于某个极小正值ε，作为终止条件。但是，由于实际优化问题的复杂性和学术界对 GA 本身的运行机理尚不完全清楚，应用中常用经验固定进化迭代次数作为遗传算法的终止条件。

（六）父代替换方式的改进

可按一定的比例从父代群体中选择部分最佳个体直接进入下一代个体而成为其一部分。

遗传算法经过了近 60 年的发展，开始逐渐走向成熟，尤其是在数值优化领域得到了广泛应用。目前，人们对 SGA 已进行了大量改进，并应用于更广泛的领域。这些改进的 GA 之间及其与 SGA 之间已有很大的差别，与其他进化算法的界限难以区分。事实上，GA 只是提供了一类基本框架，它是一种算法体系，根据不同观点，针对不同类型的问题，结合不同的算法可以编制出不同的遗传算法，这也是 GA 具有较强生命力的原因之一。

二、基于实数编码的加速遗传算法的计算原理

SGA 的编码采用二进制编码，它所构成的基因是一个二进制编码符号串。编码过程烦琐，且精度受到符号串长度的限制，若要求更高的精度，则不得不以增加符号串的长度为代价，计算量大，结果使进化过程变得十分缓慢，有时易出现早熟收敛。同时，二进制编码不便于反映所求问题的特定知识，因此不便于开发针对问题专门知识的遗传运算算子。这里提出了一种改进的基于实数编码的加速遗传算法，使算法的寻优性能大大地增强，克服了二进制编码的缺点。具体改进方案如下[99, 100, 102-105, 113]。

（1）采用实数编码。其优点如下：①适合于在遗传算法中表示较大的数；②适合于精度要求较高的遗传算法；③便于搜索较大空间的遗传算法；④便于遗传算法与经典优化方法混合使用；⑤便于设计针对问题的专门知识型遗传算子；⑥便于处理复杂的决策变量约束条件。

（2）在个体适应度评价时采用了基于序的评价函数，使其不受实际目标值的影响。

（3）在进化迭代时，把每次遗传操作所产生的子代保存下来，即各种遗传操作是并行的，而后对所有子代统一进行评价，再从中依据适应度值选取与群体总数相同的个体作为下一次进化的父代，因此从整体上看实际搜索的范围比 SGA 广，实现了 GA 的并行计算，这样能尽可能地保证个体的多样性，选出更优越的个体解，并能加速进化时间。

（4）在应用中发现 SGA 对各种实际优化问题的搜索空间（优化变量的范围空间）的大小变化的适应能力较差，计算量大，容易出现早熟收敛现象。而利用 SGA 运行过程中搜索到的优秀个体所囊括的空间来逐步调整优化变量的搜索空间，可使算法的寻优速度大大提高，即加快收敛速度，称之为加速遗传算法（accelerating genetic algorithm, AGA）。经过大量实例验证，结果表明 AGA 对 SGA 在收敛速度和全局优化性能方面均有明显的提高。

将以上四种方案综合便形成改进的 RAGA。

RAGA 的建模步骤如下[113-116]。

例如，求解如下最小化问题

$$\min f(x),\quad \text{s.t.}\, a(j)\leqslant x(j)\leqslant b(j) \tag{2-13}$$

步骤 1　优化变量的实数编码。采用如下线性变换：

$$x(j)=a(j)+y(j)\big(b(j)-a(j)\big),\quad j=1,2,\cdots,p \tag{2-14}$$

式中，f 为优化的目标函数；p 为优化变量的数目。式（2-14）把初始变量区间 $[a(j), b(j)]$ 上的第 j 个待优化变量 $x(j)$ 对应到 $[0, 1]$ 区间上的实数 $y(j)$，$y(j)$ 即为 RAGA 中的遗传基因。此时，优化问题所有的变量对应的基因顺次连在一起构成问题解的编码形式 $(y(1), y(2), \cdots, y(p))$，称之为染色体。经编码，所有优化变量的取值范围均变为 $[0, 1]$ 区间，RAGA 直接对各优化变量的基因进行以下遗传过程的各种操作。

步骤 2　父代群体的初始化。设父代群体规模为 n，生成 n 组 $[0, 1]$ 区间上的随机数，每组有 p 个，即 $\{u(j,i)\}$（$j=1,2,\cdots,p;i=1,2,\cdots,n$）（以下同），把各 $u(j,i)$ 作为初始群体的

父代个体值 $y(j,i)$。把 $y(j,i)$代入式（2-14）得优化变量值 $x(j,i)$，再经式（2-13）得到相应的目标函数值 $f(i)$，把｛$f(i)$｝（i=1,2,⋯,n）按从小到大的排序，对应个体｛$y(j,i)$｝也跟着排序，目标函数值越小则该个体适应能力越强，称排序后最前面的 k 个个体为优秀个体，使其直接进入下一代。

步骤 3　计算父代群体的适应度评价。评价函数用来对种群中的每个染色体 $y(j,i)$设定一个概率，以使该染色体被选择的可能性与其种群其他染色体的适应性成比例。染色体的适应性越强，被选择的可能性越大。基于序的评价函数［用 eval($y(j,i)$)来表示］是根据染色体的序进行再生分配，而不是根据其实际的目标值。设参数$\alpha \in (0,1)$给定，定义基于序的评价函数为

$$\mathrm{eavl}\big(y(j,i)\big)=\alpha(1-\alpha)^{i-1},\quad i=1,2,\cdots,n \tag{2-15}$$

这里 i=1 意味着染色体是最好的，i=n 说明是最差的。

步骤 4　进行选择操作，产生第一个子代群体｛$y_1(j,i)|j=1,2,\cdots,p$｝。选择过程是以旋转赌轮 n 次为基础的。每次旋转都为新的种群选择一个染色体。赌轮按每个染色体的适应度来选择染色体。选择过程可以表述如下。

（1）计算每个染色体 $y(j,i)$的累积概率 $q_i(i=0,1,2,\cdots,n)$：

$$\begin{cases} q_0=0 \\ q_i=\sum\limits_{j=1}^{i}\mathrm{eval}\big(y(j,i)\big), \quad j=1,2,\cdots,p;i=1,2,\cdots,n \end{cases} \tag{2-16}$$

（2）从区间$[0,q_i]$中产生一个随机数 r。

（3）若 $q_{i-1}<r\leqslant q_i$，则选择第 i 个染色体 $y(j,i)$。

（4）重复步骤 3 和步骤 4 共 n 次，这样可得到 n 个复制的染色体，组成新一代个体。在上述过程中，并没有满足条件 q_n=1。实际上，可以将所有的 q_i 除以 q_n，使得 q_n=1。新得到的概率同样与适应度成比例。只要不介意概率方面解释上的困难，这一点并没有影响进化过程。

步骤 5　对父代的种群进行杂交操作。首先定义杂交参数 p_c 作为交叉操作的概率，这个概率说明种群中有 $N\times p_c$ 个染色体将进行交叉操作。为确定交叉操作的父代，从 i=1 到 i=N 重复以下过程：从[0,1]中产生随机数 r，如果 $r<p_c$，则选择 $y(j,i)$作为一个父代。用 $y_1'(j,i),y_2'(j,i),\cdots$ 表示选择的父代，并把它们随机分成下面的配对：

$$\big(y_1'(j,i),y_2'(j,i)\big),\big(y_3'(j,i),y_4'(j,i)\big),\big(y_5'(j,i),y_6'(j,i)\big)$$

当父代个体数为奇数时，可以去掉一个染色体，也可以再选择一个染色体，以保证两两配对。下面以$\big(y_1'(j,i),y_2'(j,i)\big)$为例解释交叉操作过程。采用算术交叉法，即首先从(0,1)中产生一个随机数 c，然后，按下列形式将 $y_1'(j,i)$ 和 $y_2'(j,i)$ 进行交叉操作，并产生两个后代 X 和 Y：

$$\begin{aligned} X&=c\cdot y_1'(j,i)+(1-c)\cdot y_2'(j,i) \\ Y&=(1-c)\cdot y_1'(j,i)+c\cdot y_2'(j,i) \end{aligned} \tag{2-17}$$

如果可行集是凸的，这种凸组合交叉运算在两个父代可行的情况下，能够保证两个后代也是可行的。但是，在许多情况下，可行集不一定是凸的，或很难验证其凸性，此时必须检验每一后代的可行性。如果两个后代都可行，则用它们代替其父代，产生新的随机数 c，重新进行交叉操作，直至得到两个可行的后代。仅用可行的后代取代其父代。当新一代个体不可行时，也可采取一些修复策略使之变成可行染色体。

经过以上杂交操作得到第二代群体$\left\{y_2\left(j,i\right)\mid j=1,2,\cdots,p;i=1,2,\cdots,n\right\}$。

步骤 6　进行变异操作。定义变异参数 p_m 作为遗传系统中的变异概率，这个概率表明，种群中将有 $p_m\cdot N$ 个染色体用来进行变异操作。进行变异的父代选择过程与交叉操作相似，由 i=1 到 i=N，重复下列过程：从区间[0,1]中产生随机数 r，如果 $r<p_m$，则选择染色体 $y(j,i)$作为变异的父代，对每一个选择的父代用 $y_3'\left(j,i\right)$表示，按下面的方法进行变异。在 R^n 中随机选择变异方向 d，则

$$y_3'\left(j,i\right)+Md,\quad i=1,2,\cdots,p \tag{2-18}$$

若式（2-18）是不可行的，那么置 M 为$(0,M_{\max})$上的随机数，直到可行为止，这样能够保持群体的多样性，其中 $M_{\max}$ 是足够大的数。如果在预先给定的迭代次数内没有找到可行解，则置 M=0。无论 M 为何值，均用 $X=y_3'\left(j,i\right)+Md$ 代替 $y_3'\left(j,i\right)$。

经过变异操作得到新一代种群$\left\{y_3\left(j,i\right)\mid j=1,2,\cdots,p;i=1,2,\cdots,n\right\}$。

步骤 7　演化迭代。由前面的步骤 4～6 得到的 $3n$ 个子代个体，按其适应度函数值从大到小进行排序，选取最前面的$(n-k)$个子代个体作为新的父代个体种群。算法转入步骤 3，进行下一轮演化过程，重新对父代个体进行评价、选择、杂交和变异，如此反复。

步骤 8　上述 7 个步骤构成标准遗传算法。SGA 的寻优效率明显依赖于优化变量初始化区间的大小，初始化区间越大，SGA 的有效性越差，而且不能保证全局收敛性。研究表明，SGA 中的选择算子、杂交算子操作的功能随进化迭代次数的增加而逐渐减弱，在应用中经常远离全局最优点的地方 SGA 停止寻优。故此，根据对 GA 的选择、杂交、变异这三个算子的寻优性能的分析和大量数据实验，采用加速的方法进行处理，具体如下：用第一、二次进化所产生的优秀个体变化区间作为下次迭代时优化变量的新的变化空间，如果进化的次数过多将减弱加速算法的寻优能力。算法转入步骤 1，重新运行 SGA，如此加速，则优秀个体的变化区间逐步缩小，与最优点的距离越来越近，直至最优个体的目标函数值小于某一设定值或算法运行达到预定加速次数，算法结束。此时把当前群体中最优秀个体作为 RAGA 的寻优结果。

由于本书主要采用 RAGA 求解投影寻踪模型，故对 RAGA 的有效性加以验证。

【例 2-1】　求单峰函数

$$f\left(x,y\right)=x^2+y^2$$

在区间[−100,100]的最小值。函数如图 2-1 所示。

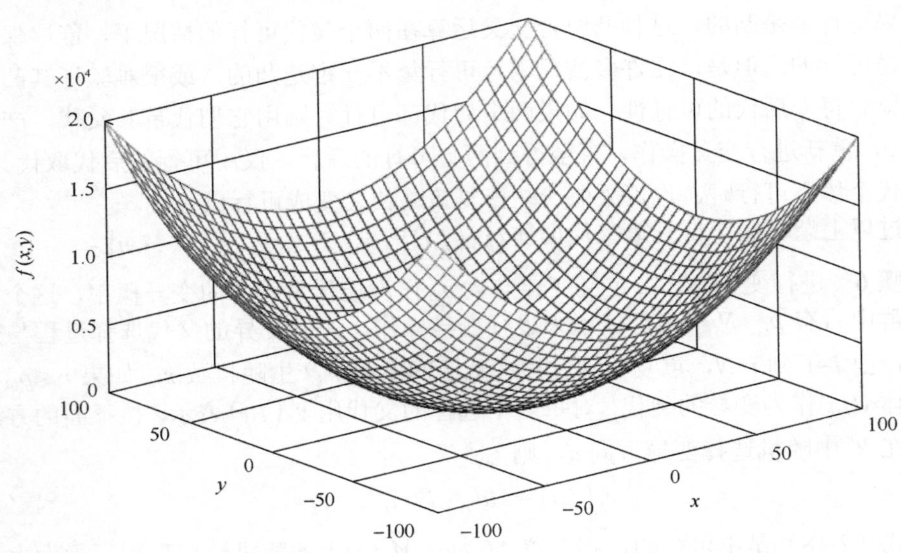

图 2-1 【例 2-1】单峰函数的图像

显然，在规定的区间内，函数只有一个最小值点，即[0,0]，函数最小值为 0。采用 MATLAB 2016a 编程处理数据，选定父代初始种群规模为 N=400、交叉概率 p_c=0.8、变异概率 p_m=0.2，选取两次进化所产生的优秀个体变化区间作为下次加速时优化变量的变化区间，优秀个体数目选定为 40 个，最大加速次数为 20 次，变异方向的系数 M=10，运行停止的最小阈值为 10^{-6}。RAGA 加速 4 次就找到了最小值，即在加速到 4 次时，优秀个体中变量之间的差异已经小于 10^{-6}。函数值的寻优过程如图 2-2 所示。

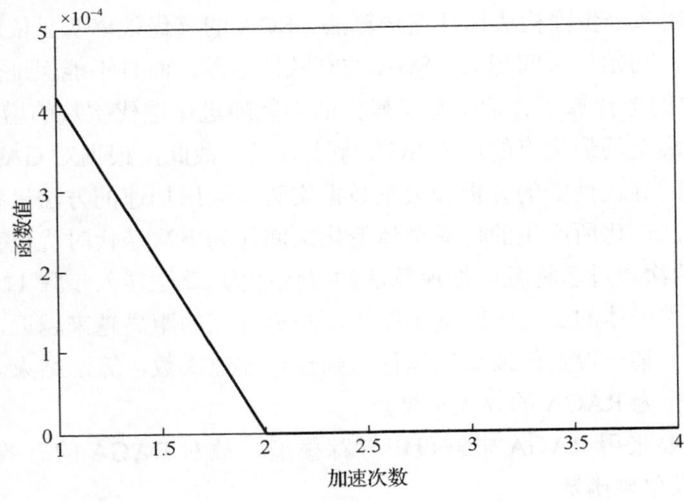

图 2-2 【例 2-1】RAGA 寻优过程

可以看到，在加速 1 次的时候，目标函数值已经非常接近于 0。表 2-1 显示了不同的加速次数下 RAGA 的运行结果。

表 2-1　【例 2-1】不同加速次数下 RAGA 运行结果

加速次数	优秀个体变化区间		最小目标函数值
	x	y	
1	$[-8.22\times10^{-2},3.92\times10^{-2}]$	$[-7.85\times10^{-2},8.17\times10^{-2}]$	4.14×10^{-4}
2	$[-1.38\times10^{-3},8.58\times10^{-4}]$	$[-1.27\times10^{-3},1.20\times10^{-3}]$	2.87×10^{-9}
4	$[-6.88\times10^{-9},6.85\times10^{-9}]$	$[-6.40\times10^{-9},6.70\times10^{-9}]$	1.67×10^{-17}
RAGA 估计	4.08×10^{-9}	1.63×10^{-10}	1.67×10^{-17}

可以看出，RAGA 在单峰函数寻优的时候速度是非常快的，而且结果也比较令人满意。下面我们再考虑一下多峰函数。

【例 2-2】 求多峰函数

$$f(x,y)=\sin^2(3\pi x)+(x-1)^2\left(1+\sin^2(3\pi x)\right)+(y-1)^2\left(1+\sin^2(2\pi y)\right)$$

在区间[−10,10]的最小值。函数如图 2-3 所示。

从图 2-3 中可以看到，该函数是一个多峰函数，有很多局部最小值。结合图像和函数本身的性质，易知在规定的区间内，函数只有一个最小值点，即[1,1]，最小值为 0。采用 MATLAB 2016a 编程处理数据，选定父代初始种群规模为 N=400、交叉概率 p_c=0.8、变异概率 p_m=0.2，选取两次进化所产生的优秀个体变化区间作为下次加速时优化变量的变化区间，优秀个体数目选定为 40 个，最大加速次数为 20 次，变异方向的系数 M=10，运行停止的最小阈值为 10^{-6}。RAGA 加速 4 次就找到了最小值，即在加速到 4 次时，优秀个体中变量之间的差异已经小于 10^{-6}。函数值的寻优过程如图 2-4 所示。

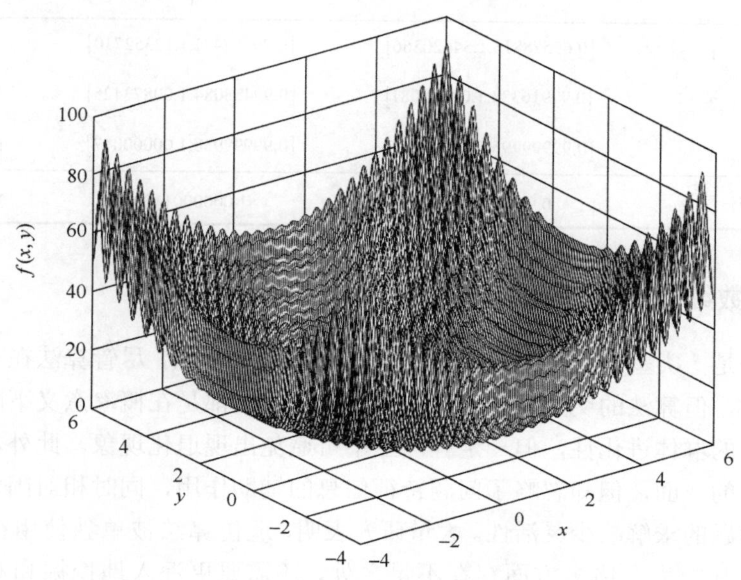

图 2-3　【例 2-2】多峰函数的图像

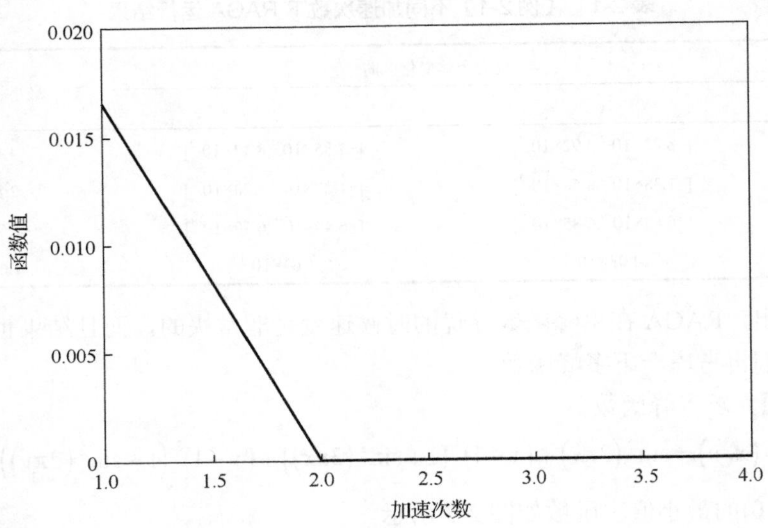

图 2-4　【例 2-2】RAGA 寻优过程

可以看到，在加速 2 次的时候，目标函数值已经非常接近于 0。表 2-2 显示了不同的加速次数下 RAGA 的运行结果。

表 2-2　【例 2-2】不同加速次数下 RAGA 运行结果

		优秀个体变化区间		最小目标函数值
		x	y	
加速次数	1	[0.65578815,1.34620366]	[0.79758431,1.12352710]	0.016554214
	2	[0.99916334,1.00088081]	[0.99488084,1.00873425]	0.00000413
	4	[0.99999995,1.00000004]	[0.99999958,1.00000047]	1.25964×10^{-14}
RAGA 估计		0.99999999927	1.0000001120	1.25964×10^{-14}

三、基于实数编码的加速免疫遗传算法的计算原理

遗传算法是一类基于“产生+测试”方式的迭代搜索算法，尽管算法在一定条件下具有全局收敛性，但算法的交叉、变异、选择等操作一般都是在概率意义下随机进行的，虽保证了种群的群体进化性，但一定程度上不可避免出现退化现象。此外，尽管遗传算法具有通用性的一面，但却忽略了问题特征信息的辅助作用，同时相对固定的遗传操作使得对不同问题的求解缺少灵活性。大量研究表明，遗传算法被单独使用在人类智能化处理事物时，其能力在诸多方面存在不足之处，还需要更深入地挖掘和利用人类的智能资源。而基于实数编码的加速免疫遗传算法（real coded accelerating immune genetic algorithm, RAIGA）就是将生命科学中的免疫原理与加速遗传算法相结合来提高算法

的整体性能，并有选择、有目的地利用待求解问题中的一些特征信息来控制优化过程中退化现象的出现[117, 118]。

不失一般性，考虑如下优化问题：

$$\min\left\{f\left(x\right)\mid x\in D\right\} \tag{2-19}$$

式中，f为目标函数；x为优化向量，$x\in R^N$；D为解的可行域。RAIGA 的具体操作步骤如下。

步骤 1 编码。SGA 一般采用二进制编码，其搜索能力较强但需要频繁进行变量的编码与解码，计算工作量大且只能产生有限的离散值。而基于十进制编码（即实数编码）则可使计算量大大减少，且解空间在理论上是连续的，它利用如下线性变换进行编码：

$$x\left(j\right)=a\left(j\right)+u_0\left(j\right)\left(b\left(j\right)-a\left(j\right)\right) \tag{2-20}$$

把初始变化区间$[a(j),b(j)]$第 j 个优化变量 $x(j)$映射为$[0,1]$区间上的实数 $u_0(j)$，在 GA 中 $u_0(j)$称为基因。RAIGA 直接对各优化变量的基因形式进行各种遗传操作。

步骤 2 产生初始群体。初始群体是遗传算法搜索寻优的出发点。群体规模 M 越大，搜索范围越广，但每代的遗传操作时间越长；反之 M 越小，搜索范围越小，操作时间也越短。通常 M 取 100～300，初始群体中的每个个体是按均匀随机方法产生，记为 $u_0(j,i)$。

步骤 3 父代个体串的解码和适应度评价。把父代个体通过式（2-20）变换成变量$x_j(i)$，并代入式（2-19）得相应的目标函数值$f(i)$。$f(i)$值越小表示该个体的适应度值越高，反之亦然。把｛$f(i)|\ i=1,2,\cdots,m$｝按从小到大排序，对应的变量｛$x_j(i)$｝也跟着排序。定义排序后第 i 个父代个体的适应度函数值为

$$F\left(i\right)=\begin{cases}1/f^2\left(i\right), & f\left(i\right)\neq 0\\ M_{\max}, & f\left(i\right)=0\end{cases},\qquad i=1,2,\cdots,m \tag{2-21}$$

为了拉大各个个体适应度值之间的差异，$M_{\max}$应为足够大正数。为了增强实码算法的搜索性能，这里先循环 N_0（称初步搜索代数）次，运行步骤 1～步骤 3，每次截取最前面 M/N_0个优秀个体作为子群体予以保存待用，N_0可根据 M 的大小灵活设定，一般可取 5～20。

步骤 4 群体选择。取比例选择方式，把已有父代个体按适应度函数值从大到小排序。称排序后最前面的 N_{ex} 个个体为优秀个体，它们包含着适应度函数在最优点附近各优化变量方向的变化特性的重要信息。构造与适应度函数值 f_i 成反比的函数 p_i 且满足 $p_i>0$ 和 $p_1+p_2+\cdots+p_n=1$。从父代个体中以概率 p_i 选择第 i 个个体，这样共选择 $2M$ 个个体构成一个新的群体，称为选择群体 $u_s(j,i)$。

步骤 5 群体杂交。由步骤 4 得到的两组个体随机两两配对成为 M 对双亲，记为 $u_{0s}(j,i)$，对任一对 $u_{0s}(j,i_1)$和 $u_{0s}(j,i_2)$进行下列线性组合：

$$u_c\left(j,i\right)=\begin{cases}u_{x1}u_{0s}\left(j,i_1\right)+\left(1-u_{x1}\right)u_{0s}\left(j,i_2\right), & u_x<0.5\\ u_{x2}u_{0s}\left(j,i_1\right)+\left(1-u_{x2}\right)u_{0s}\left(j,i_2\right), & u_x\geqslant 0.5\end{cases} \tag{2-22}$$

式中，u_{x1}、u_{x2} 为比例系数，u_x 是判别参量，三者皆为随机数。由此产生又一个新群体，称为杂交群体，记为 $u_c(j,i)$。

步骤 6　个体突变。任取由步骤 5 得到的一组子代个体 $u_c(j,i)$，将其依概率 p_m（即变异率，一般取 0.05）进行变异操作：

$$u_p(j,i)=\begin{cases}u(j), & u_x < p_m\\ u_c(j,i), & u_x \geqslant p_m\end{cases} \tag{2-23}$$

式中，$u(j)$为一随机数。由此产生的新群体称为变异群体，记为 $u_p(j,i)$。实例证明，在进化的中后期对群体的一些劣势个体进行个体突变，能有效地提高全局搜索能力。

步骤 7　进化迭代。由步骤 4～步骤 6 得到 3 个新群体，并按适应度进行排序，截取前面的 M 个子代个体作为新的父代群体，算法转入步骤 3，进入下一次进化过程，重新评价、选择、杂交和变异。这里以迭代次数 N_{ev} 为局部停止控制条件，一般 N_{ev} 取 10～50。

步骤 8　免疫生殖。借鉴生物免疫机制及简单免疫进化算法中子代个体的生殖方式，这里对前面进化迭代所产生的 N_{ex} 个优秀个体进行免疫进化操作：

$$\begin{cases}x_j^{t+1}=x_{j,1}^t+\sigma_j^t\times N(0,1)\\ \sigma_j^{t+1}=\sigma_\varepsilon+\sigma_j^0\times 10^{-h_j^t}\end{cases},\quad j=1,2,\cdots,N;i=1,2,\cdots,N_{ex} \tag{2-24}$$

式中，t 为进化代数；x_j^{t+1} 为子代个体第 j 个分量；$x_{j,i}^t$ 为第 i 个父代优秀个体的第 j 个分量，共有 N_{ex} 个父代优秀个体，一般取 10～20；$N(0,1)$为服从标准正态分布的随机数；σ_j^{t+1} 与 σ_j^t 分别为子代、父代个体第 j 个分量的标准差；σ_ε、σ_j^0 分别为标准差基数和第 j 个分量的初始标准差，应用中常取 $\sigma_\varepsilon=0$，$\sigma_j^0\in[1,3]$；h_j^t 为第 t 代第 j 个分量的搜索敏感系数，$h_j^t=h_0+t$，h_0 为初始搜索敏感系数，根据所研究的问题确定。式（2-24）的实质是在父代优秀个体群的基础上叠加一个服从正态分布的随机变量来产生子代个体，以此综合体现父代优秀个体的遗传和免疫，因此免疫进化算法中把子代个体的这种产生方式称为生殖。由式（2-24）就可得到新的子代群体，算法转入步骤 3。如此加速循环往复，优秀个体所对应的优化变量将不断进化，与最优点的距离越来越近，直至最优个体的适应度函数值小于某一设定值或达到预定加速循环次数，结束整个算法的运行。

第四节　粒子群优化算法

粒子群优化（particle swarm optimization, PSO）算法是由 Kennedy 和 Eberhart 等于 1995 年提出的一种基于种群搜索的自适应进化计算技术，该算法最早源于对鸟群觅食行为的研究[119, 120]。研究者发现鸟群在飞行过程中经常会突然改变方向、散开、聚集，其行为不可预测，但其整体总保持一致性，个体与个体间也保持着最适宜的距离。通过对类似生物群体行为的研究，发现生物群体中存在着一种社会信息共享机制，这种机制为进化提供了一种优势，这也是粒子群优化算法形成的基础。

粒子群优化算法是一种基于进化计算和群智能的算法。每个优化问题的解可看做搜索空间中的一个粒子，每个粒子 i 都由自己的位置（x_i）和速度（v_i）决定飞行方向和距离，还有一个由被优化问题决定的适应值（fitness），可根据适应值评价粒子的“优劣”程度。每个粒子知道自己到目前为止发现的最好位置和现在的位置，除此之外，每个粒子可根据粒子同伴的经验了解目前整个群体所经历过的最好位置[121]。每个粒子根据自己的飞行经验和同伴的飞行经验来调整自己的飞行，记忆和追随当前的最优粒子，并在解空间中进行搜索，如寻找到较优解，以此为依据来寻找下一个较优解。

每个粒子在飞行过程中所经历的最好位置，就是粒子本身找到的最优解；整个群体所经历的最好位置，就是整个群体目前找到的最优解。前者称为个体极值（pbest），后者称为全局极值（gbest）。每个粒子都通过上述两个极值不断更新自己，从而产生新一代群体，在这个过程中整个群体实现了对解区域的全面搜索[122, 123]。

粒子群优化算法通常采用随机化的方式为粒子产生初始位置和速度（即初始解）。设粒子种群规模为 N，第 $i(i=1,2,\cdots,N)$个粒子的位置可表示为 x_i，速度表示为 v_i，适应值表示为 f_i。在随机产生初始位置和速度之后的每一次迭代中，在 t 时刻粒子通过跟踪个体极值 $\text{pbest}_i(t)$和全局极值 $\text{gbest}(t)$来更新自己，在 t+1 时刻找到这两个最优值时，粒子根据式（2-25）和式（2-26）更新自己的位置和速度：

$$v_i(t+1)=wv_i(t)+c_1r_1(t)\left(\text{pbest}_i(t)-x_i(t)\right)+c_2r_2(t)\left(\text{gbest}(t)-x_i(t)\right) \tag{2-25}$$

$$x_i(t+1)=x_i(t)+v_i(t+1) \tag{2-26}$$

式中，w 为惯性权重，其主要作用是产生扰动，使其有扩展搜索空间的趋势，有能力搜索新的区域，以防止算法的早熟收敛，w 的大小将影响粒子群优化算法的全局与局部寻优能力，w 一般取值为 0.4～1.4；c_1、c_2 为学习因子，分别调节向个体最好粒子和全局最好粒子方向飞行的最大步长，若太小，则粒子可能远离目标区域，若太大，则会导致突然向目标区域飞去，或飞过目标区域，c_1 和 c_2 可在加快收敛速度的同时避免陷入局部最优，其取值范围为[0,4]，通常令 $c_1=c_2=2$；r_1、r_2 为 $(0,1)$ 均匀分布的随机数。

每个粒子的个体极值和全体粒子的全局极值的更新公式如下：

$$\text{pbest}_i(t+1)=\begin{cases}x_i(t+1), & f_i(t+1)\geqslant f\left(\text{pbest}_i(t)\right)\\ \text{pbest}_i(t), & f_i(t+1)<f\left(\text{pbest}_i(t)\right)\end{cases} \tag{2-27}$$

$$\text{gbest}(t+1)=x_{\max}(t+1) \tag{2-28}$$

式中，$f_i(t+1)$ 为 $t+1$ 时刻粒子 i 的适应值；$f\left(\text{pbest}_i(t)\right)$ 为粒子 i 个体历史最好适应值；$x_{\max}(t+1)$ 为 $t+1$ 时刻所有粒子中最大的 $f\left(\text{pbest}_i(t)\right)$ 所对应的粒子位置。

粒子群优化算法的基本实现步骤如下[124, 125]。

步骤 1　初始化。设置粒子群体规模 N，惯性权重 w，学习因子 c_1 和 c_2，最大允许迭代次数 $G_{\max}$ 或适应值误差限，各粒子的初始位置和初始速度等。

步骤 2　根据实际优化问题，计算每个粒子的初始适应值 $f_i(0)$。

步骤 3　根据式（2-25）和式（2-26）对每个粒子的速度和位置进行更新。

步骤 4　根据实际优化问题，计算每个粒子的适应值。

步骤 5　对于每个粒子，比较其当前适应值和其个体历史最好适应值，若当前适应值更优，则令当前适应值为其个体历史最好适应值，并保存当前位置为其个体历史最好位置（个体极值 pbest），见式（2-27）。

步骤 6　比较群体所有粒子的当前适应值和群体经历的历史最好适应值，若某个粒子的当前适应值更优，则令该粒子的当前适应值为全局历史最好适应值，并保存该粒子的当前位置为群体历史最好位置（全局极值 gbest），见式（2-28）。

步骤 7　若满足停止条件（适应值误差达到设定的适应值误差限，或迭代次数超过最大允许迭代次数），搜索停止，输出搜索结果。否则，返回步骤 3 继续搜索。

第五节　模拟退火算法

模拟退火算法是基于物理中固体物质的退火过程与一般组合优化问题之间的相似性，为具有 NP 复杂性问题提供有效近似解的算法，其克服了其他优化过程容易陷入局部极小的缺陷和对初值的依赖性。模拟退火算法是一种通用的优化算法，是局部搜索算法的扩展。它不同于局部搜索算法之处是以一定的概率选择邻域中目标值大的劣质解。从理论上说，模拟退火算法是一种全局优化算法，它利用 Metropolis 算法并适当控制温度的下降过程来实现模拟退火，从而达到求解全局优化问题的目的[126]。

模拟退火算法来源于固体退火的原理，将固体加热至温度充分高，此时内部的粒子变为无序状态，再让其徐徐冷却，内部粒子趋于有序，最后在常温下达到基态，内能减为最小。根据 Metropolis 算法，粒子在温度 T 时趋于平衡的概率为 $\exp(-\Delta E/T)$，其中 E 为温度 T 时的内能，ΔE 为其改变量。用固体退火模拟组合优化问题，将内能 E 模拟为目标函数值，温度 T 演化成控制参数，即得到解组合优化问题的模拟退火算法：由初始解和控制参数开始，对当前解重复“产生新解→计算目标函数差→接受或舍弃”的迭代，并逐渐减小控制参数，算法终止时的当前解即为所得的近似最优解。

模拟退火的主要思想是在搜索区间随机游走，再利用 Metropolis 算法，使随机游走逐渐收敛于局部最优解。温度是算法中的一个重要参数，其控制了随机过程向局部或全局最优解移动的速度[126]。

Metropolis 算法是一种重点抽样法，系统从一个能量状态变化到另一个能量状态，相应的能量从 E_1 变为 E_2，其概率为

$$p=\exp\left(-\frac{E_2-E_1}{T}\right) \tag{2-29}$$

如果 $E_2<E_1$，系统接受此状态，否则以一个随机的概率接受或者丢弃此状态，状态 2 被接受的概率为

$$p(1 \to 2) = \begin{cases} 1, & E_2 < E_1 \\ \exp\left(-\dfrac{E_2 - E_1}{T}\right), & E_2 \geqslant E_1 \end{cases} \tag{2-30}$$

这样经过一定次数的迭代，系统逐渐趋于一个稳定的分布状态。模拟退火算法主要分为以下三个步骤。

（1）由一个产生函数从当前解产生一个位于解空间的新解。为便于后续的计算和接受，减少算法耗时，通常选择由当前解经过简单变换即可产生新解的方法。注意，产生新解的变换方法决定了当前新解的邻域结构，因而对冷却的进度表的选取有一定的影响。

（2）判断新解是否被接受。判断的依据是一个接受准则，最常用的准则是 Metropolis 算法，若$\Delta E = E_2 - E_1 < 0$，则接受新解 X'为当前解 X，否则以概率 $\exp(-\Delta E/T)$ 接受新解 X'为当前解 X。

（3）当前解被确定接受时，用新解代替当前解，这只需要将当前解中对应于产生新解时的变换部分予以实现，同时修正目标函数即可。此时，当前解实现了一次迭代，在此基础上开始下一轮实验。若当前解被判定为舍弃，则在原当前解的基础上继续下一轮实验。

模拟退火算法求得的解与初始状态无关，具有渐近收敛性，已在理论上被证明是一种以概率 1 收敛于全局最优解的优化算法。模拟退火算法在开始计算时需要具备解空间、目标函数和初始解三部分。该算法的具体流程如下。

（1）初始化：设置初始温度 T_0（充分大）、初始状态 X_0（算法迭代的起点），每个值 T 的迭代次数为 L。

（2）对 $k=1,2,\cdots,L$ 做第（3）至第（6）步。

（3）产生新解 X'。

（4）计算增量$\Delta E = E(X') - E(X)$，其中 $E(X)$为评价函数。

（5）若$\Delta E < 0$，则接受 X'作为新的当前解，否则以概率 $\exp(-\Delta E/T)$接受 X'作为新的当前解。

（6）如果满足终止条件，则输出当前解作为最优解，结束程序。

（7）T 逐渐缩小，且 $T \to 0$，然后转到第（2）步。

第六节　其他优化算法

除了上述智能优化算法外，还有其他优化算法也可以用于投影寻踪模型的求解，下面做一下简要的介绍。

一、差分进化算法

差分进化算法是一种新兴的进化计算技术，它由 Rainer Storn 和 Kenneth Price 等于

1995 年提出，其最初的设想是用于解决切比雪夫多项式问题，后来发现差分进化算法也是解决复杂优化问题的有效技术[127]。

差分进化算法是基于群智能理论的优化算法，是通过群体内个体间的合作与竞争产生的智能优化搜索。但相比于进化计算，差分进化算法保留了基于种群的全局搜索策略，采用实数编码、基于差分的简单变异操作和“一对一”的竞争生存策略，降低了进化计算的复杂性。同时差分进化算法特有的记忆功能使其可以动态跟踪当前的搜索情况，以调整其搜索策略，它具有较强的全局收敛能力和稳健性，且不需要借助问题的特征信息，适用于求解一些利用常规的数学规划方法很难求解甚至无法求解的复杂优化问题。

二、免疫算法

免疫算法（immune algorithm, IA）是一种具有生成+检测（generate and test）的迭代过程的群智能搜索算法。从理论上分析，迭代过程中，在保留上一代最佳个体的前提下，遗传算法是全局收敛的[128]。

在生命科学领域中，人们已经对遗传（heredity）与免疫（immunity）等自然现象进行了广泛深入的研究。由于遗传算法较以往传统的搜索算法具有使用方便、鲁棒性强、便于并行处理等特点，因而广泛应用于组合优化、结构设计、人工智能等领域。从理论上分析，迭代过程中，在保留上一代最佳个体的前提下，遗传算法是全局收敛的。然而，在对算法的实施过程中不难发现，两个主要遗传算子都是在一定发生概率的条件下，随机地、没有指导地迭代搜索，因此它们在为群体中的个体提供了进化机会的同时，也不可避免地产生了退化的可能。在某些情况下，这种退化现象还相当明显。另外，每一个待求的实际问题都会有自身一些基本的、显而易见的特征信息或知识。然而遗传算法的交叉和变异算子却相对固定，在求解问题时，可变的灵活程度较小。这无疑对算法的通用性是有益的，但却忽视了问题的特征信息对求解问题时的辅助作用，特别是在求解一些复杂问题时，这种忽视所带来的损失往往就比较明显了。实践也表明，仅仅使用遗传算法或者以其为代表的进化算法，在模仿人类智能处理事物的能力方面还远远不足，还必须更加深层次地挖掘与利用人类的智能资源。从这一点讲，学习、开发、进而利用生物智能是进化算法乃至智能计算的一个永恒的话题。所以，研究者力图将生命科学中的免疫概念引入工程实践领域，借助其中的有关知识与理论并将其与已有的一些智能算法有机地结合起来，以建立新的进化理论与算法，来提高算法的整体性能。基于这一思想，将免疫概念及其理论应用于遗传算法，在保留原算法优良特性的前提下，有选择、有目的地利用待求问题中的一些特征信息或知识来抑制其优化过程中出现的退化现象，这种算法称为免疫算法。已有研究表明：免疫算法不仅是有效的，而且是可行的，并较好地解决了遗传算法中的退化问题。

三、蚁群算法

蚁群算法是一种用来寻找优化路径的概率型算法。它由 Marco Dorigo 于 1992 年在他的博士论文中提出，其灵感来源于蚂蚁在寻找食物过程中发现路径的行为。这种算法具有分布计算、信息正反馈和启发式搜索的特征，本质上是进化算法中的一种启发式全局优化算法[129, 130]。

蚂蚁有能力在没有任何提示的情形下找到从巢穴到食物源的最短路径，并且能随环境的变化，自适应地搜索新的路径。其根本原因是蚂蚁在寻找食物时，能在其走过的路径上释放一种特殊的分泌物——信息素。随着时间的推移，该物质会逐渐挥发，后来的蚂蚁选择该路径的概率与当时这条路径上信息素的强度成正比。当一条路径上通过的蚂蚁越来越多时，其留下的信息素也越来越多，后来的蚂蚁选择该路径的概率也就越高，从而更增加了该路径上的信息素强度。而强度大的信息素会吸引更多的蚂蚁，从而形成一种正反馈机制。通过这种正反馈机制，蚂蚁最终可以发现最短路径。蚁群算法具有分布式计算、无中心控制和分布式个体之间间接通信等特征，易于与其他优化算法相结合。它通过简单个体之间的协作，表现出了求解复杂问题的能力，已经被广泛应用于优化问题的求解。

四、人工鱼群算法

人工鱼群算法（artificial fish school algorithm, AFSA）[131]是一种基于模拟鱼群行为的优化算法。基本 AFSA 主要是利用鱼群的觅食、聚群和追尾行为，以构造一条鱼的底层行为作为起始，通过鱼群中个体的局部寻优，最终达到全局最优值在群体中突现出来的目的。该算法对克服局部极值、取得全局极值的表现良好，并且算法中只需要目标函数的函数值，无须目标函数的梯度值等特殊信息，对搜索空间具有一定的自适应能力。算法对初值无要求，对各参数的选择也不很敏感。

动物经过了自然界优胜劣汰的漫长进化过程，形成了形形色色的觅食和生存方式，这些方式为人类解决问题的思路带来了不少启发和鼓舞。动物一般不具备人类所具有的复杂逻辑推理能力和综合判断能力这些高级智能，它们的行为目的是通过个体的简单行为或群体的简单行为最终达到或突现出来的。

五、禁忌搜索算法

禁忌搜索（tabu search, TS）算法是一种亚启发式（meta-heuristic）随机搜索算法，它从一个初始可行解出发，选择一系列的特定搜索方向（移动）作为试探，选择实现让特定的目标函数值变化最多的移动。为了避免陷入局部最优解，TS 中采用了一种灵活的“记忆”技术，对已经进行的优化过程进行记录和选择，指导下一步的搜索方向，这就是禁忌表的建立[132, 133]。

为了找到“全局最优解”，不应该执着于某一个特定的区域。于是人们对局部搜索进行了改进，得出了禁忌搜索算法。打个比方，为了找出地球上最高的山，一群有志气的兔子们开始想办法。首先，兔子朝着比现在高的地方跳去，它们找到了不远处的最高山峰，但是这座山不一定是珠穆朗玛峰。这就是爬山法，它不能保证局部最优值就是全局最优值。当兔子们找到一个较高峰时，例如泰山，它们之中的一只就会留守在这里，其他的再去别的地方寻找。当兔子们再寻找的时候，一般地会有意识地避开泰山，因为这里找过了，并且还有一只兔子在这留守。这就是禁忌搜索中“禁忌表（tabu list）”的含义。由于我们要避免一些操作的重复进行，就要将一些元素放到禁忌表中以禁止对这些元素进行操作，这些元素就是我们指的禁忌对象。但那只留在泰山的兔子一般不会在那里安家，它会在一定时间后重新回到找最高峰的大军，因为这个时候已经有了许多新的消息，泰山毕竟也有一个不错的高度，需要重新考虑，这个归队时间，在禁忌搜索里面叫作“禁忌长度（tabu length）”。如果在搜索的过程中，留守泰山的兔子还没有归队，但是找到的地方全是比较低的地方，兔子们就不得不再次考虑选中泰山，也就是说，当一个有兔子留守的地方优越性太突出，超过了“best so far”的状态，就可以不顾及有没有兔子留守，都把这个地方考虑进来，这就叫“特赦准则（aspiration criterion）”。

第七节　基于遗传算法的投影寻踪模型

由前述可知，投影寻踪方法与实际应用之间存在一定的差距，面临的问题是在投影寻踪思路下，能否给出便于实际应用的简便算法，将投影寻踪方法转化为便于实践的投影寻踪技术。下面首先介绍投影寻踪理论的基本概念。

一、投影寻踪的基本概念

在投影寻踪方法中，有三个基本的概念：线性投影、投影指标和最优投影方向，以下分别介绍。

（一）线性投影

线性投影是对高维数据进行投影降维的手段。任意一个秩为 k 的 $k \times p$ 矩阵 A 用来表示欧氏空间 R^p 至 R^k 的线性投影，称为投影矩阵或投影方向，其中 $k \ll p$。对 p 维随机变量 X 的线性投影 Z 由投影矩阵 A 与随机变量 X 的矩阵乘积表示，写成数学表达式为

$$Z = AX, \quad X \in R^p, \quad Z \in R^k \tag{2-31}$$

一般要求：A 的 k 个行向量是相互正交的单位向量，是 k 个向量线性无关的满秩矩阵。

设 X 服从于分布 F，Z 服从于分布 F_A：当 k=1 时，A 变为列矩阵 a^{T}，且 F_a 表示 a^{T} 时 A 的分布。在方向 a 上的一维投影 F_a 的特征函数 φ 等价于 F 的特征函数 φ_a 沿着同一方向 a 的投影，用下式反映线性投影的特征表达：

$$\varphi_a(F) = \varphi(F_a) \tag{2-32}$$

式中，φ_a 是 F 的特征函数；φ 是一维投影 F_a 的特征函数。式（2-32）是投影寻踪方法实现高维特征量的低维表示的主要根据。在高维空间中，样本个数不足使得一些在低维空间很有效的方法在进行高维特征的估计时失去了优势。现在利用线性投影将 p 维欧氏空

间 R^p 的数据映射到 k 维子空间 R^k 后，在子空间中，数据点的个数不变，但维数由 p 维降低为 k 维，可以重新发挥低维空间中有效方法的优势，投影寻踪方法正是利用线性投影研究数据在低维空间散布特征，从而找到其在高维空间的结构特征。

（二）投影指标

最初的投影寻踪是利用人的视觉作用，寻找反映高维数据的恰当窥视角。由于许多复杂的数据结构特征只能在很小的角度内看到，对于这样一个庞大的集合，用肉眼逐个挑选是行不通的，于是借助于计算机，利用一个量化的指标来寻找最佳的投影方向，而这个量化的指标就称作投影指标。

随机变量 X 在投影方向 A 上的投影指标表示为 $Q(F_A)$，实际上 Q 是一个 k 维空间上的泛函，即将空间函数转变成某一确定的数值，也可以表示为 $Q(AX)$。当 k=1 时，表示成 $Q(a^{\mathrm{T}}X)$。投影指标可以是均值，即 $Q(a^{\mathrm{T}}X)=\mathrm{ave}(a^{\mathrm{T}}X)$，也可以是标准差，即 $Q(a^{\mathrm{T}}X)=\mathrm{var}(a^{\mathrm{T}}X)$等。在使用优化算法优化投影指标时，投影指标即是目标函数，其具体形式可以根据具体要求来确定，有时一些算法还要求投影指标满足一些条件，例如需便于求导、求逆，需具有稳健性，不受离群值的干扰等。

（三）最佳投影方向

不同的投影方向反映着不同的数据结构特征，所谓最佳投影方向应该是最大可能暴露高维数据的某类特征结构的那个方向，从信息论的角度而言，最佳的投影方向是对数据信息利用最充分、信息损失量最小的方向，优化投影方向归根到底是找出某种意义下好的投影指标。如果数据特征比较复杂，则允许存在若干个投影方向反映数据整体结构的各个方面。直接地说，能将数据清晰地重构为有意义结构的投影方向，必然是最优投影方向。

本书利用以上介绍的遗传算法结合投影寻踪的三个基本概念，给出实现投影寻踪的新算法。

二、基于实数编码的加速遗传算法优化投影方向

根据基于实数编码的加速遗传算法使用的两个条件，规定投影方向的长度范围为单位长度，则投影矩阵 A 的模为 1，矩阵中的各个分量满足：$\sum_{i=1}^{p} a^2(i)=1$；同时确定投影指标 Q 为目标函数，基于实数编码的加速遗传算法面对的优化问题为$\begin{cases}\max Q(A)\\ \|A\|=1\end{cases}$或$\begin{cases}\min Q(A)\\ \|A\|=1\end{cases}$。

在基于实数编码的加速遗传算法的基础上，新途径寻找一维投影方向的基本思想是：在单位超球面中随机抽取若干个初始投影方向，计算其投影指标的大小，根据投影指标

选大或选小的原则，进行加速遗传算法操作，最后确定最大指标函数值或最小指标函数值对应的投影方向为最优投影方向。

投影寻踪方法是对研究变量乘以一个列向量矩阵，进行相应的线性变换，从而达到投影的目的。投影指标函数是用来衡量投影效果的一个标准，指示低维数据对高维特征量的表达效果。对每一个投影方向都有一个目标值，用此目标值构造此方向的适应度函数，用遗传算法的操作来实现适应度高的投影方向之间的优化重组。可以认为，用遗传算法优化投影方向的过程是直接在由高适应度确定的优化区域内优选投影方向的过程。与传统的投影寻踪优化算法相比，遗传算法具有以下优势。

（1）在遗传算法中，初始种群构成一张网，可以罩在整个高维解空间，种群规模即是在解空间中的采样，适应度函数代表了每个区域解的优劣水平，水平高的区域中解的个数会在一代一代的繁衍、交配中增加，从而在解空间中发掘出投影指标函数值最大或者最小的区域，搜索到最佳投影方向的效率高。

（2）遗传算法的操作过程几乎只有简单的加减乘除和交换运算，没有导数、逆的运算，简单易行。遗传算法计算灵活，根据不同的研究问题选择不同的投影。投影指标函数作为目标函数，根据高维数据结构的复杂性决定初始的投影方向以及寻优的循环次数，也可根据主观目的用试错法确定优化次数。

（3）另外，目标函数的计算与投影方向的选取可以在一个循环内同时完成，随着循环次数的增加，取解的区域可以扫过整个单位超球面，有利于寻找最优的单位投影矩阵。

根据不同的投影指标，利用遗传算法优化参数的基本思路，就可以给出针对问题的投影寻踪算法。本书后面章节的工作将基于实数编码的加速遗传算法展开，为解决实际问题提供有效途径。

第三章　投影寻踪数据特征分析

随着科学技术的发展，高维数据的统计分析越来越普遍，也越来越重要。如遥感卫星数据，特别是高光谱遥感数据的获取和大量应用，地理信息系统（geographic information system, GIS）中大量数据的分析处理等。多元统计分析是解决这类问题的有力工具，但传统的多元统计分析方法是建立在总体服从某种分布，比如正态分布这个假设的基础上的，采用的是证实性数据分析（confirmatory data analysis, CDA）方法，即“假定-模拟-检验”的方法。但实际问题中有许多数据并不满足正态分布，需要用稳健的或非参数的方法去解决。不过，当数据维数很高时，这些方法都将面临一些困难：随着维数的增加，计算量迅速增大；对于高维数据，存在着高维空间中点稀疏的“维数灾难”，非参数方法也很难使用；低维时稳健性能好的统计方法用到高维时稳健性变差。因此。传统的 CDA 方法对于高维非正态、非线性数据分析很难收到很好的效果。其原因在于传统的 CDA 方法过于形式化、数学化，难以适应千变万化的客观世界，无法找到数据的内在规律，远不能满足高维非正态分布数据分析的需要。例如，图 3-1 所示的分布，传统多元统计分析方法很难处理。为了克服上述困难，需要对客观数据不做假定或只做极少的假定，进而采用“直观审视数据-通过计算机模拟数据结构-检验”这样一种探索性数据分析（exploratory data analysis, EDA）方法。投影寻踪就是实现这种新思维的一条行之有效的途径。投影寻踪是集数据压缩与特征提取于一体的数据处理理论与方法。

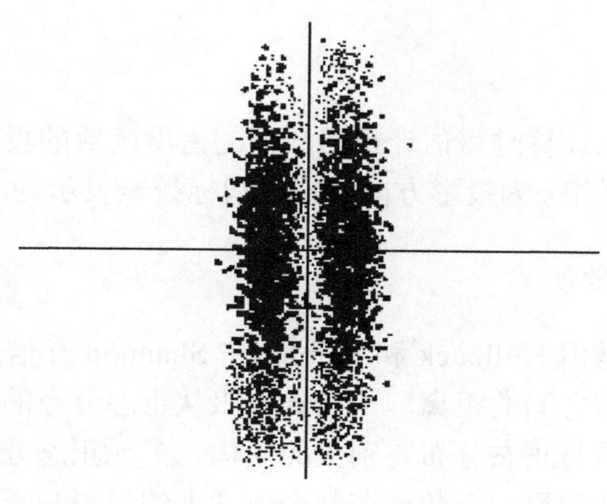

图 3-1　数据点散布图

第一节　投影寻踪指标研究

投影寻踪是根据实际问题的需要，通过确定某个准则函数，将高维数据投影到低维子空间，使得投影后的数据可以很好地进行分类或预测，且要求信息损失最小。投影寻踪方法中，投影指标的选择是核心问题。

投影指标是用于衡量投影到低维空间上的数据是否有意义的目标函数，就是要找到一个或几个投影方向，使它的指标值达到最大或最小。设 $X=\{x_1, x_2, \cdots, x_n\}$ 是 n 个 p 维向量，其分布函数记为 F_X。设 $a \in R^p$ 为一方向向量，满足 $a^{\mathrm{T}}a=1$。记 X 在 a 方向上的投影为 Y，则 $Y=a^{\mathrm{T}}X$，它的分布函数记为 F_Y，投影指标是定义在 Y 上的实值函数。对于投影方向 a，投影数据 $a^{\mathrm{T}}X$ 的投影指标记为 $Q(Y)$ 或 $Q(a^{\mathrm{T}}X)$。

Huber[18]按照不（同）变性，把投影指标分为三类。

第Ⅰ类指标，指它是位移、尺度（scale）同变的，即对任何 α、$\beta \in R$，有

$$Q(\alpha Y+\beta)=\alpha Q(Y)+\beta \tag{3-1}$$

第Ⅱ类指标，指它是位移不变、刻度同变的，即

$$Q(\alpha Y+\beta)=|\alpha| Q(Y) \tag{3-2}$$

第Ⅲ类指标，指它是仿射不变的，即

$$Q(\alpha Y+\beta)=Q(Y) \tag{3-3}$$

显然，两个Ⅰ类指标之差的绝对值是一个Ⅱ类指标，两个Ⅱ类指标之比是一个Ⅲ类指标。在某些情况下，用Ⅰ类指标作投影寻踪可以构造多元总体的位置度量，用Ⅱ类指标作投影寻踪可以进行随机向量的散布度量，用Ⅲ类指标作投影寻踪可以衡量正态性。

从计算角度，可以将投影指标分为两种类型：密度型投影指标和非密度型投影指标。

一、密度型投影指标

密度型投影指标指在计算时需估计投影数据的密度函数的投影指标。下面介绍常用的密度型投影指标。这里记 α 为投影方向，投影指标统一表示为 α 的函数 $Q(\alpha)$。

（一）K-L 绝对信息散度

K-L 绝对信息散度是由 Kullback 和 Leibler 在 Shannon 互信息的基础上提出的[134]，它很好地度量了两个分布之间的距离。一般认为服从正态分布的数据含有的有用信息最少，因而我们感兴趣的是与正态分布差别大的结构。多元正态分布的任何一维线性投影仍然服从正态分布，因此如果一个数据在某个方向上的投影与正态分布差别较大，那它就一定含有非正态的结构，这是我们关心的。高维数据在不同方向上的一维投影与正态分布的差别是不一样的，它显示了在这一方向上所含有的有用信息的多少，因此可以用投影数据的分布与正态分布的差别来作为投影指标[134, 135]。

利用 K-L 绝对信息散度作为投影指标，我们的目的是能够寻找投影矩阵，使得投影

以后的数据分布与高斯分布有最大的差异。对于两个连续的概率分布 $p(x)$, $q(x)$，它们间的K-L绝对信息散度为：$\mathrm{KL}(q;p)=\int_R \ln\left[\frac{q(x)}{p(x)}\right]q(x)\mathrm{d}x$。由于 K-L 绝对信息散度不具有对称性，因此，定义 $p(x)$、$q(x)$间的绝对信息散度为

$$J(p,q)=\left|\mathrm{KL}(p;q)\right|+\left|\mathrm{KL}(q;p)\right| \tag{3-4}$$

显然，式（3-4）是对称和非负的。随着两个分布间发散程度的增大，$J(p,q)$的值增加；若两个分布的概率密度函数相同，即 $p(x)=q(x)$，$J(p,q)=0$。若定义 $p(x)$为正态分布，这样我们就可以计算 $q(x)$与正态分布的散度。

如果给出的是 $q(x)$的离散估计，就可以应用 K-L 绝对信息散度的离散形式：

$$KL_D(q;p)=\sum q_i \log\frac{q_i}{p_i} \tag{3-5}$$

式中，q_i和 p_i分别是对应于 $q(x)$和 $p(x)$的离散值向量 p 和 q 中第 i 个元素。

这样，离散 K-L 绝对信息散度为

$$J_D(p,q)=\left|KL_D(p;q)\right|+\left|KL_D(q;p)\right| \tag{3-6}$$

（二）Friedman-Tukey 投影指标

由 Friedman 和 Tukey[5]提出的投影指标，用于寻找高维数据的一维或二维感兴趣的投影。该投影指标为

$$Q_{FT}(a)=S(a)D(a) \tag{3-7}$$

式中，$S(a)$表示投影数据总体的离散度；$D(a)$为投影数据的局部密度。

（三）一阶熵投影指标

1987 年，Jones 和 Sibson[136]提出了一阶熵测度

$$Q_E(a)=-\int f(y)\log f(y)\mathrm{d}y \tag{3-8}$$

作为投影指标。式（3-8）为 Shannon 熵，它具有非常有用的性质：标准正态密度可以使得该函数达到最小。

（四）Friedman 投影指标

1987 年，Friedman[137]通过对投影数据进行变换来排除野点对投影指标的影响。他将多维数据 X 球化后进行投影：

$$Z=A^{\mathrm{T}}X$$

再将投影数据 Z 做如下变换：

$$Y=2\Phi(Z)-1$$

如果 Z 服从标准正态分布，那么 Y 服从[−1,1]上的均匀分布，均匀分布在[−1,1]区间的

密度函数为一常数值 0.5，Friedman 使用 L_2 测度，作为变换后数据 Z 的分布和均匀分布之间的差异度量，即得 Friedman 投影指标为

$$Q(a)=\int_{-1}^{1}\left(f(y)-0.5\right)^2\mathrm{d}y \tag{3-9}$$

式中，$f(y)$为 Y 的密度函数。该投影指标是 Cook 指标族的特例，可以由 Cook 指标族通过变换 $T(Z)=2\Phi(Z)-1$ 得到。

（五）Hall 投影指标

1989 年，Hall[9]提出了基于多项式的投影指标的渐近理论。并使用密度函数 $f(y)$与标准正态密度函数 $\Phi(y)$的 L_2 距离，提出了度量投影数据密度函数的非正态性大小的投影指标

$$Q(a)=\int_{-\infty}^{\infty}\left(f(y)-\Phi(y)\right)^2\mathrm{d}y \tag{3-10}$$

该投影指标是 Cook 指标族的一个特例，可以由 Cook 指标通过变换 $T(Y)\propto\Phi_{\sigma=\sqrt{2}}(Y)$ 得到[138]。Hall[9]通过对 $f(y)$做 Hermite 展式，构造出投影指标的多项式来进行计算。

（六）Cook 投影指标族

1993 年，Cook 等[139]在 Friedman 的研究的基础上，将 Friedman 提出的变换思想更一般化，给出了一类投影指标族。

设 X 为将多维数据中心化和球化后的投影数据，其分布函数为 $F(x)$，密度函数为 $f(x)$。令广义变换 $T:R\to R$，将 X 映射到 Y，记 Y 的分布函数为 $F(y)$，密度函数为 $f(y)$，同时令 $g(y)$为标准正态密度 $\Phi(y)$的经 T 变换后的密度函数。Cook 投影指标族为

$$Q(y)=\int_R\left(f(y)-g(y)\right)^2g(y)\mathrm{d}y \tag{3-11}$$

该投影指标的逆变换为

$$Q(x)=\int_R\left(f(x)-\Phi(x)\right)^2\frac{\Phi(x)}{T(x)^2}\mathrm{d}x \tag{3-12}$$

（七）PPDA 投影指标

投影寻踪判别分析（projection pursuit discrimination analysis, PPDA）[140]方法的目的是估计贝叶斯准则，由于在多维的数据集上不能使用非参数的方法进行估计，因此把数据投影到低维空间进行处理。PPDA 方法中人们感兴趣的是分类的能力，即全局的误判概率。

令 $f_g(y)$为类别 G_g 通过投影方向 a 再投影到一维空间上的边缘密度，则 PPDA 的投影指标为

$$Q(a)=P\{\text{向投影方向 } a \text{ 投影后的误判率}\}=1-\int_R\max_{g=1,\cdots,G}\left(\pi_g f_g(y)\right)\mathrm{d}y \tag{3-13}$$

该投影指标等价于 Bayes 准则，与 Bayes 准则不同的是它是由单变量密度函数和单变量积分组成的，从而可以避免“维数灾难”问题。

PPDA 投影指标可写为

$$Q(y,a)=1-\sum_{g=1}^{G}\int_{R_g}\left(\pi_g f_g(y)\right)\mathrm{d}y \tag{3-14}$$

此外，还有 Yenyukov 投影指标等密度型投影指标。这一类指标在计算时有一个相同点，即都需要估计投影数据的密度函数。

二、非密度型投影指标

非密度型投影指标是指在计算时不需估计投影数据的密度函数的投影指标。

设 $X_1, X_2, \cdots, X_n$ 是总体 X 的独立同分布的样本，方差指标的样本形式为

$$Q\left(a^{\mathrm{T}}X\right)=\operatorname{var}\left(a^{\mathrm{T}}X\right) \tag{3-15}$$

如果我们求 $\max Q(a^{\mathrm{T}}X)$，得到的 $\hat{a}$ 就是样本散布最大的方向。由于该投影指标不需从投影数据中估计密度函数，因而它可大大降低计算复杂度。

此外，还有 Bhattacharyya 距离和均方误差等作为投影指标，这些投影指标为非密度型投影指标。非密度型投影指标的估计均不需要对投影数据的密度函数进行估计。

第二节　偏离正态分布程度的确定

通过以上对投影寻踪指标的分析可以看出，不管是采用哪种投影寻踪指标，其实质都是度量一个分布与其同方差的正态分布间的距离，因此偏离正态分布的程度是投影寻踪指标的重要特性。信息论方法中，度量一个分布与同方差正态分布的分离程度常用的方法是计算它们之间的负熵，负熵可以作为偏离正态分布的广义信息理论测度，负熵定义为

$$J_I(p)=H(p_G)-H(p)=\frac{1}{2}\log(2\pi)+\log(\sigma)+\int p(x)\log p(x)\mathrm{d}x \tag{3-16}$$

式中，$H(p)$是分布 p 的熵；$H(p_G)$是与 p 同方差正态分布的熵；$p(x)$是分布密度函数；σ是分布的标准差。由于正态分布的熵最大，所以可以用一个给定的未知分布与同方差的正态分布熵之间的差值来测度其偏离正态分布的程度，这种测度即是负熵，它的值是非负的，它是一个分布与具有跟它一样大小方差的正态分布间偏离程度的测度。

由于分布密度函数 $p(x)$未知，所以必须由样本数据来估计它。当用样本数据，通过核估计等非参数法来估算分布密度时，由于这些方法对维数灾难和稀疏数据十分敏感，估计效果很差，因此常用一些矩函数近似值来逼近积分值[136]。常用的统计量有三阶、四阶累计量（cumulants）：

$$k_3=\frac{E\left|\left(x-\overline{x}\right)^3\right|}{\sigma^3} \tag{3-17}$$

$$k_4 = \frac{E\left|\left(x-\overline{x}\right)^4\right|}{\sigma^4} - 3 \tag{3-18}$$

其中，k_3 为总体的偏度，是总体三阶中心矩对于总体标准差的三次方之比，是一个无量纲的量（相当于将标准差归一后的总体三阶中心矩）。它可以用来度量随机变量分布的非对称度。当分布有对称中心时，$k_3=0$。当 $k_3>0$ 时，说明总体分布偏向均值的右侧；反之，说明总体分布偏向均值的左侧。k_4 为总体的峰度，是总体四阶中心矩对于总体方差的二次方的比值减 3，是一个无量纲的量（相当于将标准差归一后的总体四阶中心矩减 3）。它可以刻画随机变量分布围绕其中心（均值）散布的陡峰程度。对于正态分布，峰度为零。当 $k_4>0$ 时，说明总体分布围绕其分布中心散布的陡峰程度低于正态分布；反之，说明总体分布围绕其分布中心散布的陡峰程度高于正态分布。

Edgeworth 展开式常被用来对熵进行估计，Gram-Charlier 展开式由于其直接利用分布的三阶、四阶累计量，已被一些研究人员所使用[112]。Gram-Charlier 展开式的近似形式为

$$p(x) \approx \delta(x)\left\{1 + \frac{k_3}{3!}H_3(x) + \frac{k_4}{4!}H_4(x)\right\} \tag{3-19}$$

式中，$\delta(x) = \frac{1}{\sqrt{2\pi}}\exp\left(-x^2/2\right)$；而 $H_i(x)$是 Chebyshev-Hermite 多项式，其由式（3-20）定义：

$$(-1)^i \frac{d^i \delta(x)}{dx^i} = H_i(x)\delta(x) \tag{3-20}$$

其中，

$$H_3(x) = 4x^3 - 3x \tag{3-21}$$

$$H_4(x) = 8x^4 - 8x^2 + 1 \tag{3-22}$$

显然，式（3-19）利用分布的偏度和峰度可以精确地测度偏离正态分布的程度。将式（3-19）代入式（3-16）可得

$$\hat{J}_1(p) = \sigma - \frac{(k_3)^2}{2\times 3!} - \frac{(k_4)^2}{2\times 4!} + \frac{5}{8}(k_3)^2 k_4 + \frac{1}{16}(k_4)^3 \tag{3-23}$$

通常，用式（3-23）来计算负熵的近似值。

第三节　小 波 估 计

一、密度函数的小波估计

对于一个密度函数未知的随机变量 X 的样本 $X_1, X_2, \cdots, X_n$，估计其密度函数 $f(x)$的经典的适应方法为

$$f_e(x)=\frac{1}{n}\sum_{i=1}^{n}\delta(x-X_i) \tag{3-24}$$

显而易见，f_e是f的一个无偏估计，因为$Ef_e(x)=\delta\times f=f$。

正交序列密度估计的思想是将平方可积的密度函数表示为收敛的正交序列展式：

$$f(x)=\sum_{j\in\Theta}\alpha_j\psi_j(x) \tag{3-25}$$

式中，$\{\psi_j,j\in\Theta\}$是L_2空间的完全正交的函数系统；Θ为合适的指标集；α_j可以表示为

$$\alpha_j=\langle f,\psi_j\rangle=\int\psi_j(x)f(x)\mathrm{d}x=E\psi_j(X) \tag{3-26}$$

其中，f为X的密度函数。

假定样本$X=\{X_1,X_2,\cdots,X_n\}$来自未知密度函数f，则系数α_j的估计为

$$\hat{\alpha}_j=\frac{1}{n}\sum_{i=1}^{n}\psi_j(X_i) \tag{3-27}$$

密度函数$f(x)$的估计为

$$\hat{f}(x)=\sum_{j\in\Theta}\alpha_j\psi_j(x)=\frac{1}{n}\sum_{j\in\Theta}\sum_{i=1}^{n}\psi_j(X_i)\psi_j(x) \tag{3-28}$$

显然，该估计是核估计的一个特殊形式，令$k_\Theta(x,y)=\sum_{j\in\Theta}\psi_j(x)\psi_j(y)$，则式（3-28）可表示为

$$\hat{f}(x)=\frac{1}{n}\sum_{j=1}^{n}k(x,X_j) \tag{3-29}$$

定义 3-1　令D是一个R上的开区间，$D\times D$上的有界的函数$\delta_m(x,y)$是一个D上的δ序列，如果对任意的$x\in D$且对D中的每一个函数φ有

$$\lim_{m\to\infty}\int\delta_m(x,y)\varphi(y)\mathrm{d}y=\varphi(y) \tag{3-30}$$

则样本$X_1,X_2,\cdots,X_n$的密度函数的δ序列估计为

$$\hat{f}_m(x)=\frac{1}{n}\sum_{i=1}^{n}\delta_m(X_i,x) \tag{3-31}$$

许多密度函数的估计可以归结为δ序列估计，小波估计也是其特例之一。

令$\phi(\cdot)$为多分辨子空间V_0上的尺度函数，$k(x,y)$是多分辨子空间V_0上的再生核，则

$$k(x,y)=\sum_k\phi(x-k)\phi(y-k) \tag{3-32}$$

$$k_m(x,y)=2^m k(2^m x,2^m y) \tag{3-33}$$

式中，$k_m(x,y)$是一个 δ 序列，由定义 3-1 可得到样本 $X_1, X_2, \cdots, X_n$ 的密度函数的小波估计为

$$\hat{f}_m(x)=\frac{1}{n}\sum_{i=1}^{n}2^m k\left(2^m X_i, 2^m x\right) \tag{3-34}$$

定义函数 ϕ 的 Z 变换为

$$Z\phi(x,\omega)=\sum_{k}\mathrm{e}^{-\mathrm{i}\omega j}\phi(x-k) \tag{3-35}$$

令 ϕ 为尺度函数，$\Phi(\omega)$是其 Fourier 变换。假定 ϕ 满足 Z_λ 条件：

$$[Z_{\lambda 1}]\ \Phi(\omega)=1+O(|\omega|^{\lambda}),\quad \omega\to 0$$

$$[Z_{\lambda 2}]\ Z\phi(\chi,\omega)=\mathrm{e}^{-\mathrm{i}\omega\chi}\left[1+O\left(|\omega|\right)^{\lambda}\right],\quad \omega\to\infty$$

定理 3-1　令 ϕ 是 r 正则的尺度函数，满足 Z_λ 条件，对某些 $\lambda>0$，$k_m(x,y)$是 V_m 空间上的再生核，则

$$\left\|k_m(\bullet,y)-\delta(\bullet,-y)\right\|_{-s}=O(2^{-\lambda m}) \tag{3-36}$$

在 y 中是一致的，这里$\|\bullet\|_{-s}$ 是 Sobolev 空间 W^{-s} 的模，δ是 Dirac 函数，$s>\lambda+1/2$。

推论 3-1[141]　对 $f\in W^{-s}$，$s>\lambda+1/2$，且尺度函数 ϕ 为 r 正则的

$$\left\|f_m(x)-f(x)\right\|\infty=O(2^{-\lambda m}) \tag{3-37}$$

式中，$f_m(x)=\langle f,k_m(\bullet,x)\rangle$ 是 f 到 V_m 空间的投影。

定理 3-2 给出了密度函数小波估计［式(3-34)］的均方误差（mean square error, MSE）和均方根误差（root mean square error, RMSE）的收敛率。

定理 3-2[141]　令 ϕ 是 r 正则尺度函数，满足 Z_λ 条件，则

（1）在紧支撑集上，$E\left|\hat{f}_m(x)-f(x)\right|^2\to 0$，当 $m\to\infty$ 且 $m=O(\log n)$。

（2）如果 f 属于 Sobolev 光滑空 W^s，$s>\lambda+1/2$，且 $m\approx\dfrac{\log 2}{2\lambda+1}(\log n)$，则

$E\left|\hat{f}_m(x)-f(x)\right|^2=O(n^{-\frac{2\lambda}{2\lambda+1}})$ 和 $\int E\left|\hat{f}_m(x)-f(x)\right|^2\mathrm{d}x=O(n^{-\frac{2\lambda}{2\lambda+1}})$。

由于小波估计中的尺度为一整数，因而核估计的带宽优化方法不再适用。由定理 3-2 便可确定尺度为 $m=\log 2\left(\dfrac{N}{\log N}\right)$，从而密度函数的小波估计比核估计在计算上更为简单。

二、投影寻踪的小波估计

定理 3-3　设 X 为 p 维随机向量，$a^{\mathrm{T}}=(a_1,a_2,\cdots,a_p)$为 p 维投影方向，$Y=a^{\mathrm{T}}X$ 为 X 的一

维投影。$f(y)$为 Y 的密度函数，$\hat{f}(y)$ 为由式（3-34）给出的密度函数$f(y)$的小波估计，称 $Q(\hat{f}(y))$ 为投影指标 $Q(f(y))$的小波估计，简记为$\hat{Q}(y)$。

在研究密度型投影指标的小波估计的性质之前，这里给出了两个关于密度函数性质的引理。

引理 3-1 设$f(y)$为一维密度函数，如果存在 $A=\{y\in R \mid f(y)=\infty\}$，则 A 为零测集。

证明

$f(y)$为一维密度函数，因而$f(y)$是 R 可积的，且$\int_R f(y)\mathrm{d}y=1$，

$$\int_R f(y)\mathrm{d}y=\int_{R-A} f(y)\mathrm{d}y+\int_A f(y)\mathrm{d}y$$

假设 A 不为零测集，显然$\int_A f(y)\mathrm{d}y$ 是不可积的。从而产生矛盾，因此 A 为零测集，证毕。

引理 3-2 设$f(y)$、$g(y)$为密度函数，则存在一常数 M，使得

$$\int_R f(y)g(y)\mathrm{d}y\leqslant M$$

证明

（1）当 $f(y)$、$g(y)$中至少有一个为有界密度函数：不妨设 $f(y)$为有界密度函数，即 $\forall y\in R$，存在常数 $M>0$，使得$f(y)\leqslant M$，则

$$\int_R f(y)g(y)\mathrm{d}y\leqslant\int_R Mg(y)\mathrm{d}y=M\int_R g(y)\mathrm{d}y=M$$

（2）当密度函数$f(y)$、$g(y)$均为非有界密度函数：即存在

$$A_1=\{y\in R \mid f(y)=\infty\}，\quad A_2=\{y\in R \mid g(y)=\infty\}$$

由引理 3-1 可知 A_1、A_2 均为零测集，令 $A=A_1\cup A_2$，则 A 亦为零测集，且 $f(y)$、$g(y)$ 在 $R-A$ 上有界，设$f(y)\leqslant M$，$y\in R-A$，有

$$\begin{aligned}\int_R f(y)g(y)\mathrm{d}y&=\int_{R-A} f(y)g(y)\mathrm{d}y+\int_A f(y)g(y)\mathrm{d}y\\&=\int_{R-A} f(y)g(y)\mathrm{d}y\\&\leqslant\int_{R-A} Mg(y)\mathrm{d}y\\&\leqslant M\int_{R-A} g(y)\mathrm{d}y=M\end{aligned}$$

证毕。

（一）Cook 投影指标族的小波估计

使用小波估计 Cook 投影指标族中的密度函数 $f(y)$，可得到该类投影指标的小波估计为

$$\hat{Q}(y)=\int_R\left(\frac{1}{n}\sum_{i=1}^{n}K_m(y,Y_i)-g(y)\right)^2 g(y)\mathrm{d}y$$

其中生成再生核 $K_m(y,Y_i)$的尺度函数为 r 正则，且满足密度函数的小波估计中满足 Z_λ 条件。下面给出了该估计的渐近无偏性和均方收敛性。

定理 3-4 设 $f(y)$为密度函数，$\hat{f}_m(y)$为由式（3-34）给出的密度函数 $f(y)$的小波估计。投影指标族

$$Q_m(y)=\int_R(f(y)-g(y))^2 g(y)\mathrm{d}y$$

的线性小波估计 $\hat{Q}(y)$ 为 $Q(y)$的渐近无偏估计。其中 $g(y)$为某一已知的密度函数。

证明

$$\begin{aligned}
&\left|E\hat{Q}_m(y)-Q(y)\right|\\
&=\left|E\int_R\left(\hat{f}_m(y)-g(y)\right)^2 g(y)\mathrm{d}y-\int_R(f(y)-g(y))^2 g(y)\mathrm{d}y\right|\\
&=\left|E\int_R\left(\hat{f}_m(y)-f(y)\right)\left(\hat{f}_m(y)+f(y)-2g(y)\right)g(y)\mathrm{d}y\right|\\
&\leqslant E\int_R\left|\left(\hat{f}_m(y)-f(y)\right)\left(\hat{f}_m(y)+f(y)-2g(y)\right)g(y)\right|\mathrm{d}y\\
&\leqslant E\left(\int_R\left|\left(\hat{f}_m(y)-f(y)\right)\sqrt{g(y)}\right|^2\mathrm{d}y\right)^{\frac{1}{2}}\left(\int_R\left|\left(\hat{f}_m(y)+f(y)-2g(y)\right)\sqrt{g(y)}\right|^2\mathrm{d}y\right)^{\frac{1}{2}}\\
&=E\left(\int_R\left|\hat{f}_m(y)-f(y)\right|^2 g(y)\mathrm{d}y\right)^{\frac{1}{2}}\left(\int_R\left|\hat{f}_m(y)+f(y)-2g(y)\right|^2 g(y)\mathrm{d}y\right)^{\frac{1}{2}}
\end{aligned}$$

下面证明 $\int_R\left|\hat{f}_m(y)+f(y)-2g(y)\right|^2 g(y)\mathrm{d}y$ 是有界的。

（1）当密度函数 $\hat{f}_m(y)$、$f(y)$、$g(y)$均为有界函数，即 $\forall y\in R$，都存在函数 $M_1>0$、$M_2>0$、$M_3>0$，使得

$$\hat{f}_m(y)\leqslant M_1,\quad f(y)\leqslant M_2,\quad g(y)\leqslant M_3$$

令 $M=\max\{M_1+M_2,2M_3\}$，则有

$$\left|\hat{f}_m(y)+f(y)-2g(y)\right|\leqslant M$$

因此

$$\int_R\left|\hat{f}_m(y)+f(y)-2g(y)\right|^2 g(y)\mathrm{d}y\leqslant\int_R M^2 g(y)\mathrm{d}y=M^2\int_R g(y)\mathrm{d}y=M^2$$

（2）当密度函数 $\hat{f}_m(y)$、$f(y)$、$g(y)$ 中至少有一个函数不是有界函数，设

$A_1=\{y\in R\mid \hat{f}_m(y)=\infty\}$，$A_2=\{y\in R\mid f(y)=\infty\}$，$A_3=\{y\in R\mid g(y)=\infty\}$，由引理 3-1 可知，$A_1$、$A_2$、$A_3$ 均为零测集。因此 $A=A_1\cup A_2\cup A_3$ 为零测集，从而

$$\begin{aligned}&\int_R\left|\hat{f}_m(y)+f(y)-2g(y)\right|^2 g(y)\mathrm{d}y\\&=\int_{R-A}\left|\hat{f}_m(y)+f(y)-2g(y)\right|^2 g(y)\mathrm{d}y+\int_A\left|\hat{f}_m(y)+f(y)-2g(y)\right|^2 g(y)\mathrm{d}y\\&=\int_{R-A}M^2 g(y)\mathrm{d}y\\&=M^2\end{aligned}$$

又由推论 3-1 可知

$$\left|\hat{f}_m(y)+f(y)\right|=O(2^{-\lambda m})$$

因此，

$$\left|E\hat{Q}_m(y)-Q(y)\right|=E\left(O(2^{-\lambda m})\int_R g(y)\mathrm{d}y\right)^{\frac{1}{2}}M=O(2^{-\lambda m})$$

当 $m\to\infty$ 时，

$$\left|E\hat{Q}_m(y)-Q(y)\right|=O(2^{-\lambda m})\to 0$$

故得

$$\lim_{m\to\infty}\left|E\hat{Q}_m(y)-Q(y)\right|=0$$

证毕。

对于上述投影指标族的小波估计，定理 3-5 证明了其均方收敛性。

定理 3-5　设 $f(x)$ 和 $g(x)$ 均为紧支撑集 $T=(-T,\ T)$ 上的密度函数，$\hat{f}_m(y)$ 是由式（3-34）给定的密度函数 $f(y)$ 的小波估计，对于投影指标族

$$Q(y)=\int_T\left(f(y)-g(y)\right)^2 g(y)\mathrm{d}y$$

的线性小波估计

$$\hat{Q}(y)=\int_T\left(\hat{f}_m(y)-g(y)\right)^2 g(y)\mathrm{d}y$$

有：

① 在紧支撑集 T 上有

$$E\left|\hat{Q}_m(y)-Q(y)\right|^2\to 0,\quad m\to\infty \text{ 且 } m=O(\log n);$$

② 如果 $f(y)$ 属于 Sobolev 光滑空间 W^s，$s>\lambda+\dfrac{1}{2}$，且 $m\approx\dfrac{\log 2}{2\lambda+1}\cdot\log n$。则

$$E\left|\hat{Q}_m(y)-Q(y)\right|^2=O\left(n^{-\frac{2\lambda}{2\lambda+1}}\right)$$

证明

$$
\begin{aligned}
&\left|\hat{Q}_m(y)-Q(y)\right| \\
&=\left|\int_T\left(\hat{f}_m(y)-g(y)\right)^2 g(y)\mathrm{d}y-\int_T(f(y)-g(y))^2 g(y)\mathrm{d}y\right| \\
&=\left|\int_T\left(\hat{f}_m(y)-f(y)\right)\left(\hat{f}_m(y)+f(y)-2g(y)\right)g(y)\mathrm{d}y\right| \\
&\leqslant\int_T\left|\left(\hat{f}_m(y)-f(y)\right)\left(\hat{f}_m(y)+f(y)-2g(y)\right)g(y)\right|\mathrm{d}y \\
&\leqslant\left(\int_T\left|\left(\hat{f}_m(y)-f(y)\right)\sqrt{g(y)}\right|^2\mathrm{d}y\right)^{\frac{1}{2}}\left(\int_T\left|\left(\hat{f}_m(y)+f(y)-2g(y)\right)\sqrt{g(y)}\right|^2\mathrm{d}y\right)^{\frac{1}{2}} \\
&=\left(\int_T\left|\hat{f}_m(y)-f(y)\right|^2 g(y)\mathrm{d}y\right)^{\frac{1}{2}}\left(\int_T\left|\hat{f}_m(y)+f(y)-2g(y)\right|^2 g(y)\mathrm{d}y\right)^{\frac{1}{2}}
\end{aligned}
$$

定理 3-4 中，证明了 $\int_R\left|\hat{f}_m(y)+f(y)-2g(y)\right|^2 g(y)\mathrm{d}y$ 是有界的，对于紧支撑集 T，同样存在 $M>0$ 使得

$$
\left(\int_T\left|\hat{f}_m(y)+f(y)-2g(y)\right|^2 g(y)\mathrm{d}y\right)^{\frac{1}{2}}\leqslant M
$$

同理，不难证明 $\int_T\left|\hat{f}_m(y)-f(y)\right|^2 g(y)\mathrm{d}y$ 是有界的，因此

$$
\begin{aligned}
&E\left|\hat{Q}_m(y)-Q(y)\right|^2 \\
&\leqslant E\left(\int_T\left|\hat{f}_m(y)-f(y)\right|^2 g(y)\mathrm{d}y\right)\left(\int_T\left|\hat{f}_m(y)+f(y)-2g(y)\right|^2 g(y)\mathrm{d}y\right) \\
&\leqslant M^2 E\left(\int_T\left|\hat{f}_m(y)-f(y)\right|^2 g(y)\mathrm{d}y\right) \\
&=M^2\int_T E\left|\hat{f}_m(y)-f(y)\right|^2 g(y)\mathrm{d}y
\end{aligned}
$$

（1）由定理 3-2 知对于任意的 $\varepsilon>0$ 都有

$$
E\left|\hat{f}_m(y)-f(y)\right|^2<\varepsilon/M^2,\ m\to\infty \text{ 且 } m=O(\log n)
$$

从而

$$
E\left|\hat{Q}_m(y)-Q(y)\right|^2\leqslant\varepsilon\int_T g(y)\mathrm{d}y=\varepsilon
$$

因此 $E\left|\hat{Q}_m(y)-Q(y)\right|^2\to 0, m\to\infty$ 且 $m=O(\log n)$。

（2）由定理 3-2 知

$$
E\left|\hat{Q}_m(y)-Q(y)\right|^2\leqslant M^2\int_T E\left|\hat{f}_m(y)-f(y)\right|^2 g(y)\mathrm{d}y=O\left(n^{-\frac{2\lambda}{2\lambda+1}}\right)
$$

证毕。

（二）Friedman 投影指标的小波估计

使用小波估计对该投影指标进行估计可得

$$\hat{Q}(y)=\int_{-1}^{1}\left(\frac{1}{n}\sum_{i=1}^{n}K_m(y,Y_i)-\frac{1}{2}\right)^2\mathrm{d}y$$

该估计是渐近无偏估计，并且是均方收敛的。

推论 3-2　条件与定理 3-4 相同，则 Friedman 投影指标的线性小波估计是渐近无偏的。

证明

$$\begin{aligned}\left|E\hat{Q}_m(y)-Q(y)\right|&=\left|E\int_{-1}^{1}\left(\hat{f}_m(y)-\frac{1}{2}\right)^2\mathrm{d}y-\int_{-1}^{1}\left(f(y)-\frac{1}{2}\right)^2\mathrm{d}y\right|\\&=\left|E\int_{-1}^{1}\left(\hat{f}_m(y)-f(y)\right)\left(\hat{f}_m(y)+f(y)-1\right)\mathrm{d}y\right|\\&\leqslant\frac{1}{2}E\int_{-1}^{1}\left|\left(\hat{f}_m(y)-f(y)\right)\left(\hat{f}_m(y)+f(y)-1\right)\right|\mathrm{d}y\\&\leqslant E\left(\int_{-1}^{1}\left|\hat{f}_m(y)-f(y)\right|^2\mathrm{d}y\right)^{\frac{1}{2}}\left(\int_{-1}^{1}\left|\hat{f}_m(y)+f(y)-1\right|^2\mathrm{d}y\right)^{\frac{1}{2}}\end{aligned}$$

与定理 3-4 同理可证明

$$\lim_{m\to\infty}\left|E\hat{Q}_m(y)-Q(y)\right|=0$$

证毕。

推论 3-3　条件与定理 3-5 同，Friedman 投影指标的线性小波估计有与定理 3-5 相同的结论。

证明

$$\begin{aligned}\left|\hat{Q}_m(y)-Q(y)\right|&=\left|\int_{-1}^{1}\left(\hat{f}_m(y)-\frac{1}{2}\right)^2\mathrm{d}y-\int_{-1}^{1}\left(f(y)-\frac{1}{2}\right)^2\mathrm{d}y\right|\\&=\left|\int_{-1}^{1}\left(\left(\hat{f}_m(y)-\frac{1}{2}\right)^2-\left(f(y)-\frac{1}{2}\right)^2\right)\mathrm{d}y\right|\\&=\left|\int_{-1}^{1}\left(\hat{f}_m(y)-f(y)\right)\left(\hat{f}_m(y)+f(y)-1\right)\mathrm{d}y\right|\\&\leqslant\int_{-1}^{1}\left|\left(\hat{f}_m(y)-f(y)\right)\left(\hat{f}_m(y)+f(y)-1\right)\right|\mathrm{d}y\\&\leqslant\left(\int_{-1}^{1}\left|\hat{f}_m(y)-f(y)\right|^2\mathrm{d}y\right)^{\frac{1}{2}}\left(\int_{-1}^{1}\left|\hat{f}_m(y)+f(y)-1\right|^2\mathrm{d}y\right)^{\frac{1}{2}}\end{aligned}$$

由引理 3-2 可知存在 M_1、M_2、M_3 使得

$$
\begin{aligned}
&\int_{-1}^{1}\left|\hat{f}_m(y)+f(y)-1\right|^2\mathrm{d}y \\
&=\int_{-1}^{1}\left|\hat{f}_m^2(y)+f^2(y)+2\hat{f}_m(y)f(y)-2\hat{f}_m(y)-2f(y)+1\right|\mathrm{d}y \\
&\leqslant\int_{-1}^{1}\left|\hat{f}_m^2(y)\right|\mathrm{d}y+\int_{-1}^{1}\left|f^2(y)\right|\mathrm{d}y+2\int_{-1}^{1}\left|\hat{f}_m(y)f(y)\right|\mathrm{d}y+2\int_{-1}^{1}\left|\hat{f}_m(y)\right|\mathrm{d}y \\
&\quad+2\int_{-1}^{1}\left|f(y)\right|\mathrm{d}y+2\int_{-1}^{1}1\mathrm{d}y \\
&\leqslant M_1+M_2+2M_3+6
\end{aligned}
$$

令 $M=M_1+M_2+2M_3+6$，则有

$$
\begin{aligned}
E\left|\hat{Q}_m(y)-Q(y)\right|^2&\leqslant E\left(\int_{-1}^{1}\left|\hat{f}_m(y)-f(y)\right|^2\mathrm{d}y\right)\left(\int_{-1}^{1}\left|\hat{f}_m(y)+f(y)-1\right|^2\mathrm{d}y\right) \\
&\leqslant M\int_T E\left|\hat{f}_m(y)-f(y)\right|^2\mathrm{d}y
\end{aligned}
$$

（1）由定理 3-5 知当 $m\to\infty$ 且 $m=O(\log n)$时，对于任意的 ε 有

$$
E\left|\hat{Q}_m(y)-Q(y)\right|^2\leqslant\varepsilon
$$

因此 $E\left|\hat{Q}_m(y)-Q(y)\right|^2\to 0$，$m\to\infty$ 且 $m=O(\log n)$。

（2）由定理 3-5 知

$$
E\left|\hat{Q}_m(y)-Q(y)\right|^2=O\left(n^{-\frac{2\lambda}{2\lambda+1}}\right)
$$

证毕。

（三）Hall 投影指标的小波估计

通过对 $f(y)$进行线性小波估计可以得到该投影指标的线性小波估计为

$$
\hat{Q}(a)=\int_{-\infty}^{\infty}\left(\frac{1}{n}\sum_{i=1}^{n}K_m(y,Y_i)-\phi(y)\right)^2\mathrm{d}y
$$

该估计是渐近无偏估计，并且是均方收敛的。

推论 3-4 在条件与定理 3-4 相同的情况下，Hall 投影指标的线性小波估计是渐近无偏的。

证明

$$
\begin{aligned}
&\left|E\hat{Q}_m(y)-Q(y)\right| \\
&=\left|E\int_{-\infty}^{\infty}\left(\hat{f}_m(y)-\phi(y)\right)^2\mathrm{d}y-\int_{-\infty}^{\infty}\left(f(y)-\phi(y)\right)^2\mathrm{d}y\right| \\
&=\left|E\int_{-\infty}^{\infty}\left(\hat{f}_m(y)-f(y)\right)\left(\hat{f}_m(y)+f(y)-2\phi(y)\right)\mathrm{d}y\right| \\
&\leqslant E\int_{-\infty}^{\infty}\left|\left(\hat{f}_m(y)-f(y)\right)\left(\hat{f}_m(y)+f(y)-2\phi(y)\right)\right|\mathrm{d}y \\
&\leqslant E\left(\int_{-\infty}^{\infty}\left|\hat{f}_m(y)-f(y)\right|^2\mathrm{d}y\right)^{\frac{1}{2}}\left(\int_{-\infty}^{\infty}\left|\hat{f}_m(y)+f(y)-2\phi(y)\right|^2\mathrm{d}y\right)^{\frac{1}{2}}
\end{aligned}
$$

使用引理 3-1，与定理 3-4 同理可得

$$\lim_{m\to\infty}\left|E\hat{Q}_m(y)-Q(y)\right|=0$$

证毕。

推论 3-5　在条件与定理 3-5 相同的情况下，Hall 投影指标的线性小波估计有与定理 3-5 相同的结论。

证明

$$
\begin{aligned}
&\left|\hat{Q}_m(y)-Q(y)\right| \\
&=\left|\int_T\left(\hat{f}_m(y)-\phi(y)\right)^2\mathrm{d}y-\int_T\left(f(y)-\phi(y)\right)^2\mathrm{d}y\right| \\
&=\left|\int_T\left(\left(\hat{f}_m(y)-\phi(y)\right)^2-\left(f(y)-\phi(y)\right)^2\right)\mathrm{d}y\right| \\
&\leqslant\int_T\left|\left(\hat{f}_m(y)-f(y)\right)\left(\hat{f}_m(y)+f(y)-2\phi(y)\right)\right|\mathrm{d}y \\
&\leqslant\left(\int_T\left|\hat{f}_m(y)-f(y)\right|^2\mathrm{d}y\right)^{\frac{1}{2}}\left(\int_R\left|\hat{f}_m(y)+f(y)-2\phi(y)\right|^2\mathrm{d}y\right)^{\frac{1}{2}}
\end{aligned}
$$

使用引理 3-2，与推论 3-2 同理可得相同的结论。

证毕。

（四）PPDA 投影指标的小波估计

定理 3-6　设 $\hat{f}_{g,m}(y)$ 为 $f_g(y)$ 的线性小波估计，则 $Q(y)$ 的小波估计 $\hat{Q}_m(y)$ 为

$$\hat{Q}_m(y)=1-\sum_{g=1}^{G}\int_{R_g}\left(\pi_g\frac{1}{n}\sum_{j=1}^{n}K_m\left(y,Y_{g,j}\right)\right)\mathrm{d}y$$

定理 3-6 条件与定理 3-5 同，PPDA 投影指标

$$Q(y)=1-\sum_{g=1}^{G}\int_{R_g}\left(\pi_g f_g(y)\right)\mathrm{d}y$$

的线性小波估计 $\hat{Q}_m(y)$ 是 $Q(y)$的渐近无偏估计。

证明

$$\begin{aligned}\left|E\hat{Q}_m(y)-Q(y)\right| &= E\left|\sum_{g=1}^{G}\int_{R_g}\left(\pi_g f_g(y)\right)\mathrm{d}y-\sum_{g=1}^{G}\int_{R_g}\left(\hat{\pi}_g \hat{f}_{g,m}(y)\right)\mathrm{d}y\right| \\ &= E\sum_{g=1}^{G}\int_{R_g}\left|\left(\hat{\pi}_g \hat{f}_{g,m}(y)-\pi_g f_g(y)\right)\right|\mathrm{d}y \\ &\leqslant E\sum_{g=1}^{G}\int_{R_g}\left(\left|\hat{\pi}_g-\pi_g\right|\left|f_g(y)\right|+\left|\pi_g\right|\left|\hat{f}_{g,m}(y)-f_g(y)\right|\right)\mathrm{d}y \\ &\leqslant \sum_{g=1}^{G}\left|\hat{\pi}_g-\pi_g\right|+E\sum_{g=1}^{G}\int_{R_g}\left|\hat{f}_{g,m}(y)-f_g(y)\right|\mathrm{d}y\end{aligned}$$

因为$\left|\hat{\pi}_g-\pi_g\right|=O\left(N^{-\frac{1}{2}}\right)$，由推论 3-1 可知：

$$\left|\hat{f}_{g,m}(y)-f_g(y)\right|=O\left(2^{-\lambda m}\right)$$

因此，

$$\left|E\hat{Q}_m(y)-Q(y)\right|=O\left(2^{-\lambda m}\right)$$

当 $m\to\infty$ 时

$$\left|E\hat{Q}_m(y)-Q(y)\right|=O\left(2^{-\lambda m}\right)\to 0$$

因此，

$$\lim_{m\to\infty}\left|E\hat{Q}_m(y)-Q(y)\right|=0$$

证毕。

第四章 Friedman-Tukey 投影寻踪模型及其应用

第一节 Friedman-Tukey 投影寻踪模型简介

一、Friedman-Tukey 投影寻踪模型降维思路

利用投影特征值进行综合评价的投影寻踪聚类技术，其实质也是一种降维处理技术，即通过投影寻踪技术可以将多维分析问题通过最优投影方向转化为一维问题进行分析研究。具体思路：将影响问题的多因素指标通过投影寻踪聚类分析得到反映其综合指标特性的投影特征值，然后就可以建立投影特征值与因变量一一对应的关系函数，进而进行分析研究。其数学描述为，假设某一数据组的因变量为 $y(i)(i=1,2,\cdots,n)$，对应的自变量为 $\{x^*(i,j)\,|\,i=1,2,\cdots,n;j=1,2,\cdots,p\}$。运用传统的分析方法可以建立 $y=f(x)$的函数关系，很显然，这必定为关于 x 的多元函数关系，相对比较复杂，存在多个待定系数。利用投影寻踪的思想，先将所有的自变量 x 进行线性投影得到对应的投影特征值 $z(i)$，由前述分析可知 $z(i)$能够反映所有自变量 x 的综合特征，因此，可建立 $y=f(z)$的函数关系来代表 $y=f(x)$的关系特性，从而达到将多元分析变为一元分析的目的。

二、Friedman-Tukey 投影寻踪模型建模过程

1974 年，Friedman 和 Tukey 在国际著名期刊 *IEEE Transactions on Computers* 上发表了题目为“A projection pursuit algorithm for exploratory data analysis”的文章[5]。文中构建了 Friedman-Tukey 投影寻踪模型，该模型应用十分广泛，对后来科学研究产生了深远的影响。Friedman-Tukey 投影寻踪模型基本思想是将高维数据投影到低维空间，要求投影点整体上尽可能分散，而局部的投影点尽可能聚集，即局部的投影点最好聚集成若干个点团，而点团与点团之间尽可能散开，可将其概括为“整体分散、局部聚集”。显而易见，Friedman-Tukey 投影寻踪模型可以应用于分类或评价。对分类来说，同一类内的数据样本差别应尽可能小，而不同类内的数据样本差别应尽可能大；对评价来说，同一个等级内的数据样本评价值应该尽量接近，而不同等级的样本数据评价值差别应尽可能大。所以，Friedman-Tukey 投影寻踪模型与分类或评价的思想是基本一致的。

然而，在数学处理上，“分散”和“聚集”是相互矛盾的。例如，标准差可以度量数据的离散化程度，标准差越大，数据越分散，但最大化标准差却不能做到“局部聚集”，最小化标准差又与“整体分散”的思想相违背。Friedman 和 Tukey 定义了局部密度窗口半径（cutoff radius，中文直译为截止半径），从而创造性地解决了这个问题，后文我们会对窗口半径做详细的分析。

Friedman-Tukey 投影寻踪模型建模过程如下。

步骤 1　评价指标分级标准的归一化处理。

设各指标值的样本集为｛$x^*(i,j)|i=1,2,\cdots,n;\ j=1,2,\cdots,p$｝，其中 $x^*(i,j)$为第 i 个样本第 j 个指标值，n、p 分别为样本的个数（样本容量）和指标的数目。为消除各指标值的量纲和统一各指标值的变化范围，可采用式（4-1）和式（4-2）进行极值归一化处理。

对于越大越优的指标：

$$x(i,j)=\frac{x^*(i,j)-x_{\min}(j)}{x_{\max}(j)-x_{\min}(j)} \tag{4-1}$$

对于越小越优的指标：

$$x(i,j)=\frac{x_{\max}(j)-x^*(i,j)}{x_{\max}(j)-x_{\min}(j)} \tag{4-2}$$

式中，$x_{\max}(j)$、$x_{\min}(j)$分别为第 j 个指标的最大值和最小值；$x(i,j)$为指标特征值归一化的序列。

步骤 2　构造投影指标函数 $Q(a)$。

PP 方法就是把 p 维数据｛$x(i,j)|\ j=1,2,\cdots,p$｝综合成以 $a=\{a(1),a(2),a(3),\cdots,a(p)\}$ 为投影方向的一维投影值 $z(i)$：

$$z(i)=\sum_{j=1}^{p}a(j)x(i,j),\quad i=1,2,\cdots,n \tag{4-3}$$

然后根据｛$z(i)|i=1,2,\cdots,n$｝的一维散布图进行分类。式（4-3）中 a 为单位长度向量。综合投影指标值时，要求投影值 $z(i)$的散布特征应为：局部投影点尽可能密集，最好凝聚成若干个点团；而在整体上投影点团之间尽可能散开。因此，投影指标函数可以表达成

$$Q(a)=S_zD_z \tag{4-4}$$

式中，S_z 为投影值 $z(i)$的标准差；D_z 为投影值 $z(i)$的局部密度，即

$$S_z=\sqrt{\frac{\sum_{i=1}^{n}(z(i)-E(z))^2}{n-1}} \tag{4-5}$$

$$D_z=\sum_{i=1}^{n}\sum_{j=1}^{n}(R-r(i,j))u(R-r(i,j)) \tag{4-6}$$

其中，$E(z)$为序列｛$z(i)|i=1,2,\cdots,n$｝的平均值，R 为局部密度的窗口半径，它的选取既要使包含在窗口内的投影点的平均个数不太少，避免滑动平均偏差太大，又不能使它随着 n 的增大而增大太多，R 可以根据试验来确定，$r(i,j)$表示样本之间的距离，$r(i,j)=|z(i)-z(j)|$，$u(t)$为单位阶跃函数，当 $t\geqslant 0$ 时，其值为 1，当 $t<0$ 时其函数值为 0。

步骤 3　优化投影指标函数。

当各指标值的样本集给定时，投影指标函数 $Q(a)$随方向 a 的变化而变化。不同的投

影方向反映不同的数据结构特征，最佳投影方向就是最大可能暴露高维数据某类特征结构的投影方向，因此可以通过求解投影指标函数最大化问题来估计最佳投影方向，具体如下。

$$\max Q(a) = S_z D_z \tag{4-7}$$

$$\text{s.t.} \sum_{j=1}^{p} a^2(j) = 1 \tag{4-8}$$

这是一个以 $\{a(j)|\, j=1,2,\cdots,p\}$ 为优化变量的复杂非线性优化问题，用传统的优化方法处理较难。一般采用智能优化算法求解，得到优化的投影方向 $a^*(i)=\{a^*(1),a^*(2),\cdots,a^*(p)\}$。

步骤 4　计算投影值。

按照步骤 3 中得到的投影方向，计算每一个样本的投影值：

$$z^*(i) = \sum_{j=1}^{p} a^*(j)x(i,j), \quad i=1,2,\cdots,n \tag{4-9}$$

式中，$z^*(i)$是每个样本的投影值，可以根据投影值进行分类或评价。

三、窗口半径的确定

Friedman-Tukey 投影指标中，局部密度窗口半径的选择是一个核心问题，也是一个难点，许多学者都进行过讨论。Friedman 和 Tukey[5]采用 $R=0.1S_z$，S_z 为投影值的标准差。近年来，众多学者对窗口半径进行了研究，如陈曜等[73]规定了 R 的范围，$R\in[r_{max},2p]$，$r_{max}=\max\{r(i,j)\}$是投影点距离的最大值，p 为待分类样本的维数；张欣莉等[142]提出 R 的范围 $R\in[r_{max}/5,r_{max}/3]$；裴巍等[143]用聚类的方法确定窗口半径。上述方案都具有一定的合理性，也同时也存在着局限性，也就是说，不同的方法适用于不同类型的数据。

局部密度 D_z 反映了投影点的聚集程度，D_z 中 $u(R-r(i,j))$主要起到筛选数据的目的，投影寻踪模型对窗口半径的要求是：对于点团内的投影点，应有 $R\geqslant r(i,j)$，此时 $u(R-r(i,j))=1$，保留了 $R-r(i,j)$，即保留了点团内投影点信息；对于点团与点团之间的点，应有 $R<r(i,j)$，此时 $u(R-r(i,j))=0$，舍弃了 $R-r(i,j)$，即舍弃了点团之间投影点信息。可见，如果 R 过大，会造成过多投影点在一个点团内，分类效果不明显；如果 R 过小，会造成点团内的投影点过少，点团过多[143]。

（1）$R=0.1S_z$，S_z 为投影值的标准差。这是 Friedman 和 Tukey[5]采用的窗口半径确定方法，在实际中应用最为广泛，作者认为该方法是确定窗口半径较好的方法之一。对于大多数类型的数据，$0.1S_z$ 都可以起到截断的作用，即将相似投影值的点归为一个点团，将投影值相差大的点归为不同的点团。

（2）$R\in[r_{max},2p]$，$r_{max}=\max\{r(i,j)\}$，p 为待分类样本的维数。该方法意味着窗口半径大于所有投影点的距离，即对于所有的 i、j，$u(R-r(i,j))$值都是 1。局部密度可以表示为

$$D_z = \sum_{i=1}^{n}\sum_{j=1}^{n}(R-r(i,j))\cdot u(R-r(i,j)) = n^2R - \sum_{i=1}^{n}\sum_{j=1}^{n} r(i,j) \tag{4-10}$$

此时最大化 D_z，即最小化 $r(i,j)$，意味着投影点的距离应尽量小。很显然，这与最大化 S_z 是矛盾的，也就是说 S_z 和 D_z 不能同时最大化，因为二者是矛盾的。这种窗口半径的确定方法没有起到截断的作用，不能同时实现整体分散和局部聚集的 Friedman-Tukey 投影寻踪模型思想。

（3）R 取常数。这种方案也可能存在合理性，但是 R 应该和投影的样本数据是相关的，R 取常数并没有体现出这一点。

（4）$R\in[r_{\max}/5, r_{\max}/3]$，这种方案可以起到截断的作用，对于大多数类型的数据有比较好的分类效果。然而，从另一个方面说，这种确定 R 的方法也不太稳定，容易受到个别极端值的影响，当有个别极端值出现时（即最小值很小，最大值很大，大多数值位于中间位置），$r_{\max}$ 变大，窗口半径也会变大，分类效果不明显。但综合来说，该方法也是确定窗口半径较好的方法之一。

（5）R 用聚类的方法确定。将 n 个样本用 K 均值聚类方法做聚类，假定将 n 分成 k 类（点团），每个点团中含有样本数为 $x_1,x_2,\cdots,x_k$，且 $x_1+x_2+\cdots+x_k=n$，k 个点团与点团之间的点保证 $R<r(i,j)$，即这些 $R-r(i,j)$ 值不计入 D_z 中，不计入 D_z 的具体个数为 $p=\sum\limits_{i\neq j}x_i x_j\,(1\leqslant i,j\leqslant k)$，将所有点之间的 $r(i,j)$ 降序排序，记为 $r(i,j)_{(k)}$，$k=1,2,\cdots,n^2$，$r(i,j)_{(k)}$ 为排序后序号为 k 的 $r(i,j)$ 值，则

$$R=r(i,j)_{(p)} \tag{4-11}$$

此时，点团与点团之间点的距离必定大于 R，点团内的点与点的距离必定小于或等于 R，从而点团与点团之间的点保证 $R-r(i,j)<0$，点团之内的点保证 $R-r(i,j)\geqslant 0$，满足了投影寻踪模型对窗口半径的要求。这里举一个简单例子进一步阐述由聚类确定 R 的思想，假设有 12 个样本的投影值为{0.8,0.9,1.0,1.1,1.8,1.9, 2.0,2.8,2.9,3.0,3.1,3.2}，很显然由聚类方法得到这组数据被分成 3 个点团，z_1={0.8,0.9,1.0,1.1}，z_2={1.8,1.9,2.0}，z_3={2.8,2.9,3.0,3.1,3.2}，每个点团中的样本数分别为 4、3、5，样本点之间距离的矩阵（对阵矩阵，故只给出上半部分）如下：

$$r=\begin{bmatrix}
0 & 0.1 & 0.2 & 0.3 & 1 & 1.1 & 1.2 & 2 & 2.1 & 2.2 & 2.3 & 2.4\\
 & 0 & 0.1 & 0.2 & 0.9 & 1 & 1.1 & 1.9 & 2 & 2.1 & 2.2 & 2.3\\
 & & 0 & 0.1 & 0.8 & 0.9 & 1 & 1.8 & 1.9 & 2 & 2.1 & 2.2\\
 & & & 0 & 0.7 & 0.8 & 0.9 & 1.7 & 1.8 & 1.9 & 2 & 2.1\\
 & & & & 0 & 0.1 & 0.2 & 1 & 1.1 & 1.2 & 1.3 & 1.4\\
 & & & & & 0 & 0.1 & 0.9 & 1 & 1.1 & 1.2 & 1.3\\
 & & & & & & 0 & 0.8 & 0.9 & 1 & 1.1 & 1.2\\
 & & & & & & & 0 & 0.1 & 0.2 & 0.3 & 0.4\\
 & & & & & & & & 0 & 0.1 & 0.2 & 0.3\\
 & & & & & & & & & 0 & 0.1 & 0.2\\
 & & & & & & & & & & 0 & 0.1\\
 & & & & & & & & & & & 0
\end{bmatrix}$$

按照文献[87]的思想 p=4×3+3×4+4×5+5×4+3×5+5×3=94，将所有投影点之间的距离降序排序后得窗口半径为 $R=r(i,j)_{94}=1.2$，可以看到 R 小于点团与点团之间点的距离（矩阵的右上角部分），大于点团内的点与点的距离（矩阵的中间部分）。

这种方案适用于样本数据差异比较大的情况，即点团内的样本点距离小于点团与点团之间的样本点距离。如果样本数据差异性不明显，投影点比较混杂，截断效果可能稍差。文献[82]说明了这一点。

综合来看，作者认为窗口半径应该与数据的分散程度有联系，对于分散程度较大的数据，窗口半径也应该比较大，反之，对于分散程度较小的数据，窗口半径也应该比较小，这样的窗口半径才能起到截断的作用。如果分散程度大但窗口半径小会造成点团内投影点过少，点团过多，反之分散程度小但窗口半径大会造成过多投影点在一个点团，从而造成点团过少，两种情况都不能很好地实现分类或者评价。$R=0.1S_z$ 和 $R\in[r_{max}/5, r_{max}/3]$都反映了上述思想[5, 82]，因为 S_z 和 r_{max} 都可以反映数据的分散程度。本章示例中将采用 S_z 和 r_{max} 的不同倍数进行试算，根据投影结果综合确定最佳的窗口半径。

值得注意的是，不同窗口半径对应的目标函数值是不具有可比性的，由式（4-10）可知，窗口半径 R 越大则 D_z 越大，相应的目标函数 $Q(a)$也就越大。但是，窗口半径的作用是截断，过大的窗口半径是不能起到截断的作用的。例如，$R>r_{max}$ 时，相应的 $Q(a)$比较大，但此时将所有投影点都置于一个点团内，显然与投影寻踪思想是不相符的。

四、Friedman-Tukey 投影寻踪模型的应用归类

投影寻踪是用来处理和分析高维数据，尤其是来自非正态总体的高维数据的一类统计方法，既可作探索性分析，又可作确定性分析。总的来说，投影寻踪聚类分析是用于多因素影响问题的综合评价，但根据具体分析问题的特点，目前投影寻踪分类或者评价的主要应用可以归纳为以下三个方面。

（1）投影寻踪分类模型。

由于没有分类标准，仅仅是依据模型运算样本群的投影值对样本进行合理分类。

（2）投影寻踪评价模型。

对于没有评价标准的问题，仅仅是依据模型运算样本群的投影值，根据投影值的顺序对样本进行合理分类。

（3）投影寻踪等级评价模型。

根据给定的判别标准利用投影特征值对评价样本进行等级评价。

第二节　Friedman-Tukey 投影寻踪分类模型简介及其应用

一、Friedman-Tukey 投影寻踪分类模型简介

Friedman-Tukey 投影寻踪分类模型建模过程如下。

步骤 1、2、3 详见第一节，根据相关文献[5, 28]，以及第一节的分析，本节中 R 选取

6 种情况，分别为 $0.1S_z$、$0.3S_z$、$0.5S_z$、$1/5\ r_{\max}$、$1/4\ r_{\max}$、$1/3\ r_{\max}$，其中 S_z 表示投影值的标准差，$r_{\max}$ 表示投影点最大距离。对于其他半径的情况，有兴趣的读者可自行完成。

步骤 4 计算投影值。

按照步骤 3 中得到的投影方向，计算每一个样本的投影值：

$$z^*(i)=\sum_{j=1}^{p}a^*(j)x(i,j),\quad i=1,2,\cdots,n \tag{4-12}$$

式中，$z^*(i)$是每个样本的投影值，可以根据投影值大小或者聚集情况分类。可以参考的方法为，将投影值$\{z^*(1),z^*(2),\cdots,z^*(n)\}$升序排序，次序投影点记为$\{z(1),z(2),\cdots,z(n)\}$，相邻两个点之间的距离为$\Delta_i=z(i+1)-z(i)(i=1,2,\cdots,n-1)$，即 Δ_i 为次序投影点的一阶差分，较大的 Δ_i 值可以用于投影点的分类。记 Δ_i 较大的 $m-1$ 个数为 $i_1,i_2,\cdots,i_{m-1}$，将次序投影点 $z=\{z_1,z_2,\cdots,z_n\}$分成 m 类，即$\{z_1,\cdots,z_{i_1}\}$，$\{z_{i_1+1},\cdots,z_{i_2}\}$，$\cdots$，$\{z_{i_{m-1}+1},\cdots,z_n\}$，$m$ 的取值可以根据经验或实际情况确定，具有一定的主观性。

二、Friedman-Tukey 投影寻踪分类模型的应用

（一）Friedman-Tukey 投影寻踪分类模型在人口结构分类中的应用

我国的人口数量在世界上一直稳居首位，我国也是人口最多的发展中国家。我国人口众多、环境承载能力较弱、资源相对不足，这些问题在短时间内都是很难改变的。而且在社会主义初级阶段需要面临的长期问题就是人口问题，这也对我国经济社会发展起着关键性作用。人口数量不但会影响国民经济的发展，而且会影响社会稳定、劳动力就业以及资源的可持续利用等方面。为了准确地把握我国人口发展的未来趋势，我国已经进行了七次全国性质的大规模人口普查。人口普查结果可以作为理论依据来支持政府制定人口政策，并作为人口发展策略的数据参考。通过人口结构分析还可以获取一个地区人口结构的发展形势，并可以作为社会经济发展的强有力科学依据。例如，为了完善社会保障体系，就必须要准确地把握老年人口数量以及老龄化进程的变化；为了对学校规模和数量有进一步规划，也必须要以 0～14 岁少年儿童人口的数量为依据。如果能够充分地了解农村人口与城镇人口的比例也可以对地区城镇化进程有充分推进作用[144, 145]。

哈尔滨市是黑龙江省的省会，近年来，哈尔滨市的经济得到了长足的发展，与以往相比，人口数量和结构也呈现出新的变化。在这个背景下，分析哈尔滨市各区（县）的人口结构现状，根据不同的人口指标对各个地区进行分类，无疑有着非常重要的理论和现实意义。

根据所研究的问题以及数据的可获取性，以 2018 年为例，选取反映人口结构的指标为总人口（X_1）、人口密度（X_2）、性别比（X_3）、城镇人口（X_4）、乡村人口（X_5）、0～17 岁（X_6）、18～34 岁（X_7）、35～59 岁（X_8）、60 岁以上（X_9）。其中性别比为男性人口总数与女性人口总数的比值。数据来源于《哈尔滨市统计年鉴 2019》，待分类的原始数据见表 4-1。

表 4-1　哈尔滨市 2018 年人口结构原始数据

	总人口/人	人口密度/（人/km²）	性别比	城镇人口/人	乡村人口/人	0～17 岁人口/人	18～34 岁人口/人	35～59 岁人口/人	60 岁以上人口/人
道里区	771028	1720	0.9187	650761	120267	95632	147191	32907	199131
南岗区	1037239	6118	0.9343	990186	47053	158631	214615	43798	226007
道外区	653316	1084	0.9214	528159	125157	66819	122404	28591	178178
平房区	159890	1736	0.9699	131719	28171	17642	31965	6965	40627
松北区	222422	295	0.9666	93298	129124	35048	49699	9619	41483
香坊区	741751	2179	0.9478	650138	91613	93733	147103	32935	171559
呼兰区	609287	273	1.0206	133430	475857	86455	129609	27064	122582
阿城区	544514	223	1.0114	219373	325141	71581	108383	24575	118800
双城区	770024	248	1.0348	148361	621663	107740	166648	33618	159452
依兰县	379765	83	1.0425	91902	287863	54646	81608	16624	77262
方正县	220989	74	1.0134	99215	121774	31324	46873	9957	43217
宾县	569697	149	1.0521	118339	451358	86084	114460	25244	116707
巴彦县	645615	207	1.0714	103838	541777	90638	151229	28339	120357
木兰县	249428	79	1.0508	65831	183597	38425	53116	11030	47578
通河县	235487	43	1.0163	105573	129914	30714	46634	10934	48792
延寿县	246787	80	1.0597	57372	189415	34907	52264	10863	50984
尚志市	560448	63	1.0405	288540	271908	79084	116265	24570	119393
五常市	897705	120	1.0440	199410	698295	120473	195304	40040	181523

为了消除量级和量纲的影响，根据式（4-1）和式（4-2），对上述数据进行归一化处理，归一化后的结果如表 4-2 所示。

表 4-2　哈尔滨市 2018 年人口结构归一化后数据

	总人口	人口密度	性别比	城镇人口	乡村人口	0～17 岁人口	18～34 岁人口	35～59 岁人口	60 岁以上人口
道里区	0.6966	0.2760	0.0000	0.6361	0.1374	0.5532	0.6309	0.7043	0.8550
南岗区	1.0000	1.0000	0.1022	1.0000	0.0282	1.0000	1.0000	1.0000	1.0000
道外区	0.5624	0.1714	0.0177	0.5047	0.1447	0.3488	0.4951	0.5871	0.7420
平房区	0.0000	0.2787	0.3353	0.0797	0.0000	0.0000	0.0000	0.0000	0.0000
松北区	0.0713	0.0415	0.3137	0.0385	0.1506	0.1235	0.0971	0.0721	0.0046
香坊区	0.6632	0.3516	0.1906	0.6355	0.0947	0.5397	0.6304	0.7051	0.7063
呼兰区	0.5122	0.0379	0.6673	0.0815	0.6681	0.4881	0.5346	0.5457	0.4421
阿城区	0.4384	0.0296	0.6071	0.1737	0.4432	0.3826	0.4184	0.4781	0.4217
双城区	0.6954	0.0337	0.7603	0.0975	0.8856	0.6390	0.7374	0.7236	0.6410
依兰县	0.2506	0.0066	0.8107	0.0370	0.3875	0.2625	0.2718	0.2622	0.1976
方正县	0.0696	0.0051	0.6202	0.0449	0.1397	0.0970	0.0816	0.0812	0.0140
宾县	0.4671	0.0174	0.8736	0.0654	0.6315	0.4854	0.4517	0.4963	0.4104
巴彦县	0.5536	0.0270	1.0000	0.0498	0.7664	0.5177	0.6530	0.5803	0.4301

续表

	总人口	人口密度	性别比	城镇人口	乡村人口	0～17 岁人口	18～34 岁人口	35～59 岁人口	60 岁以上人口
木兰县	0.1021	0.0059	0.8651	0.0091	0.2319	0.1474	0.1158	0.1104	0.0375
通河县	0.0862	0.0000	0.6392	0.0517	0.1518	0.0927	0.0803	0.1078	0.0440
延寿县	0.0990	0.0061	0.9234	0.0000	0.2406	0.1225	0.1111	0.1058	0.0559
尚志市	0.4566	0.0033	0.7976	0.2478	0.3637	0.4358	0.4615	0.4780	0.4249
五常市	0.8410	0.0127	0.8206	0.1523	1.0000	0.7294	0.8943	0.8980	0.7600

采用 MATLAB 2016a 编程处理数据，对哈尔滨市人口结构数据建立投影寻踪分类模型，选定父代初始种群规模为 N=400、交叉概率 p_c=0.8、变异概率 p_m=0.2，选取两次进化所产生的优秀个体变化区间作为下次加速时优化变量的变化区间，优秀个体数目选定为 40 个，最大加速次数为 20 次，变异方向的系数 M=10，运行停止的最小阈值为 10^{-6}。为了观察不同投影半径的影响，分别选取投影半径 R 为 $0.1S_z$、$0.3S_z$、$0.5S_z$、1/5 $r_{\max}$、1/4 $r_{\max}$、1/3 $r_{\max}$。考虑到 RAGA 为随机寻优算法，6 种窗口半径的情况分别运行 1000 次，取其中最大目标值对应的投影方向及投影值。

为了更直观地展示投影情况，绘制 18 个地区投影值的散点图，如图 4-1 所示。为了体现出投影点的分类状态，将投影值进行升序排序后再绘制散点图。

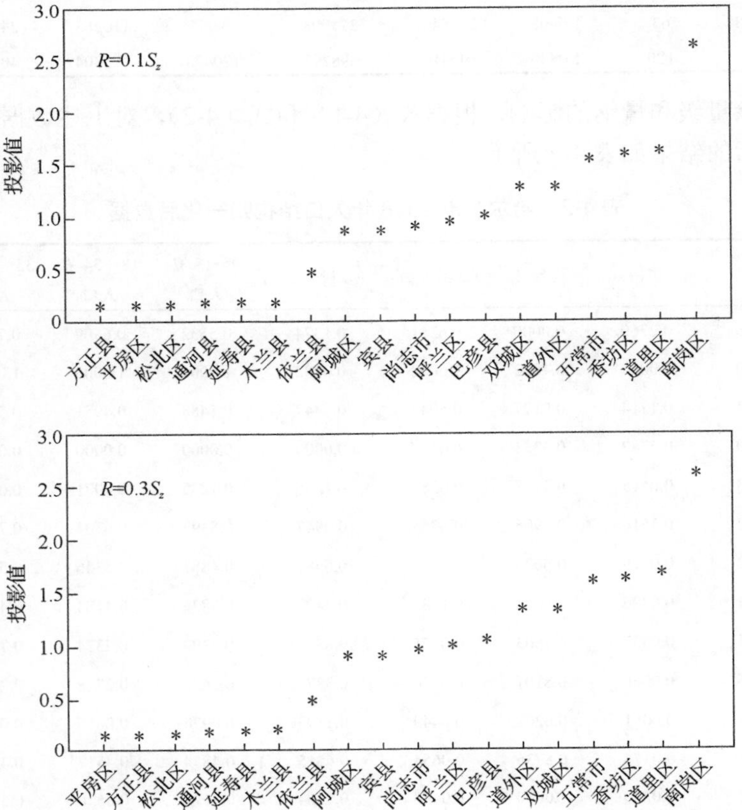

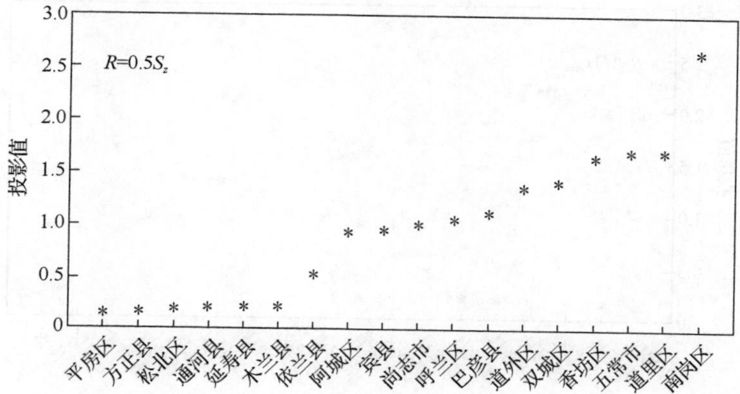

R=0.5S_z
投影值
平房区
方正县
松北区
通河县
延寿县
木兰县
依兰县
阿城区
宾县
尚志市
呼兰区
巴彦县
道外区
双城区
香坊区
五常市
道里区
南岗区

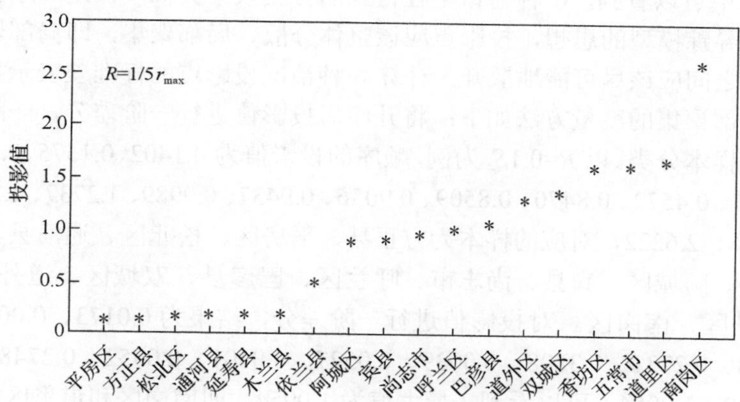

R=1/5r_{max}
投影值
平房区
方正县
松北区
通河县
延寿县
木兰县
依兰县
阿城区
宾县
尚志市
呼兰区
巴彦县
道外区
双城区
香坊区
五常市
道里区
南岗区

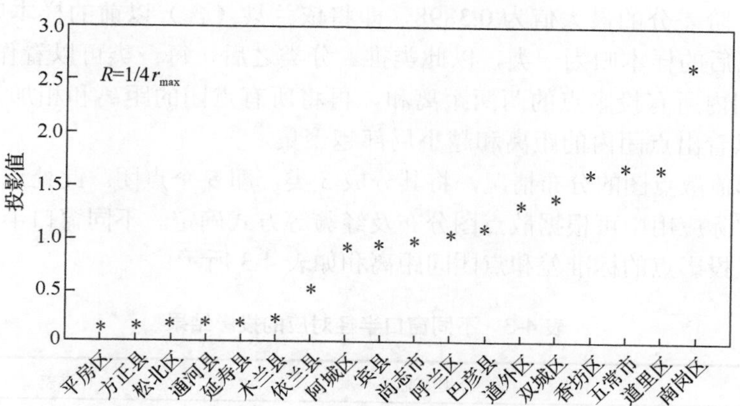

R=1/4r_{max}
投影值
平房区
方正县
松北区
通河县
延寿县
木兰县
依兰县
阿城区
宾县
尚志市
呼兰区
巴彦县
道外区
双城区
香坊区
五常市
道里区
南岗区

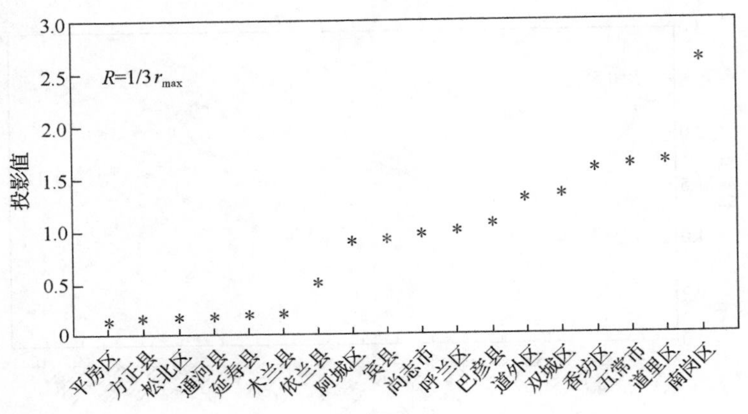

图 4-1　不同窗口半径的投影值

从图 4-1 中可以看到，6 种窗口半径得到的分类效果类似，但是顺序存在一定的差异。根据投影寻踪模型的思想，投影点应该整体分散、局部聚集，即局部聚集成若干个点团，但点团之间应该尽可能地散开。计算 6 种情况投影点的标准差表示投影点的整体分散情况。局部聚集的度量方法如下：将升序后投影值进行一阶差分，一阶差分较大的值可以用于对样本分类。以 R=0.1S_z 为例，顺序的投影值为 0.1402、0.1575、0.1597、0.1670、0.1761、0.1841、0.4572、0.8470、0.8509、0.9036、0.9437、0.9989、1.2737、1.2737、1.5334、1.5769、1.6168、2.6222，对应的样本为方正县、平房区、松北区、通河县、延寿县、木兰县、依兰县、阿城区、宾县、尚志市、呼兰区、巴彦县、双城区、道外区、五常市、香坊区、道里区、南岗区。对投影值进行一阶差分，结果为 0.0173、0.0022、0.0073、0.0091、0.008、0.2731、0.3898、0.0039、0.0527、0.0401、0.0552、0.2748、0、0.2597、0.0435、0.0399、1.0054。可以看到，最大值为 1.0054，即南岗区和道里区投影值差异最大，所以可以将南岗区（含）以后的样本归为一类（本例中只有一个样本），道里区（含）以前的样本归为一类。再对上述两类样本继续按照上述方式分类即可，如道里区以前的样本中，一阶差分的最大值为 0.3898，即将依兰县（含）以前的样本归为一类，阿城区（含）以后的样本归为一类，以此类推。分类之后，每一类可以看作是一个点团，计算每个点团内所有投影点的两两距离和，再将所有点团的距离和相加，称为点团间距离和，可以看出点团内的距离和越小局部越聚集。

根据投影值散点图的分布情况，将其分成 5 类，即 5 个点团。此处点团个数确定比较主观，在实际应用中可根据散点图分布及经验等方式确定。不同窗口半径对应投影点的分类情况、投影点的标准差和点团间距离和如表 4-3 所示。

表 4-3　不同窗口半径对应的投影结果

窗口半径 R	分类情况	标准差	点团间距离和
0.1S_z	Ⅰ={方正,平房,松北,通河,延寿,木兰}；Ⅱ={依兰}；Ⅲ={阿城,宾县,尚志,呼兰,巴彦}；Ⅳ={双城,道外,五常,香坊,道里}；Ⅴ={南岗}	0.6093	6.1098

续表

窗口半径 R	分类情况	标准差	点团间距离和
$0.3S_z$	Ⅰ={平房,方正,松北,通河,延寿,木兰};Ⅱ={依兰}; Ⅲ={阿城,宾县,尚志,呼兰,巴彦};Ⅳ={道外,双城,五常,香坊,道里};Ⅴ={南岗}	0.7024	6.3160
$0.5S_z$	Ⅰ={平房,方正,松北,通河,延寿,木兰};Ⅱ={依兰}; Ⅲ={阿城,宾县,尚志,呼兰,巴彦};Ⅳ={道外,双城,五常,香坊,道里};Ⅴ={南岗}	0.7100	6.8141
1/5 r_{max}	Ⅰ={平房,方正,松北,通河,延寿,木兰};Ⅱ={依兰}; Ⅲ={阿城,宾县,尚志,呼兰,巴彦,道外,双城};Ⅳ={五常,香坊,道里};Ⅴ={南岗}	0.7061	10.4190
1/4 r_{max}	Ⅰ={平房,方正,松北,通河,延寿,木兰};Ⅱ={依兰}; Ⅲ={阿城,宾县,尚志,呼兰,巴彦,道外,双城};Ⅳ={五常,香坊,道里};Ⅴ={南岗}	0.7077	10.5791
1/3 r_{max}	Ⅰ={平房,方正,松北,通河,延寿,木兰};Ⅱ={依兰}; Ⅲ={阿城,宾县,尚志,呼兰,巴彦,道外,双城};Ⅳ={五常,香坊,道里};Ⅴ={南岗}	0.7024	10.2313

从表 4-3 中可以看出，6 种窗口半径对应的分类情况类似，区别在于当 R=0.1S_z、0.3S_z、0.5S_z 时，将道外区和双城区归于第Ⅳ类，而当 R=1/5 r_{max}、1/4 r_{max}、1/3 r_{max} 时，将道外区和双城区归于第Ⅲ类。从整体分散上看，当 R=0.5S_z 时，标准差最大，整体分散程度最高。从局部聚集程度上看，S_z 的常数倍整体上优于 r_{max} 的常数倍，且当 R=0.1S_z 时，局部聚集程度最高。当 R=0.3S_z 时，整体分散程度优于 0.1S_z，局部聚集程度优于 0.5S_z，所以本例最终选取窗口半径 R=0.3S_z。

值得注意的是，此处点团个数的确定方法和窗口半径的选取的标准都具有较强主观性，本书只是给出了一种可能的、力求合理的确定方式。读者在确定点团个数和窗口半径时可以按照投影寻踪模型的基本思想采取其他更为合逻辑的方式，也可以根据经验或者研究问题的实际意义等偏好确定。

为了更清晰地了解模型的运行过程，将目标函数值的变化过程进行了展示。当 R=0.3S_z 时，程序运行 1000 次对应的目标函数值的变化情况如图 4-2 所示。

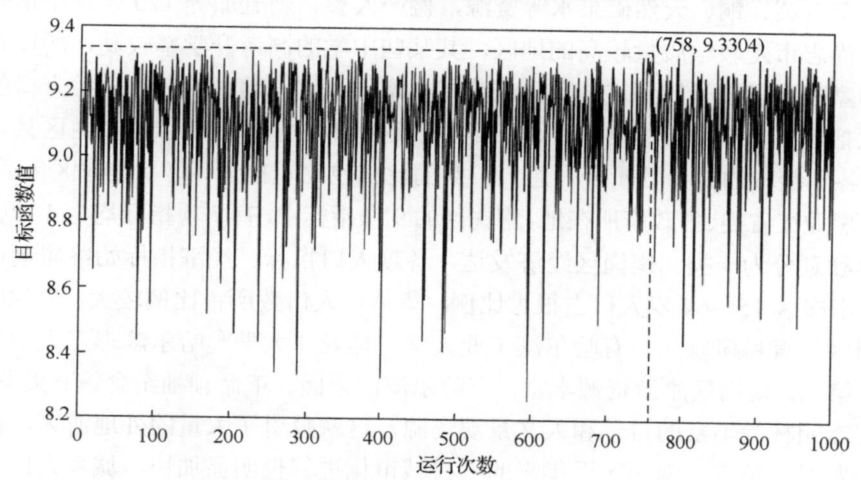

图 4-2 程序运行 1000 次对应的目标函数值变化

第 758 次时，对应的目标函数值最大，最大目标函数值（以下简称最大目标值）为

9.3304，此时投影方向为 a^*=(0.3748,0.3264,0.0009,0.4260,0.0022,0.2921,0.3274,0.3800, 0.4844)。最大目标值的寻优过程及投影方向如图 4-3 所示。

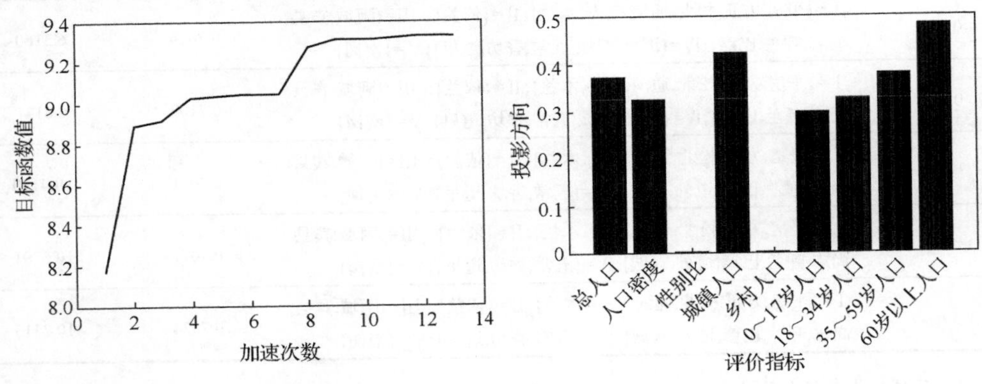

图 4-3 RAGA 寻优过程及投影方向

可以看到，RAGA 加速 13 次找到了最大目标值，即在加速到 13 次时，优秀个体中变量之间的差异已经小于 10^{-6}。

当 R=0.3S_z 时，从表 4-3 中可以看到，第Ⅰ类地区包括平房、方正、松北、通河、延寿、木兰。它们的结构特点十分相似，绝大多数都是位于距离市中心较远的郊县，总人口、人口密度和乡村人口数量比较接近。第Ⅱ、Ⅲ类包括依兰、阿城、宾县、尚志、呼兰、巴彦，这些地区 0～17 岁人口和 60 岁以上人口数量较少，18～59 岁人口较多，年龄结构处于两头小中间大的一个趋势。说明这类包含的五个地区的劳动力资源还处于比较丰富的时期。而且乡村人口比城镇人口多反映了这类地区以农业为主。例如，巴彦县的土地肥沃，盛产玉米、大豆，因饲养猪、牛、羊等出名，是全国重要的商品粮基地。宾县主要有石英、铜、天然矿泉水等资源，盛产人参、刺五加等 120 余种中草药。此外巴彦县、尚志市是教学质量较高的地区，其某些中学的高考升学率较高，所以有大量其他地区的家长为了孩子转到这些地区来读书，增加了这些地区的劳动适龄人口的数量。第Ⅳ类包括道外、双城、五常、香坊、道里。这些地区基本是哈尔滨市内区县，总人口数相似，各年龄段的人口数量所占总人口数的比例也比较接近。第Ⅴ类地区包括南岗区。南岗区是黑龙江省委、省政府所在地，南岗区的 9 项指标中，有 7 项指标均为 1（见表 4-2），所以被单独划分为一类。南岗区经济发达，各项人口指标、经济指标始终居全市各区县之首位；南岗区 15～64 岁人口占很大比例，集体户人口数所占比例较大。其原因是：第一，南岗区教育科研领先，有哈尔滨工业大学、黑龙江大学、哈尔滨理工大学等高校二十余所。第二，南岗区旅游资源丰富，有哈尔滨游乐园、革命领袖纪念馆、果戈里大街、百家姓生态园林等丰富的自然和人文景观资源，这就吸引了大量的外地游客，促进了第三产业的发展。第三，南岗区近年来的农村城市化进程也明显加快，城乡人口结构对城市的创新能力还是有一定的影响。

（二）Friedman-Tukey 投影寻踪分类模型在林分土壤理化性质分类的应用

土壤是林业生产的基础，是植物生长的载体，其最大的特征就是具有肥力。而土壤有无为植物生长提供和协调养分等的能力，是判断土壤是否具有生产力的综合依据。土壤养分是土壤肥力的基础，丰缺状况直接体现土壤肥力的高低。土壤理化性质在植被恢复生态系统范围内，可维持林木生长、防止水土流失、保护环境质量以及促进动植物健康。土壤理化性质与土壤形成因素及不同植被配置引起的动态变化有关。不同森林配置结构对土壤扰动迥异，从而对土壤理化性质改良也具有差异。土壤理化性质作为下垫面因素，直接影响林木的生长及林下植被的更替。当土壤条件欠佳，植物生长受阻时，会造成植被结构生产力低下、结构简单、生态效益与经济效益较差。人工造林有利于改良土壤理化性质，继而有利于林下植被更新，提高群落结构的稳定性，并且改善林地的土壤养分状况，对防止土地退化及防止土壤流失具有明显的作用。

对不同林下土壤理化性质进行系统的对比研究，旨在科学地评价不同人工林模式对土壤理化性质的影响，以期在人工林配置上有更深入的认识，为半干旱黄土丘陵地区生态恢复与重建、人工林森林改造工程持续开展，提供可靠的理论依据[146]。

根据所研究的问题以及数据的可获取性，本节将表层土壤（0～20cm）数据作为评价对象，建立土壤理化性质综合评价指标体系，10 个人工林配置模式中林分及代码分别表示为油松（YS）、油松×刺槐混交（YS/CH）、落叶松×油松混交（LYS/YS）、不同配置密度刺槐纯林（CH_1、CH_2、CH_3、CH_4、CH_5）、侧柏纯林（CB）、白榆纯林（BY）。土壤物理性质包括土壤容重、毛管孔隙度及非毛管孔隙度和自然含水量；化学性质包括养分因子（有机质、全氮、速效磷、速效钾）和盐分因子（pH 值）。筛选 9 个能反映土壤结构及养分的指标，其中 X_1 为 pH，X_2 为全氮，X_3 为速效磷，X_4 为有机质，X_5 为速效钾，X_6 为土壤自然含水量，X_7 为土壤容重，X_8 为毛管孔隙度，X_9 为非毛管孔隙度。数据来源于文献[146]，具体指标及待分类的分析结果见表 4-4。

表 4-4　不同林分土壤理化性质分析结果

林分	pH	TN/%	AP/(mg/kg)	SOM/%	AK/(mg/kg)	SW/%	BD/(g/cm^3)	CP/%	NCP/%
YS	8.15	0.1074	20.4	1.6106	201.63	8.19	1.08	49.98	9.36
YS/CH	8.53	0.0921	29.16	0.7274	222.45	3.51	1.13	46.81	10.62
CH_1	8.53	0.046	25.88	1.4888	255.86	8.95	1.17	48.79	7.01
LYS/YS	8.59	0.046	12.98	0.9039	197.01	2.84	1.06	46.78	13.16
CH_2	8.41	0.0921	33.54	0.8507	258.41	10.21	1.12	50.49	7.26
CB	8.46	0.0614	9.57	0.7444	191.53	3.8	1.16	52.7	3.57
CH_3	8.57	0.0614	10.91	0.8507	208.7	9.81	1.15	49.58	7.06
CH_4	7.98	0.1151	11.23	0.5292	208.57	9.11	1.13	49.89	7.28
CH_5	8.08	0.1151	7.3	1.1114	202.85	10.13	1.12	50.48	7.12
BY	8.23	0.1228	17.72	1.2117	212.21	4.59	1.22	46.98	7.01

注：（1）TN-全氮；AP-速效磷；SOM-有机质；AK-速效钾；SW-土壤自然含水量；BD-土壤容重；CP-毛管孔隙度；NCP-非毛管孔隙度；（2）CH_1-林分密度为 1700 株/hm^2；CH_2-林分密度为 1200 株/hm^2；CH_3-林分密度为 1600 株/hm^2；CH_4-林分密度为 875 株/hm^2；CH_5-林分密度为 1625 株/hm^2；YS-林分密度为 1675 株/hm^2；YS/CH-林分密度为 875 株/hm^2；LYS/YS-林分密度为 1125 株/hm^2；CB-林分密度为 1250 株/hm^2；BY-林分密度为 1150 株/hm^2。

为了消除量级和量纲的影响，根据式（4-1）和式（4-2），对上述数据进行归一化处理，归一化后的结果如表 4-5 所示。

表 4-5　不同林分土壤理化性质分析结果归一化后数据

林分	pH	TN	AP	SOM	AK	SW	BD	CP	NCP
YS	0.2787	0.7995	0.4992	1.0000	0.1510	0.7259	0.1250	0.5405	0.6038
YS/CH	0.9016	0.6003	0.8331	0.1833	0.4623	0.0909	0.4375	0.0051	0.7351
CH_1	0.9016	0.0000	0.7081	0.8874	0.9619	0.8290	0.6875	0.3395	0.3587
LYS/YS	1.0000	0.0000	0.2165	0.3465	0.0819	0.0000	0.0000	0.0000	1.0000
CH_2	0.7049	0.6003	1.0000	0.2973	1.0000	1.0000	0.3750	0.6267	0.3848
CB	0.7869	0.2005	0.0865	0.1990	0.0000	0.1303	0.6250	1.0000	0.0000
CH_3	0.9672	0.2005	0.1376	0.2973	0.2567	0.9457	0.5625	0.4730	0.3639
CH_4	0.0000	0.8997	0.1498	0.0000	0.2548	0.8507	0.4375	0.5253	0.3869
CH_5	0.1639	0.8997	0.0000	0.5384	0.1693	0.9891	0.3750	0.6250	0.3702
BY	0.4098	1.0000	0.3971	0.6311	0.3092	0.2374	1.0000	0.0338	0.3587

采用 MATLAB 2016a 编程处理数据，对不同林分土壤理化性质分析结果数据建立投影寻踪分类模型，选定父代初始种群规模为 N=400、交叉概率 p_c=0.8、变异概率 p_m=0.2，选取两次进化所产生的优秀个体变化区间作为下次加速时优化变量的变化区间，优秀个体数目选定为 40 个，最大加速次数为 20 次，变异方向的系数 M=10，运行停止的最小阈值为 10^{-6}。为了观察不同投影半径的影响，分别选取投影半径 R 为 $0.1S_z$、$0.3S_z$、$0.5S_z$、$1/5\ r_{\max}$、$1/4\ r_{\max}$、$1/3\ r_{\max}$。考虑到 RAGA 为随机寻优算法，6 种窗口半径的情况分别运行 1000 次，取其中最大目标值对应的投影方向及投影值。

为了更直观地展示投影情况，绘制 10 个人工林配置模式的投影值的散点图，如图 4-4 所示。为了体现出投影点的分类状态，将投影值进行升序排序后再绘制散点图。

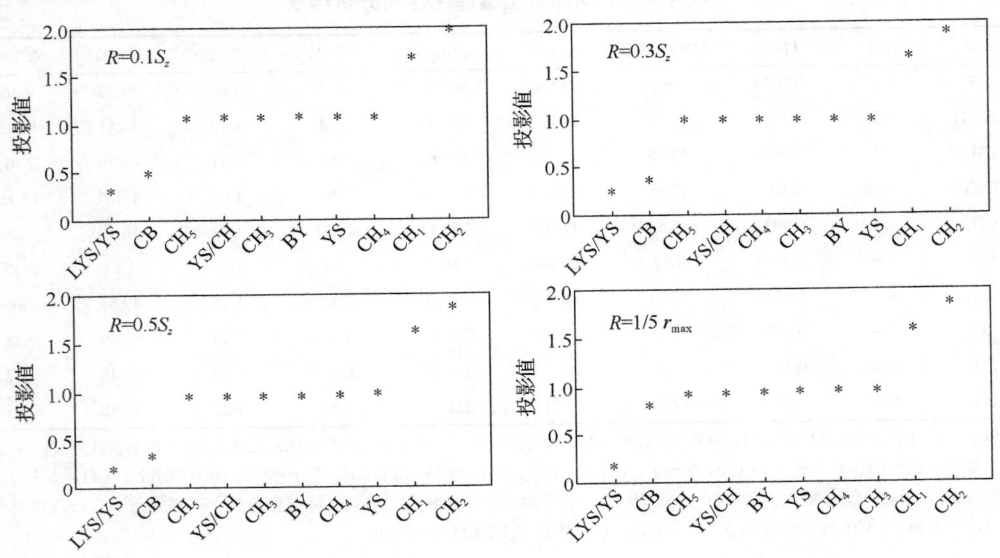

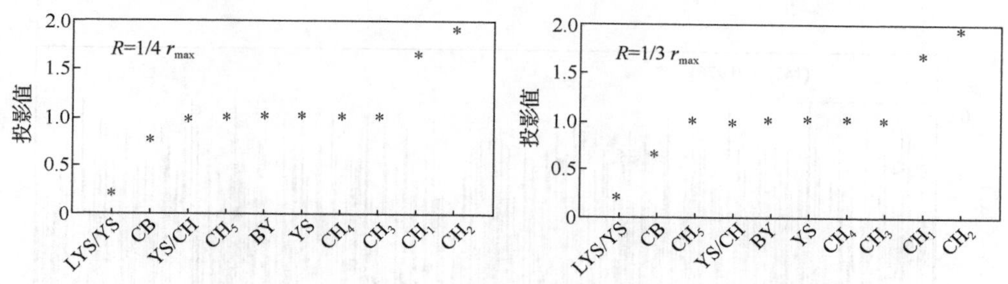

图 4-4　不同窗口半径的投影值

从图 4-4 中可以看到，6 种窗口半径得到的分类效果类似，但是顺序存在一定的差异。根据投影寻踪模型的思想，投影点应该整体分散、局部聚集，即局部聚集成若干个点团，但点团之间应该尽可能地散开。计算 6 种情况投影点的标准差表示投影点的整体分散情况。局部聚集的度量方法如下：将升序后投影值进行一阶差分，一阶差分较大的值可以用于样本分类。根据投影值散点图的分布情况，将其分成 5 类，即 5 个点团。此处点团个数确定比较主观，在实际应用中可根据散点图分布及经验等方式确定。不同窗口半径对应投影点的分类情况、投影点的标准差和点团间距离和如表 4-6 所示。分类方法和点团间距离和的计算方法见本节第一个示例。

表 4-6　不同窗口半径对应的投影结果

窗口半径 R	分类情况	标准差	点团间距离和
$0.1S_z$	Ⅰ={LYS/YS}; Ⅱ={CB}; Ⅲ={CH_5,YS/CH,CH_3,BY,YS,CH_4}; Ⅳ={CH_1}; Ⅴ={CH_2}	0.4862	0.0531
$0.3S_z$	Ⅰ={LYS/YS}; Ⅱ={CB}; Ⅲ={CH_5,YS/CH,CH_4,CH_3,BY,YS}; Ⅳ={CH_1}; Ⅴ={CH_2}	0.4956	0.2075
$0.5S_z$	Ⅰ={LYS/YS}; Ⅱ={CB}; Ⅲ={CH_5,YS/CH,CH_3,BY,CH_4,YS}; Ⅳ={CH_1}; Ⅴ={CH_2}	0.4979	0.2076
1/5 r_{max}	Ⅰ={LYS/YS}; Ⅱ={CB}; Ⅲ={CH_5,YS/CH,BY,YS,CH_4,CH_3}; Ⅳ={CH_1}; Ⅴ={CH_2}	0.4489	0.4300
1/4 r_{max}	Ⅰ={LYS/YS}; Ⅱ={CB}; Ⅲ={YS/CH,CH_5,BY,YS,CH_4,CH_3}; Ⅳ={CH_1}; Ⅴ={CH_2}	0.4631	0.4274
1/3 r_{max}	Ⅰ={LYS/YS}; Ⅱ={CB}; Ⅲ={CH_5,YS/CH,BY,YS,CH_4,CH_3}; Ⅳ={CH_1}; Ⅴ={CH_2}	0.4779	0.3942

从表 4-6 中可以看出，6 种窗口半径对应的分类情况完全一致。从整体分散上看，当 R=0.5S_z 时，标准差最大，整体分散程度最高。从局部聚集程度上看，S_z 的常数倍整体上优于 r_{max} 的常数倍，且当 R=0.1S_z 时，局部聚集程度最高。当 R=0.1S_z 时，整体分散程度与 R=0.3S_z、R=0.5S_z 相差较小，所以本例最终选取窗口半径 R=0.1S_z。注意，此处选取窗口半径主观性较强，可以根据经验或者研究的实际问题等偏好选取。

为了更清晰地了解模型的运行过程，将目标函数值的变化过程进行了展示。当 R=0.1S_z 时，程序运行 1000 次对应的目标函数值的变化情况如图 4-5 所示。

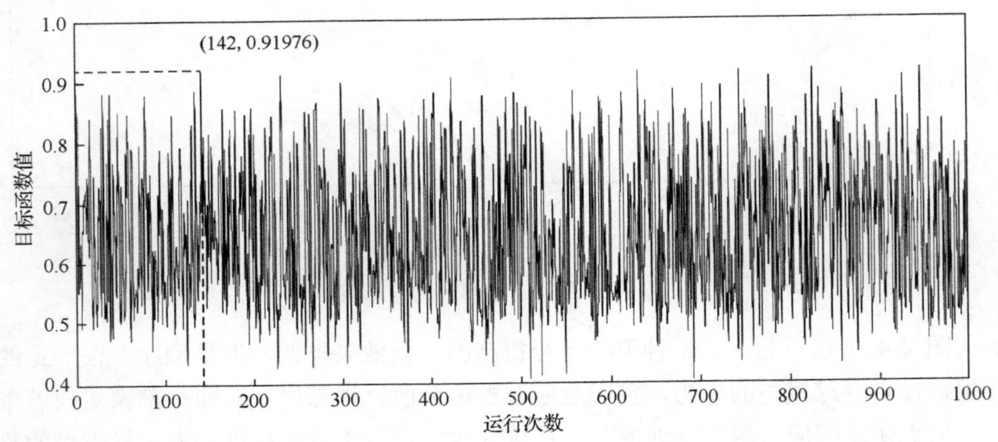

图 4-5　程序运行 1000 次对应的目标函数值变化

第 142 次时，对应的目标函数值最大，最大目标值为 0.91976，此时投影方向为 a^*=(0.0967,0.2552,0.4011,0.0540,0.6519,0.5139,0.2419,0.1090,0.0468)。最大目标值的寻优过程及投影方向如图 4-6 所示。

可以看到，RAGA 加速 14 次找到了最大目标值，即在加速到 14 次时，优秀个体中变量之间的差异已经小于 10^{-6}。

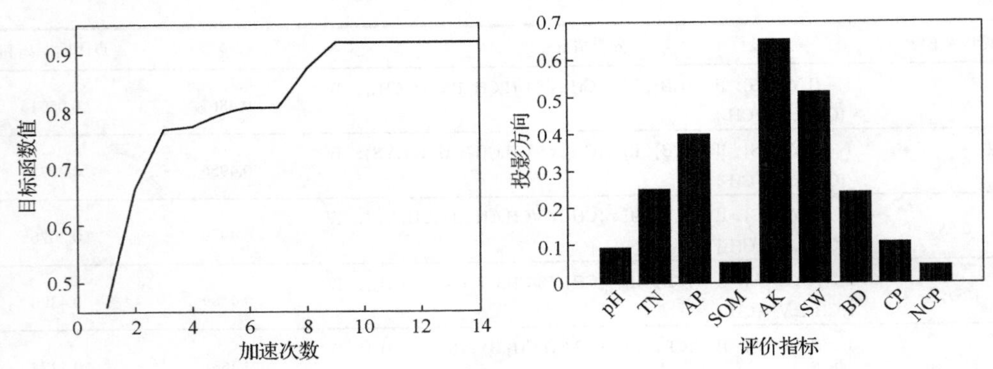

图 4-6　RAGA 寻优过程及投影方向

当 R=0.1S_z 时，从表 4-6 中可以看到，第Ⅰ类林分包括 LYS/YS，根据表 4-5 不同林分土壤理化性质分析结果可知，有四项指标为 0。第Ⅱ类林分包括 CB，根据表 4-5 不同林分土壤理化性质分析结果可知，有两项指标为 0。土壤速效养分较低，主要是因为林分密度小、林木冠幅小等，枯落物不足或分解不足，土壤速效养分方面并没有表现出优势。第Ⅲ类林分包括 CH_5、CH_4、CH_3、YS/CH、BY、YS，土壤全氮含量较高，主要是刺槐水平根分布相对较浅，多集中在表土层内，且根部有固氮功能的根瘤菌，对表层土壤氮素提高有重要的作用，白榆抗逆性极佳，长势迅速，对土壤全氮改良也有积极的作用；从土壤容重因子上看，白榆、侧柏对降低土壤容重、疏松土壤有比较突出的优势。

第Ⅳ类林分包括 CH_1，第Ⅴ类林分包括 CH_2，从土壤结构及持水性因子上看，细根生长及分解可以改善土壤的孔隙状况，在适宜的林分密度条件下，根系切割对土壤结构、土壤持水力有较大的影响。

综上所述，对各林分林下土壤理化性质进行综合排名评价，排名前三位的均为刺槐，CH_2、CH_1、CH_5 均高于其他林分，主要是因为选取的刺槐林密度适宜［（1200～1700）株/hm^2］，林分已郁闭成林，冠层覆盖减少土壤水分自然蒸发，枯落物分解及根系作用较强，在一定程度上可以改良表层的土壤理化性质。而排名较低的 LYS/YS、CB、YS/CH，以针叶林为主，植被根系作用对表层土壤影响不大，冠幅窄小，枯落物含有单宁及难分解的物质，造成养分转化时期较长等，导致土壤理化性质综合评分不高。林下植被在一定程度上反映了土壤的内在属性，也是检验土壤理化性质的实践方式，将林下植被的多样性指标作为检验土壤理化性质的依据。

第Ⅰ类林分土壤理化性质的各项指标表现欠佳，在改良土壤结构及增加土壤含水量方面表现不佳，可能是油松属于深根性树种加之枯落物难以分解，因此对表层土壤理化性质的改良表现一般，需要考虑是否对表层土壤影响不足，或亟需人工进行改造和抚育；第Ⅱ类林分土壤理化性质在改善土壤结构、土壤容重方面表现较好，但在速效养分方面表现不佳；第Ⅲ类林分土壤理化性质的速效养分指标表现较好，但是在土壤结构、土壤持水性方面表现一般，将白榆纳入黄土高原水土保持树种的同时，也要结合其生态学特征，进行科学的配置；第Ⅳ类林分土壤理化性质的速效养分指标表现较好；第Ⅴ类林分土壤理化性质的速效养分指标表现最好，占据优势。

不同林分对土壤理化性质的改良侧重不同，适宜密度的刺槐林及油松林在土壤中养分储量大，供给养分及土壤持水性较佳，侧柏林在改良土壤孔隙度、土壤水分、降低土壤容重方面改良效果佳，此处为径流林业试验样地，对于干旱缺水的黄土地区，此类植被配置模式显得尤为重要；白榆林在土壤氮素供应及降低土壤容重方面优势突出；油松刺槐混交林仅在土壤供给养分方面表现良好，在其他因子上的表现一般。通过对不同配置模式林分条件下土壤的理化状况进行因子分析，可以客观、清晰、准确地分析不同林分对土壤理化性质的改良作用。

投影寻踪模型分析表明同一类林分对土壤理化性质方面改良的差异较小，与基于因子和聚类分析的结果基本吻合，且投影寻踪模型分析能够更客观地反映土壤的质量，有助于人工造林时根据不同树种对土壤理化性质改良方向上配置不同的措施。

（三）Friedman-Tukey 投影寻踪分类模型在生态系统健康分类中的应用

草地生态系统健康的研究是在草地生态系统已普遍出现退化的背景下提出的。有学者认为健康的草地生态系统不仅在生态学意义上是健康的，而且有利于社会经济的发展，并能维持健康的人类群体。随着生产力的发展，人们对草原的利用强度逐渐加大，草原的用途也逐渐增多，如家畜放牧、水资源开发、草原旅游等。由此引发草地生态系统的健康状况问题引起学者广泛关注，因此草地生态系统健康研究成为草地研究的重点和难点问题。

草地生态系统健康评价是用基本功能综合特征的变化来衡量生态系统的健康状况。从不同的角度涉及草地生态系统健康评价，学者在草地健康标准和等级划分方面已做了大量的研究，草地生态系统健康评价体系也逐渐完善。许多学者提出评价草地健康属性的可能指标，由于生态系统的复杂性，以及影响草地生态系统健康的众多因素，草地生态系统健康评价到目前没有统一的标准。一直以来，草地生态系统作为世界重要的陆地生态系统，其健康评价方法都是国内外学者关注的焦点之一[147]，如由 Constanza 等基于活力、组织结构和恢复力而提出的 VOR 模型，以及基于 VOR 模型的修正而提出的 CVOR 模型，层次分析法、指数评价法等[148]。但对草地生态系统健康状况的评价诊断以及未来的预测和管理等都迫切需要建立一个综合的草地生态系统健康评价体系，这是科学管理草地生态系统，实现可持续发展的必要条件。

通过对草地生态系统健康的研究以及健康状态的评价，我们能够清楚地了解和掌握草地的健康状况。这将有助于生态系统健康评价体系的发展，而且有利于研究者和管理者从整体上了解草地现状，以期合理地利用不同类型草地，为我们的生存和发展提供草地生态系统健康状况诊断的可能性、病因学早期警示指标、治疗能力及防治措施[149]。

根据所研究的问题以及数据的可获取性，本研究共设置了 72 个样地，选择表示不同样方植物量及土壤理化性质的 10 个指标：土壤含水量、优良牧草干质量、地上植物干质量、牧草高度、鲜草总质量、优良牧草鲜质量、地下植物量、土壤全氮、土壤全磷、土壤有机质。数据来源于文献[148]，具体指标及待分类的原始数据见表 4-7。

表 4-7　不同样方植物量及土壤理化性质

样方序号	样方	土壤含水量/%	优良牧草干质量/(g/m²)	地上植物干质量/(g/m²)	牧草高度/cm	鲜草总质量/(g/m²)	优良牧草鲜质量/(g/m²)	地下植物量/(g/m²)	土壤全氮/(g/kg)	土壤全磷/(g/kg)	土壤有机质/(g/kg)
1	措美	0.521	25	27.3	11.43	67.8	55.1	26.6	8.72	1.7	222.21
2	措桑	0.557	36.5	40.1	6	114.6	102.7	28.9	10.76	1.79	263.98
3	措多	0.375	2.2	5.6	1	16.3	6.7	2.4	4.97	1.29	113.37
4	君青	0.521	25.3	29.9	8.28	83.1	64.7	11.9	1.25	1.99	265.35
5	杂娘	0.313	8.5	11.4	5.43	26.1	19.1	9.7	3.49	1.12	72.56
6	白玛-1	0.37	13.2	49.3	5.87	166.8	32.6	9.6	6.81	1.94	127.21
7	白玛-3	0.384	1.9	12.9	2.6	37.1	4.9	4.4	4.68	1.91	96.15
8	白玛-2	0.365	5.9	14	3.48	39.8	14.8	8.6	7.91	2.28	167.55
9	岗日-1	0.523	37.3	39.6	6	109	102.2	31.8	7.03	2.5	305.99
10	哇龙	0.647	15.5	15.5	9.5	34.5	34.5	21.2	7.43	1.48	170.96
11	云塔	0.384	1.9	12.9	2.6	37.1	4.9	4.4	5.48	1.56	97.33
12	甘宁	0.411	2.6	7.6	6	32.1	15.5	18.5	5.02	1.35	102.9
13	岗日-2	0.474	21.1	22.8	6	53.4	48.9	19.4	15.72	2.11	367.69
14	上巴塘-1	0.532	25.8	26.6	14.98	62.1	59.5	19.7	6.98	2.11	302.41
15	洛叶	0.324	7	10.9	4.33	27.2	14.8	7.2	3.54	1.44	75.91
16	查勒	0.528	18.4	19.1	5.5	47	43.9	27.5	11.83	1.67	298.62

续表

样方序号	样方	土壤含水量/%	优良牧草干质量/(g/m²)	地上植物干质量/(g/m²)	牧草高度/cm	鲜草总质量/(g/m²)	优良牧草鲜质量/(g/m²)	地下植物量/(g/m²)	土壤全氮/(g/kg)	土壤全磷/(g/kg)	土壤有机质/(g/kg)
17	岗日-3	0.474	21.1	22.8	6	53.4	48.9	19.4	15.72	2.11	367.69
18	当托	0.395	11.6	20	7	48.3	24.6	20.9	5.65	1.66	118.98
19	上巴塘-2	0.664	72.7	79.3	17.07	228.1	201.3	70.5	10.06	1.85	222.57
20	铁力角	0.641	20.3	20.6	14.6	50	47.9	11.4	12.17	1.89	290.52
21	下巴塘	0.389	22.9	33.6	16	133.4	83	8.9	3.84	1.22	65.4
22	日玛-1	0.639	2.6	20.1	12	53.8	6.4	42.3	12.86	1.58	426.3
23	日玛-2	0.672	21.4	32.1	4	105.9	67.8	27.1	13.68	2.25	337.9
24	玛龙	0.477	14.5	76.8	42.08	185.5	40.2	6.5	7.65	1.46	150.96
25	加桥	0.202	3.3	12.8	1.8	35	8.5	1.2	3.13	1.43	60.18
26	曲新	0.409	7.4	14.6	4	41.5	15.5	27.3	6.53	1.67	144.15
27	沙宁	0.351	14.2	25.8	11	96.5	43.7	11.3	4.36	1.28	89.85
28	多拉	0.328	12.6	37.3	3.13	119.2	32.3	3.5	3.72	1.56	61.18
29	布罗	0.474	21.1	22.8	6	53.4	48.9	19.4	3.04	1.31	52.24
30	青村	0.46	4.6	65	5.77	300.2	14.5	4.8	7.85	2.18	163.26
31	苏鲁	0.599	29	29	16.95	61.3	61.3	23.1	5.43	1.22	122.59
32	当卡	0.375	2.2	5.6	1	16.3	6.7	2.4	2.25	1.52	39.31
33	野吉尼玛	0.407	8.6	11.5	6.2	24.1	17.6	22.3	5.03	1.67	100.46
34	尕玛	0.44	7.4	8.5	7	17.2	15.5	24.6	5.47	1.69	129.55
35	高强	0.344	9.2	21.1	7.9	65.9	24.1	11.1	5.36	1.71	93.58
36	钻多	0.389	22.9	33.6	16	133.4	83	8.9	4.46	1.21	80.07
37	塔玛	0.599	11.2	15.1	9.53	43.3	27.2	25.3	8.19	1.42	206.49
38	拉日	0.478	5.3	10.1	3	25.8	10.4	17.8	6.5	1.45	172.07
39	莫地	0.234	4.8	33.3	15	32.3	16.1	0.7	3.73	1.6	69.26
40	本江	0.783	22.5	45.6	9.29	154.6	59	6.9	9.31	1.64	188.8
41	扎秋	0.805	16.4	203.2	16.53	575.3	55.6	1.6	9.21	1.44	194.6
42	西扎	0.453	10.1	19.5	7.13	44.1	10.1	2.9	2.93	1.41	58.12
43	草格	0.353	5.5	15.9	5	58.1	15.9	10.6	2.98	1.37	50.21
44	江西	0.444	15.9	20.9	2.17	61.6	41.9	20.9	4.52	1.84	87.66
45	多陇	0.903	12.9	13.5	8.67	36	32.3	45	9.87	1.63	231.15
46	让多	0.297	0	35.3	1.5	142.8	0	26.3	2.88	1.98	44.56
47	协新	0.594	29.1	42.7	10.65	160.9	101.4	8.9	8.36	2.23	157.62
48	甘达-1	0.361	5.9	17.3	4.58	50.8	13.4	6.9	5.2	1.79	93.15
49	卡孜	0.218	0.5	45.1	41.25	143.8	2.4	2.7	5.48	2.12	106.07
50	甘达-2	0.368	16.9	55.6	48.44	161.1	57.2	5.7	4.51	1.27	78.23
51	得宁格	0.341	13.9	19.5	8	54.2	38	3.6	5.08	1.58	99.4
52	当代	0.328	12.6	37.3	3.13	119.2	32.3	3.5	5.25	1.5	92.39

续表

样方序号	样方	土壤含水量/%	优良牧草干质量/(g/m²)	地上植物干质量/(g/m²)	牧草高度/cm	鲜草总质量/(g/m²)	优良牧草鲜质量/(g/m²)	地下植物量/(g/m²)	土壤全氮/(g/kg)	土壤全磷/(g/kg)	土壤有机质/(g/kg)
53	代格	0.39	0.8	11.9	3.03	37	2.2	3.3	4.28	1.29	90.62
54	禅古	0.291	5.1	22.5	6.45	62.8	10	2.8	5.26	2.04	90.56
55	仲德	0.498	5.4	13.2	1.53	42.9	14.1	10.5	5.24	1.41	106.37
56	扎西大同	0.445	23.6	71.1	45.6	222.3	54.7	0	9.54	2.28	213.34
57	新寨	0.652	6.9	10.9	2.2	26.4	15	15.5	4.81	1.4	85.36
58	果庆	0.577	11.1	49	20.72	157.2	34.8	16.4	9.47	2.46	195.76
59	民主	0.292	9.6	15.2	2.1	40.3	22.2	15.2	5.6	1.66	102.1
60	尕拉-1	0.516	15.7	34.5	6.18	103.7	38.7	13.3	6.12	1.92	126.97
61	尕拉-2	0.466	5.6	13.2	5.18	41.4	16.2	9.6	6.79	2.64	128.08
62	电达	0.498	17.7	54.7	3.57	202	61.1	12.2	5.43	1.79	100.15
63	塘达	0.396	19.8	52.1	26.56	185.2	43.6	4.1	5.6	1.48	107.32
64	歇格	0.2	8.4	24.7	26.67	56.7	20.1	1.6	1.13	0.92	17
65	野吉-1	0.358	16.6	28.3	13.58	101.7	63.9	9.3	4.92	1.34	89.03
66	野吉-2	0.669	19	23.8	7.8	77.8	54.2	16.5	10.48	0.83	237.94
67	布让	0.453	11.6	14.9	3.93	41.7	29.5	6.8	4.41	1.79	90.11
68	结拉	0.764	26.2	27.8	9.97	78	68.5	42.7	11.66	1.61	285.27
69	拉则-1	0.108	0	33.1	30.17	72.5	0	1.5	1.69	1.8	26.49
70	拉则-2	0.11	20.8	34.6	11.33	100	51	0.3	2.88	1.46	45.98
71	香古	0.351	8.5	31.6	3	82.8	14.2	4.4	5.2	1.62	95.58
72	莱叶	0.527	6.7	19.3	3	73.7	19	9	5.77	1.6	112.45

为了消除量级和量纲的影响，根据式（4-1）和式（4-2），对上述数据进行归一化处理，归一化后的结果如表 4-8 所示。

表 4-8 不同样方植物量及土壤理化性质归一化后数据

样方序号	样方	土壤含水量	优良牧草干质量	地上植物干质量	牧草高度	鲜草总质量	优良牧草鲜质量	地下植物量	土壤全氮	土壤全磷	土壤有机质
1	措美	0.5195	0.3439	0.1098	0.2199	0.0921	0.2737	0.3773	0.5202	0.4807	0.5014
2	措桑	0.5648	0.5021	0.1746	0.1054	0.1758	0.5102	0.4099	0.6600	0.5304	0.6034
3	措多	0.3358	0.0303	0.0000	0.0000	0.0000	0.0333	0.0340	0.2632	0.2541	0.2355
4	君青	0.5195	0.3480	0.1230	0.1535	0.1195	0.3214	0.1688	0.0082	0.6409	0.6068
5	杂娘	0.2579	0.1169	0.0294	0.0934	0.0175	0.0949	0.1376	0.1618	0.1602	0.1357
6	白玛-1	0.3296	0.1816	0.2212	0.1027	0.2692	0.1619	0.1362	0.3893	0.6133	0.2693
7	白玛-3	0.3472	0.0261	0.0369	0.0337	0.0372	0.0243	0.0624	0.2433	0.5967	0.1934
8	白玛-2	0.3233	0.0812	0.0425	0.0523	0.0420	0.0735	0.1220	0.4647	0.8011	0.3678
9	岗日-1	0.5220	0.5131	0.1721	0.1054	0.1658	0.5077	0.4511	0.4044	0.9227	0.7061

续表

样方序号	样方	土壤含水量	优良牧草干质量	地上植物干质量	牧草高度	鲜草总质量	优良牧草鲜质量	地下植物量	土壤全氮	土壤全磷	土壤有机质
10	哇龙	0.6780	0.2132	0.0501	0.1792	0.0326	0.1714	0.3007	0.4318	0.3591	0.3762
11	云塔	0.3472	0.0261	0.0369	0.0337	0.0372	0.0243	0.0624	0.2981	0.4033	0.1963
12	甘宁	0.3811	0.0358	0.0101	0.1054	0.0283	0.0770	0.2624	0.2666	0.2873	0.2099
13	岗日-2	0.4604	0.2902	0.0870	0.1054	0.0664	0.2429	0.2752	1.0000	0.7072	0.8568
14	上巴塘-1	0.5333	0.3549	0.1063	0.2947	0.0819	0.2956	0.2794	0.4010	0.7072	0.6973
15	洛叶	0.2717	0.0963	0.0268	0.0702	0.0195	0.0735	0.1021	0.1652	0.3370	0.1439
16	查勒	0.5283	0.2531	0.0683	0.0949	0.0549	0.2181	0.3901	0.7334	0.4641	0.6881
17	岗日-3	0.4604	0.2902	0.0870	0.1054	0.0664	0.2429	0.2752	1.0000	0.7072	0.8568
18	当托	0.3610	0.1596	0.0729	0.1265	0.0572	0.1222	0.2965	0.3098	0.4586	0.2492
19	上巴塘-2	0.6994	1.0000	0.3730	0.3387	0.3789	1.0000	1.0000	0.6121	0.5635	0.5022
20	铁力角	0.6704	0.2792	0.0759	0.2867	0.0603	0.2380	0.1617	0.7567	0.5856	0.6683
21	下巴塘	0.3535	0.3150	0.1417	0.3162	0.2095	0.4123	0.1262	0.1857	0.2155	0.1183
22	日玛-1	0.6679	0.0358	0.0734	0.2319	0.0671	0.0318	0.6000	0.8040	0.4144	1.0000
23	日玛-2	0.7094	0.2944	0.1341	0.0632	0.1603	0.3368	0.3844	0.8602	0.7845	0.7840
24	玛龙	0.4642	0.1994	0.3603	0.8659	0.3027	0.1997	0.0922	0.4469	0.3481	0.3273
25	加桥	0.1182	0.0454	0.0364	0.0169	0.0335	0.0422	0.0170	0.1371	0.3315	0.1055
26	曲新	0.3786	0.1018	0.0455	0.0632	0.0451	0.0770	0.3872	0.3701	0.4641	0.3107
27	沙宁	0.3057	0.1953	0.1022	0.2108	0.1435	0.2171	0.1603	0.2214	0.2486	0.1780
28	多拉	0.2767	0.1733	0.1604	0.0449	0.1841	0.1605	0.0496	0.1775	0.4033	0.1079
29	布罗	0.4604	0.2902	0.0870	0.1054	0.0664	0.2429	0.2752	0.1309	0.2652	0.0861
30	青村	0.4428	0.0633	0.3006	0.1005	0.5079	0.0720	0.0681	0.4606	0.7459	0.3573
31	苏鲁	0.6176	0.3989	0.1184	0.3362	0.0805	0.3045	0.3277	0.2947	0.2155	0.2580
32	当卡	0.3358	0.0303	0.0000	0.0000	0.0000	0.0333	0.0340	0.0768	0.3812	0.0545
33	野吉尼玛	0.3761	0.1183	0.0299	0.1096	0.0140	0.0874	0.3163	0.2673	0.4641	0.2039
34	尕玛	0.4176	0.1018	0.0147	0.1265	0.0016	0.0770	0.3489	0.2975	0.4751	0.2750
35	高强	0.2969	0.1265	0.0784	0.1454	0.0887	0.1197	0.1574	0.2899	0.4862	0.1871
36	钻多	0.3535	0.3150	0.1417	0.3162	0.2095	0.4123	0.1262	0.2282	0.2099	0.1541
37	塔玛	0.6176	0.1541	0.0481	0.1798	0.0483	0.1351	0.3589	0.4839	0.3260	0.4630
38	拉日	0.4654	0.0729	0.0228	0.0422	0.0170	0.0517	0.2525	0.3681	0.3425	0.3789
39	莫地	0.1585	0.0660	0.1402	0.2951	0.0286	0.0800	0.0099	0.1782	0.4254	0.1277
40	本江	0.8491	0.3095	0.2024	0.1747	0.2474	0.2931	0.0979	0.5607	0.4475	0.4197
41	扎秋	0.8767	0.2256	1.0000	0.3274	1.0000	0.2762	0.0227	0.5538	0.3370	0.4339
42	西扎	0.4340	0.1389	0.0703	0.1292	0.0497	0.0502	0.0411	0.1234	0.3204	0.1005
43	草格	0.3082	0.0757	0.0521	0.0843	0.0748	0.0790	0.1504	0.1268	0.2983	0.0811
44	江西	0.4226	0.2187	0.0774	0.0247	0.0810	0.2081	0.2965	0.2324	0.5580	0.1726
45	多陇	1.0000	0.1774	0.0400	0.1617	0.0352	0.1605	0.6383	0.5990	0.4420	0.5232
46	让多	0.2377	0.0000	0.1503	0.0105	0.2263	0.0000	0.3730	0.1199	0.6354	0.0673

续表

样方序号	样方	土壤含水量	优良牧草干质量	地上植物干质量	牧草高度	鲜草总质量	优良牧草鲜质量	地下植物量	土壤全氮	土壤全磷	土壤有机质
47	协新	0.6113	0.4003	0.1878	0.2034	0.2587	0.5037	0.1262	0.4955	0.7735	0.3436
48	甘达-1	0.3182	0.0812	0.0592	0.0755	0.0617	0.0666	0.0979	0.2790	0.5304	0.1860
49	卡孜	0.1384	0.0069	0.1999	0.8484	0.2281	0.0119	0.0383	0.2981	0.7127	0.2176
50	甘达-2	0.3270	0.2325	0.2530	1.0000	0.2590	0.2842	0.0809	0.2317	0.2431	0.1496
51	得宁格	0.2931	0.1912	0.0703	0.1476	0.0678	0.1888	0.0511	0.2707	0.4144	0.2013
52	当代	0.2767	0.1733	0.1604	0.0449	0.1841	0.1605	0.0496	0.2824	0.3702	0.1842
53	代格	0.3547	0.0110	0.0319	0.0428	0.0370	0.0109	0.0468	0.2159	0.2541	0.1799
54	禅古	0.2302	0.0702	0.0855	0.1149	0.0832	0.0497	0.0397	0.2831	0.6685	0.1797
55	仲德	0.4906	0.0743	0.0385	0.0112	0.0476	0.0700	0.1489	0.2817	0.3204	0.2183
56	扎西大同	0.4239	0.3246	0.3315	0.9401	0.3685	0.2717	0.0000	0.5764	0.8011	0.4797
57	新寨	0.6843	0.0949	0.0268	0.0253	0.0181	0.0745	0.2199	0.2522	0.3149	0.1670
58	果庆	0.5899	0.1527	0.2196	0.4157	0.2521	0.1729	0.2326	0.5716	0.9006	0.4367
59	民主	0.2314	0.1320	0.0486	0.0232	0.0429	0.1103	0.2156	0.3064	0.4586	0.2079
60	尕拉-1	0.5132	0.2160	0.1463	0.1092	0.1564	0.1923	0.1887	0.3420	0.6022	0.2687
61	尕拉-2	0.4503	0.0770	0.0385	0.0881	0.0449	0.0805	0.1362	0.3879	1.0000	0.2714
62	电达	0.4906	0.2435	0.2485	0.0542	0.3322	0.3035	0.1730	0.2947	0.5304	0.2032
63	塘达	0.3623	0.2724	0.2353	0.5388	0.3021	0.2166	0.0582	0.3064	0.3591	0.2207
64	歇格	0.1157	0.1155	0.0967	0.5411	0.0723	0.0999	0.0227	0.0000	0.0497	0.0000
65	野吉-1	0.3145	0.2283	0.1149	0.2652	0.1528	0.3174	0.1319	0.2598	0.2818	0.1760
66	野吉-2	0.7057	0.2613	0.0921	0.1433	0.1100	0.2692	0.2340	0.6408	0.0000	0.5398
67	布让	0.4340	0.1596	0.0471	0.0618	0.0454	0.1465	0.0965	0.2248	0.5304	0.1786
68	结拉	0.8252	0.3604	0.1123	0.1891	0.1104	0.3403	0.6057	0.7217	0.4309	0.6554
69	拉则-1	0.0000	0.0000	0.1392	0.6149	0.1005	0.0000	0.0213	0.0384	0.5359	0.0232
70	拉则-2	0.0025	0.2861	0.1468	0.2177	0.1497	0.2534	0.0043	0.1199	0.3481	0.0708
71	香古	0.3057	0.1169	0.1316	0.0422	0.1190	0.0705	0.0624	0.2790	0.4365	0.1920
72	莱叶	0.5270	0.0922	0.0693	0.0422	0.1027	0.0944	0.1277	0.3180	0.4254	0.2332

采用 MATLAB 2016a 编程处理数据，对不同样方植物量及土壤理化性质建立投影寻踪分类模型，选定父代初始种群规模为 N=400、交叉概率 p_c=0.8、变异概率 p_m=0.2，选取两次进化所产生的优秀个体变化区间作为下次加速时优化变量的变化区间，优秀个体数目选定为 40 个，最大加速次数为 20 次，变异方向的系数 M=10，运行停止的最小阈值为 10^{-6}。为了观察不同投影半径的影响，分别选取投影半径 R 为 $0.1S_z$、$0.3S_z$、$0.5S_z$、1/5 $r_{\max}$、1/4 $r_{\max}$、1/3 $r_{\max}$。考虑到 RAGA 为随机寻优算法，6 种窗口半径的情况分别运行 1000 次，取其中最大目标值对应的投影方向及投影值。

为了更直观地展示投影情况，绘制 72 个样地投影值的散点图，如图 4-7 所示。为了体现出投影点的分类状态，将投影值进行升序排序后再绘制散点图。

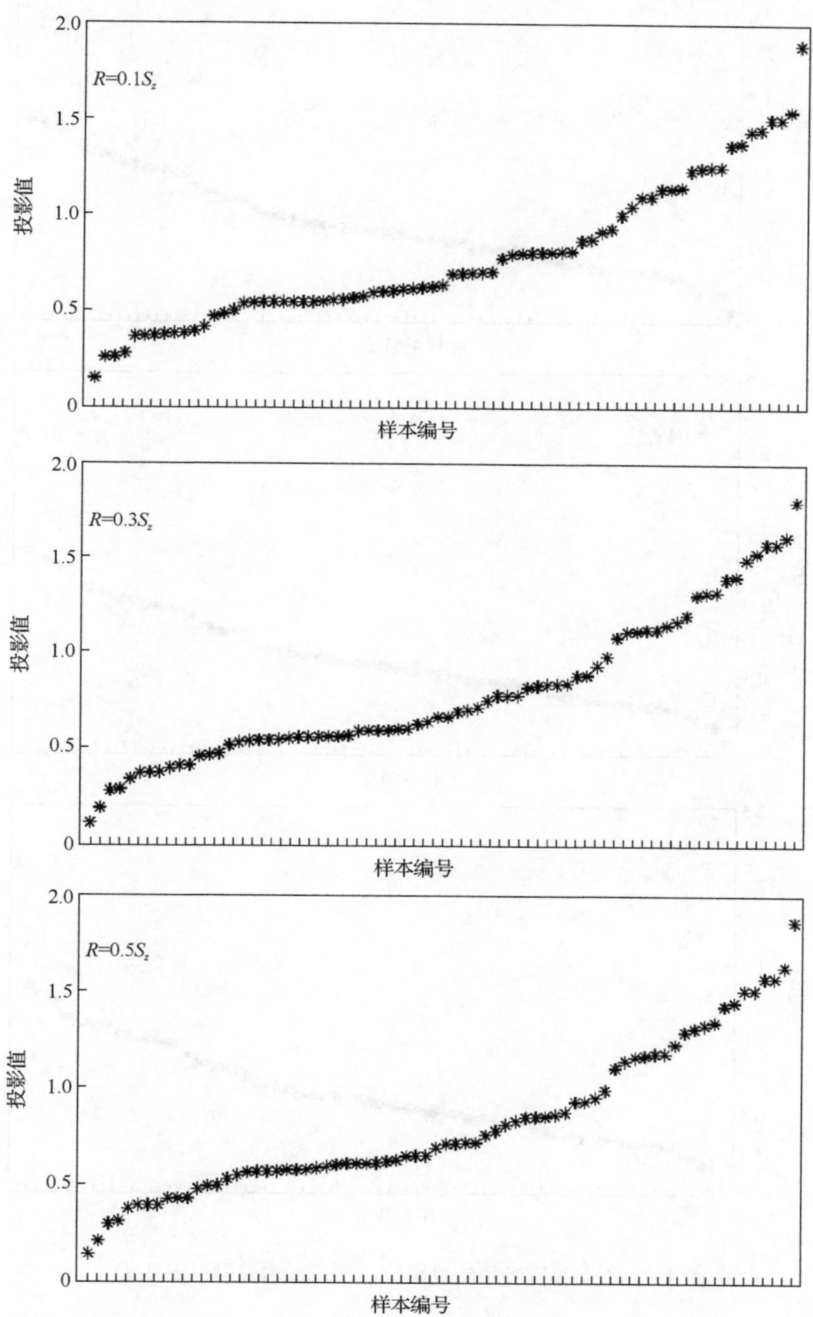

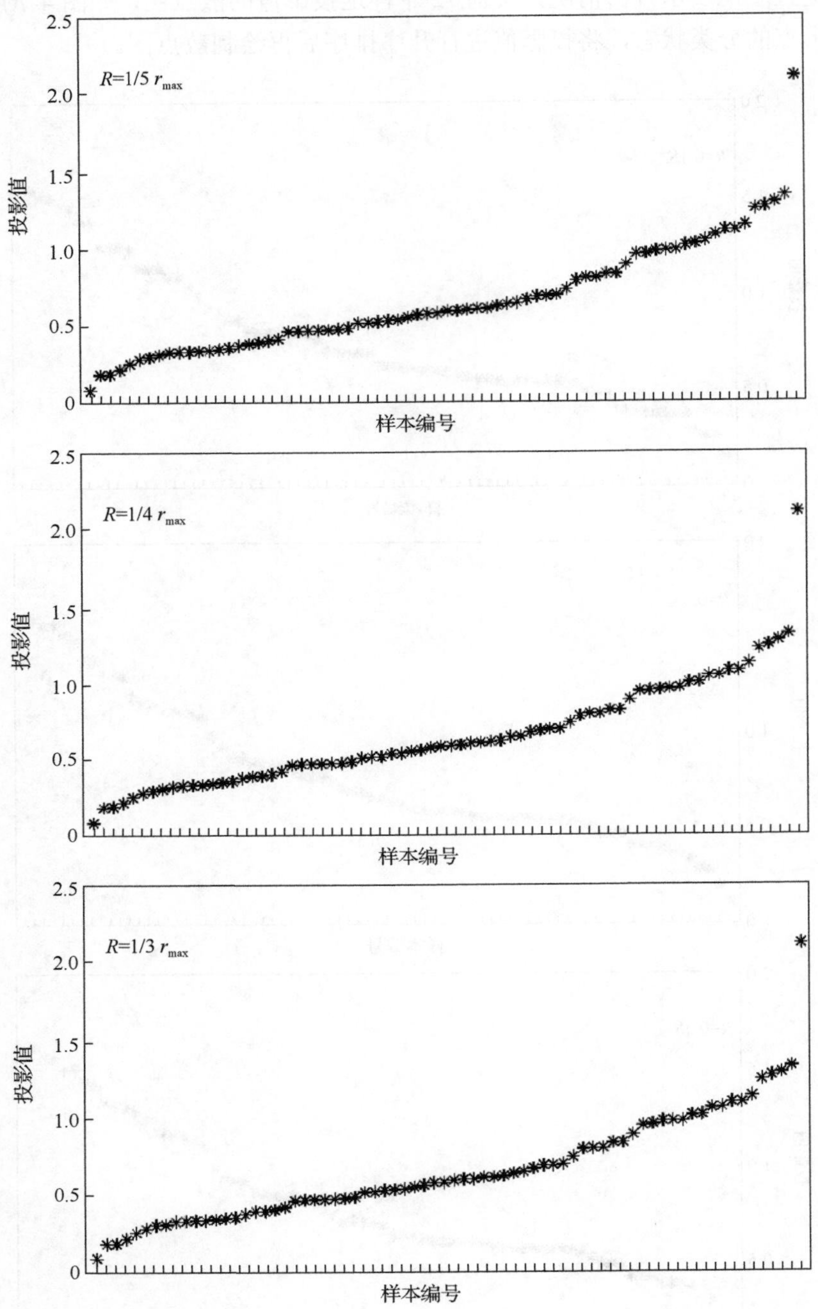

图 4-7　不同窗口半径的投影值（注：样本编号见表 4-9）

从图 4-7 中可以看到，6 种窗口半径得到的分类效果大体类似，但是顺序存在一定的差异。根据投影寻踪模型的思想，投影点应该整体分散、局部聚集，即局部聚集成若干个点团，但点团之间应该尽可能地散开。计算 6 种情况投影点的标准差表示投影点的整体分散情况。局部聚集的度量方法如下：将升序后投影值进行一阶差分，一阶差分较大的值可以用于样本分类。根据投影值散点图的分布情况，将其分成 8 类，即 8 个点团。此处点团个数的确定比较主观，在实际应用中可根据散点图分布及经验等方式确定。不同窗口半径对应投影点的分类情况，投影点的标准差和点团间距离和如表 4-9 所示。分类方法和点团间距离和的计算方法见本节第一个示例。

表 4-9　不同窗口半径对应的投影结果

窗口半径 R	分类情况	标准差	点团间距离和
$0.1S_z$	Ⅰ ={64}; Ⅱ ={69,32,25}; Ⅲ ={5,42,43,53,39,70,15,3,28,11,8,71,29,12,54,46,48,27,55,51,52,67,57,21,35,65,59,50,36,49,72,33,44,63,34,18,38};Ⅳ={26,62,6,60,61,31,7,4,24,10,30,37};Ⅴ={66, 40,1,47,56,14,58};Ⅵ={20,45,16,41};Ⅶ={2,9,68,22,13,17,23};Ⅷ={19}	0.3717	169.0573
$0.3S_z$	Ⅰ ={64}; Ⅱ ={69}; Ⅲ ={25,32,70,43,39,5,42,15,53,28,3,46,11,8,27,71,29,54,52,48,50,49,21,12,51,55,67,65,35,59,36,57,33,72,63,44,18,34,38,6,62,26,60,31,24,61,7,4,30,10,37};Ⅳ={66,56,40, 47,1,58,41,14};Ⅴ={16,45,20};Ⅵ={2,9};Ⅶ={68,22,13,17, 23};Ⅷ={19}	0.3847	501.5636
$0.5S_z$	Ⅰ ={64}; Ⅱ ={69}; Ⅲ ={25,32}; Ⅳ ={70,5,43,39,15,42,53,3,46,28,11,8,54,27,12,71,48,29,49,52,51,50,21,59,55,35,67,65,33,57,36,72,63,18,44,34,38,26,6,62,7,61,60,31,24,4,30,10,37}; Ⅴ={66,1,56,40,58,47,14,41,16,45,20};Ⅵ={2,9,68,22};Ⅶ={13,17,23};Ⅷ={19}	0.3864	450.0877
$1/5\ r_{\max}$	Ⅰ={69};Ⅱ={64,25,32,39,53,49,3,8,54,15,11,43,42,5,70,46,48,71,28};Ⅲ={12,52,35,55,51,59,67,7,72,61,27,33,57,38,50,34,30,18,65,6,63,26,29,44,21,60,36,24,62}; Ⅳ={4,10,37,56,58}; Ⅴ={31}; Ⅵ={40,66,14,1,20,47,16,41,22,13,17,45};Ⅶ={23,9,2, 68};Ⅷ={19}	0.3490	113.0792
$1/4\ r_{\max}$	Ⅰ={69};Ⅱ={25,64,32,39,53,49,3,8,54,15,11,43,42,5,70,46,48, 71,28,12,52,55,35,51,59,67,7,61,72,27,33,57,38,34,50,30,18,65,6,63,26,29,44,21,60,36,24};Ⅲ={62,4,37,10,56,58};Ⅳ={31}; Ⅴ={66,40,14,20,1,16,47,22,41,13,17};Ⅵ={45};Ⅶ={23,9, 2,68};Ⅷ={19}	0.3447	365.0416
$1/3\ r_{\max}$	Ⅰ ={69}; Ⅱ ={64,25,32,39,53,49,3,8,15,54,11,43,42,5,70,48,46,71,28,12,52,55,35,51,59,67,7,72,61,27,33,57,38,34,50,18,65,30,6,63,26,29,44,21,60,36,24,62}; Ⅲ ={4,10,37,56,58}; Ⅳ ={31}; Ⅴ ={66,40,14,20,1,16,47};Ⅵ={41,22,13,17,45};Ⅶ={23,9,2, 68};Ⅷ={19}	0.3478	387.3477

注：上述分类情况中数字为样方序号，表示各样方名称。

从表 4-9 中可以看出，6 种窗口半径对应的分类情况中间部分略有不同。从整体分散上看，S_z 的情况整体上优于 $r_{\max}$ 的情况，且当 R=0.5S_z 时，标准差最大，整体分散程度最高。从局部聚集程度上看，$r_{\max}$ 的情况整体上优于 S_z 的情况，且当 R=1/5 $r_{\max}$ 时，局部聚集程度最高。当 R=0.1S_z 时，整体分散程度优于 $r_{\max}$ 的情况，局部聚集程度优于 R=0.3S_z、R=0.5S_z，所以本例最终选取窗口半径 R=0.1S_z。注意，此处选取窗口半径主观性较强，可以根据经验或者研究的实际问题等偏好选取。

为了更清晰地了解模型的运行过程，将目标函数值的变化过程进行了展示。当 R=0.1S_z 时，程序运行 1000 次对应的目标函数值的变化情况如图 4-8 所示。

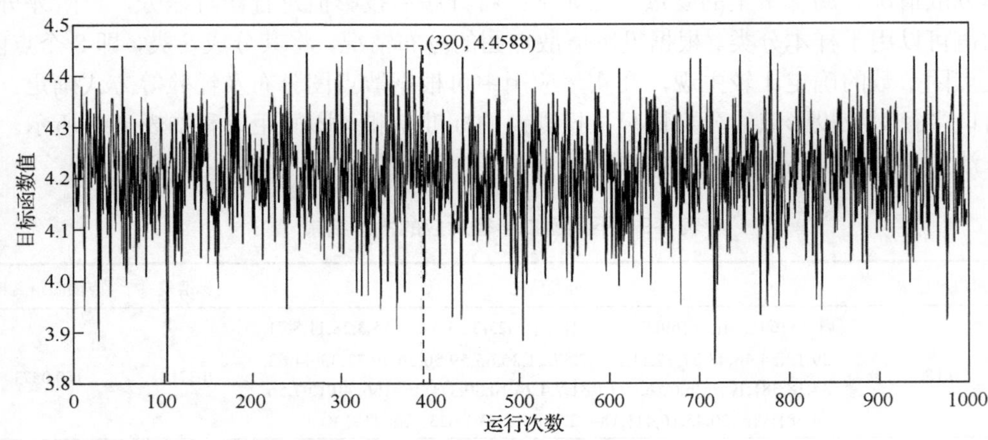

图 4-8　程序运行 1000 次对应的目标函数值变化

第 390 次时，对应的目标函数值最大，最大目标值为 4.4588，此时投影方向为 a^*= (0.1695,0.2498,0.1777,0.0422,0.1852,0.2015,0.4397,0.5818,0.2647,0.4457)。最大目标值的寻优过程及投影方向如图 4-9 所示。

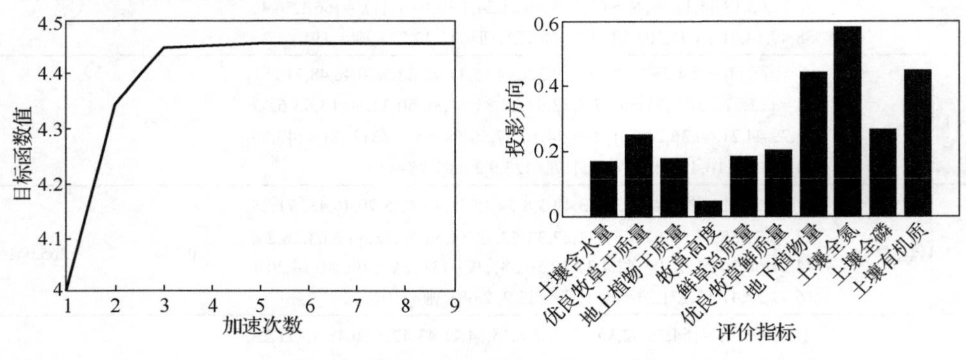

图 4-9　RAGA 寻优过程及投影方向

可以看到，RAGA 加速 9 次找到了最大目标值，即在加速到 9 次时，优秀个体中变量之间的差异已经小于 10^{-6}。

当 R=0.1S_z 时，从表 4-9 中可以看到，第Ⅰ类样方包括歇格；第Ⅱ类样方包括拉则-1、当卡、加桥；第Ⅲ类样方包括杂娘、西扎、草格、代格、莫地、拉则-2、洛叶、措多、多拉、云塔、白玛-2、香古、布罗、甘宁、禅古、让多、甘达-1、沙宁、仲德、得宁格、当代、布让、新寨、下巴塘、高强、野吉-1、民主、甘达-2、钻多、卡孜、莱叶、野吉尼玛、江西、塘达、尕玛、当托、拉日；第Ⅳ类样方包括曲新、电达、白玛-1、尕拉-1、尕拉-2、苏鲁、白玛-3、君青、玛龙、哇龙、青村、塔玛；第Ⅴ类样方包括野吉-2、本江、措美、协新、扎西大同、上巴塘-1、果庆；第Ⅵ类样方包括铁力角、多陇、查勒、扎秋；第Ⅶ类样方包括措桑、岗日-1、结拉、日玛-1、岗日-2、岗日-3、日玛-2；第Ⅷ类样方包括上巴塘-2。第Ⅰ类样方所含养分和植物量较低，其中土壤全氮、全磷、有机质基本为零，土壤含水量、优良牧草干质量、地上植物干质量、鲜草总质量、地下植物量等多项指标均为最低，因此此样方草地生态系统相对较不健康。第Ⅱ类样方相对于第Ⅰ类样方，评价指标含量有轻微的提升，但是大部分指标还是较差，无论是植物量还是土壤理化性质，草地生态系统相对于第Ⅰ类样方有略微优势。第Ⅲ、Ⅳ、Ⅴ、Ⅵ、Ⅶ类样方各自在植物量和理化性质各指标下的含量大致相同，各有侧重，总的来说是各自极其相似的，因此划分为同一类样方。第Ⅷ类样方无论是植物量还是土壤理化性质，都是表现最佳的，因此划分为一类样方。

物种丰富度与生产力之间的关系是依赖于尺度的，在一些尺度上，生产力影响多样性，而在另一些尺度上，物种多样性则影响生产力。显然，关于物种多样性与植被群落初级生产力的关系还需要进一步研究。投影寻踪模型分析法能比较合理地将不同健康水平的样方进行分类，可以在大范围、大尺度下的草地健康评价中加以利用。

（四）Friedman-Tukey 投影寻踪分类模型在油茶产量和果实形状分类中的应用

油茶是我国特有的木本油料树种，也是世界四大食用木本油料树种之一，茶油与橄榄油的特性相似，其品质可与橄榄油媲美，被誉为“东方橄榄油”。油茶在我国的栽培和利用历史，迄今已有 2300 多年。油茶籽制取的茶油营养价值高，被联合国粮农组织列为重点推广的健康型高级食用油。油茶不仅是很好的木本油料树种，也是绿化荒山、防止水土流失和保护生态环境的优良树种，油茶适生范围广，是缓解我国食用油供需矛盾的一条重要途径，在南方经济林产业中占有十分重要的地位。油茶在我国分布广，栽培面积大，对其相关的研究已很多。浙江红花油茶具有油用兼观赏价值，其分布面积和产量居全国第 4 位。近年已有个别公司将山上的浙江红花油茶移栽到平地驯种，但大部分还处于野生状态。人工林是采用实生苗木来种植的，其内部分离现象严重。油茶果实是在油茶各性状中分离现象最明显的，且种子（果实）又是遗传变异的重要特征之一[150]。

根据所研究的问题以及数据的可获取性，供试的 41 株农家红花油茶是常山县九林红花油茶科技有限公司基地的一片农家红花油茶里初步当作优株挑选出的，在 2010～2014 年，分别于每年的 10 月下旬采摘果实进行考种调查，每株随机选取 20 个作为试验样品，不足 20 个者，全部摘取。采收果实后，立即测量果实的单果鲜重（X_1）、单果鲜籽重（X_2）、单果鲜皮重（X_3）、单果干重（X_4）、单果干籽重（X_5）、单果干皮重（X_6）、单果籽数（X_7）、1 粒鲜籽重（X_8）、1 粒干籽重（X_9）、鲜皮厚（X_{10}）、纵径（X_{11}）、横径（X_{12}）、纵横径比（X_{13}）、干籽率（X_{14}）14 个指标。待分类的原始数据见表 4-10。数据来源于文献[150]。

表 4-10　2010～2014 年 41 株农家红花油茶的产量及果实性状均值原始数据

标号	单果鲜重/g	单果鲜籽重/g	单果鲜皮重/g	单果干重/g	单果干籽重/g	单果干皮重/g	单果籽数/粒	1 粒鲜籽重/g	1 粒干籽重/g	鲜皮厚/mm	纵径/mm	横径/mm	纵横径比	干籽率/%
1	69.98	15.78	54.21	22.06	11.61	10.44	9.6	2.14	1.61	10.64	52.12	51.92	1	17.39
2	64.19	16.29	47.87	22.61	11.65	10.96	8.89	1.81	1.31	10.3	48.68	47.32	1.07	18.6
3	94.06	19.11	74.96	13.56	13.56	14.05	9.63	2.05	1.46	12.35	60.8	57.39	1.07	14.42
4	82.57	15.24	66.34	22.83	11.19	11.64	10	1.57	1.17	13.05	55.9	55.48	1.01	13.45

续表

标号	单果鲜重/g	单果鲜籽重/g	单果鲜皮重/g	单果干重/g	单果干籽重/g	单果干皮重/g	单果籽数/粒	1粒鲜籽重/g	1粒干籽重/g	鲜皮厚/mm	纵径/mm	横径/mm	纵横径比	干籽率/%
5	70.87	19.39	51.48	21.16	12.67	8.49	13.25	1.55	1.02	9.09	48.72	51.96	0.93	15.73
6	69.09	13.12	55.89	19.89	9.72	10.17	8.01	1.63	1.22	11.54	49.53	53.48	0.97	14.04
7	111.61	16.43	95.06	25.61	11.9	13.72	9.15	1.93	1.41	13.21	57.05	58.64	0.98	10.44
8	53.12	13.6	39.52	18.81	10.17	8.65	10.03	1.3	0.98	8.62	45.34	45.87	1	22.3
9	55.12	12.99	42.13	16.42	8.98	7.45	9.4	1.68	1.03	10.07	50.41	48.89	1.04	16.63
10	58.56	9.4	49.71	15.81	7.01	8.8	6.3	1.3	1.22	11.9	55.87	47.51	1.18	12.6
11	47.2	11.14	36.01	15.75	8.13	7.62	6.48	2.36	1.36	9.7	44.94	46.54	0.97	18.67
12	68.69	12.33	56.27	18.67	8.99	9.68	7.77	1.44	1.28	11.82	53.18	52.21	1.02	13.53
13	48.35	12.03	36.33	15.28	7.81	7.47	8.2	1.5	0.99	9.4	47.02	47.93	0.99	16.29
14	60.78	11.24	49.5	16.21	7.52	8.7	6.38	1.88	1.32	11.85	51.37	84.66	1.04	13.56
15	65.14	14.91	50.23	20.05	10.42	9.63	9.77	1.61	1.14	10.3	51.25	51.14	1.01	15.73
16	60.6	13.25	47.29	16.87	8.86	8.01	7.4	1.88	1.31	10.98	47.83	53.4	0.95	14.44
17	47.35	9.71	37.64	14.63	7.47	7.15	8.68	1.21	0.93	9.71	43.89	48.01	0.92	16.94
18	43.78	10.31	33.46	13.69	7.09	6.6	9.24	1.19	0.83	8.63	44.29	45.5	0.98	16.67
19	49.85	10.18	39.67	15.36	7.22	8.15	8.05	1.3	0.92	10.08	46.28	47.53	0.97	14.04
20	32.3	7.42	24.87	9.34	4.71	4.63	7.87	1.2	0.8	7.67	37.73	41.33	0.92	14.63
21	26.67	6.73	19.82	10.79	5.3	5.49	6.73	1	0.85	8.51	38.65	40.18	0.97	21.91
22	39.74	8.41	31.32	12.35	5.45	6.91	6.72	1.77	0.95	8.95	44.97	44	1.03	14.1
23	87.61	17.4	70.11	25.89	12.5	13.39	8.84	1.44	1.38	11.57	51.87	54.88	0.95	14.83
24	48.39	11.07	37.32	13.85	7.25	6.6	8.7	1.36	0.9	8.76	42.18	47.35	0.91	16.33
25	54.2	10.89	43.25	15.32	7.55	7.78	8.2	1.62	1.15	10.11	48.74	46.89	1.04	14.04
26	29.99	6.22	23.65	9.28	4.11	5.17	8.95	0.74	0.46	8.41	36.07	42.47	0.86	15.14
27	21.59	4.54	17.05	6.22	2.8	3.42	7.35	0.73	0.47	7.86	37.4	36.53	1.03	12.95
28	39.1	7.98	31.12	12.97	6.05	6.91	5.82	1.52	1.15	8.85	42.44	42.79	1.01	15.12
29	36.23	9.09	26.92	11.52	6.05	5.48	6.33	1.82	1.23	8.38	42.44	42.38	1.01	16.75
30	33.58	9.23	24.34	12.9	6.69	6.21	5.87	1.61	1.16	7.97	41.84	41.27	1.02	18.15
31	59.56	14.3	45.17	18.23	10.32	7.91	8.81	1.65	1.2	9.19	50.66	46.67	1.08	16.73
32	48.72	9.95	38.36	13.71	6.14	7.57	8.38	1.41	0.91	9.53	45.27	45.36	1	13.69
33	58.71	12.65	45.95	19.13	9.89	9.24	6.28	2.03	1.6	10.46	48.78	50.89	0.96	16.86
34	55.51	13.62	41.89	21.03	12.15	8.89	8.95	1.53	1.46	9.31	47.08	48.82	0.96	22.15
35	37.27	8.85	28.38	12.5	6.18	6.32	6.81	1.31	0.89	8.69	41.25	43.01	0.96	15.94
36	50.69	13.61	37.08	16.52	8.97	7.55	9.53	1.51	1.01	8.71	45.67	47.49	0.95	18.6
37	94.74	22.34	72.28	27.92	15.68	12.24	11.77	1.9	1.35	11.47	51.41	58.31	0.89	17.97
38	28.35	6	11.12	7.85	4.35	3.5	14.88	0.41	0.3	4.48	30.26	34.59	0.88	26.02
39	43.51	11.12	35.99	15.62	8.48	7.14	9.05	1.29	0.98	8.95	43.62	46.14	0.95	18.04
40	75.77	12.38	63.6	17.12	8.5	8.62	7.55	1.76	1.23	12.58	47.84	58.15	0.82	11.31
41	49.03	11.92	37.11	11.38	5.83	5.55	13.85	0.87	0.43	8.59	41.63	50.6	0.83	11.95

为了消除量级和量纲的影响，根据式（4-1）和式（4-2），对上述数据进行归一化处理，归一化后的结果如表 4-11 所示。

表 4-11 2010～2014 年 41 株农家红花油茶的产量及果实性状均值归一化后数据

标号	单果鲜重	单果鲜籽重	单果鲜皮重	单果干重	单果干籽重	单果干皮重	单果籽数	1 粒鲜籽重	1 粒干籽重	鲜皮厚	纵径	横径	纵横径比	干籽率
1	0.5375	0.6315	0.5133	0.7300	0.6840	0.6604	0.4172	0.8872	1.0000	0.7056	0.7158	0.3461	0.5000	0.4461
2	0.4732	0.6601	0.4378	0.7553	0.6871	0.7093	0.3389	0.7179	0.7710	0.6667	0.6031	0.2542	0.6944	0.5237
3	0.8050	0.8185	0.7605	0.3382	0.8354	1.0000	0.4205	0.8410	0.8855	0.9015	1.0000	0.4554	0.6944	0.2555
4	0.6774	0.6011	0.6579	0.7654	0.6514	0.7733	0.4614	0.5949	0.6641	0.9817	0.8396	0.4172	0.5278	0.1932
5	0.5474	0.8343	0.4808	0.6885	0.7663	0.4770	0.8201	0.5846	0.5496	0.5281	0.6045	0.3469	0.3056	0.3395
6	0.5277	0.4820	0.5334	0.6300	0.5373	0.6350	0.2417	0.6256	0.7023	0.8087	0.6310	0.3773	0.4167	0.2311
7	1.0000	0.6680	1.0000	0.8935	0.7065	0.9690	0.3675	0.7795	0.8473	1.0000	0.8772	0.4803	0.4444	0.0000
8	0.3503	0.5090	0.3383	0.5802	0.5722	0.4920	0.4647	0.4564	0.5191	0.4742	0.4938	0.2253	0.5000	0.7612
9	0.3725	0.4747	0.3694	0.4700	0.4798	0.3791	0.3951	0.6513	0.5573	0.6403	0.6598	0.2856	0.6111	0.3973
10	0.4107	0.2730	0.4597	0.4419	0.3269	0.5061	0.0530	0.4564	0.7023	0.8499	0.8386	0.2580	1.0000	0.1386
11	0.2845	0.3708	0.2965	0.4392	0.4138	0.3951	0.0728	1.0000	0.8092	0.5979	0.4807	0.2387	0.4167	0.5282
12	0.5232	0.4376	0.5379	0.5737	0.4806	0.5889	0.2152	0.5282	0.7481	0.8408	0.7505	0.3519	0.5556	0.1983
13	0.2973	0.4208	0.3003	0.4175	0.3890	0.3810	0.2627	0.5590	0.5267	0.5636	0.5488	0.2664	0.4722	0.3755
14	0.4353	0.3764	0.4572	0.4604	0.3665	0.4967	0.0618	0.7538	0.7786	0.8442	0.6912	1.0000	0.6111	0.2003
15	0.4838	0.5826	0.4659	0.6373	0.5916	0.5842	0.4360	0.6154	0.6412	0.6667	0.6873	0.3305	0.5278	0.3395
16	0.4333	0.4893	0.4309	0.4908	0.4705	0.4318	0.1744	0.7538	0.7710	0.7446	0.5753	0.3757	0.3611	0.2567
17	0.2862	0.2904	0.3159	0.3876	0.3626	0.3509	0.3157	0.4103	0.4809	0.5991	0.4463	0.2680	0.2778	0.4172
18	0.2465	0.3242	0.2661	0.3442	0.3331	0.2992	0.3775	0.4000	0.4046	0.4754	0.4594	0.2179	0.4444	0.3999
19	0.3139	0.3169	0.3401	0.4212	0.3432	0.4450	0.2461	0.4564	0.4733	0.6415	0.5246	0.2584	0.4167	0.2311
20	0.1190	0.1618	0.1638	0.1438	0.1483	0.1138	0.2263	0.4051	0.3817	0.3654	0.2446	0.1346	0.2778	0.2689
21	0.0564	0.1230	0.1036	0.2106	0.1941	0.1947	0.1004	0.3026	0.4198	0.4616	0.2747	0.1116	0.4167	0.7362
22	0.2016	0.2174	0.2406	0.2825	0.2057	0.3283	0.0993	0.6974	0.4962	0.5120	0.4817	0.1879	0.5833	0.2349
23	0.7334	0.7225	0.7028	0.9065	0.7531	0.9379	0.3333	0.5282	0.8244	0.8121	0.7076	0.4052	0.3611	0.2818
24	0.2977	0.3669	0.3121	0.3516	0.3455	0.2992	0.3179	0.4872	0.4580	0.4903	0.3903	0.2548	0.2500	0.3780
25	0.3623	0.3567	0.3828	0.4194	0.3688	0.4102	0.2627	0.6205	0.6489	0.6449	0.6051	0.2457	0.6111	0.2311
26	0.0933	0.0944	0.1493	0.1410	0.1017	0.1646	0.3455	0.1692	0.1221	0.4502	0.1902	0.1574	0.1111	0.3017
27	0.0000	0.0000	0.0706	0.0000	0.0000	0.0000	0.1689	0.1641	0.1298	0.3872	0.2338	0.0387	0.5833	0.1611
28	0.1945	0.1933	0.2383	0.3111	0.2523	0.3283	0.0000	0.5692	0.6489	0.5006	0.3988	0.1638	0.5278	0.3004
29	0.1626	0.2556	0.1882	0.2442	0.2523	0.1938	0.0563	0.7231	0.7099	0.4467	0.3988	0.1556	0.5278	0.4050
30	0.1332	0.2635	0.1575	0.3078	0.3020	0.2625	0.0055	0.6154	0.6565	0.3998	0.3792	0.1334	0.5556	0.4949
31	0.4218	0.5483	0.4056	0.5535	0.5839	0.4224	0.3300	0.6359	0.6870	0.5395	0.6680	0.2413	0.7222	0.4037
32	0.3014	0.3039	0.3245	0.3452	0.2593	0.3904	0.2826	0.5128	0.4656	0.5785	0.4915	0.2151	0.5000	0.2086
33	0.4124	0.4556	0.4149	0.5949	0.5505	0.5475	0.0508	0.8308	0.9924	0.6850	0.6064	0.3255	0.3889	0.4121

续表

标号	单果鲜重	单果鲜籽重	单果鲜皮重	单果干重	单果干籽重	单果干皮重	单果籽数	1粒鲜籽重	1粒干籽重	鲜皮厚	纵径	横径	纵横径比	干籽率
34	0.3768	0.5101	0.3666	0.6825	0.7259	0.5146	0.3455	0.5744	0.8855	0.5533	0.5508	0.2842	0.3889	0.7516
35	0.1742	0.2421	0.2056	0.2894	0.2624	0.2728	0.1093	0.4615	0.4504	0.4822	0.3599	0.1682	0.3889	0.3530
36	0.3233	0.5096	0.3093	0.4747	0.4790	0.3885	0.4095	0.5641	0.5420	0.4845	0.5046	0.2576	0.3611	0.5237
37	0.8126	1.0000	0.7286	1.0000	1.0000	0.8297	0.6567	0.7641	0.8015	0.8007	0.6925	0.4737	0.1944	0.4833
38	0.0751	0.0820	0.0000	0.0751	0.1203	0.0075	1.0000	0.0000	0.0000	0.0000	0.0000	0.0000	0.1667	1.0000
39	0.2435	0.3697	0.2963	0.4332	0.4410	0.3500	0.3565	0.4513	0.5191	0.5120	0.4375	0.2307	0.3611	0.4878
40	0.6019	0.4404	0.6252	0.5023	0.4425	0.4892	0.1909	0.6923	0.7099	0.9278	0.5756	0.4705	0.0000	0.0558
41	0.3048	0.4146	0.3096	0.2378	0.2352	0.2004	0.8863	0.2359	0.0992	0.4708	0.3723	0.3198	0.0278	0.0969

采用 MATLAB 2016a 编程处理数据，对 41 株农家红花油茶主要性状数据建立投影寻踪分类模型，选定父代初始种群规模为 N=400、交叉概率 p_c=0.8、变异概率 p_m=0.2，选取两次进化所产生的优秀个体变化区间作为下次加速时优化变量的变化区间，优秀个体数目选定为 40 个，最大加速次数为 20 次，变异方向的系数 M=10，运行停止的最小阈值为 10^{-6}。为了观察不同投影半径的影响，分别选取投影半径 R 为 $0.1S_z$、$0.3S_z$、$0.5S_z$、1/5 $r_{\max}$、1/4 $r_{\max}$、1/3 $r_{\max}$。考虑到 RAGA 为随机寻优算法，6 种窗口半径的情况分别运行 1000 次，取其中最大目标值对应的投影方向及投影值。

为了更直观地展示投影情况，绘制 41 株农家红花油茶投影值的散点图，如图 4-10 所示。为了体现出投影点的分类状态，将投影值进行升序排序后再绘制散点图。

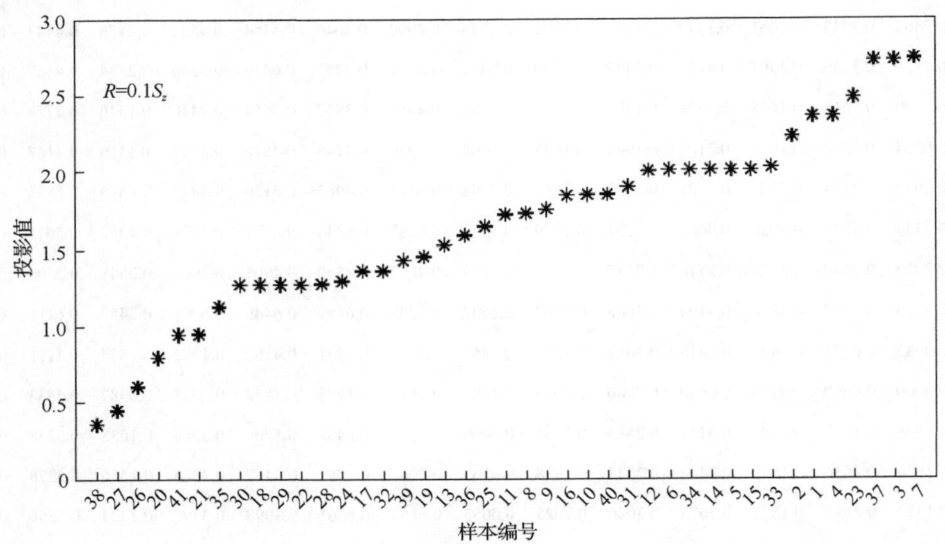

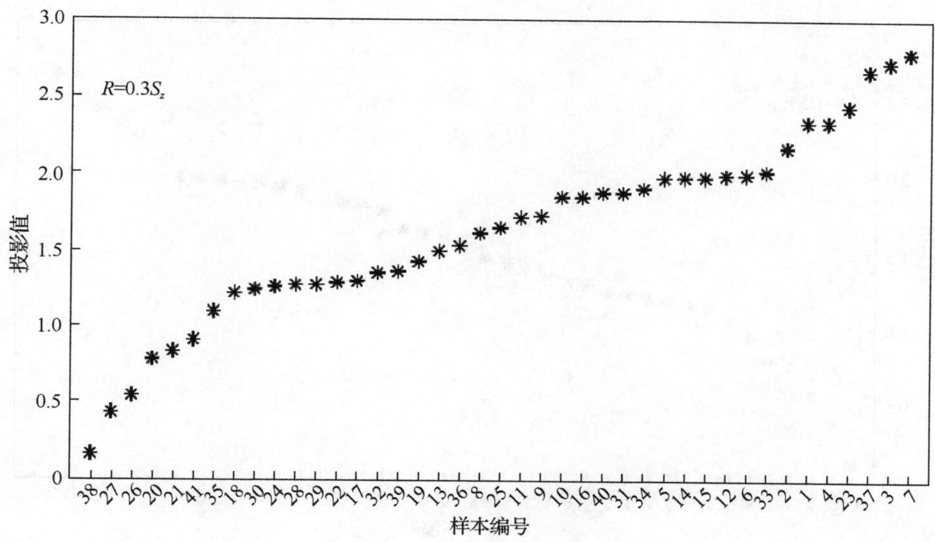

R=0.3S_z
投影值
样本编号
38 27 26 20 21 41 35 18 30 24 28 29 22 17 32 39 19 13 36 8 25 11 9 10 16 40 31 34 5 14 15 12 6 33 2 1 4 23 37 3 7

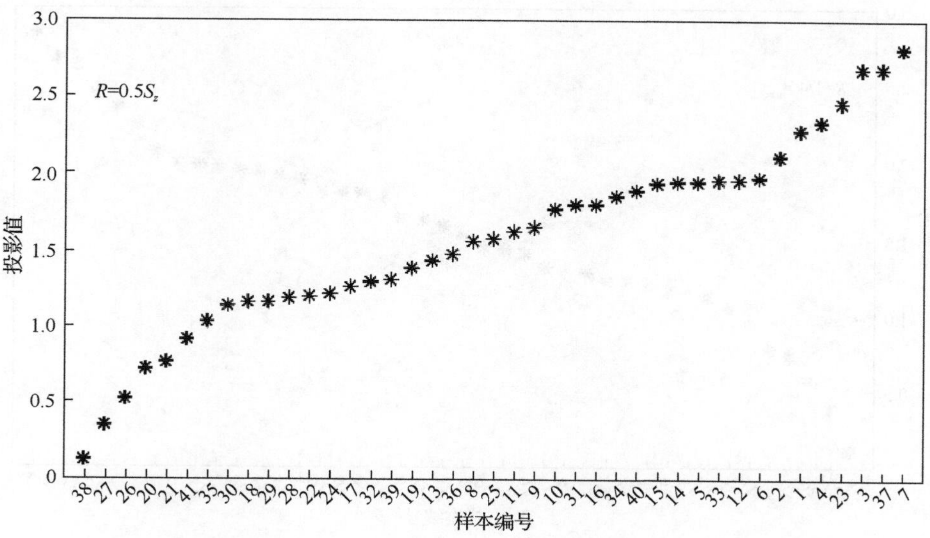

R=0.5S_z
投影值
样本编号
38 27 26 20 21 41 35 30 18 29 28 22 24 17 32 39 19 13 36 8 25 11 9 10 31 16 34 40 15 14 5 33 12 6 2 1 4 23 3 37 7

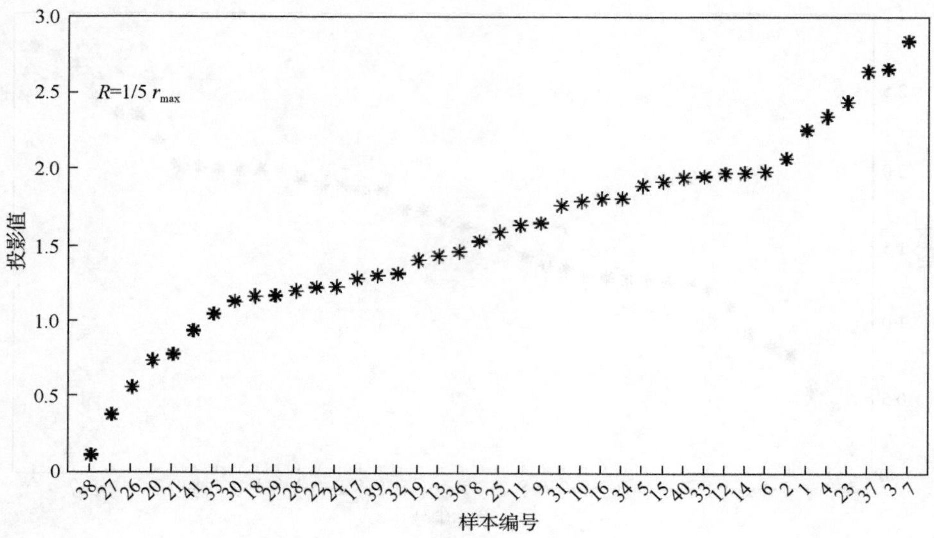
R=1/5 r_{max}
投影值
样本编号
38 27 26 20 21 41 35 30 18 29 28 22 24 17 39 32 19 13 36 8 25 11 9 31 10 16 34 5 15 40 33 12 14 6 2 1 4 23 37 3 7

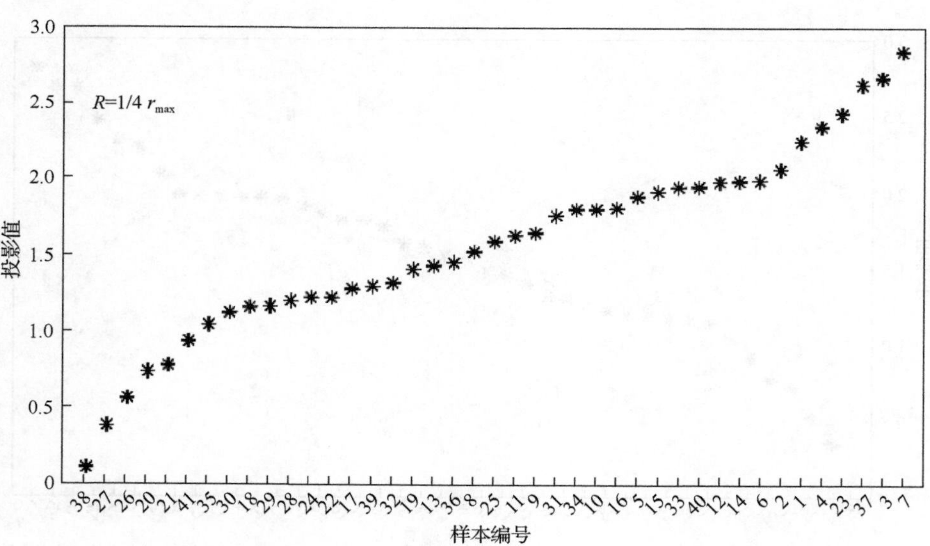
R=1/4 r_{max}
投影值
样本编号
38 27 26 20 21 41 35 30 18 29 28 24 22 17 39 32 19 13 36 8 25 11 9 31 34 10 16 5 15 33 40 12 14 6 2 1 4 23 37 3 7

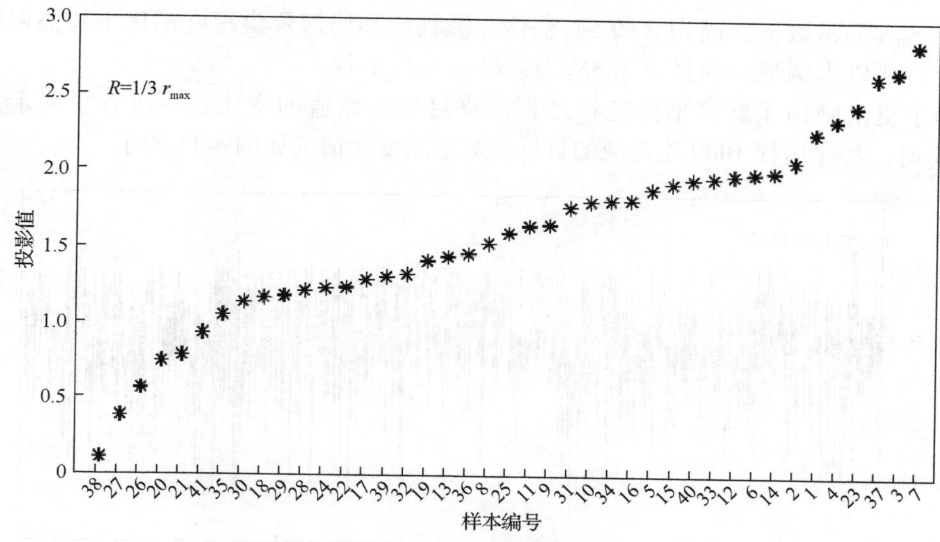

图 4-10　不同窗口半径的投影值

根据投影值散点图的分布情况，将其分成 8 类，即 8 个点团。此处点团个数的确定比较主观，在实际应用中可根据散点图分布及经验等方式确定。不同窗口半径对应投影点的分类情况，投影点的标准差和点团间距离和如表 4-12 所示。分类方法和点团间距离和的计算方法见本节第一个示例。

表 4-12　不同窗口半径对应的投影结果

窗口半径 R	分类情况	标准差	点团间距离和
$0.1S_z$	Ⅰ={38,27}；Ⅱ={26}；Ⅲ={20}；Ⅳ={21,41}；Ⅴ={35}；Ⅵ={30,18,29,28,24,22,17,39,32,19,13,36,8,25,11,9,31,10,34,16,5,15,40,33,12,6,14}；Ⅶ={2,1,4,23}；Ⅷ={37,3,7}	0.5920	240.1710
$0.3S_z$	Ⅰ={38}；Ⅱ={27,26}；Ⅲ={20,21,41}；Ⅳ={35,30,18,29,28,24,22,17,39,32,19,13,36,8,25,11,9}；Ⅴ={31,10,34,16,5,15,40,33,12,6,14}；Ⅵ={2}；Ⅶ={1,4,23}；Ⅷ={37,3,7}	0.6081	68.8859
$0.5S_z$	Ⅰ={38}；Ⅱ={27}；Ⅲ={26}；Ⅳ={20,21}；Ⅴ={41,35,30,18,29,28,24,22,17,39,32,19,13,36,8,25,11,9,31,10,34,16,5,15,40,33,12,6,14}；Ⅵ={2}；Ⅶ={1,4,23}；Ⅷ={37,3,7}	0.6207	316.0570
$1/5\ r_{max}$	Ⅰ={38}；Ⅱ={27}；Ⅲ={26}；Ⅳ={20,21}；Ⅴ={41,35,30,18,29,28,24,22,17,39,32,19,13,36,8,25,11,9,31,10,34,16,5,15,40,33,12,6,14,2}；Ⅵ={1,4,23}；Ⅶ={37,3}；Ⅷ={7}	0.6145	345.6489
$1/4\ r_{max}$	Ⅰ={38}；Ⅱ={27}；Ⅲ={26}；Ⅳ={20,21}；Ⅴ={41,35,30,18,29,28,24,22,17,39,32,19,13,36,8,25,11,9,31,10,34,16,5,15,40,33,12,6,14,2}；Ⅵ={1,4,23}；Ⅶ={37,3}；Ⅷ={7}	0.6125	344.6678
$1/3\ r_{max}$	Ⅰ={38}；Ⅱ={27}；Ⅲ={26}；Ⅳ={20,21}；Ⅴ={41,35,30,18,29,28,24,22,17,39,32,19,13,36,8,25,11,9,31,10,34,16,5,15,40,33,12,6,14,2}；Ⅵ={1,4,23}；Ⅶ={37,3}；Ⅷ={7}	0.6129	345.4274

从表 4-12 中可以看出，6 种窗口半径对应的分类情况大体类似，其中 $R=1/5\ r_{max}$、$1/4\ r_{max}$、$1/3\ r_{max}$ 的分类情况完全一致，而其他三种的分类情况稍有不同。从整体分散上看，当 $R=0.5S_z$ 时，标准差最大，整体分散程度最高。从局部聚集程度上看 S_z 的常数倍整体

上优于 r_{max} 的常数倍。因为 R=0.5S_z 整体分散程度和局部聚集程度都优于其他窗口半径情况，所以本例最终选择 R=0.5S_z 为最终的窗口半径。

为了更清晰地了解模型的运行过程，将目标函数值的变化过程进行了展示。当 R=0.5S_z 时，程序运行 1000 次对应的目标函数值的变化情况如图 4-11 所示。

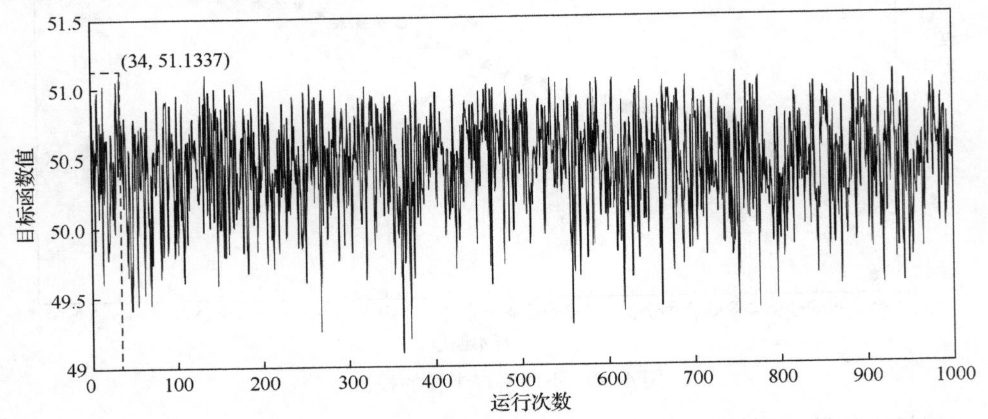

图 4-11　程序运行 1000 次对应的目标函数值变化

第 34 次时，对应的目标函数值最大，最大目标值为 51.1337，此时投影方向为 a^*=(0.3339,0.3006,0.3079,0.2934,0.3172,0.3439,0.0084,0.2745,0.3400,0.2615,0.3142,0.1523,0.1306,0.0005)。最大目标值的寻优过程及投影方向如图 4-12 所示。

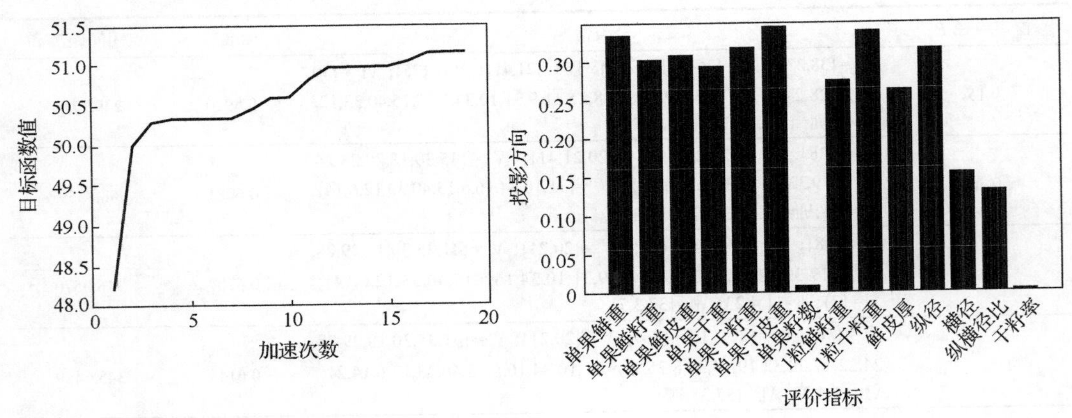

图 4-12　RAGA 寻优过程及投影方向

可以看到，RAGA 加速 19 次找到了最大目标值，即在加速到 19 次时，优秀个体中变量之间的差异已经小于 10^{-6}。

当 R=0.5S_z 时，由于样本数量较多，所以将样本分成 8 类：第 I 类为第 38 号单一株组成，单果鲜重为 28.35g、单果鲜籽重为 6g、单果干重为 7.85g、单果干籽重为 4.35g、单果籽数为 14.88 粒、1 粒干籽重为 0.3g、干籽率为 26.02%，产量性状下下等。第 II 类为第 27 号单一株组成，单果鲜重为 21.59g、单果鲜籽重为 4.54g、单果干重为 6.22g、单果干籽重为 2.80g、单果籽数为 7.35 粒、1 粒干籽重为 0.47g、干籽率为 12.95%，产量性状稍有提升，但是相比于其他植株来说仍有差距。第Ⅲ类为第 26 号单一株组成，单果鲜重为 29.99g、单果鲜籽重为 6.22g、单果干重为 9.28g、单果干籽重为 4.11g、单果籽数为 8.95 粒、1 粒干籽重为 0.46g、干籽率为 15.14%，产量性状没有太大提升，但是综合来看果实尺寸稍大一点。第Ⅳ类为第 20、21 号 2 株组成，平均单果鲜重为 29.49g、单果鲜籽重为 7.08g、单果干重为 10.07g、单果干籽重为 5.01g、单果籽数为 7.30 粒、1 粒干籽重为 0.83g、干籽率为 18.27%，这一类的产量性状较前三类明显提升。第Ⅴ类为第 41、35、30、18、29、28、24、22、17、39、32、19、13、36、8、25、11、9、31、10、34、16、5、15、40、33、12、6、14 号 29 株组成，平均单果鲜重为 52.71g、单果鲜籽重为 11.68g、单果干重为 15.96g、单果干籽重为 8.19g、单果籽数为 8.27 粒、1 粒干籽重为 1.10g、干籽率为 15.89%，此类别所含植株数量最多，产量性状为中等，各项指标比较平均，为正常植株水平。第Ⅵ类为第 2 号单一株组成，单果鲜重为 64.19g、单果鲜籽重为 16.29g、单果干重为 22.61g、单果干籽重为 11.65g、单果籽数为 8.89 粒、1 粒干籽重为 1.31g、干籽率为 18.60%，此类产量性状优于大部分植株但是次于第Ⅶ类和第Ⅷ类植株，且干籽率较高，说明这类植株果实个小、果皮薄。第Ⅶ类为第 1、4、23 号 3 株组成，平均单果鲜重为 80.05g、单果鲜籽重为 16.14g、单果干重为 23.59g、单果干籽重为 11.77g、单果籽数为 9.48 粒、1 粒干籽重为 1.39g、干籽率为 15.22%，此类产量性状平均值较高，且果实较大。第Ⅷ类为第 37、3、7 号 3 株组成，平均单果鲜重为 100.14g、单果鲜籽重为 19.29g、单果干重为 22.36g、单果干籽重为 13.71g、单果籽数为 10.18 粒、1 粒干籽重为 1.41g、干籽率为 14.28%，从产量性状来看，综合性状优于上述 7 个类群。

经过本研究分析，可以从单株产量和果实性状的表现型来揭示其基因特点，进而了解红花油茶产量背后的深层遗传机制，而这些机制是评价株系间差异和选育亲本的重要理论依据。投影寻踪模型分析表明从 41 株红花油茶种中筛选出 3、37、7、1、4、23 共 6 个性状优良的株系，可通过各种途径、方法培育成优良株系、品种在生产上推广种植。投影追踪模型与主成分聚类分析的结果基本吻合，且投影寻踪模型分析能够更加细化准确地分析出优良株系。

（五）Friedman-Tukey 投影寻踪分类模型在叶片持水力特征分类中的应用

林冠截留降水是森林植被对大气降水的第一道阻截，是森林水文循环过程的重要环节。林冠截留特征和机理一直是生态水文研究的前沿和热点。在林冠层，森林植被由于植物种类的不同，其叶片特征也存在差异，进而对雨水的截留产生重要影响。雨滴落到叶片后，雨滴自身具有一定的黏滞力和表面张力，在浸润枝叶表面时会形成一层水膜，降低林内穿透雨量。同时，当降水量达到某一值时且叶片表面被水膜覆盖后，随着降水量的增加，水滴沿叶缘滴落，林冠起不到截留作用时即达到林冠饱和截留量。此外，林冠结构不同，枝叶的排列方式和重叠方式不同，林冠截留量也会受不同程度的影响[151]。

在城市森林构建中，选择截留雨水能力强的植物，可提高对大气降水的第一道阻截率，更好地发挥城市绿地的海绵作用。因此，研究典型植物的叶片特征及截留雨水能力，对建设海绵城市具有重要意义[151]。

根据所研究的问题以及数据的可获取性，以 2019 年为例，选取 10 个阔叶树种的叶面积指数和持水力指标：单叶面积（X_1），地面投影对应叶片数（X_2），叶面积指数（X_3），单叶重（X_4），地面投影对应叶片重（X_5），叶片持水量（X_6），地面投影对应树冠持水量（X_7）。数据来源于青岛农业大学鼎盛花园内栽植较多的 10 种阔叶树种，待分类的原始数据见表 4-13。数据来源于文献[151]。

表 4-13　10 种阔叶树种的叶面积指数和持水力指标

树种	单叶面积/cm^2	地面投影对应叶片数/(片/m^2)	叶面积指数	单叶重/g	地面投影对应叶片重/(g/m^2)	叶片持水量/g	地面投影对应树冠持水量/(g/m^2)
广玉兰	105.10	557	5.850	6.16	3431.12	0.11	378.84
悬铃木	66.62	388	2.580	1.30	504.40	0.40	201.55
青桐	352.42	167	5.885	8.30	1386.10	0.24	335.31
毛白杨	45.21	762	3.450	1.06	807.72	0.36	289.44
玉兰	52.12	483	0.129	1.32	637.56	0.14	90.10
女贞	15.12	1010	0.079	0.51	515.10	0.23	120.80
国槐	62.83	465	2.921	1.61	748.60	0.23	174.30
洋白蜡	10.23	90	0.018	2.08	187.20	0.28	52.20
樱花	31.95	371	1.190	0.71	263.41	0.26	69.28
元宝枫	31.82	280	0.890	0.60	168.32	0.29	49.65

为了消除量级和量纲的影响，根据式（4-1）和式（4-2），对上述数据进行归一化处理，归一化后的结果如表 4-14 所示。

表 4-14　10 种阔叶树种的叶面积指数和持水力指标归一化后的数据

树种	单叶面积	地面投影对应叶片数	叶面积指数	单叶重	地面投影对应叶片重	叶片持水量	地面投影对应树冠持水量
广玉兰	0.2772	0.5076	0.9940	0.7253	1.0000	0.0000	1.0000
悬铃木	0.1648	0.3239	0.4367	0.1014	0.1030	1.0000	0.4614
青桐	1.0000	0.0837	1.0000	1.0000	0.3732	0.4483	0.8678
毛白杨	0.1022	0.7304	0.5850	0.0706	0.1960	0.8621	0.7284
玉兰	0.1224	0.4272	0.0189	0.1040	0.1438	0.1034	0.1229
女贞	0.0143	1.0000	0.0104	0.0000	0.1063	0.4138	0.2161
国槐	0.1537	0.4076	0.4948	0.1412	0.1778	0.4138	0.3787
洋白蜡	0.0000	0.0000	0.0000	0.2015	0.0058	0.5862	0.0077
樱花	0.0635	0.3054	0.1998	0.0257	0.0291	0.5172	0.0596
元宝枫	0.0631	0.2065	0.1486	0.0116	0.0000	0.6207	0.0000

采用 MATLAB 2016a 编程处理数据，对 10 种阔叶树种的叶面积指数和持水力建立投影寻踪分类模型，选定父代初始种群规模为 N=400、交叉概率 p_c=0.8、变异概率 p_m=0.2，选取两次进化所产生的优秀个体变化区间作为下次加速时优化变量的变化区间，优秀个体数目选定为 40 个，最大加速次数为 20 次，变异方向的系数 M=10，运行停止的最小

阈值为 10^{-6}。为了观察不同投影半径的影响，分别选取投影半径 R 为 $0.1S_z$、$0.3S_z$、$0.5S_z$、1/5 r_{max}、1/4 r_{max}、1/3 r_{max}。考虑到 RAGA 为随机寻优算法，6 种窗口半径的情况分别运行 1000 次，取其中最大目标值对应的投影方向及投影值。

为了更直观地展示投影情况，绘制 10 种阔叶树种的投影值的散点图，如图 4-13 所示。为了体现出投影点的分类状态，将投影值进行升序排序后再绘制散点图。

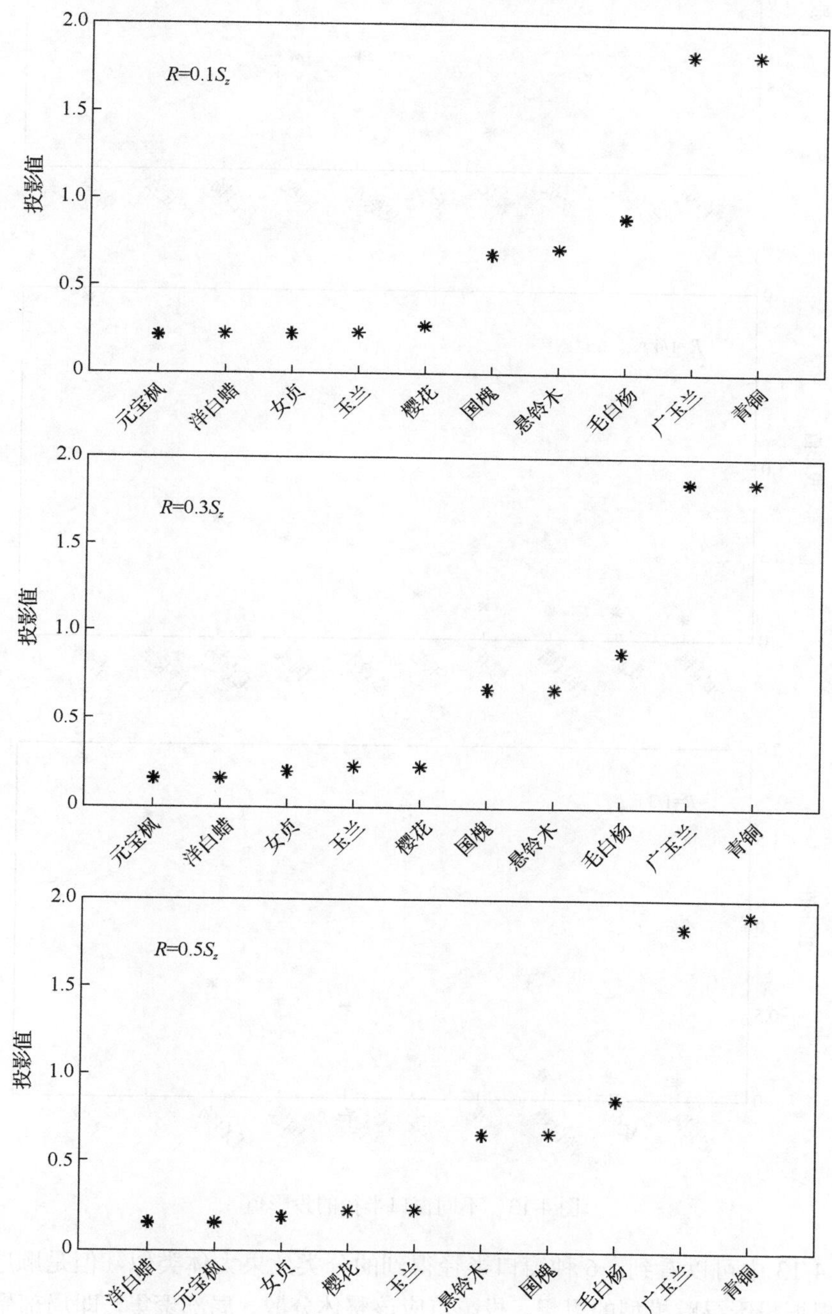

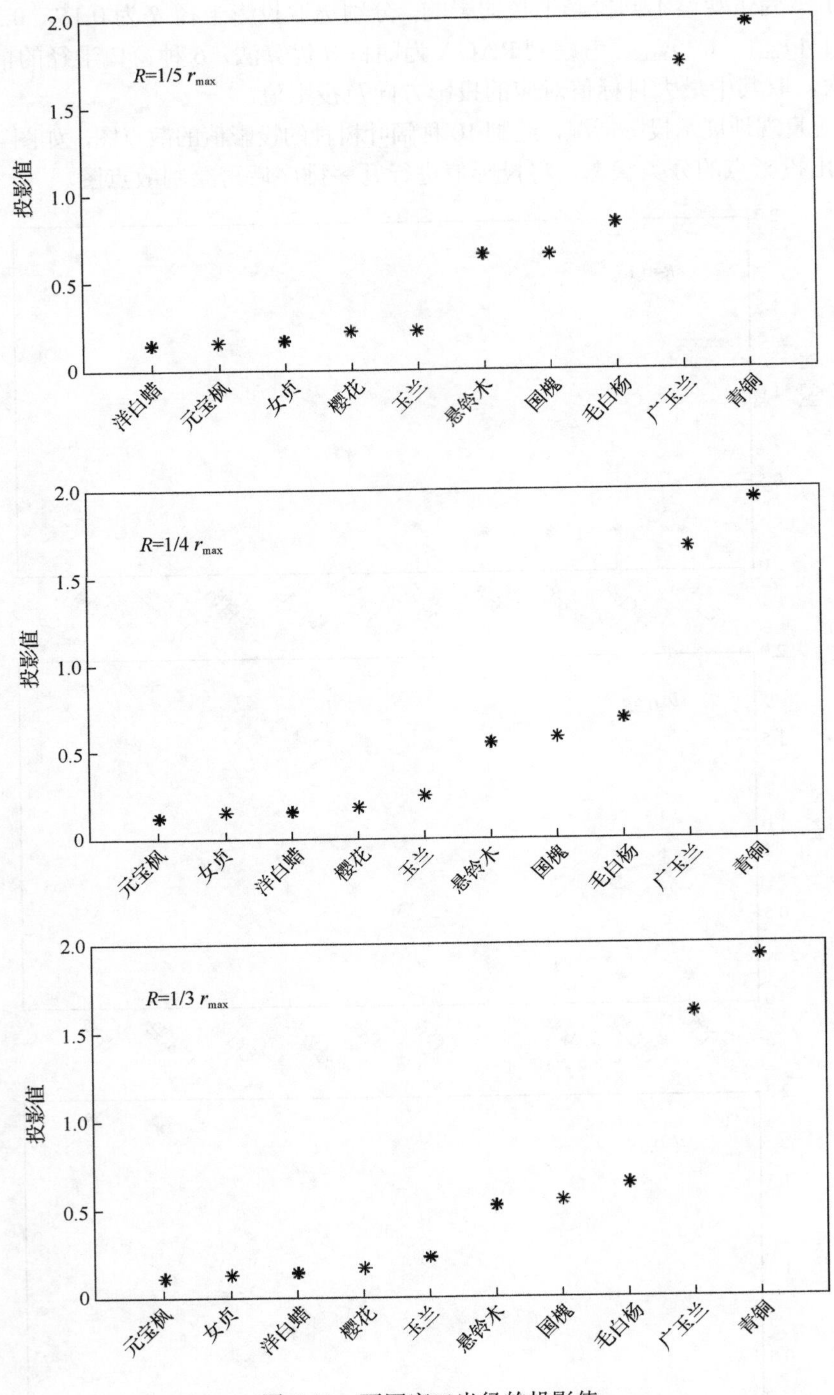

图 4-13　不同窗口半径的投影值

从图 4-13 中可以看到，6 种窗口半径得到的分类效果大体类似，但是顺序存在一定的差异。根据投影寻踪模型的思想，投影点应该整体分散、局部聚集，即局部聚集成若干个点团，但点团之间应该尽可能地散开。计算 6 种情况投影点的标准差表示投影点的整体分散情况。局部聚集的度量方法如下：将升序后投影值进行一阶差分，一阶差分较大的值可以用于样本分类。以 $R=0.1S_z$ 为例，投影值升序排序后为：0.1959、0.2045、02045、0.2138、0.2525、0.6664、0.7008、0.8808、1.8212、1.8212，对应样本为元宝枫、洋白蜡、女贞、玉兰、樱花、国槐、悬铃木、毛白杨、广玉兰、青桐。

根据投影值散点图的分布情况，将其分成 3 类，即 3 个点团。此处点团个数的确定比较主观，在实际应用中可根据散点图分布及经验等方式确定。不同窗口半径对应投影点的分类情况，投影点的标准差和点团间距离和如表 4-15 所示。分类方法和点团间距离和的计算方法见本节第一个示例。

表 4-15　不同窗口半径对应的投影结果

窗口半径 R	分类情况	标准差	点团间距离和
$0.1S_z$	Ⅰ={元宝枫,洋白蜡,女贞,玉兰,樱花};Ⅱ={国槐,悬铃木,毛白杨};Ⅲ={广玉兰,青桐}	0.6437	1.3475
$0.3S_z$	Ⅰ={元宝枫,洋白蜡,女贞,玉兰,樱花};Ⅱ={国槐,悬铃木,毛白杨};Ⅲ={广玉兰,青桐}	0.6726	1.6622
$0.5S_z$	Ⅰ={元宝枫,洋白蜡,女贞,玉兰,樱花};Ⅱ={国槐,悬铃木,毛白杨};Ⅲ={广玉兰,青桐}	0.6792	1.8276
$1/5\ r_{max}$	Ⅰ={元宝枫,洋白蜡,女贞,玉兰,樱花};Ⅱ={国槐,悬铃木,毛白杨};Ⅲ={广玉兰,青桐}	0.6771	2.0286
$1/4\ r_{max}$	Ⅰ={元宝枫,洋白蜡,女贞,玉兰,樱花};Ⅱ={国槐,悬铃木,毛白杨};Ⅲ={广玉兰,青桐}	0.6610	2.2384
$1/3\ r_{max}$	Ⅰ={元宝枫,洋白蜡,女贞,玉兰,樱花,国槐,悬铃木,毛白杨};Ⅱ={广玉兰};Ⅲ={青桐}	0.6551	14.2366

从表 4-15 中可以看出，前 5 种窗口半径对应的分类情况完全相同，最后一种情况因其点团间距离和过大而舍弃。从整体分散来看，当 $R=0.5S_z$ 时，标准差最大，整体分散程度最高。从局部聚集来看，S_z 的常数倍整体上优于 r_{max} 的常数倍，且当 $R=0.1S_z$ 时，局部聚集程度最高。当 $R=0.3S_z$ 时，整体分散程度优于 $0.1S_z$，局部聚集程度优于 $0.5S_z$，所以本例最终选取窗口半径 $R=0.3S_z$。注意，此处选取窗口半径主观性较强，可以根据经验或者研究的实际问题等偏好选取。

为了更清晰地了解模型的运行过程，将目标函数值的变化过程进行了展示。当 $R=0.3S_z$ 时，程序运行 1000 次对应的目标函数值的变化情况如图 4-14 所示。

第 587 次时，对应的目标函数值最大，最大目标值为 4.0619，此时投影方向为 $a^*=(0.2129,0.0012,0.5534,0.4945,0.4136,0.0700,0.4773,0.3901,0.4404)$。最大目标值的寻优过程及投影方向如图 4-15 所示。

可以看到，RAGA 加速 8 次找到了最大目标值，即在加速到 8 次时，优秀个体中变量之间的差异已经小于 10^{-6}。

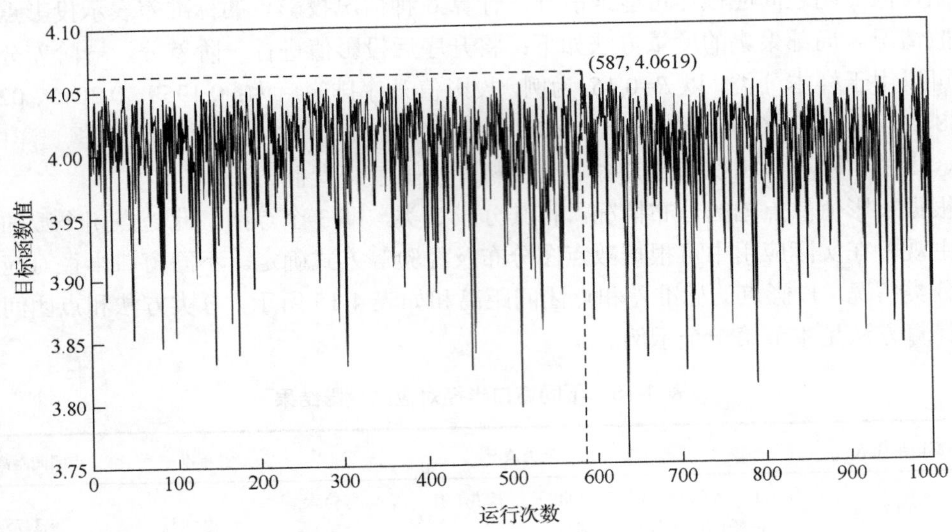

图 4-14　程序运行 1000 次对应的目标函数值变化

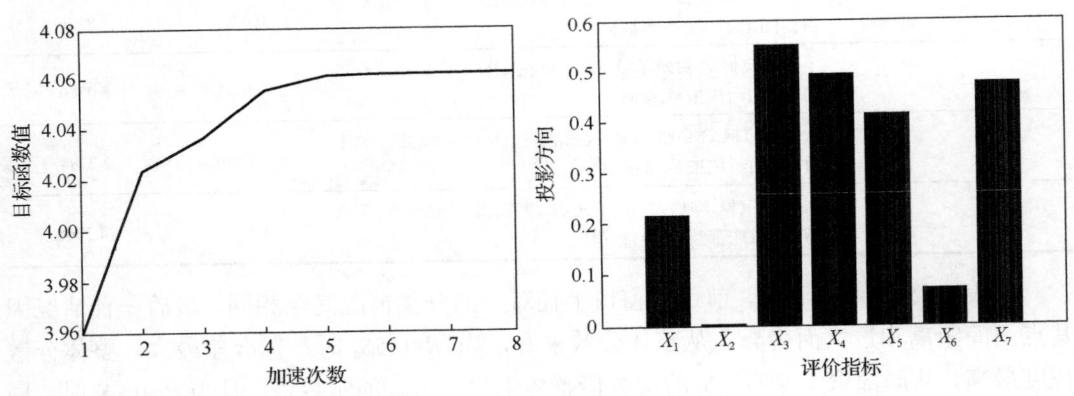

图 4-15　RAGA 寻优过程及投影方向

当 $R=0.3S_z$ 时，从表 4-15 中可以看到第 I 类树种包括元宝枫、洋白蜡、女贞、玉兰、樱花。它们的叶面积指数和持水力十分类似，它们属于单叶面积较小且叶片较少的树种，持水力较差。第 II 类树种包括国槐、悬铃木、毛白杨，它们属于单叶面积、叶片数量中等的树种，且树冠空间分布相对复杂，持水力一般。第III类树种包括广玉兰、青桐，它们单叶面积较大、树冠垂直结构复杂、树冠层次丰富、持水力较强。

因此，要提高城市森林的海绵体功能，应优先选择单叶面积大且树冠层次丰富的树种。

第三节 Friedman-Tukey 投影寻踪评价模型简介及其应用

一、Friedman-Tukey 投影寻踪评价模型简介

Friedman-Tukey 投影寻踪评价模型的建模过程包括以下几步[116, 142, 152-158]。

步骤 1、2、3 详见第一节，根据相关文献[5, 28]，本节中 R 选取 6 种情况，分别为 $0.1S_z$、$0.3S_z$、$0.5S_z$、$1/5\ r_{\max}$、$1/4\ r_{\max}$、$1/3\ r_{\max}$。其中 S_z 表示投影值的标准差，$r_{\max}$ 表示投影点最大距离。对于其他半径的情况，有兴趣的读者可自行完成。

步骤 4 计算投影值。

按照步骤 3 中得到的投影方向，计算每一个样本的投影值：

$$z^*(i)=\sum_{j=1}^{p}a^*(j)x(i,j),\quad i=1,2,\cdots,n \tag{4-13}$$

把最佳投影方向 $a^*(j)$ 代入式（4-13）后可得各样本点的投影值 $z^*(i)$。按 $z^*(i)$值从大到小排序，则可以将样本从优到劣进行排序，进而对样本进行评价。

二、Friedman-Tukey 投影寻踪评价模型的应用

（一）Friedman-Tukey 投影寻踪评价模型在经济发展水平评价中的应用

一个国家或地区经济发展的速度、规模和自身的水准用经济发展水平来表示，它是衡量该国家或地区经济发展状况的潜在标志。随着我国经济的快速发展以及发展领域的不断扩大，一个地区的经济发展水平逐步成为该地区总体发展情况的重要衡量指标。同时，它也可以让一个国家或地区明确自身发展中存在的不足，了解自己所处的位置。

改革开放以后，我国开始引入市场机制，并深化对外开放，使得区域经济效益持续增加并不断扩大。但因为传统的生产力规划问题，加上很多因素的综合影响使经济发展的起点不同，所以各地区的经济发展水平存在一些差异，而且这些差异逐渐扩大，导致了非常不平衡状态的产生。国家制定了西部大开发、振兴东北老工业基地、促进中部地区崛起以及鼓励东部地区加快发展等一系列的区域发展战略措施，以解决不同地区发展不平衡的问题。此外，为了促进形成协调的区域经济发展体系，近几年来改善和调整区域发展的战略相继实施，多项国家级综合改革试验区逐渐被建立起来，而且针对不同的战略目标、职能和任务都进行了设定。

目前，研究我国经济发展及各区域经济发展的基本问题之一就是对我国各省、自治区、直辖市［以下简称各省（区、市）］经济发展水平的评价问题。对于每个地区的经济发展水平，进行系统的分类、比较和研究，有助于正确地评价我国各省（区、市）（本书研究地域未包含香港、澳门、台湾）的发展现状和前景，及时了解各省（区、市）的发展动向和趋势，便于有针对性地制定与完善各地区的规划和经济发展战略。让经济水平

能够得到高速、有效的提高，对促进各区域协调发展具有重要意义。同时有助于各省（区、市）清楚地认识自己在全国范围内的定位、现状及发展潜力，促进各省（区、市）之间互相竞争和共同发展。

根据所研究的问题以及数据的可获取性，以2018年为例，选取反映经济发展水平的9项指标：区域GDP（X_1）、第一产业GDP（X_2）、第二产业GDP（X_3）、第三产业GDP（X_4）、人均GDP（X_5）、人均可支配收入（X_6）、人均消费支出（X_7）、财政预算收入（X_8）、进出口总额（X_9）。其中X_5、X_6、X_7单位为元，其他指标单位为亿元。数据来源于《中国统计年鉴-2019》，待分类的原始数据见表4-16。

表4-16 经济发展指标原始数据

省（区、市）	区域GDP/亿元	第一产业GDP/亿元	第二产业GDP/亿元	第三产业GDP/亿元	人均GDP/元	人均可支配收入/元	人均消费支出/元	财政预算收入/亿元	进出口总额/亿元
北京	30320	119	5648	24554	140211	62361	39843	5786	8386
天津	18810	173	7610	11027	120711	39506	29903	2106	9367
河北	36010	3338	16040	16632	47772	23446	16722	3514	5762
山西	16818	741	7089	8988	45328	21990	14810	2293	1624
内蒙古	17289	1754	6807	8728	68302	28376	19665	1858	1308
辽宁	25315	2033	10025	13257	58008	29701	21398	2616	8839
吉林	15075	1161	6411	7503	55611	22798	17200	1241	1420
黑龙江	16362	3001	4031	9330	43274	22726	16994	1283	1569
上海	32680	104	9733	22843	134982	64183	43351	7108	32052
江苏	92595	4142	41249	47205	115168	38096	25007	8630	47301
浙江	56197	1967	23506	30724	98643	45840	29471	6598	29115
安徽	30007	2638	13842	13527	47712	23984	17045	3049	3917
福建	35804	2380	17232	16192	91197	32644	22996	3007	11393
江西	21985	1877	10250	9857	47434	24080	15792	2373	2714
山东	76470	4951	33642	37877	76267	29205	18780	6485	24021
河南	48056	4289	22035	21732	50152	21964	15169	3766	5818
湖北	39367	3548	17089	18730	66616	25815	19538	3307	3384
湖南	36426	3084	14454	18889	52949	25241	18808	2861	2342
广东	97278	3831	40695	52751	86412	35810	26054	12105	79969
广西	20353	3019	8073	9260	41489	21485	14935	1681	3990
海南	4832	1000	1096	2736	51955	24579	17528	753	1201
重庆	20363	1378	8329	10656	65933	26386	19248	2266	4506

续表

省（区、市）	区域GDP/亿元	第一产业GDP/亿元	第二产业GDP/亿元	第三产业GDP/亿元	人均GDP/元	人均可支配收入/元	人均消费支出/元	财政预算收入/亿元	进出口总额/亿元
四川	40678	4427	15323	20929	48883	22461	17664	3911	6153
贵州	14806	2160	5756	6891	41244	18430	13798	1727	551
云南	17881	2499	6957	8425	37136	20084	14250	1994	1793
西藏	1478	130	628	719	43398	17286	11520	230	42
陕西	24438	1830	12157	10451	63477	22528	16160	2243	3442
甘肃	8246	921	2795	4530	31336	17488	14624	871	427
青海	2865	268	1247	1350	47689	20757	16557	273	39
宁夏	3705	280	1650	1775	54094	22400	16715	437	266
新疆	12199	1692	4923	5584	49475	21500	16189	1531	2295

为了消除量级和量纲的影响，根据式（4-1）和式（4-2），对上述数据进行归一化处理，9 个指标均对经济发展起正向作用。归一化后的结果如表 4-17 所示。

表 4-17　经济发展指标归一化后数据

省（区、市）	区域GDP	第一产业GDP	第二产业GDP	第三产业GDP	人均GDP	人均可支配收入	人均消费支出	财政预算收入	进出口总额
北京	0.3011	0.0031	0.1236	0.4581	1.0000	0.9611	0.8898	0.4679	0.1044
天津	0.1809	0.0142	0.1719	0.1981	0.8209	0.4738	0.5775	0.1580	0.1167
河北	0.3605	0.6672	0.3794	0.3058	0.1510	0.1314	0.1634	0.2765	0.0716
山西	0.1601	0.1314	0.1591	0.1589	0.1285	0.1003	0.1034	0.1737	0.0198
内蒙古	0.1650	0.3404	0.1521	0.1539	0.3395	0.2365	0.2559	0.1371	0.0159
辽宁	0.2488	0.3980	0.2313	0.2410	0.2450	0.2647	0.3103	0.2009	0.1101
吉林	0.1419	0.2181	0.1424	0.1304	0.2230	0.1175	0.1784	0.0851	0.0173
黑龙江	0.1554	0.5977	0.0838	0.1655	0.1096	0.1160	0.1720	0.0887	0.0191
上海	0.3257	0.0000	0.2241	0.4252	0.9520	1.0000	1.0000	0.5792	0.4005
江苏	0.9511	0.8331	1.0000	0.8934	0.7700	0.4437	0.4237	0.7074	0.5913
浙江	0.5712	0.3844	0.5632	0.5767	0.6182	0.6089	0.5639	0.5363	0.3638
安徽	0.2978	0.5228	0.3253	0.2462	0.1504	0.1428	0.1736	0.2374	0.0485
福建	0.3583	0.4696	0.4088	0.2974	0.5498	0.3275	0.3605	0.2339	0.1420
江西	0.2141	0.3658	0.2369	0.1756	0.1479	0.1449	0.1342	0.1805	0.0335
山东	0.7828	1.0000	0.8127	0.7141	0.4127	0.2542	0.2281	0.5267	0.3000
河南	0.4862	0.8634	0.5270	0.4038	0.1728	0.0998	0.1146	0.2978	0.0723
湖北	0.3955	0.7105	0.4052	0.3462	0.3240	0.1819	0.2519	0.2591	0.0418
湖南	0.3648	0.6148	0.3404	0.3492	0.1985	0.1696	0.2290	0.2216	0.0288
广东	1.0000	0.7689	0.9864	1.0000	0.5059	0.3950	0.4566	1.0000	1.0000
广西	0.1970	0.6014	0.1833	0.1641	0.0933	0.0895	0.1073	0.1222	0.0494

续表

省（区、市）	区域GDP	第一产业GDP	第二产业GDP	第三产业GDP	人均GDP	人均可支配收入	人均消费支出	财政预算收入	进出口总额
海南	0.0350	0.1849	0.0115	0.0388	0.1894	0.1555	0.1887	0.0440	0.0145
重庆	0.1971	0.2628	0.1896	0.1910	0.3178	0.1940	0.2428	0.1715	0.0559
四川	0.4092	0.8919	0.3618	0.3884	0.1612	0.1103	0.1930	0.3100	0.0765
贵州	0.1391	0.4242	0.1262	0.1186	0.0910	0.0244	0.0716	0.1261	0.0064
云南	0.1712	0.4941	0.1558	0.1481	0.0533	0.0597	0.0858	0.1485	0.0219
西藏	0.0000	0.0054	0.0000	0.0000	0.1108	0.0000	0.0000	0.0000	0.0000
陕西	0.2397	0.3561	0.2838	0.1870	0.2952	0.1118	0.1458	0.1695	0.0426
甘肃	0.0706	0.1686	0.0533	0.0732	0.0000	0.0043	0.0975	0.0540	0.0049
青海	0.0145	0.0338	0.0152	0.0121	0.1502	0.0740	0.1582	0.0036	0.0000
宁夏	0.0232	0.0363	0.0252	0.0203	0.2090	0.1090	0.1632	0.0174	0.0028
新疆	0.1119	0.3276	0.1057	0.0935	0.1666	0.0899	0.1467	0.1096	0.0282

采用 MATLAB 2016a 编程处理数据，对中国经济发展水平数据建立投影寻踪分类模型，选定父代初始种群规模为 N=400、交叉概率 p_c=0.8、变异概率 p_m=0.2，选取两次进化所产生的优秀个体变化区间作为下次加速时优化变量的变化区间，优秀个体数目选定为40个，最大加速次数为20次，变异方向的系数 M=10，运行停止的最小阈值为 10^{-6}。为了观察不同投影半径的影响，分别选取投影半径 R 为 $0.1S_z$、$0.3S_z$、$0.5S_z$、1/5 $r_{\max}$、1/4 $r_{\max}$、1/3 $r_{\max}$。考虑到 RAGA 为随机寻优算法，6 种半径的情况分别运行 1000 次，取其中最大目标值对应的投影方向及投影值。

图 4-16 为不同窗口半径情况下，31 个省（区、市）的投影值散点图。为了体现出投影点的分类状态，将投影值进行升序排序后再绘制散点图。

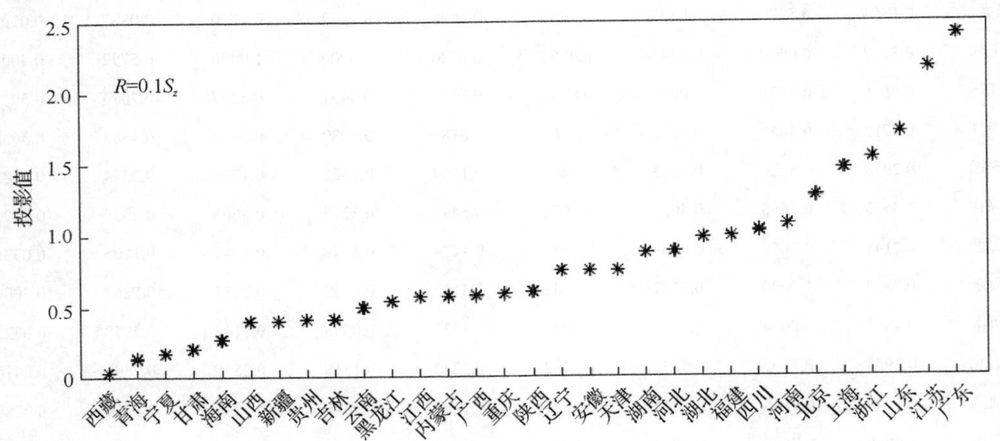

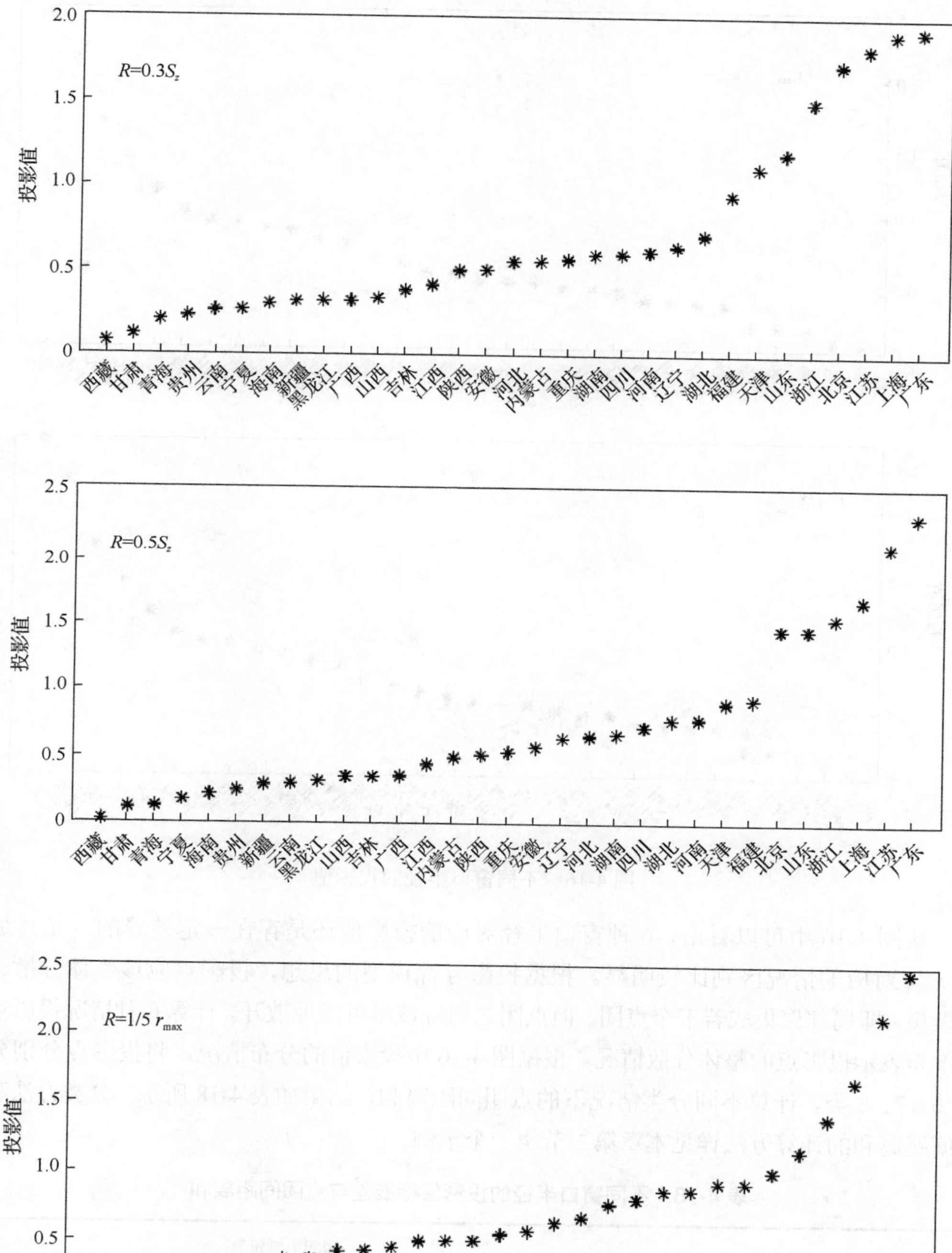

投影值
R=0.3S_z
西藏 甘肃 青海 贵州 云南 宁夏 海南 新疆 黑龙江 广西 山西 吉林 江西 陕西 安徽 河北 内蒙古 重庆 湖南 四川 河南 辽宁 湖北 福建 天津 山东 浙江 北京 江苏 上海 广东
R=0.5S_z
西藏 甘肃 青海 宁夏 海南 贵州 新疆 云南 黑龙江 山西 吉林 广西 江西 内蒙古 陕西 重庆 安徽 辽宁 河北 湖南 四川 湖北 河南 天津 福建 北京 山东 浙江 上海 江苏 广东
R=1/5 r_{max}
西藏 青海 宁夏 甘肃 海南 新疆 吉林 贵州 山西 黑龙江 云南 内蒙古 广西 重庆 江西 陕西 天津 辽宁 安徽 湖南 河北 福建 湖北 四川 北京 河南 上海 浙江 山东 江苏 广东

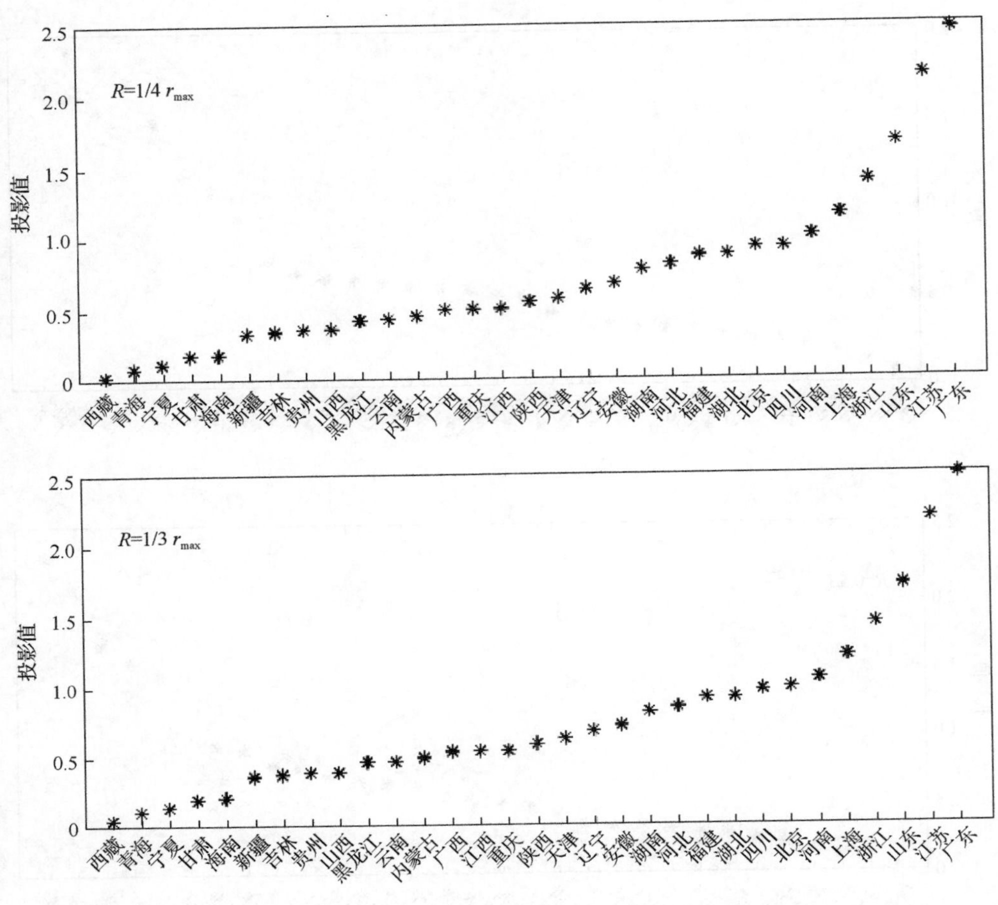

图 4-16　不同窗口半径的投影值

从图 4-16 中可以看出，6 种窗口半径对应的投影值还是存在一定差异的，尤其是 S_z 和 r_{max} 对应的情况区别比较明显。根据投影寻踪模型的思想，投影点应该整体分散、局部聚集，即局部聚集成若干个点团，但点团之间应该尽可能地散开。计算 6 种情况投影点的标准差表示投影点的整体分散情况。根据图 4-16 中投影值的分布情况，将投影点分别分成 5、6、7、8 类，计算不同分类情况下的点团间距离和，结果如表 4-18 所示。分类方法和点团间距离和的计算方法详见本章第二节第一个示例。

表 4-18　不同窗口半径的投影值标准差与点团间距离和

窗口半径 R	标准差	点团间距离和			
		5 类	6 类	7 类	8 类
$0.1S_z$	0.5767	206.5738	205.6979	61.2142	24.0154
$0.3S_z$	0.5499	107.1207	106.1634	105.9884	105.6014
$0.5S_z$	0.5800	175.9205	130.9073	113.0691	112.7235

续表

窗口半径 R	标准差	点团间距离和			
		5 类	6 类	7 类	8 类
1/5 r_{max}	0.5693	246.7607	213.0052	109.7800	28.9266
1/4 r_{max}	0.5712	248.8834	215.0125	110.7592	29.1592
1/3 r_{max}	0.5763	255.0161	220.2553	113.5217	29.9736

可以看到，6 种情况对应的标准差比较类似，其中窗口半径 R 为 $0.1S_z$、$0.5S_z$、1/3 r_{max} 时对应的标准差较大。从点团间距离和上看，当投影值分为 5 类时，$R=0.3S_z$ 对应的和最小，当分为 8 类时，$R=0.1S_z$ 对应的和最小。同时，当分为 8 类时，r_{max} 对应的 3 种半径情况的点团间距离和也较小。本例主要用于评价各地区经济发展水平，对评价问题来说，分类个数可以适当增多，以体现各地区之间的经济发展水平差异。结合图 4-16 中投影值的分布情况，最终选择窗口半径 $R=0.1S_z$。当研究问题的着眼点不同时，最终窗口半径的选择也不同，窗口半径的选择带有主观性的偏好。

为了更清晰地了解模型的运行过程，将目标函数值的变化过程进行了展示。当 $R=0.1S_z$ 时，程序运行 1000 次对应的目标函数值的变化情况如图 4-17 所示。

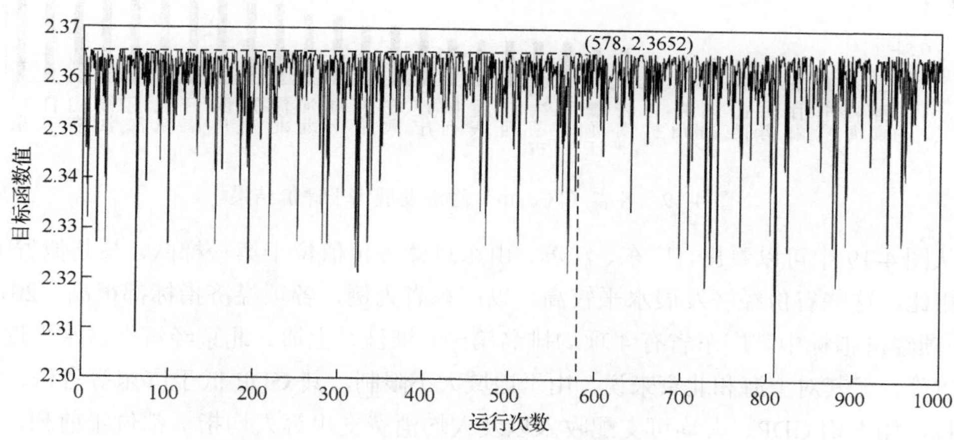

图 4-17 程序运行 1000 次对应的目标函数值变化

第 578 次时，对应的目标函数值最大，最大目标值为 2.3652，此时投影方向为 $a^* = (0.3788,0.3665,0.3005,0.4258,0.1306,0.3435,0.2626,0.3910,0.3061)$。最大目标值的寻优过程如图 4-18 所示。

可以看到，RAGA 加速 13 次找到了最大目标值，即在加速到 13 次时，优秀个体中变量之间的差异已经小于 10^{-6}。

图 4-19 是各个省（区、市）经济发展水平的评价结果，数值越大代表经济发展水平越高。

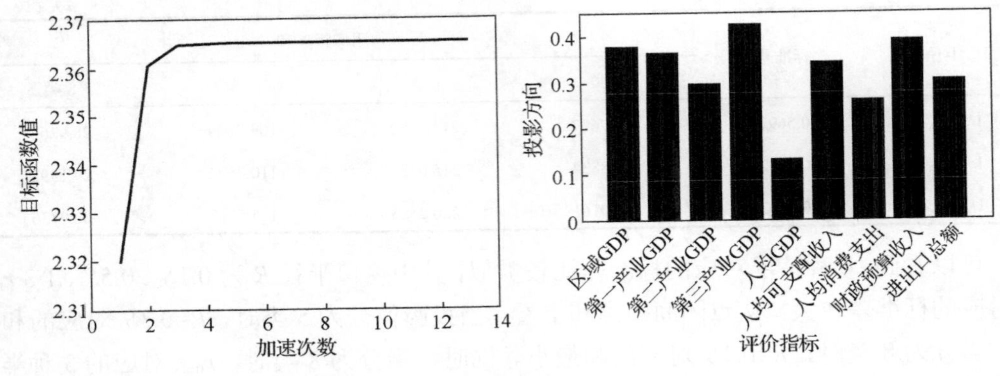

图 4-18　RAGA 寻优过程及投影方向

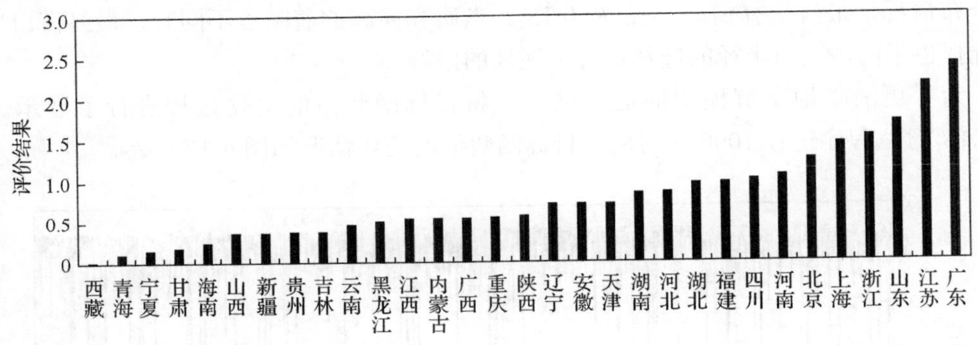

图 4-19　各省（区、市）经济发展水平评价结果

从图 4-19 中可以看出，广东、江苏、山东总体评价值位于第一梯队，与其他省（区、市）相比，这些省份经济发展水平较高。以广东省为例，各项经济指标都很高，2012 年这 10 项经济指标中，广东省有 4 项均排名第一。浙江、上海、北京经济发展水平仅次于上述省份，尤其对上海和北京来说，由于地域大小限制，其 GDP 低于广东等省份，但其他指标，如人均 GDP、人均可支配收入以及人均消费支出等人均指标都位于前列，超过广东、山东等省份。上海是经济贸易中心、闻名于世的通商口岸城市，地理位置非常优越，汽车、火车、轮船、飞机等交通工具使得运输更快捷、方便，空气湿润，沿着海岸线靠近水源，为工农业发展提供了丰富的资源。北京是我国的首都，也是政治、文化中心，使得各行各业都在北京成立公司或开设分公司，这为北京的发展带来了很大的优势。西藏、青海、宁夏、甘肃等地区位于排名的末端，这几个省（区、市）的经济发展综合实力较低，消费水平大致同我国平均消费水平接近但其生产总值较大程度地低于我国的平均生产总值，各项指标也均低于其他省（区、市）的平均水平。产生这一现象的主要原因是，它们原有的经济基础薄弱，地理位置不够优越导致交通不便，自然环境和生活条件相对较差，开放程度和对外贸易方面相对闭塞。

（二）Friedman-Tukey 投影寻踪评价模型在水资源生态安全评价中的应用

水资源是社会经济发展的重要战略资源，为国家经济发展和人民正常生活提供了保障。改革开放以来出现的水土流失、水资源生态环境恶化、土地荒漠化等环境问题，对人民生存发展造成了重大影响，致使生态环境安全成为我国经济发展追求的长期目标。而且我国水土资源时空分布严重失衡，长江以南耕地面积与水资源总量分别占全国总量的 36%与 81%；而占国土面积 50%的北方，地下水资源只占全国水资源总量的 31%。基于我国水资源分布失衡的问题，我们必须合理开发利用现有资源，充分发挥其在人类生活中的作用，确保水土资源生态安全[159]。

黑龙江作为我国重要的商品粮基地，农业经济的发展对水、土资源依赖性较强。农业用水比例高于全国平均水平，导致工业与生态环境用水大幅下降。大面积草地、林地等不宜作为农田的区域也被开垦为农田；同时由于缺少控制性工程措施，大规模的农业用水缺乏科学的指导与规划，盲目开采地下水，导致区域土地荒芜化与水土流失加重。该地区水土资源过度开发与利用，导致生态系统受到的压力越来越大，对区域发展以及生态安全建设形成阻碍。依据当前黑龙江省自然资源与社会经济发展现状，对该地区水土资源生态安全进行科学研究，明确水资源生态安全建设中存在的问题，客观反映水资源生态安全指标间的相对变化状态及其可持续性发展。

评价指标体系的构建是评价模型的基础。依据评价指标体系建立的系统性、层次性、地区性的原则，在对地区水资源系统及各影响因素综合分析的基础上，构建了水资源生态安全评价指标体系[160]（图 4-20）。

根据所研究问题以及数据的可获取性，以 2003～2016 年为例，选取反映水资源生态安全的 21 项指标（图 4-20），数据来源于 2004～2017 年黑龙江省统计年鉴、中国统计年鉴、中国环境年鉴，由于部分数据无法获取，故采用公式计算、趋势预测得出。原始数据见表 4-19，来源于文献[159]。

为了消除量级和量纲的影响，根据式（4-1）和式（4-2），对上述数据进行归一化处理，其中产水系数 C_1、产水模数 C_2、人均水资源量 C_3、GDP 增长率 C_6、城市化水平 C_7、废水治理支出比例 C_8、工业用水重复利用率 C_9、废水治理设施处理能力 C_{10}、环保投资额比例 C_{13}、生态用水比例 C_{17}、人均湿地面积 C_{18}、水土流失治理率 C_{21} 共 12 个指标对水资源生态安全起正向作用。水资源开发利用率 C_4、地下水开采弹性系数 C_5、农业万元产值耗水量 C_{11}、工业万元产值耗水量 C_{12}、土地垦殖比例 C_{14}、农业用水比例 C_{15}、工业用水比例 C_{16}、水资源污染指数 C_{19}、单位面积废水排放量 C_{20} 共 9 个指标对水资源生态安全起逆向作用。归一化后的结果如表 4-20 所示。

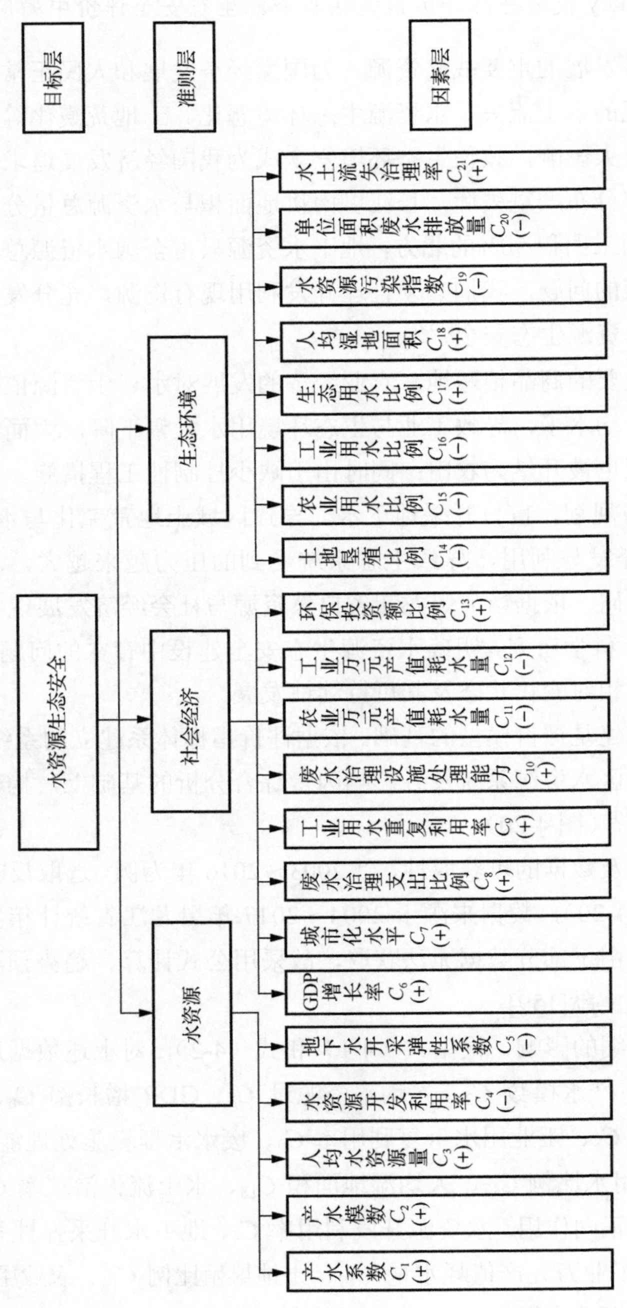

图 4-20　水资源生态安全评价指标体系

表 4-19 水资源生态安全评价指标原始数据

指标	2003 年	2004 年	2005 年	2006 年	2007 年	2008 年	2009 年	2010 年	2011 年	2012 年	2013 年	2014 年	2015 年	2016 年
C_1/%	0.3367	0.2873	0.3165	0.3015	0.2509	0.2128	0.3345	0.3087	0.3142	0.2851	0.4521	0.3734	0.3254	0.3129
C_2/(m^3/m^2)	0.1827	0.1441	0.1645	0.1608	0.1087	0.1021	0.2187	0.1886	0.1391	0.1859	0.3137	0.2087	0.1799	0.1864
C_3/m^3	2167.8	1708.5	1954.2	1904.8	1286.4	1208.0	2586.9	2228.6	1642.0	2194.6	3702.1	2463.1	2129.8	2217.1
C_4/%	0.2910	0.3978	0.3648	0.3932	0.5295	0.6429	0.3196	0.3808	0.5598	0.4625	0.2552	0.3856	0.4364	0.4179
C_5/%	0.1332	0.0979	0.1337	0.1210	0.0711	0.0308	0.1989	0.2116	0.1441	0.1912	0.2691	0.2351	0.1914	0.2303
C_6/%	10.20	11.70	11.60	12.10	12.00	11.80	11.40	12.70	12.30	10.00	8.00	5.60	5.70	6.10
C_7/%	0.53	0.53	0.53	0.53	0.54	0.55	0.55	0.56	0.56	0.57	0.57	0.58	0.59	0.59
C_8/%	0.43	0.41	0.42	0.76	0.69	0.47	0.46	0.51	0.21	0.19	0.08	0.03	0.16	0.22
C_9/%	0.50	0.65	0.87	1.29	1.42	1.50	1.42	1.49	1.52	2.04	2.49	2.63	2.46	5.94
C_{10}/(10^{4}m^3/d)	252.8	248.6	281.3	284.8	393.4	275.7	301.2	310.4	337.2	323.2	338.1	345.4	368.5	363.0
C_{11}/10^{4}m^3	0.3187	0.2907	0.2606	0.2590	0.2281	0.1948	0.2004	0.1916	0.1549	0.1395	0.1246	0.1210	0.1187	0.1175
C_{12}/10^{4}m^3	0.0252	0.0213	0.0187	0.0171	0.0156	0.0133	0.0137	0.0111	0.0089	0.0069	0.0058	0.0052	0.0050	0.0047
C_{13}/%	0.0304	0.0314	0.0324	0.0334	0.0307	0.0280	0.0282	0.0331	0.0330	0.0331	0.0344	0.0325	0.0387	0.0268
C_{14}/%	0.2141	0.2189	0.2556	0.2586	0.2616	0.2614	0.3506	0.3504	0.3502	0.3502	0.3506	0.3505	0.3503	0.3528
C_{15}/%	0.6687	0.6650	0.6571	0.6789	0.7165	0.7141	0.7313	0.7680	0.7477	0.8217	0.8510	0.8682	0.8795	0.8900
C_{16}/%	0.2182	0.2043	0.2044	0.2009	0.1973	0.1939	0.1761	0.1723	0.1510	0.1162	0.0938	0.0796	0.0670	0.0584
C_{17}/%	0.0125	0.0039	0.0136	0.0014	0.0017	0.0084	0.0139	0.0055	0.0159	0.0167	0.0083	0.0036	0.0073	0.0071
C_{18}/hm^2	0.1131	0.1131	0.1130	0.1129	0.1228	0.1228	0.1228	0.1226	0.1225	0.1125	0.1341	0.1342	0.1349	0.1354
C_{19}/[t/(10^{4}m^3)]	0.0617	0.0774	0.0677	0.0684	0.0992	0.1031	0.1031	0.0520	0.0666	0.0469	0.0260	0.0365	0.0392	0.0351
C_{20}/(m^3/m^2)	0.0023	0.0023	0.0023	0.0026	0.0024	0.0025	0.0025	0.0026	0.0033	0.0036	0.0034	0.0033	0.0033	0.0031
C_{21}/%	0.0832	0.0875	0.0911	0.0941	0.0959	0.0988	0.0988	0.1037	0.1069	0.0628	0.0798	0.0819	0.0847	0.0838

表 4-20　水资源生态安全评价指标归一化后数据

指标	2003 年	2004 年	2005 年	2006 年	2007 年	2008 年	2009 年	2010 年	2011 年	2012 年	2013 年	2014 年	2015 年	2016 年
C_1	0.5178	0.3113	0.4333	0.3707	0.1592	0.0000	0.5086	0.4008	0.4237	0.3021	1.0000	0.6711	0.4705	0.4183
C_2	0.3809	0.1985	0.2949	0.2774	0.0312	0.0000	0.5510	0.4088	0.1749	0.3960	1.0000	0.5038	0.3677	0.3984
C_3	0.3848	0.2007	0.2992	0.2794	0.0314	0.0000	0.5529	0.4092	0.1740	0.3956	1.0000	0.5032	0.3696	0.4046
C_4	0.9077	0.6322	0.7173	0.6441	0.2925	0.0000	0.8339	0.6760	0.2143	0.4653	1.0000	0.6637	0.5326	0.5803
C_5	0.5703	0.7184	0.5682	0.6215	0.8309	1.0000	0.2946	0.2413	0.5245	0.3269	0.0000	0.1427	0.3261	0.1628
C_6	0.6500	0.8600	0.8500	0.9200	0.9000	0.8700	0.8200	1.0000	0.9400	0.6200	0.3400	0.0000	0.0100	0.0700
C_7	0.0000	0.0000	0.0000	0.0000	0.1700	0.3300	0.3300	0.5000	0.5000	0.6700	0.6700	0.8300	1.0000	1.0000
C_8	0.5500	0.5200	0.5300	1.0000	0.9000	0.6000	0.5900	0.6600	0.2500	0.2200	0.0700	0.0000	0.1800	0.2600
C_9	0.0000	0.0300	0.0700	0.1500	0.1700	0.1800	0.1700	0.1800	0.1900	0.2800	0.3700	0.3900	0.3600	1.0000
C_{10}	0.0300	0.0000	0.2300	0.2500	1.0000	0.1900	0.3600	0.4300	0.6100	0.5200	0.6200	0.6700	0.8300	0.7900
C_{11}	0.0000	0.1392	0.2888	0.2967	0.4503	0.6158	0.5880	0.6317	0.8141	0.8907	0.9647	0.9826	0.9940	1.0000
C_{12}	0.0000	0.1902	0.3171	0.3951	0.4683	0.5805	0.5610	0.6878	0.7951	0.8927	0.9463	0.9756	0.9854	1.0000
C_{13}	0.3025	0.3866	0.4706	0.5546	0.3277	0.1008	0.1176	0.5294	0.5210	0.5294	0.6387	0.4790	1.0000	0.0000
C_{14}	1.0000	0.9654	0.7008	0.6792	0.6575	0.6590	0.0159	0.0173	0.0187	0.0187	0.0159	0.0166	0.0180	0.0000
C_{15}	0.9502	0.9661	1.0000	0.9064	0.7450	0.7553	0.6814	0.5238	0.6110	0.2933	0.1675	0.0936	0.0451	0.0000
C_{16}	0.0000	0.0870	0.0864	0.1083	0.1308	0.1521	0.2635	0.2872	0.4205	0.6383	0.7785	0.8673	0.9462	1.0000
C_{17}	0.7255	0.1634	0.7974	0.0000	0.0196	0.4575	0.8170	0.2680	0.9477	1.0000	0.4510	0.1438	0.3856	0.3725
C_{18}	0.0262	0.0262	0.0218	0.0175	0.4498	0.4498	0.4498	0.4410	0.4367	0.0000	0.9432	0.9476	0.9782	1.0000
C_{19}	0.5370	0.3333	0.4591	0.4501	0.0506	0.0000	0.0000	0.6628	0.4734	0.7289	1.0000	0.8638	0.8288	0.8820
C_{20}	1.0000	1.0000	1.0000	0.7692	0.9231	0.8462	0.8462	0.7692	0.2308	0.0000	0.1538	0.2308	0.2308	0.3846
C_{21}	0.4626	0.5601	0.6417	0.7098	0.7506	0.8163	0.8163	0.9274	1.0000	0.0000	0.3855	0.4331	0.4966	0.4762

采用 MATLAB 2016a 编程处理数据，对中国经济发展水平数据建立投影寻踪分类模型，选定父代初始种群规模为 N=400、交叉概率 p_c=0.8、变异概率 p_m=0.2，选取两次进化所产生的优秀个体变化区间作为下次加速时优化变量的变化区间，优秀个体数目选定为 40 个，最大加速次数为 20 次，变异方向的系数 M=10，运行停止的最小阈值为 10^{-6}。为了观察不同投影半径的影响，分别选取投影半径 R 为 $0.1S_z$、$0.3S_z$、$0.5S_z$、1/5 $r_{\max}$、1/4 $r_{\max}$、1/3 $r_{\max}$。考虑到 RAGA 为随机寻优算法，6 种半径的情况分别运行 1000 次，取其中最大目标值对应的投影方向及投影值。

图 4-21 为不同窗口半径情况下，2003 年至 2016 年的投影值散点图。为了体现出投影点的分类状态，将投影值进行升序排序后再绘制散点图。

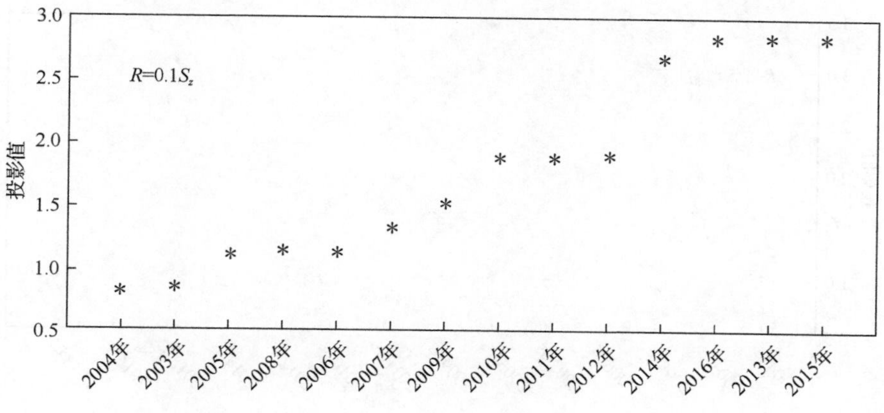
R=0.1Sz
投影值
3.0
2.5
2.0
1.5
1.0
0.5
2004年
2003年
2005年
2008年
2006年
2007年
2009年
2010年
2011年
2012年
2014年
2016年
2013年
2015年

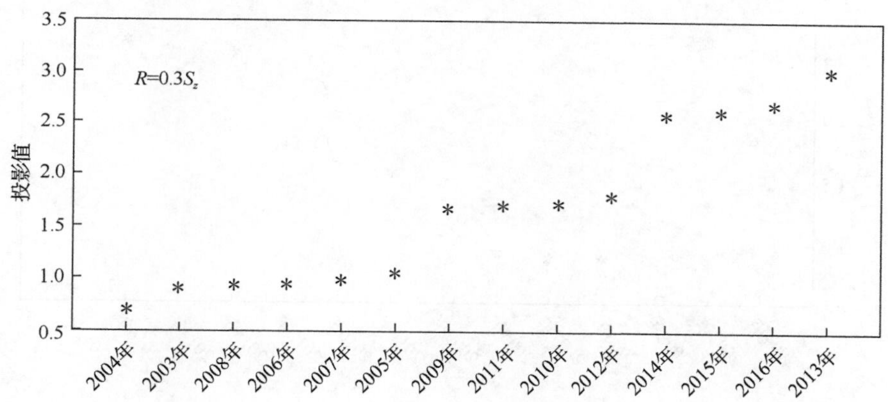
R=0.3Sz
投影值
3.5
3.0
2.5
2.0
1.5
1.0
0.5
2004年
2003年
2008年
2006年
2007年
2005年
2009年
2011年
2010年
2012年
2014年
2015年
2016年
2013年

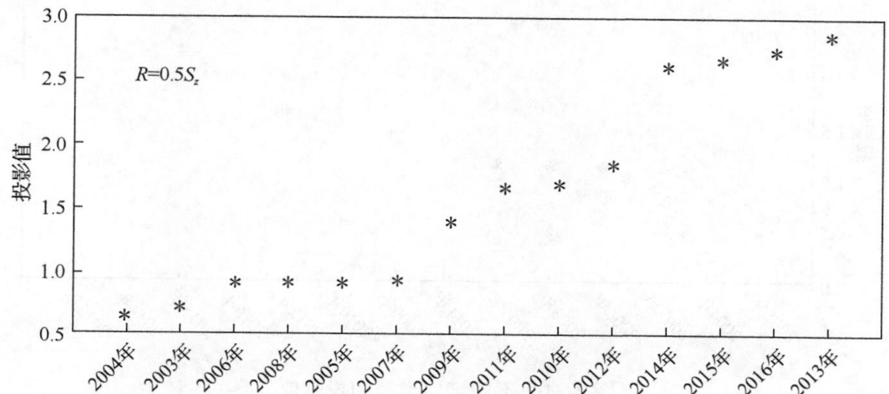
R=0.5Sz
投影值
3.0
2.5
2.0
1.5
1.0
0.5
2004年
2003年
2006年
2008年
2005年
2007年
2009年
2011年
2010年
2012年
2014年
2015年
2016年
2013年

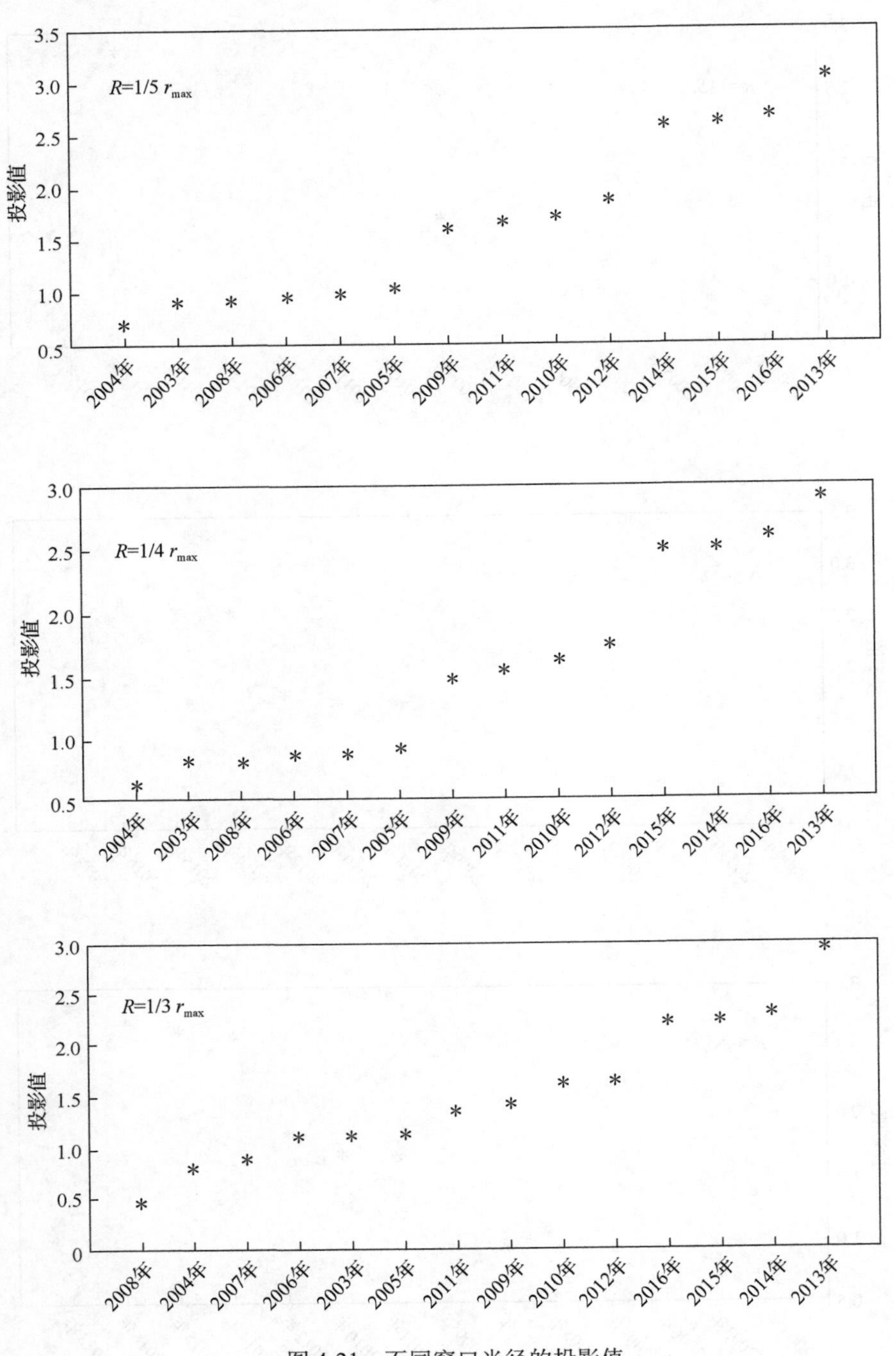

图 4-21　不同窗口半径的投影值

从图 4-21 中可以看出，6 种窗口半径对应的投影值还是存在一定差异的，尤其是 S_z 和 r_{max} 对应的情况区别比较明显。根据投影寻踪模型的思想，投影点应该整体分散、局部聚集，即局部聚集成若干个点团，但点团之间应该尽可能地散开。计算 6 种情况投影点的标准差表示投影点的整体分散情况。根据图 4-21 中投影值的分布情况，将投影点分别分成 5、6、7、8、9 类，计算不同分类情况下的点团间距离和，结果如表 4-21 所示。分类方法和点团间距离和的计算方法详见本章第二节第一个示例。

表 4-21 不同窗口半径的投影值标准差与点团间距离和

窗口半径 R	标准差	点团间距离和				
		5 类	6 类	7 类	8 类	9 类
$0.1S_z$	0.7688	2.4487	1.2821	0.2559	0.1211	0.0760
$0.3S_z$	0.7832	2.4182	1.8560	1.5206	0.6960	0.3548
$0.5S_z$	0.8242	2.6874	2.0090	0.8770	0.7003	0.3184
$1/5\ r_{max}$	0.7969	3.3608	2.1334	1.8166	1.4716	0.6381
$1/4\ r_{max}$	0.8180	3.2355	2.0322	1.6395	1.2225	1.0906
$1/3\ r_{max}$	0.6954	6.0664	2.7754	0.7958	0.6103	0.3479

可以看到，6 种情况对应的标准差比较类似，其中窗口半径 R 为 $0.5S_z$、$1/4\ r_{max}$ 对应的标准差较大。从点团间距离和上看，当投影值分为 5 类时，R=$0.3S_z$ 对应的点团间距离和较小，当分为 7 类、8 类或 9 类时，R=$0.1S_z$ 对应的点团间距离和最小。本例主要用于评价各年份黑龙江水资源生态安全，对评价问题来说，分类个数可以适当增多，以体现不同年份的水资源生态安全差异。结合图 4-21 中投影值的分布情况，最终选择窗口半径 R=$0.1S_z$。当研究问题的着眼点不同时，最终窗口半径的选择也不同，窗口半径的选择带有主观性的偏好。

为了更清晰地了解模型的运行过程，将目标函数值的变化过程进行了展示。当 R=$0.1S_z$ 时，程序运行 1000 次对应的目标函数值的变化情况如图 4-22 所示。

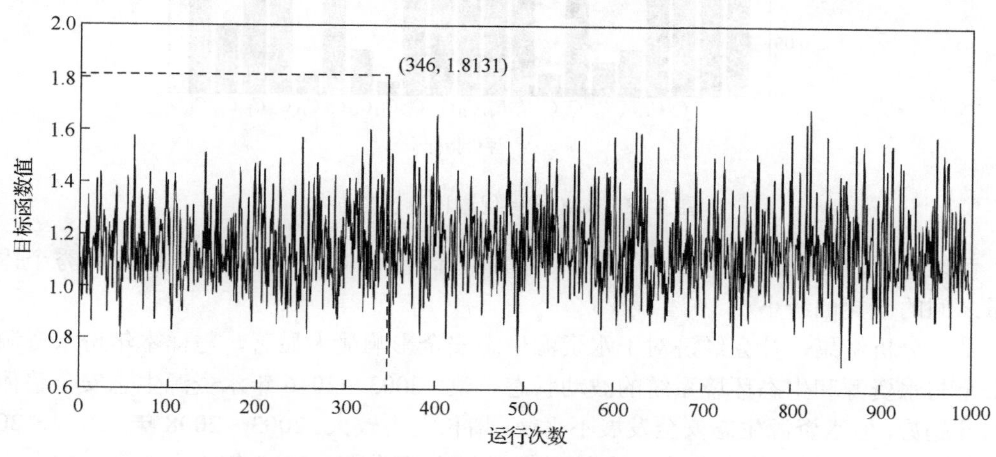

图 4-22 程序运行 1000 次对应的目标函数值变化

第 346 次时，对应的目标函数值最大，最大目标值为 1.8131，此时投影方向为 a^*=(0.2056,0.1028,0.1078,0.1520,0.0430,0.0314,0.3828,0.0206,0.2416,0.2635,0.3475,0.2915,

0.2028,0.0110,0.0421,0.3697,0.0172,0.3377,0.3344,0.0650,0.1379)。最大目标值的寻优过程如图 4-23 所示。

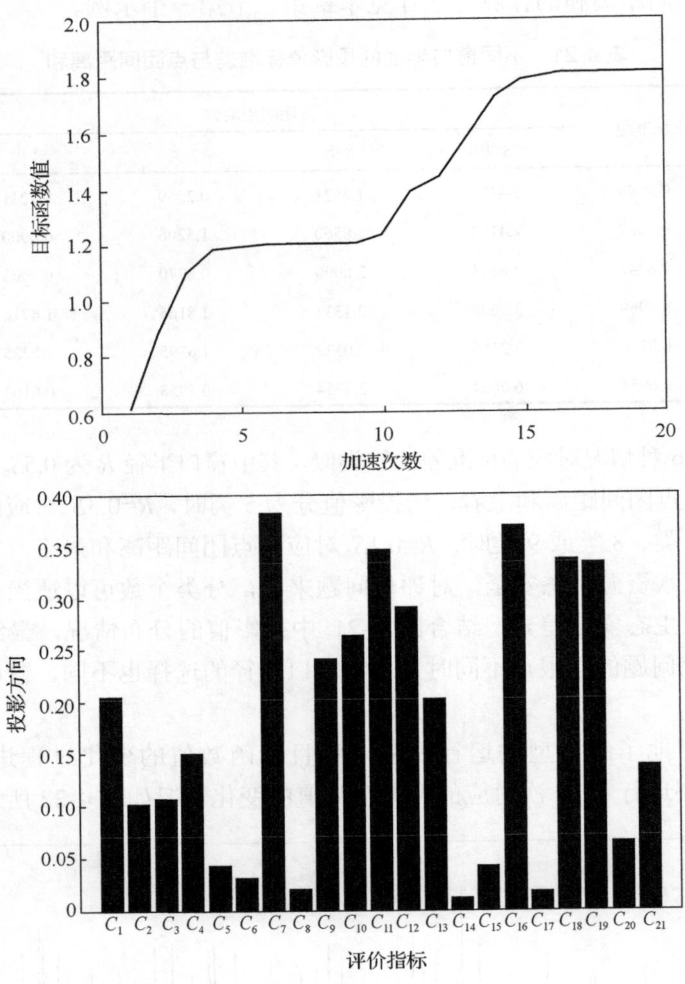

图 4-23　RAGA 寻优过程及投影方向

可以看到，RAGA 加速 20 次找到了最大目标值，即在加速到 20 次时，优秀个体中变量之间的差异已经小于 10^{-6}。

基于分析结果，社会经济对于水资源生态安全影响最为显著，与样本年份水资源生态安全与水资源和生态环境系统的波动状态一致，2003～2016 年水资源生态安全整体呈现上升趋势，但水资源生态安全发展不平衡，增长潜力较大。2003～2008 年、2009～2012 年、2013～2016 年水资源生态安全处于相对稳定的阶段。2009 年水资源生态安全投影值较前一年提升的主要原因是负向指标水资源污染指数、工业用水比例较前一年减少。2013 年水资源安全生态投影值较前一年提升的主因是正向指标人均湿地面积较前一年有所增加，负向指标农业万元产值耗水量、水资源污染指数、工业用水比例、工业万元产值耗水量较前一年降低。相关机构应采取有益于环境可持续发展的措施，例如制订合理的水资源开发利用计划、降低地下水开采比例、控制污水排放、加强污水治理控制等。

（三）Friedman-Tukey 投影寻踪评价模型在科技资源配置效率评价中的应用

随着社会的发展和进步，国际竞争日益激烈，综合国力的竞争逐渐集中于科技创新实力的竞争。中美贸易战的发生和持续的升级说明科技创新能力的重要性，而发生在华为、中兴等中国企业的事件更是警醒中国企业尤其是高精尖企业，只有实现技术创新、提升企业核心竞争力，才能不受制于人。

目前，研究我国高精尖产业发展以及各区域高精尖产业发展的基本问题之一就是对我国各省（区、市）高精尖产业科技资源配置效率的评价以及优化问题。对于每个地区的科技资源配置效率，进行系统的评价、比较、分类，有助于合理地评价我国各省（区、市）的资源配置情况和发展情况，及时了解各省（区、市）的发展趋势，有针对性地对各地区的发展战略进行制定和完善，让各地区能够充分发挥研发能力、提高创新成果转化能力[161]、实现资源最大限度的利用。有助于各省（区、市）构建高精尖产业科技资源配置效率的评价指标体系，不同省（区、市）实际资源配置效率和理想配置效率的差异程度，分析各省（区、市）间配置效率差异的成因，促进各省（区、市）共同发展[162]。

根据所研究的问题及数据的可获取性，选取中国 31 个省（区、市）2016 年的数据为研究样本，选取反映科技资源配置效率的 8 项指标，包括科技活动人员（X_1）、R&D 人员（X_2）、R&D 经费（X_3）、地方财政拨款（X_4）、企业科技产值（X_5）、发明专利数量（X_6）、技术合同成交额（X_7）、科技产物出口额（X_8）。其中 X_1、X_2 的单位为万人，X_3、X_4、X_7、X_8 为亿元，X_6 的单位为项数。数据来源于文献[161]，8 个指标均对科技资源配置效率起正向作用。归一化的结果如表 4-22 所示。

表 4-22 评价指标归一化后数据

省（区、市）	X_1	X_2	X_3	X_4	X_5	X_6	X_7	X_8
北京	0.4021	0.2914	0.3357	0.5917	0.1138	0.1377	1.0000	0.0825
天津	0.2074	0.2301	0.2632	0.3465	0.1029	0.1178	0.1945	0.1181
河北	0.1376	0.2281	0.1875	0.0865	0.0250	0.0904	0.0192	0.0151
山西	0.0576	0.0870	0.0641	0.0947	0.0097	0.0257	0.0138	0.0187
内蒙古	0.1215	0.0686	0.0715	0.0272	0.0056	0.0201	0.0044	0.0012
辽宁	0.1337	0.1813	0.1823	0.2703	0.0283	0.0665	0.1102	0.0174
吉林	0.1835	0.1022	0.0676	0.1439	0.0122	0.0180	0.0364	0.0010
黑龙江	0.0444	0.1028	0.0739	0.1765	0.0062	0.0281	0.0427	0.0008
上海	0.2450	0.3329	0.5151	0.9015	0.2024	0.1663	0.2660	0.1386
江苏	0.7931	1.0000	0.8848	0.6008	0.5860	0.9026	0.2358	0.6586

续表

省（区、市）	X_1	X_2	X_3	X_4	X_5	X_6	X_7	X_8
浙江	0.8350	0.6777	0.5551	0.3676	0.2054	0.5412	0.0812	0.0726
安徽	0.3285	0.2749	0.2326	0.3106	0.0713	0.3421	0.0808	0.0218
福建	0.2582	0.2617	0.2224	0.1306	0.1020	0.1937	0.0368	0.0800
江西	0.3319	0.1220	0.1009	0.0466	0.0364	0.0863	0.0223	0.0160
山东	0.7687	0.6249	0.7693	0.4189	0.1895	0.3155	0.1366	0.0822
河南	0.3665	0.3263	0.2420	0.1179	0.1835	0.1198	0.0163	0.1021
湖北	0.4085	0.2848	0.2941	0.2949	0.1175	0.1343	0.6231	0.0381
湖南	0.3348	0.2485	0.2295	0.1453	0.0850	0.1252	0.1637	0.0352
广东	1.0000	0.9657	1.0000	1.0000	1.0000	1.0000	0.5818	1.0000
广西	0.1791	0.0877	0.0568	0.1329	0.0069	0.0379	0.0109	0.0114
海南	0.0000	0.0145	0.0096	0.0541	0.0005	0.0032	0.0011	0.0003
重庆	0.1923	0.1444	0.1476	0.1416	0.0710	0.1201	0.0831	0.0516
四川	0.3450	0.2802	0.2751	0.3570	0.0683	0.1489	0.0983	0.0437
贵州	0.0571	0.0560	0.0350	0.0788	0.0088	0.0295	0.0076	0.0031
云南	0.0844	0.0949	0.0642	0.1742	0.0033	0.0337	0.0123	0.0029
西藏	0.1298	0.0000	0.0000	0.0000	0.0000	0.0000	0.0000	0.0000
陕西	0.2162	0.1852	0.2053	0.2539	0.0302	0.0557	0.1464	0.0276
甘肃	0.0288	0.0494	0.0417	0.1503	0.0040	0.0176	0.0475	0.0016
青海	0.0815	0.0066	0.0058	0.0225	0.0013	0.0039	0.0122	0.0000
宁夏	0.1279	0.0185	0.0136	0.0204	0.0041	0.0118	0.0017	0.0002
新疆	0.2040	0.0382	0.0268	0.0572	0.0024	0.0172	0.0015	0.0001
熵值	0.8982	0.8655	0.8493	0.8773	0.7069	0.7783	0.7384	0.6078
权重	0.0606	0.0801	0.0898	0.0731	0.1746	0.1321	0.1559	0.2337

采用 MATLAB 2016a 编程处理数据，对中国经济发展水平数据建立投影寻踪分类模型，选定父代初始种群规模为 N=400、交叉概率 p_c=0.8、变异概率 p_m=0.2，选取两次进化所产生的优秀个体变化区间作为下次加速时优化变量的变化区间，优秀个体数目选定为 40 个，最大加速次数为 20 次，变异方向的系数 M=10，运行停止的最小阈值为 10^{-6}。为了观察不同投影半径的影响，分别选取投影半径 R 为 $0.1S_z$、$0.3S_z$、$0.5S_z$、$1/5\ r_{\max}$、$1/4\ r_{\max}$、$1/3\ r_{\max}$。考虑到 RAGA 为随机寻优算法，6 种半径的情况分别运行 1000 次，取其中最大目标值对应的投影方向及投影值。

图 4-24 为不同窗口半径情况下，31 个省（区、市）的投影值散点图。为了体现出投影点的分类状态，将投影值进行升序排序后再绘制散点图。

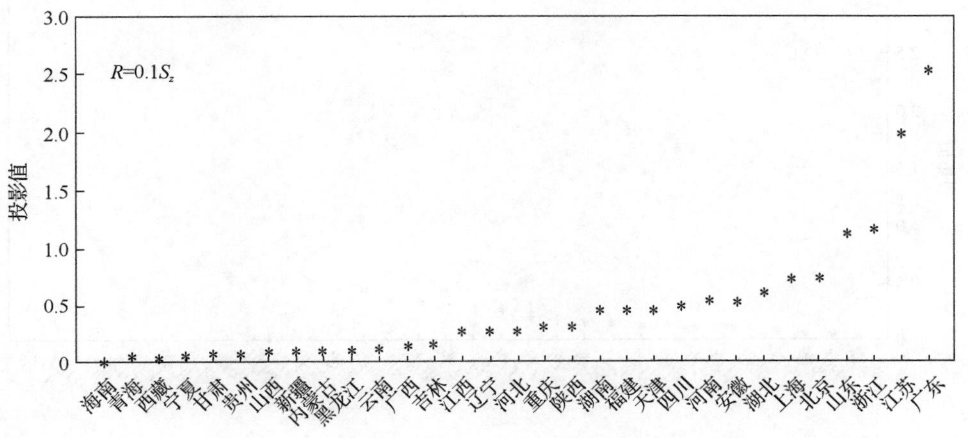
3.0
2.5
2.0
1.5
1.0
0.5
0
投影值
R=0.1S_z
海南
青海
西藏
宁夏
甘肃
贵州
山西
新疆
内蒙古
黑龙江
云南
广西
吉林
江西
辽宁
河北
重庆
陕西
湖南
福建
天津
四川
河南
安徽
湖北
上海
北京
山东
浙江
江苏
广东

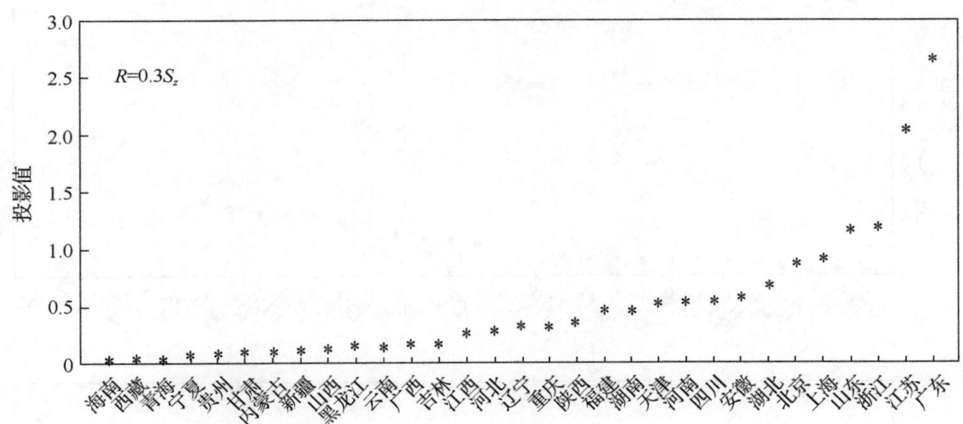
3.0
2.5
2.0
1.5
1.0
0.5
0
投影值
R=0.3S_z
海南
西藏
青海
宁夏
贵州
甘肃
内蒙古
新疆
山西
黑龙江
云南
广西
吉林
江西
河北
辽宁
重庆
陕西
福建
湖南
天津
河南
四川
安徽
湖北
北京
上海
山东
浙江
江苏
广东

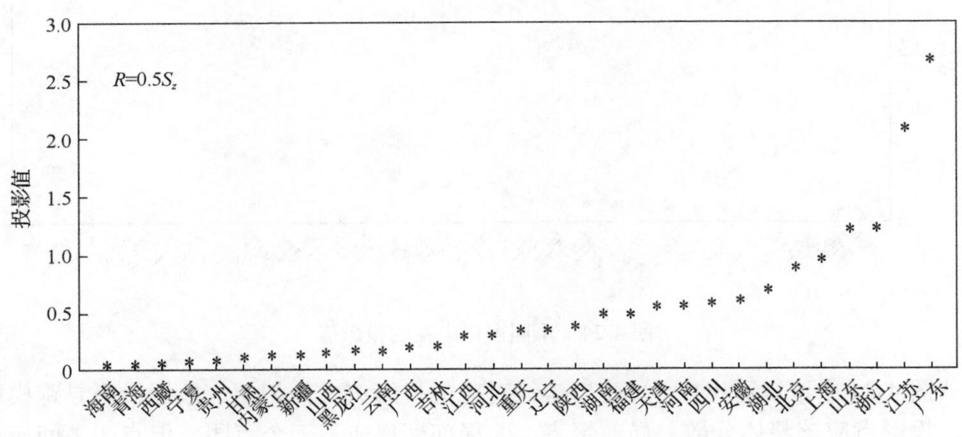
3.0
2.5
2.0
1.5
1.0
0.5
0
投影值
R=0.5S_z
海南
青海
西藏
宁夏
贵州
甘肃
内蒙古
新疆
山西
黑龙江
云南
广西
吉林
江西
河北
重庆
辽宁
陕西
湖南
福建
天津
河南
四川
安徽
湖北
北京
上海
山东
浙江
江苏
广东

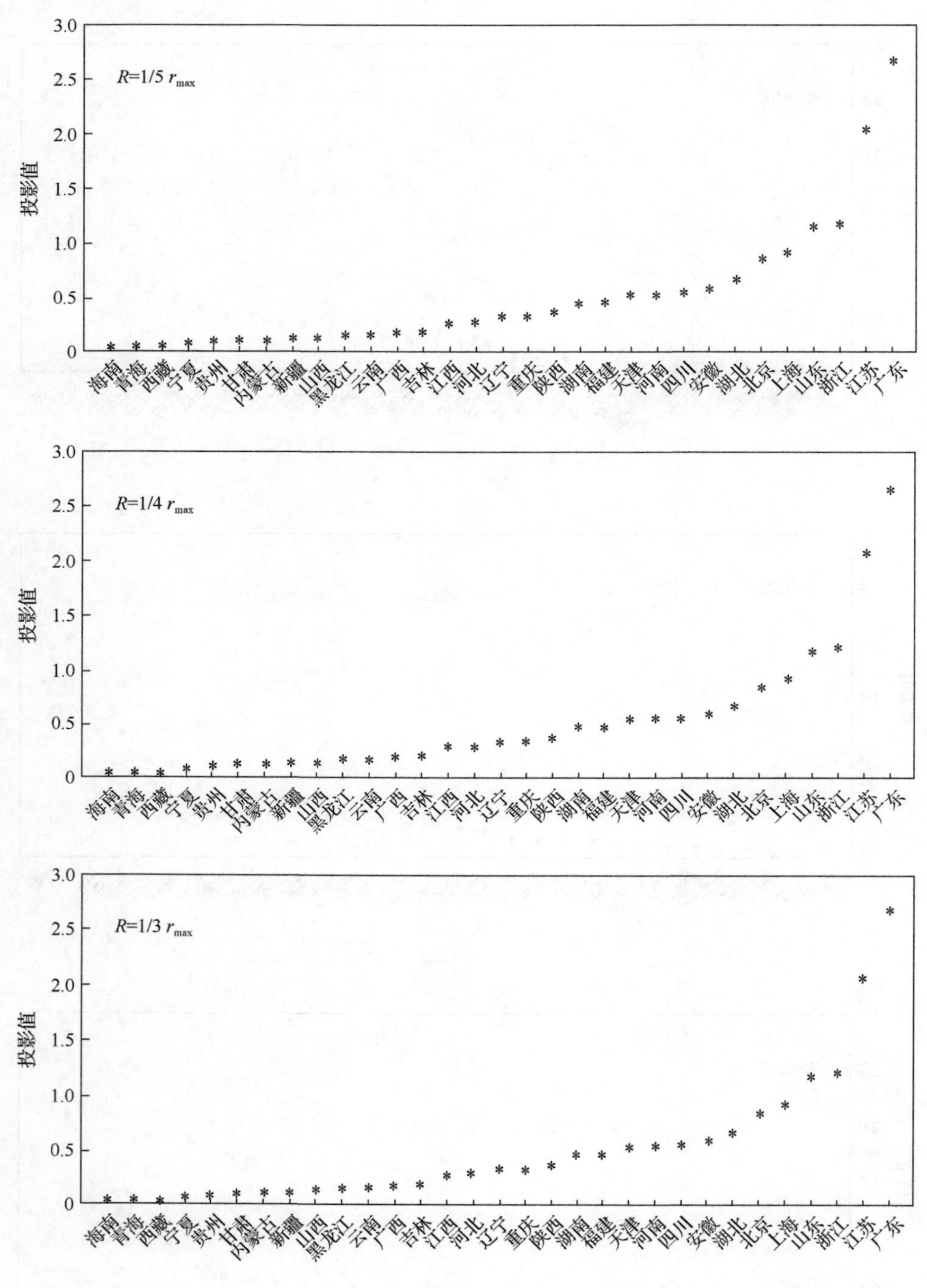

图 4-24　不同窗口半径的投影值

从图 4-24 中可以看出，6 种窗口半径对应的投影值大体相似。根据投影寻踪模型的思想，投影点应该整体分散、局部聚集，即局部聚集成若干个点团，但点团之间应该尽可能地散开。计算 6 种情况投影点的标准差表示投影点的整体分散情况。根据图 4-24 中投影值的分布情况，将投影点分别分成 7、8、9、10、11 类，计算不同分类情况下的点团间距离和，结果如表 4-23 所示。分类方法和点团间距离和的计算方法详见本章第二节第一个示例。

表 4-23　不同窗口半径的投影值标准差与点团间距离和

窗口半径 R	标准差	点团间距离和				
		7 类	8 类	9 类	10 类	11 类
$0.1S_z$	0.5701	11.5246	9.9014	8.8239	8.3260	8.2590
$0.3S_z$	0.5968	39.5583	12.6307	11.2480	11.1422	10.3407
$0.5S_z$	0.5989	40.1131	12.9496	11.5369	11.4103	10.6322
$1/5\ r_{\max}$	0.5926	14.2556	12.5776	12.4300	11.0160	10.2341
$1/4\ r_{\max}$	0.5941	14.3524	14.1952	12.5533	11.1357	10.3702
$1/3\ r_{\max}$	0.5959	14.4796	12.7995	12.6523	11.2385	10.4825

可以看到，6 种情况对应的标准差比较类似，其中半径 R 为 $0.3S_z$、$0.5S_z$、$1/3\ r_{\max}$ 对应的标准差较大。从点团间距离和上看，在各分类情况下，$R=0.1S_z$ 对应的点团间距离和最小。同时，在各分类情况下，$r_{\max}$ 对应的三种半径情况点团间距离和也较小。

本例主要用于评价各地区经济发展水平，对评价问题来说，分类个数可以适当增多，以体现各地区之间的经济发展水平差异。结合图 4-24 中投影值的分布情况，最终选择窗口半径 $R=0.1S_z$。当研究问题的着眼点不同时，最终窗口半径的选择也不同，窗口半径的选择带有主观性的偏好。

为了更清晰地了解模型的运行过程，将目标函数值的变化过程进行了展示。当 $R=0.1S_z$ 时，程序运行 1000 次对应的目标函数值的变化情况如图 4-25 所示。

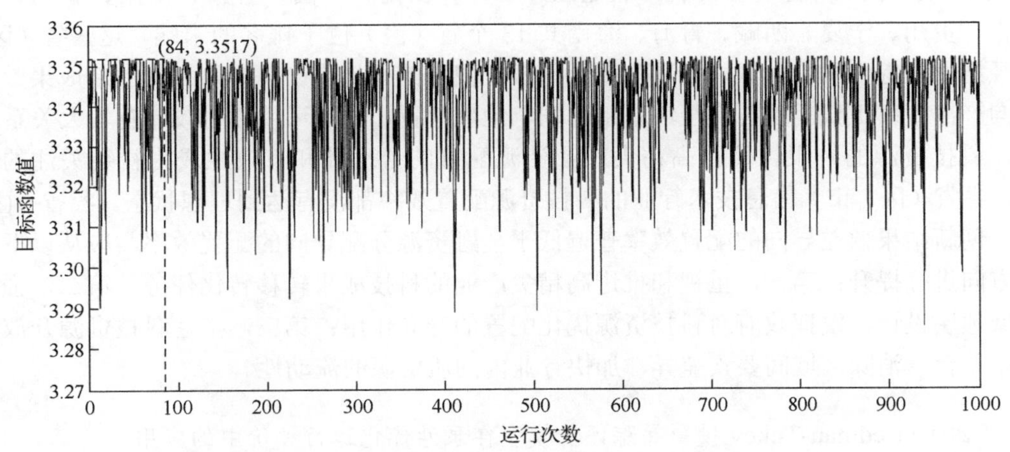

图 4-25　程序运行 1000 次对应的目标函数值变化

第 84 次时，对应的目标函数值最大，最大目标值为 3.3517，此时投影方向为 $a^*=$（0.3670,0.3392,0.4392,0.0581,0.4216,0.4211,0.1713,0.4116）。最大目标值的寻优过程如图 4-26 所示。

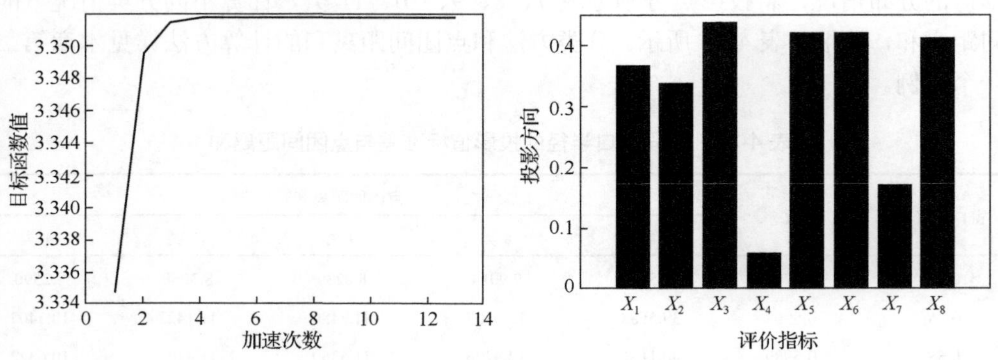

图 4-26　RAGA 寻优过程及投影方向

可以看到，RAGA 加速 13 次找到了最大目标值，即在加速到 13 次时，优秀个体中变量之间的差异已经小于 10^{-6}。

基于金融资源分配导向和创新成果效益导向两个维度整体分析，我国大多数省（区、市）普遍存在重视科技资源投入而忽视了科技成果转化效益，这与我国当前科技资源浪费、科技成果转化率低的实际情况相一致，此外广东和江苏两省无论是资源投入配置效率还是成果转化效率，均远超过其他省（区、市），这与其地理位置、政策导向有一定关系。浙江、上海、山东、北京、湖北五省（市）的金融资源分配导向投入效率和创新成果效益导向产出效率都比较高。究其原因，这几个省（市）均建有高新技术产业开发区和知识产权示范园区。安徽、河南、四川、天津、福建、湖南、陕西、重庆、河北、辽宁、江西共 11 个省（市）的金融资源分配导向投入效率比较高，但创新成果效益导向产出效率较低。黑龙江、吉林、云南、广西、甘肃、山西、新疆、内蒙古、贵州、宁夏、西藏、青海、海南共 13 个省（区）位于排名的末端，这些省（区）的经济发展综合实力较低，且其生产总值低于我国的平均生产总值，相对创新成果效益导向产出效率更低。这与其经济基础薄弱，地理位置、自然环境相对较差有较大关系。

科技资源的有限性使得高精尖产业资源配置的合理性和有效性成为社会关注的焦点，各省（区、市）信息技术行业的科技资源配置效率都没有达到理想状态。各省（区、市）创新结果效益导向的配置效率普遍低于金融资源分配导向的配置效率，应从以下几个方向进行提升：第一，重视和推进高精尖产业的科技成果转移转化任务；第二，强化区域顶层设计，发挥政府对科技资源优化配置的导向作用；第三，搭建科技资源开放和共享平台，消除区域间要素差异，加快行业内同质资源的流动性。

（四）Friedman-Tukey 投影寻踪评价模型在泵站优化运行评价中的应用

我国国土面积广阔，南方地区降水量较大，湖泊众多、江河纵横，水资源丰富，北方地区降水量相对较少，且随地域向北逐渐锐减。水资源在时空分布上的差异，以及人们生产、生活用水需求，使得调水工程成为解决这些问题的有效方法，从而我国 21 世纪特大工程“南水北调工程”应运而生[163]。

南水北调工程在施工过程中声势浩大，需要建立中线、西线以及东线三座水渠，并且需要与黄河、长江、海河以及淮河产生汇聚，形成“四横三纵”模式，将长江附近水资源运送到我国的西北以及华北等缺水地区。进而通过人为方式，使水资源得到更为合理的分配，使资源配置更加合理化。有相关报道表明，仅东线第一期工程，每年输水量便远远超过 148 亿 m^3[163]。

泵站是南水北调等跨流域调水工程运转的关键环节。但泵站在发挥效能的同时，需消耗大量能量，因此，对大中型泵站的优化运行、科学调度就显得日益重要。泵站优化运行评价就是根据所建立的方案评价指标集，运用有效的方法，从有限的泵站运行方案中选出相对最优方案并且进行定性定量、系统的分析，从而客观判断优选方案对泵站优化运行的成效与影响过程，为泵站管理运行提供科学的决策依据。

根据所研究的问题以及数据的可获取性，以淮安四站为例，选取与泵站运行密切相关的 5 项指标，包括运行电费（X_1）、叶片调节数（X_2）、运行时间（X_3）、平均效率（X_4）、消耗功率（X_5），并根据《淮安水利枢纽泵闸联合优化调度研究》得到运行电费较小的 5 种日优化运行方案。泵站各日优化运行方案及评价指标原始数据见表 4-24。数据来源于文献[163]。

表 4-24 泵站优化运行方案及评价指标原始数据

方案	运行电费/万元（-）	叶片调节数/次（-）	运行时间/h（-）	平均效率/%（+）	消耗功率/kW（-）
1	1.6227	3	16	73.09	11750
2	1.6931	3	18	74.67	11971
3	1.6949	4	18	74.72	11980
4	1.6148	3	16	73.05	11748
5	1.6158	3	16	73.15	11753

注：“+”“-”分别表示正向指标、逆向指标。

为了消除量级和量纲的影响，根据式（4-1）和式（4-2），对上述数据进行归一化处理，其中 X_1、X_2、X_3、X_5 为逆向指标，X_4 为正向指标。归一化后的结果如表 4-25 所示。

表 4-25 泵站运行指标归一化后数据

方案	运行电费/万元（-）	叶片调节数/次（-）	运行时间/h（-）	平均效率/%（+）	消耗功率/kW（-）
1	0.9014	1.0000	1.0000	0.0240	0.9914
2	0.0225	1.0000	0.0000	0.9701	0.0388
3	0.0000	0.0000	0.0000	1.0000	0.0000
4	1.0000	1.0000	1.0000	0.0000	1.0000
5	0.9875	1.0000	1.0000	0.0599	0.9784

采用 MATLAB 2016a 编程处理数据，对泵站运行数据建立投影寻踪分类模型，选定

父代初始种群规模为 N=400、交叉概率 p_c=0.8、变异概率 p_m=0.2，选取两次进化所产生的优秀个体变化区间作为下次加速时优化变量的变化区间，优秀个体数目选定为 40 个，最大加速次数为 20 次，变异方向的系数 M=10，运行停止的最小阈值为 10^{-6}。为了观察不同投影半径的影响，分别选取投影半径 R 为 $0.1S_z$、$0.3S_z$、$0.5S_z$、1/5 $r_{\max}$、1/4 $r_{\max}$、1/3 $r_{\max}$。考虑到 RAGA 为随机寻优算法，6 种半径的情况分别运行 1000 次，取其中最大目标值对应的投影方向及投影值。

图 4-27 为不同窗口半径情况下，5 种泵站运行方案的投影值散点图。为了体现出投影点的分类状态，将投影值进行升序排序后再绘制散点图。

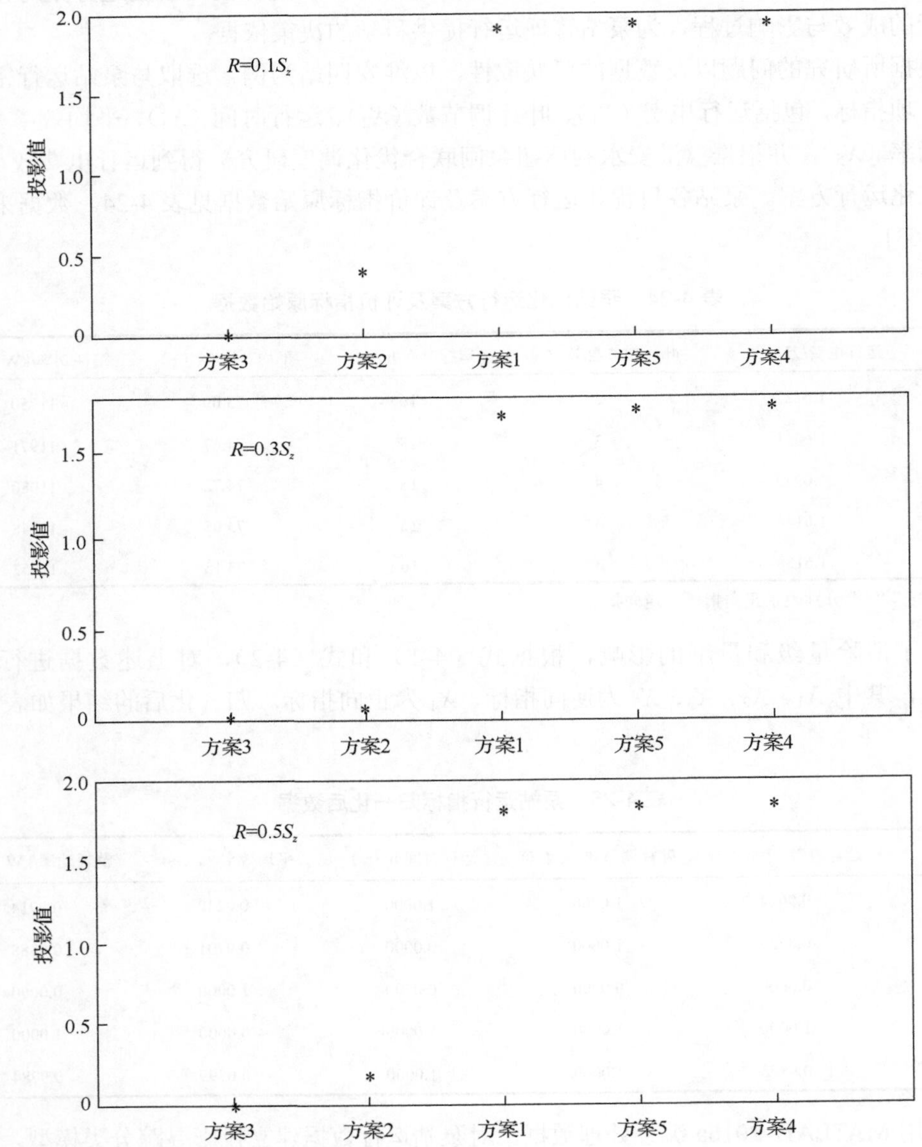

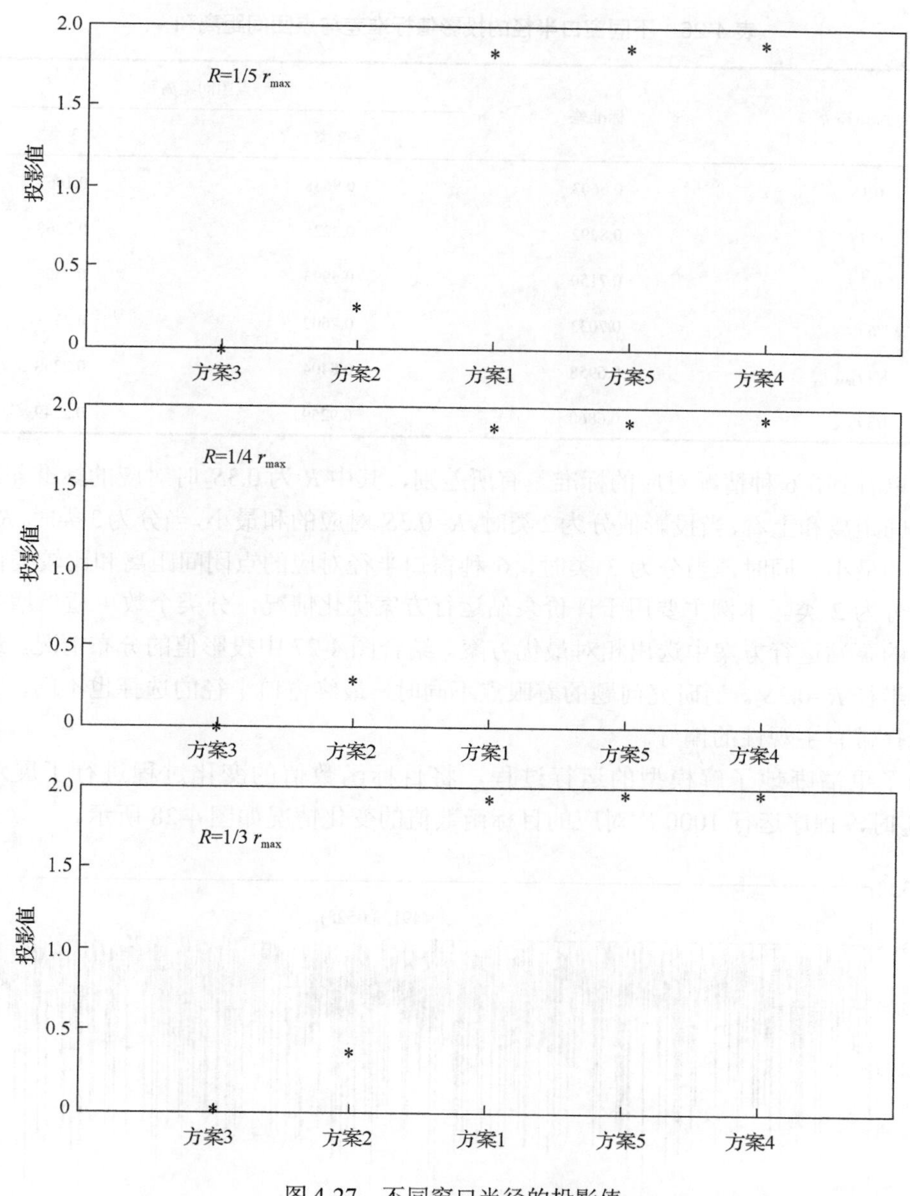

图 4-27　不同窗口半径的投影值

从图 4-27 中可以看出，6 种窗口半径对应的投影值存在一定差异，S_z 和 r_{max} 对应的情况区别相对明显。根据投影寻踪模型的思想，投影点应该整体分散、局部聚集，即局部聚集成若干个点团，但点团之间应该尽可能地散开。计算 6 种情况投影点的标准差表示投影点的整体分散情况。局部聚集的度量方法详见本章第二节第一个示例。根据图 4-27 中投影值的分布情况，将投影点分别分成 2、3 类，计算不同分类情况下的点团间距离和，结果如表 4-26 所示。

表 4-26　不同窗口半径的投影值标准差与点团间距离和

窗口半径 R	标准差	点团间距离和	
		2 类	3 类
$0.1S_z$	0.6603	0.9688	0.1667
$0.3S_z$	0.8292	0.3225	0.2268
$0.5S_z$	0.7150	0.5993	0.2308
$1/5\ r_{max}$	0.7033	0.7602	0.2271
$1/4\ r_{max}$	0.6958	0.8404	0.2268
$1/3\ r_{max}$	0.6860	0.9259	0.2249

可以看到，6 种情况对应的标准差有所差别，其中 R 为 $0.3S_z$ 时对应的标准差最大。从点团间距离和上看，当投影值分为 2 类时，$R=0.3S_z$ 对应的和最小，当分为 3 类时，$R=0.1S_z$ 对应的和最小。同时，当分为 3 类时，6 种窗口半径对应的点团间距离和比较类似，且均小于分为 2 类。本例主要用于评价泵站运行方案优化情况，分类个数可适当增多，以从有限的泵站运行方案中选出相对最优方案。结合图 4-27 中投影值的分布情况，最终选择窗口半径 $R=0.3S_z$。当研究问题的着眼点不同时，最终窗口半径的选择也不同，窗口半径的选择带有主观性的偏好。

为了更清晰地了解模型的运行过程，将目标函数值的变化过程进行了展示。当 $R=0.3S_z$ 时，程序运行 1000 次对应的目标函数值的变化情况如图 4-28 所示。

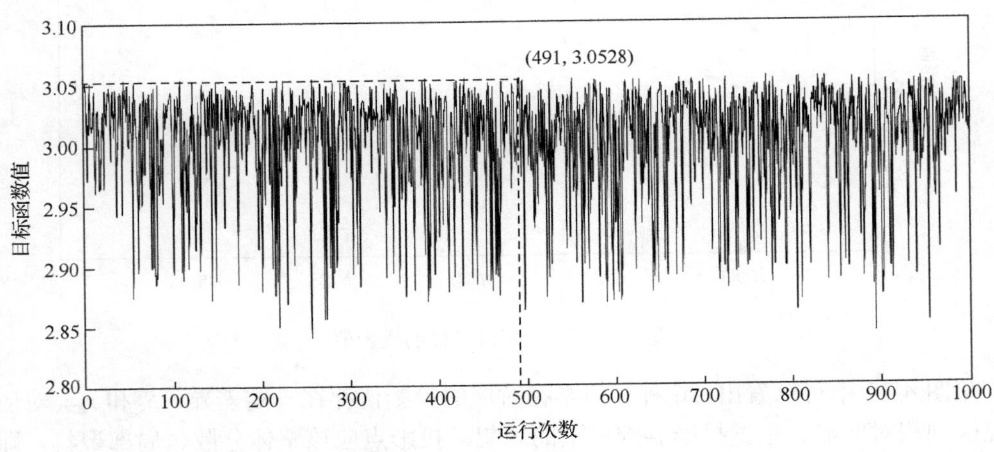

图 4-28　程序运行 1000 次对应的目标函数值变化

第 491 次时，对应的目标函数值最大，最大目标值为 3.0528，此时投影方向为 $a^*=(0.5239,0.0134,0.6193,0.0002,0.5847)$。最大目标值的寻优过程如图 4-29 所示。

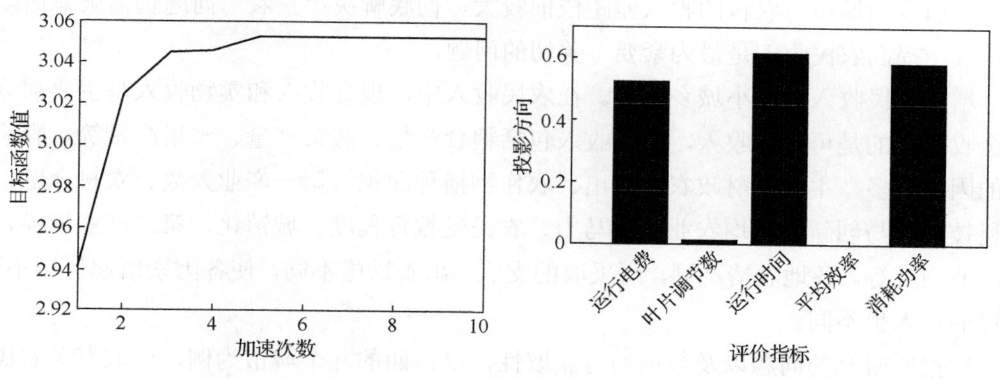

图 4-29　RAGA 寻优过程及投影方向

可以看到，RAGA 加速 10 次找到了最大目标值，即在加速到 10 次时，优秀个体中变量之间的差异已经小于 10^{-6}。

上述五种方案按投影值的大小（即泵站优化运行综合水平从高到低）排序依次为方案 4>方案 5>方案 1>方案 2>方案 3，如图 4-27 所示。方案 1、方案 4、方案 5 属于较高级水平，其中方案 4 同级别中相对最高，说明该方案的泵站运行已达到相当好的水平。此外，方案 1、方案 4 和方案 5 的投影值非常接近，比较这三种方案，方案 1、方案 4、方案 5 的叶片调节数与运行时间均相同，方案 5 平均效率相比最高；方案 4 较方案 5 平均效率低了 0.1%，但是运行电费少了 10 元，且消耗功率少了 5kW；方案 1 较方案 4 除平均效率略高外，其他无明显优势。因此，相比其他方案，方案 4 的泵站优化运行能实现更好的性能。最佳投影方向各分量的大小实际上反映了各评价指标对泵站优化运行结果的影响程度，值越大则对应的指标对泵站优化运行结果的影响程度就越大。最佳投影方向 a^* 表明，泵站机组的运行时间、消耗功率对泵站优化运行的影响程度基本相近，而运行电费其次。叶片调节数也会给实际运行操作带来不便，同时增加泵站维护成本，在今后泵站优化运行过程中，可以将上述指标作为重点关注对象。

（五）投影寻踪评价模型在农民收入水平评价中的应用

农业是关系人类生存与国家根本的一大产业，国家的发展与文明的延续都离不开农业的支撑。我国是农业大国，也是农民大国，农业发展在我国国民经济发展中处于基础地位。我国始终将科学合理地处理“三农”问题放在首要位置，21 世纪以来，党中央连续多次出台了以解决“三农”问题为核心的中央一号文件，这些一号文件一脉相承地筑起了系统的强农富农的桥梁。有效地解决“三农”问题始终是各级政府工作的重点。

“三农”问题的发展直接关系着社会经济的稳定与发展。农民收入问题更是“三农”问题的重中之重。2018 年中央一号文件提出要保持农村居民收入增速快于城镇居民。但是，目前我国城市与农村的收入差距依旧较大，彻底解决“三农”问题仍需破解诸多难关，其中提高农民收入是最为紧要、关切的问题。

增加农民收入能缩小城乡差距。在农民收入中，现金收入和实物收入是主要部分，现金收入指的是可支配收入，实物收入包括粮食产量、蔬菜产量、水果产量等。影响收入的因素较多，主要为财政农业支出、农作物播种面积、第一产业人数、农村金融、农业科技进步与创新、人均农业机械马力、农民受教育程度、城镇化、第二产业规模、第三产业规模等。各地农情不同，所采取的支农、惠农措施不同，使各因素所起作用不同，农民的收入也不同。

根据所研究的问题以及数据的可获取性，以山西的九个城市为例，选取有关农民收入的 10 项指标，包括农民可支配总收入（X_1）、粮食产量（X_2）、蔬菜产量（X_3）、水果产量（X_4）、第一产业投资（X_5）、第二产业投资（X_6）、农业机械总动力（X_7）、农作物种植面积（X_8）、农村常住人口（X_9）、批发与零售业投资（X_{10}）。其中 X_1～X_4 为产出指标，X_5～X_{10} 为投入指标。待分类的原始数据见表 4-27。

表 4-27　农民收入评价指标原始数据

城市	X_1/亿元（+）	X_2/万 t（+）	X_3/万 t（+）	X_4/万 t（+）	X_5/亿元（−）	X_6/亿元（−）	X_7/万 kW（−）	X_8/10^3hm^2（−）	X_9/万人（−）	X_{10}/亿元（−）
太原	97.93	31.29	130.78	9.08	48.98	377.45	55.73	98.12	67.12	26.49
大同	106.83	112.66	58.86	11.16	335.30	408.90	108.08	312.73	130.01	49.96
临汾	222.87	267.90	110.39	83.17	129.00	502.40	248.40	553.15	222.76	41.20
晋中	181.67	184.40	294.60	49.80	184.40	461.10	193.50	302.00	157.63	46.30
运城	260.10	321.50	257.90	580.40	245.30	606.00	398.50	722.30	277.74	48.67
朔州	92.94	127.00	69.70	13.00	151.10	236.90	144.30	328.00	80.97	15.70
阳泉	56.93	25.90	7.50	1.30	72.50	239.60	42.10	56.00	46.77	13.90
晋城	112.49	90.10	35.50	6.10	120.40	368.50	109.70	180.30	96.68	30.50
忻州	115.49	176.70	29.50	19.30	209.00	471.10	175.50	466.60	164.40	43.70

注：“+”“−”分别表示产出指标（正向指标）、投入指标（逆向指标）。

为了消除量级和量纲的影响，根据式（4-1）和式（4-2），对上述数据进行归一化处理，指标正逆性见表 4-27。归一化后的结果如表 4-28 所示。

表 4-28　农民收入评价指标归一化后数据

城市	X_1（+）	X_2（+）	X_3（+）	X_4（+）	X_5（−）	X_6（−）	X_7（−）	X_8（−）	X_9（−）	X_{10}（−）
太原	0.2018	0.0182	0.4294	0.0134	1.0000	0.6192	0.9618	0.9368	0.9119	0.6509
大同	0.2456	0.2935	0.1789	0.0170	0.0000	0.5340	0.8149	0.6147	0.6396	0.0000
临汾	0.8168	0.8187	0.3584	0.1414	0.7205	0.2807	0.4212	0.2539	0.2380	0.2429
晋中	0.6140	0.5362	1.0000	0.0838	0.5270	0.3926	0.5752	0.6308	0.5200	0.1015

续表

城市	X_1（+）	X_2（+）	X_3（+）	X_4（+）	X_5（−）	X_6（−）	X_7（−）	X_8（−）	X_9（−）	X_{10}（−）
运城	1.0000	1.0000	0.8722	1.0000	0.3143	0.0000	0.0000	0.0000	0.0000	0.0358
朔州	0.1772	0.3420	0.2166	0.0202	0.6433	1.0000	0.7132	0.5918	0.8519	0.9501
阳泉	0.0000	0.0000	0.0000	0.0000	0.9179	0.9927	1.0000	1.0000	1.0000	1.0000
晋城	0.2735	0.2172	0.0975	0.0083	0.7506	0.6435	0.8103	0.8134	0.7839	0.5397
忻州	0.2882	0.5101	0.0766	0.0311	0.4411	0.3655	0.6257	0.3838	0.4907	0.1736

采用 MATLAB 2016a 编程处理数据，对农民收入数据建立投影寻踪分类模型，选定父代初始种群规模为 N=400、交叉概率 p_c=0.8、变异概率 p_m=0.2，选取两次进化所产生的优秀个体变化区间作为下次加速时优化变量的变化区间，优秀个体数目选定为 40 个，最大加速次数为 20 次，变异方向的系数 M=10，运行停止的最小阈值为 10^{-6}。为了观察不同投影半径的影响，分别选取投影半径 R 为 $0.1S_z$、$0.3S_z$、$0.5S_z$、$1/5\ r_{\max}$、$1/4\ r_{\max}$、$1/3\ r_{\max}$。考虑到 RAGA 为随机寻优算法，6 种半径的情况分别运行 1000 次，取其中最大目标值对应的投影方向及投影值。

图 4-30 为不同窗口半径情况下，山西省 9 个城市的投影值散点图。为了体现出投影点的分类状态，将投影值进行升序排序后再绘制散点图。

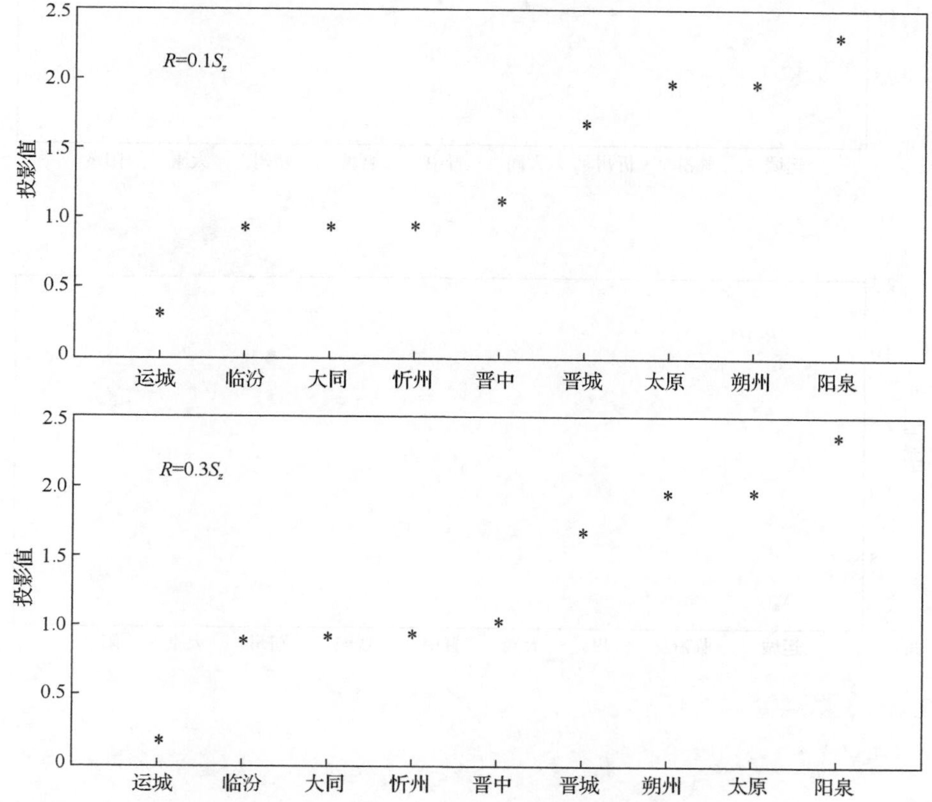

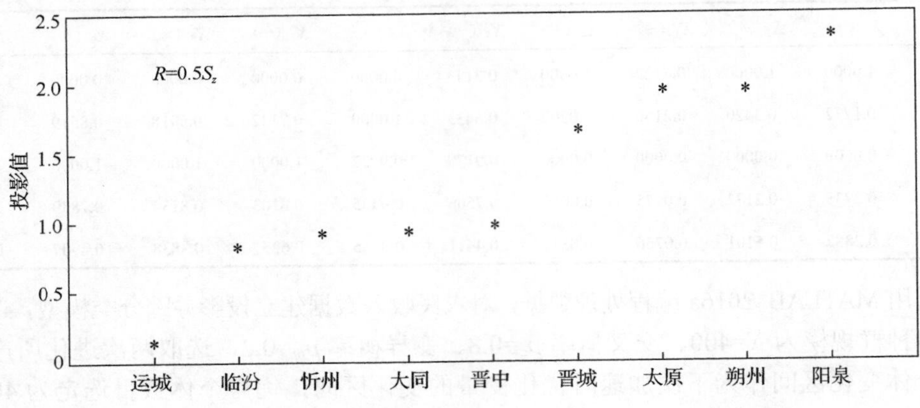

R=0.5S_z
投影值
2.5
2.0
1.5
1.0
0.5
0
运城
临汾
忻州
大同
晋中
晋城
太原
朔州
阳泉

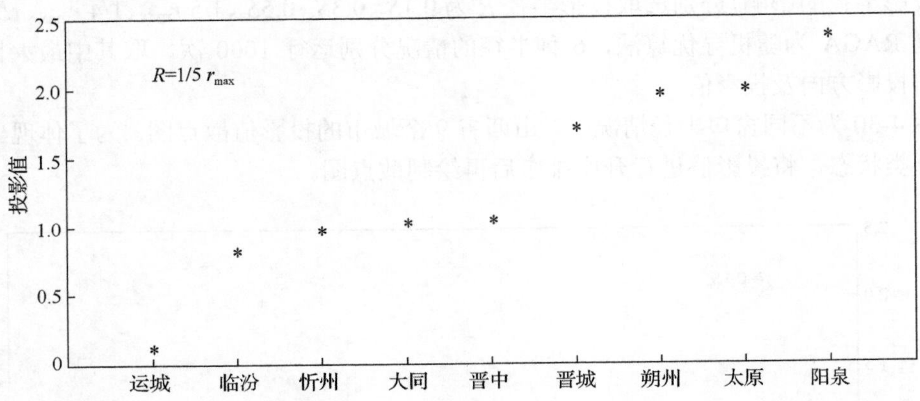

R=1/5 r_{max}
投影值
2.5
2.0
1.5
1.0
0.5
0
运城
临汾
忻州
大同
晋中
晋城
朔州
太原
阳泉

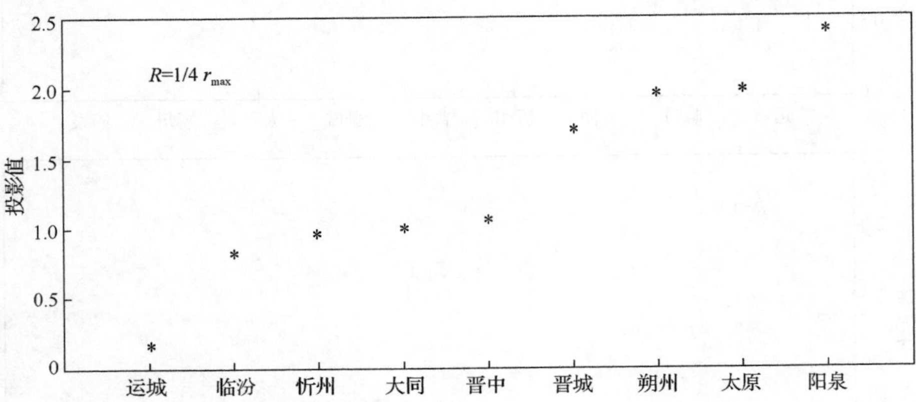

R=1/4 r_{max}
投影值
2.5
2.0
1.5
1.0
0.5
0
运城
临汾
忻州
大同
晋中
晋城
朔州
太原
阳泉

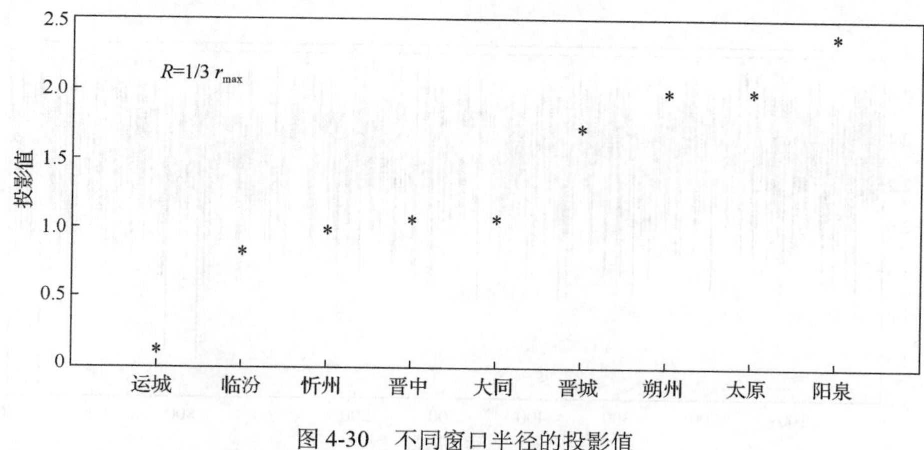

图 4-30 不同窗口半径的投影值

从图 4-30 中可以看出，6 种窗口半径对应的投影值还是存在一定差异的，尤其是 S_z 和 r_{max} 对应的情况区别比较明显。根据投影寻踪模型的思想，投影点应该整体分散、局部聚集，即局部聚集成若干个点团，但点团之间应该尽可能地散开。计算 6 种情况投影点的标准差表示投影点的整体分散情况。根据图 4-30 中投影值的分布情况，将投影点分别分成 3、4、5 类，计算不同分类情况下的点团间距离和，结果如表 4-29 所示。分类方法和点团间距离和的计算方法详见本章第二节第一个示例。

表 4-29 不同窗口半径的投影值标准差与点团间距离和

窗口半径 R	标准差	点团间距离和		
		3 类	4 类	5 类
$0.1S_z$	0.6198	4.9896	2.2736	1.1550
$0.3S_z$	0.6602	4.9390	2.0147	0.8927
$0.5S_z$	0.6669	5.0733	2.1141	1.0039
$1/5\ r_{max}$	0.6751	5.5082	2.5693	1.5096
$1/4\ r_{max}$	0.6733	5.3830	2.4379	1.3537
$1/3\ r_{max}$	0.6741	5.6147	2.6813	1.6425

可以看到，6 种情况对应的标准差比较类似，其中窗口半径 R 为 $1/5\ r_{max}$、$1/4\ r_{max}$、$1/3\ r_{max}$ 时对应的标准差较大。从点团间距离和上看，当投影值分为 3 类，4 类，5 类时，均是 $R=0.3S_z$ 对应的和最小，且随着分类的增多，点团间距离和逐渐减小。同时，当分为 5 类时，S_z 对应的其他两种半径情况点团间距离和也较小。本例主要用于评价各地区农民收入水平，对评价问题来说，分类个数可以适当增多，以体现各地区之间的农民收入水平差异。结合图 4-30 中投影值的分布情况，最终选择窗口半径 $R=0.3S_z$。当研究问题的着眼点不同时，最终窗口半径的选择也不同，窗口半径的选择带有主观性的偏好。

为了更清晰地了解模型的运行过程，将目标函数值的变化过程进行了展示。当 $R=0.3S_z$ 时，程序运行 1000 次对应的目标函数值的变化情况如图 4-31 所示。

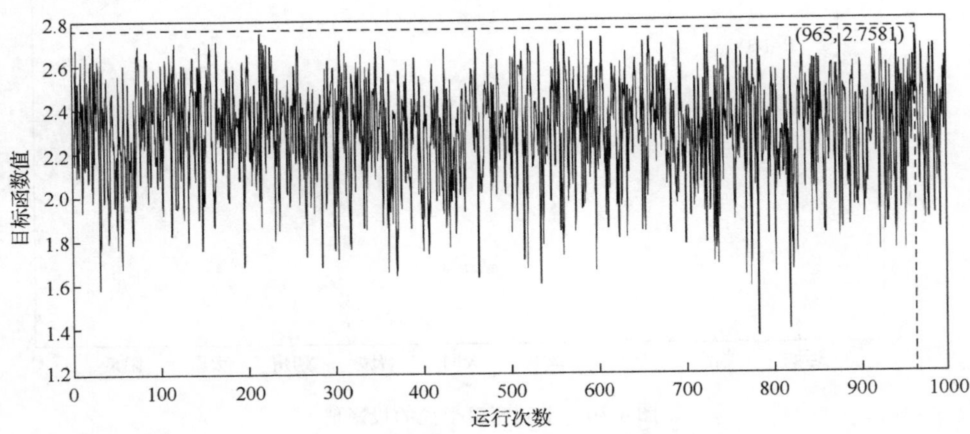

图 4-31　程序运行 1000 次对应的目标函数值变化

第 965 次时，对应的目标函数值最大，最大目标值为 2.7581，此时投影方向为 a^*= (0.0048,0.0063,0.0042,0.0012,0.4055,0.4486,0.3464,0.2870,0.3104,0.5793)。最大目标值的寻优过程如图 4-32 所示。

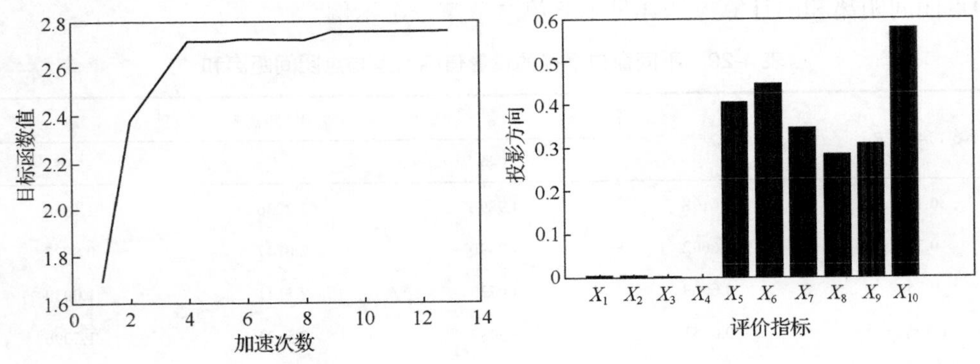

图 4-32　RAGA 寻优过程及投影方向

可以看到，RAGA 加速 13 次找到了最大目标值，即在加速到 13 次时，优秀个体中变量之间的差异已经小于 10^{-6}。

由图 4-30 中窗口半径类型 R=0.3S_z 可以看出，朔州、太原、阳泉总体评价值靠前，与其他城市相比，这些城市农民收入水平较高。以太原为例，太原农村常住人口较少，但农民人均可支配收入、人均蔬菜产量、人均第二产业投资均在 9 个城市中最高，说明种植蔬菜、加工制造业等第二产业投资可能会为农民带来较高收入。晋城农民收入水平仅次于上述城市，属于 9 个城市中的中上水平。临汾、大同、忻州、晋中位于总体评价值第三梯队，这 4 个城市的农民收入水平相对较低。运城位于最后梯队，农民收入水平在所选城市中最低。

第四节 Friedman-Tukey 投影寻踪等级评价模型简介及其应用

一、Friedman-Tukey 投影寻踪等级评价模型简介

Friedman-Tukey 投影寻踪等级评价模型的建模过程包括如下几步。

步骤 1、2、3 详见第一节，根据相关文献[5, 28]，本节中 R 选取 6 种情况，分别为 $0.1S_z$、$0.3S_z$、$0.5S_z$、$1/5\ r_{\max}$、$1/4\ r_{\max}$、$1/3\ r_{\max}$。对于其他半径的情况，有兴趣的读者可自行完成。

步骤 4 计算投影值。

按照步骤 3 中得到的投影方向，计算每一个样本的投影值

$$z^*(i)=\sum_{j=1}^{p}a^*(j)x(i,j),\quad i=1,2,\cdots,n \tag{4-14}$$

把最佳投影方向 $a^*(j)$代入式（4-14）后可得评价等级标准表中各等级样本点的投影值 $z^*(i)$，根据各经验等级和各等级样本点对应的投影值 $z^*(i)$建立 Friedman-Tukey 投影寻踪等级评价模型 $y^*=f(z)$，然后将待评价样本的投影值 $z(i)$代入 Friedman-Tukey 投影寻踪等级评价模型 $y^*=f(z)$，最后得出各评价样本的所属等级。

二、Friedman-Tukey 投影寻踪等级评价模型的应用

（一）Friedman-Tukey 投影寻踪等级评价模型在水资源承载力评价中的应用

水资源承载力是一个国家或地区持续发展过程中各种自然资源承载力的重要组成部分，是水资源对区域工农业生产和社会经济发展支撑能力的重要表征。作为资源的可持续利用和水资源安全研究中的一个重要内容，水资源承载力研究已引起国内外学者的高度关注，并成为当前水资源科学中的一个重点和热点研究问题。水资源承载力评价是水资源承载力研究的内容之一，是在对区域水资源特征、开发利用程度以及工农业生产、人民生活和生态环境对水资源的需求程度等方面分析的基础上，综合评价不同时期区域水资源开发利用对社会经济发展和生态环境保护的满足程度，研究成果可为区域水资源的可持续利用和社会的可持续发展提供决策指导[164, 165]。

作为中国重要的商品粮生产基地，三江平原的水资源承载力不仅决定了水资源对社会经济发展的支撑能力，同时也决定了该区农业生产的规模。水稻是三江平原主要的作物，作为耗水量较大的作物之一，水稻的大规模种植不仅加大了农业对水资源的需求，同时对该区水资源的供给能力也是一个巨大的考验，因此，对该区的水资源承载力进行定量评价具有重要意义。

本例在构建三江平原水资源承载力评价指标体系和确定评价标准的基础上，建立了

基于 RAGA 的投影寻踪等级评价模型，并将其应用到三江平原水资源承载力评价中，同时根据评价结果的区域差异，提出不同区域水资源可持续利用的对策，以期为三江平原的农业生产、水资源的开发利用和社会经济的发展提供指导。

依据评价指标体系建立的可操作性、系统性、层次性和地区性原则，在对区域水资源系统及各影响因素综合分析的基础上，构建了三江平原水资源承载力评价指标体系（图 4-33）[164, 165]。

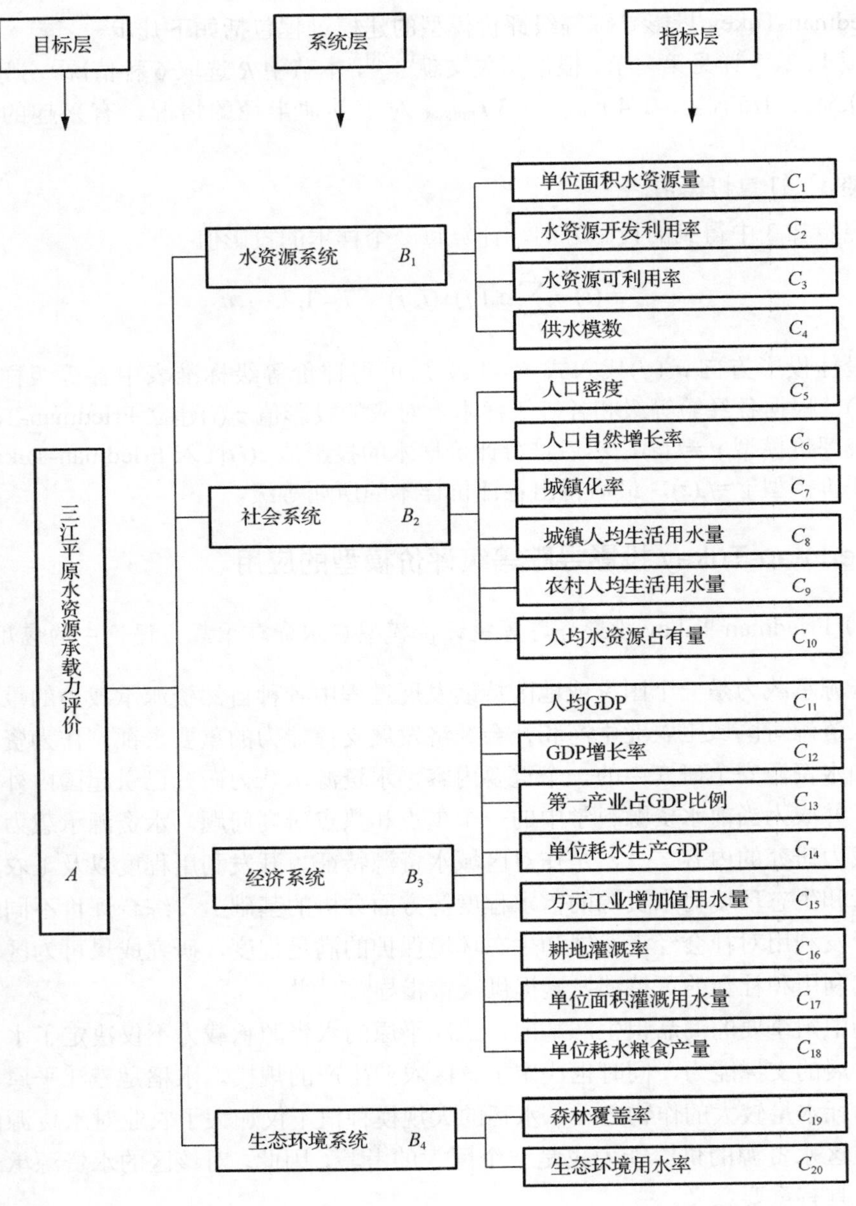

图 4-33　三江平原水资源承载力评价指标体系结构框架

评价指标分级标准的确定是水资源承载力综合评价的重要研究内容。在分析国际标准、国家标准基础上，结合我国的水资源承载力平均水平，给出水资源承载力评价指标的分级标准，对于共性指标具有一定的普适性，为评价结果的区域间比较提供了一个较可靠的标准[164, 165]。结合研究区域特点，确定了三江平原水资源承载力评价指标分级标准，并分别从水资源承载能力和社会经济发展对水资源的压力角度将水资源承载力划分为 5 个等级，如表 4-30 所示。表 4-30 中第Ⅰ、Ⅴ级在原文献中是一个单侧区间。为了得到等级样本，选取区间端点的均值作为该等级对应的样本，所以对单侧区间来说，补齐一侧的端点。本例数据来源于文献[164]、[165]。

表 4-30 三江平原水资源承载力评价指标分级标准

系统	指标	指标类型	Ⅰ级	Ⅱ级	Ⅲ级	Ⅳ级	Ⅴ级
			极高	较高	中等	较低	极低
			强无压力	弱无压力	平衡	弱压力	强压力
水资源系统	C_1/(万 m^3/km^2)	正	60～90	35～60	20～35	15～20	10～15
	C_2/%	逆	5～10	10～20	20～40	40～60	60～80
	C_3/%	正	60～80	40～60	20～40	10～20	5～10
	C_4/(万 m^3/km^2)	逆	0～1	1～3	3～10	10～15	15～20
社会系统	C_5/(人/km^2)	逆	0～25	25～50	50～100	100～300	300～400
	C_6/‰	逆	0～2	2～10	10～15	15～20	20～25
	C_7/%	逆	0～20	20～40	40～60	60～70	70～80
	C_8/[L/(d·人)]	逆	170～190	190～210	210～230	230～400	400～500
	C_9/[L/(d·人)]	逆	30～50	50～70	70～90	90～110	110～130
	C_{10}/(m^3/人)	正	2200～3000	1700～2200	1000～1700	500～1000	0～500
经济系统	C_{11}/(万元/人)	逆	0～0.3	0.3～0.66	0.66～2.5	2.5～7.74	7.74～10
	C_{12}/%	逆	0～5	5～10	10～15	15～20	20～25
	C_{13}/%	逆	0～3	3～12	12～15	15～30	30～45
	C_{14}/(元/m^3)	正	120～160	100～120	60～100	20～60	0～20
	C_{15}/(m^3/万元)	逆	0～15	15～50	50～100	100～300	300～500
	C_{16}/%	逆	0～10	10～20	20～50	50～60	60～70
	C_{17}/(m^3/hm^2)	逆	5000～5500	5500～6000	6000～8500	8500～11000	11000～14000
	C_{18}/(kg/m^3)	正	3～5	2.5～3	1～2.5	0.5～1	0～0.5
生态环境系统	C_{19}/%	正	50～60	40～50	20～40	10～20	0～10
	C_{20}/%	逆	0～1	1～2	2～3	3～5	5～6

将三江平原区划内的鸡西市、鹤岗市、双鸭山市、佳木斯市、七台河市、穆棱市和依兰县作为待评价样本，为了便于了解区域整体水资源承载力状况，同时将三江平原也列入待评价样本中。各样本水资源承载力评价指标统计值见表 4-31。表 4-31 中还包括了等级样本，等级样本由表 4-30 中区间的均值计算得到。

表 4-31　三江平原水资源承载力评价指标统计值及等级样本值

指标	Ⅰ级	Ⅱ级	Ⅲ级	Ⅳ级	Ⅴ级	鸡西	鹤岗	双鸭山	佳木斯	七台河	穆棱	依兰	三江平原
C_1/(万 m^3/km^2)	77.5	47.5	27.5	17.5	12.5	20.0	24.5	16.8	16.0	13.4	19.9	23.2	18.5
C_2/%	7.5	15	30	50	70	70.60	32.88	53.00	82.17	15.69	5.53	28.95	55.03
C_3/%	70	50	30	15	7.5	71.66	67.40	66.13	77.99	64.00	60.82	57.85	69.79
C_4/(万 m^3/km^2)	0.5	2	6.5	12.5	17.5	14.11	8.07	8.89	13.16	2.11	1.10	6.71	10.19
C_5/(人/km^2)	12.5	37.5	75	200	350	85	75	68	77	145	50	88	79
C_6/‰	1	6	12.5	17.5	22.5	3.67	0.67	0.38	4.66	7.71	2.99	8.32	3.58
C_7/%	10	30	50	65	75	62.89	80.62	62.26	49.26	56.43	41.72	32.01	58.14
C_8/[L/(d·人)]	180	200	220	315	450	126	128	139	137	146	144	189	144
C_9/[L/(d·人)]	40	60	80	100	120	67	57	55	55	61	65	62	59
C_{10}/(m^3/人)	2600	1950	1350	750	250	2356	3292	2456	2081	927	3969	2647	2337
C_{11}/(万元/人)	0.15	0.48	1.58	5.12	8.87	1.66	1.69	1.73	1.58	2.08	1.96	1.29	1.69
C_{12}/%	2.5	7.5	12.5	17.5	22.5	12.30	12.30	15.20	15.90	26.10	13.40	17.60	16.11
C_{13}/%	1.5	7.5	13.5	22.5	37.5	16.7	24.1	29.8	31.6	9.3	23.2	31.5	23.7
C_{14}/(元/m^3)	140	110	80	40	10	9.95	15.60	13.28	9.26	142.69	89.17	16.82	13.13
C_{15}/(m^3/万元)	7.5	32.5	75	200	400	82.5	29.0	37.0	13.7	22.8	6.4	18.5	36.4
C_{16}/%	5	15	35	55	65	50.62	43.81	35.11	45.20	9.80	7.70	14.34	39.37
C_{17}/(m^3/hm^2)	5250	5750	7250	9750	12500	8153	6019	6509	6981	5006	6009	10858	7093
C_{18}/(kg/m^3)	4	2.75	1.75	0.75	0.25	1.61	2.36	2.68	2.04	7.70	5.14	3.38	2.17
C_{19}/%	55	45	30	15	5	35.45	45.01	41.74	19.26	52.80	74.58	38.75	36.61
C_{20}/%	0.5	1.5	2.5	4	5.5	0.52	0.36	0.24	0.89	0.35	0.23	0.49	0.44

为了消除量级和量纲的影响，根据式（4-1）和式（4-2），结合表 4-30 中指标的正逆性，对上述数据进行归一化处理，归一化后的结果如表 4-32 所示。

表 4-32　三江平原各地区指标值及等级样本值归一化结果

指标	Ⅰ级	Ⅱ级	Ⅲ级	Ⅳ级	Ⅴ级	鸡西	鹤岗	双鸭山	佳木斯	七台河	穆棱	依兰	三江平原
C_1	1.0000	0.5385	0.2308	0.0769	0.0000	0.1154	0.1846	0.0662	0.0538	0.0138	0.1138	0.1646	0.0923
C_2	0.9743	0.8764	0.6807	0.4198	0.1588	0.1510	0.6431	0.3806	0.0000	0.8674	1.0000	0.6944	0.3541
C_3	0.8867	0.6029	0.3192	0.1064	0.0000	0.9102	0.8498	0.8317	1.0000	0.8015	0.7564	0.7143	0.8837
C_4	1.0000	0.9118	0.6471	0.2941	0.0000	0.1994	0.5547	0.5065	0.2553	0.9053	0.9647	0.6347	0.4300
C_5	1.0000	0.9258	0.8160	0.4451	0.0000	0.7864	0.8160	0.8368	0.8101	0.6083	0.8902	0.7774	0.8042
C_6	0.9720	0.7459	0.4521	0.2260	0.0000	0.8513	0.9869	1.0000	0.8065	0.6686	0.8820	0.6410	0.8553
C_7	1.0000	0.7168	0.4336	0.2212	0.0796	0.2511	0.0000	0.2600	0.4441	0.3425	0.5508	0.6883	0.3183
C_8	0.8333	0.7716	0.7099	0.4167	0.0000	1.0000	0.9938	0.9599	0.9660	0.9383	0.9444	0.8056	0.9444

续表

指标	Ⅰ级	Ⅱ级	Ⅲ级	Ⅳ级	Ⅴ级	鸡西	鹤岗	双鸭山	佳木斯	七台河	穆棱	依兰	三江平原
C_9	1.0000	0.7500	0.5000	0.2500	0.0000	0.6625	0.7875	0.8125	0.8125	0.7375	0.6875	0.7250	0.7625
C_{10}	0.6319	0.4571	0.2958	0.1344	0.0000	0.5663	0.8180	0.5932	0.4923	0.1820	1.0000	0.6445	0.5612
C_{11}	1.0000	0.9622	0.8360	0.4300	0.0000	0.8268	0.8234	0.8188	0.8360	0.7787	0.7924	0.8693	0.8234
C_{12}	1.0000	0.7881	0.5763	0.3644	0.1525	0.5847	0.5847	0.4619	0.4322	0.0000	0.5381	0.3602	0.4233
C_{13}	1.0000	0.8333	0.6667	0.4167	0.0000	0.5778	0.3722	0.2139	0.1639	0.7833	0.3972	0.1667	0.3833
C_{14}	0.9798	0.7550	0.5302	0.2304	0.0055	0.0052	0.0475	0.0301	0.0000	1.0000	0.5989	0.0567	0.0290
C_{15}	0.9972	0.9337	0.8257	0.5081	0.0000	0.8067	0.9426	0.9223	0.9815	0.9583	1.0000	0.9693	0.9238
C_{16}	1.0000	0.8333	0.5000	0.1667	0.0000	0.2397	0.3532	0.4982	0.3300	0.9200	0.9550	0.8443	0.4272
C_{17}	0.9674	0.9007	0.7006	0.3670	0.0000	0.5801	0.8648	0.7994	0.7365	1.0000	0.8662	0.2191	0.7215
C_{18}	0.5034	0.3356	0.2013	0.0671	0.0000	0.1826	0.2832	0.3262	0.2403	1.0000	0.6564	0.4201	0.2577
C_{19}	0.7186	0.5749	0.3593	0.1437	0.0000	0.4376	0.5750	0.5280	0.2049	0.6870	1.0000	0.4851	0.4543
C_{20}	0.9488	0.7590	0.5693	0.2846	0.0000	0.9450	0.9753	0.9981	0.8748	0.9772	1.0000	0.9507	0.9602

采用 MATLAB 2016a 编程处理数据，对三江平原各地区样本及等级样本数据建立投影寻踪分类模型，选定父代初始种群规模为 N=400、交叉概率 p_c=0.8、变异概率 p_m=0.2，选取两次进化所产生的优秀个体变化区间作为下次加速时优化变量的变化区间，优秀个体数目选定为 40 个，最大加速次数为 20 次，变异方向的系数 M=10，运行停止的最小阈值为 10^{-6}。为了观察不同投影半径的影响，分别选取投影半径 R 为 $0.1S_z$、$0.3S_z$、$0.5S_z$、1/5 $r_{\max}$、1/4 $r_{\max}$、1/3 $r_{\max}$。考虑到 RAGA 为随机寻优算法，6 种半径的情况分别运行 1000 次，取其中最大目标值对应的投影方向及投影值。

图 4-34 为不同窗口半径情况下，8 个区域样本和 5 个等级样本的投影值散点图。为了体现出投影点的分类状态，将投影值进行升序排序后再绘制散点图。

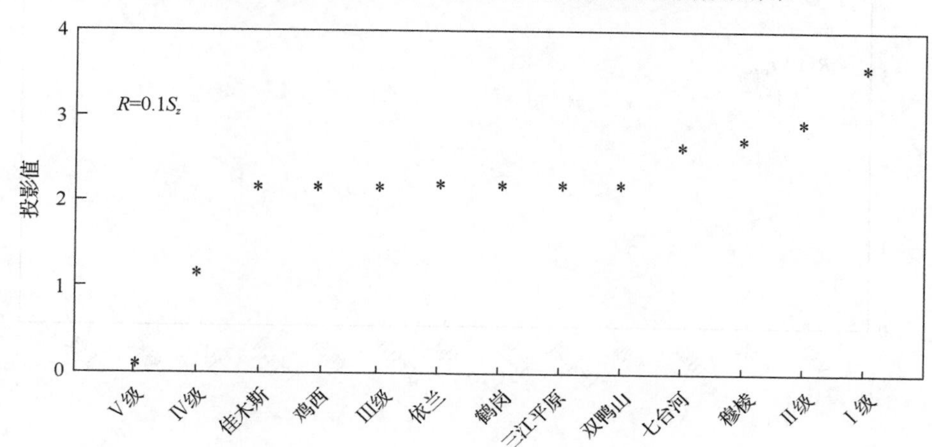

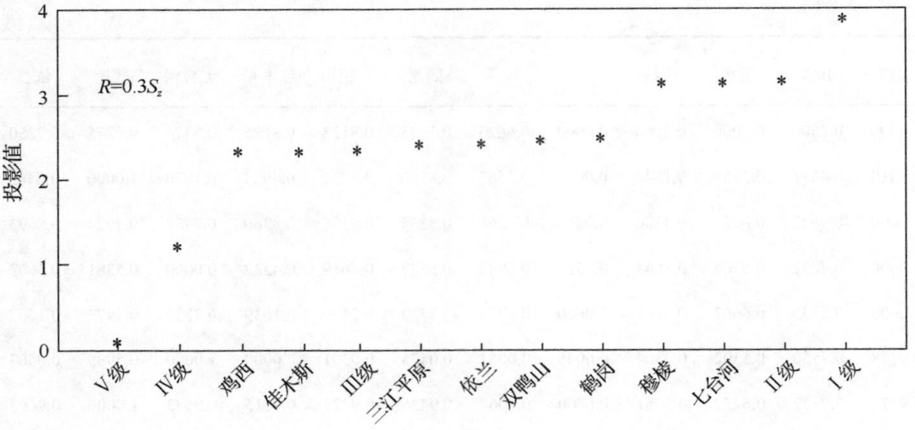

R=0.3S_z
投影值
0
1
2
3
4
V级
IV级
鸡西
佳木斯
III级
三江平原
依兰
双鸭山
鹤岗
穆棱
七台河
II级
I级

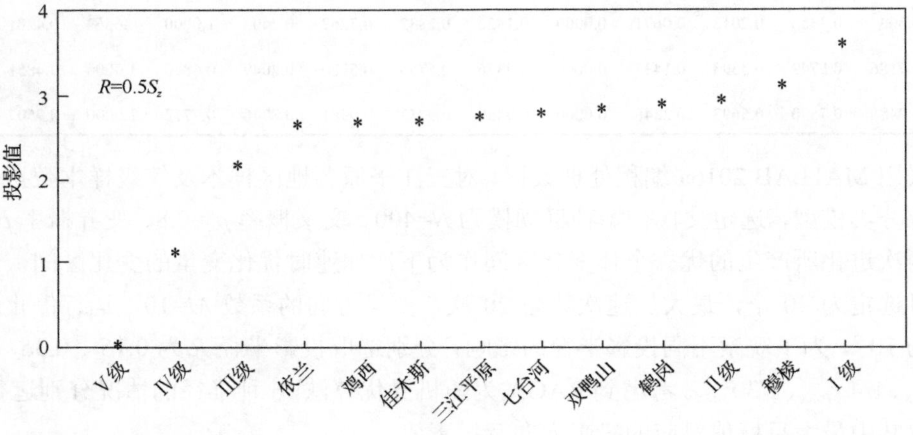

R=0.5S_z
投影值
0
1
2
3
4
V级
IV级
III级
依兰
鸡西
佳木斯
三江平原
七台河
双鸭山
鹤岗
II级
穆棱
I级

R=1/5 r_max
投影值
0
1
2
3
4
V级
IV级
III级
鸡西
佳木斯
依兰
三江平原
双鸭山
鹤岗
七台河
II级
穆棱
I级

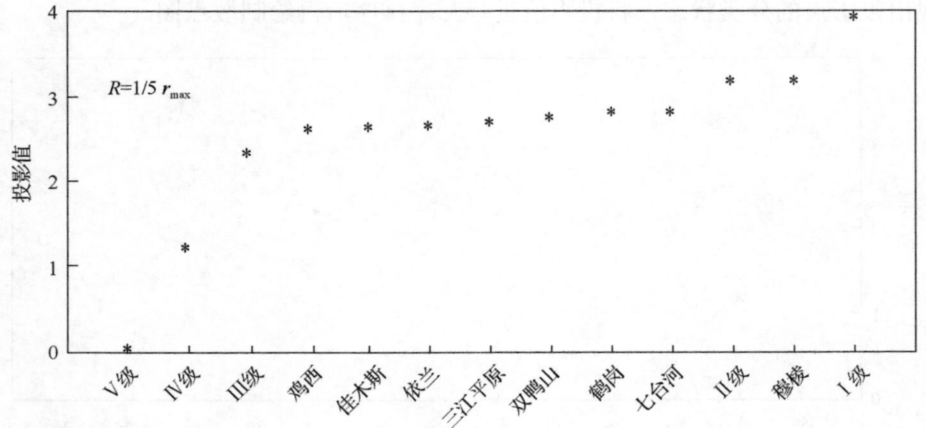

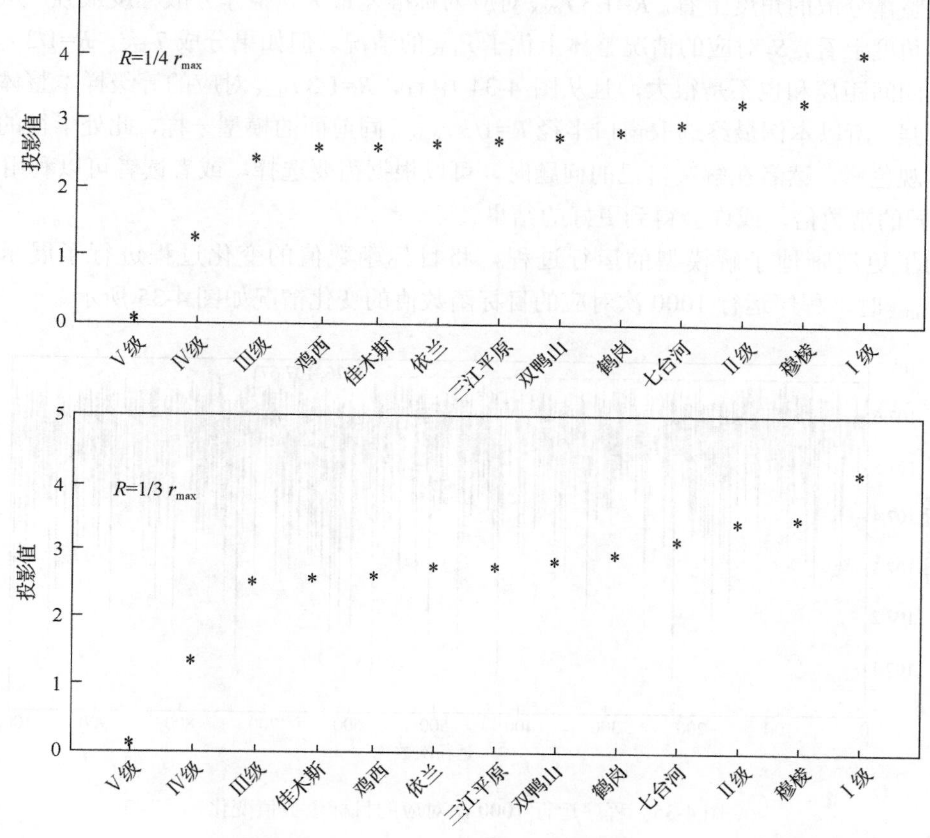

图 4-34　不同窗口半径投影值散点图

从图 4-34 中可以看出，6 种窗口半径对应的投影值还是存在一定差异的。根据投影寻踪模型的思想，投影点应该整体分散、局部聚集，即局部聚集成若干个点团，但点团之间应该尽可能地散开。计算 6 种情况投影点的标准差表示投影点的整体分散情况。根据图 4-34 中投影值的分布情况，将投影点分别分成 3、4、5、6、7 类，计算不同分类情况下的点团间距离和，结果如表 4-33 所示。分类方法和点团间距离和的计算方法详见本章第二节第一个示例。

表 4-33　不同窗口半径的投影值标准差与点团间距离和

窗口半径 R	标准差	点团间距离和				
		3 类	4 类	5 类	6 类	7 类
$0.1S_z$	0.8411	50.1554	26.1272	1.7741	0.8322	0.6811
$0.3S_z$	0.9444	59.7834	34.5726	3.2623	0.5439	0.3710
$0.5S_z$	0.9340	41.4946	24.4622	12.9453	7.2049	2.7697
1/5 r_{max}	0.9554	49.3154	26.6439	10.0091	4.8890	1.5342
1/4 r_{max}	0.9757	54.1329	30.1757	11.2882	6.8880	3.8427
1/3 r_{max}	1.0005	59.5499	34.8162	13.7248	7.6057	1.7762

从整体分散的角度上看，R=1/3 r_{max} 对应的标准差最大，整体分散程度最强。从局部聚集的角度上看，S_z 对应的情况整体上优于 r_{max} 的情况。但如果分成 7 类，R=1/3 r_{max} 对应的点团间距离和也不是很大，且从图 4-34 中看，R=1/3 r_{max} 对应的等级样本整体分散程度最强。所以本例最终选取窗口半径 R=1/3 r_{max}。同前面的模型一样，此处半径的选择带有主观色彩，读者在解决自己的问题时，可以根据需要选择。或者读者可以利用 S_z 和 r_{max} 不同的常数倍，或许会得到更好的结果。

为了更清晰地了解模型的运行过程，将目标函数值的变化过程进行了展示。当 R=1/3 r_{max} 时，程序运行 1000 次对应的目标函数值的变化情况如图 4-35 所示。

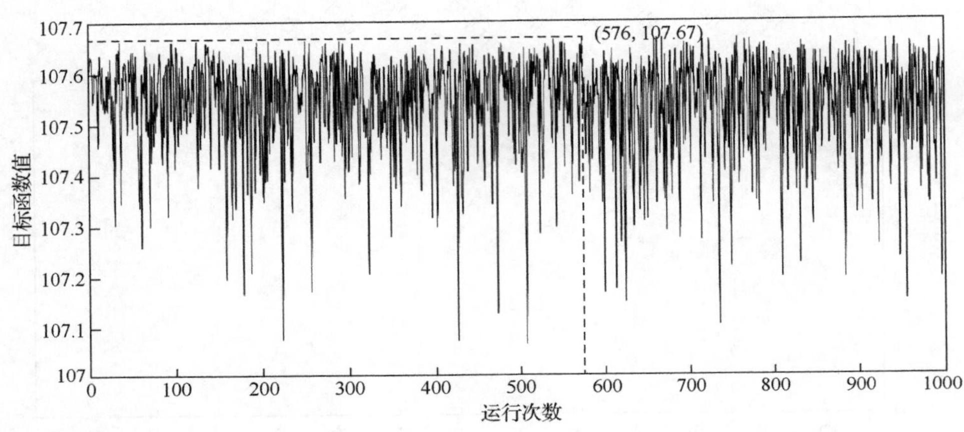

图 4-35 程序运行 1000 次对应的目标函数值变化

第 576 次时，对应的目标函数值最大，最大目标值为 107.67，此时投影方向为 a^*=(0.2101,0.1332,0.2577,0.2026,0.2768,0.2591,0.2124,0.2517,0.2681,0.1603,0.2855,0.2036,0.2224,0.1658,0.2816,0.2115,0.2342,0.0967,0.1446,0.2679)。最大目标值的寻优过程如图 4-36 所示。

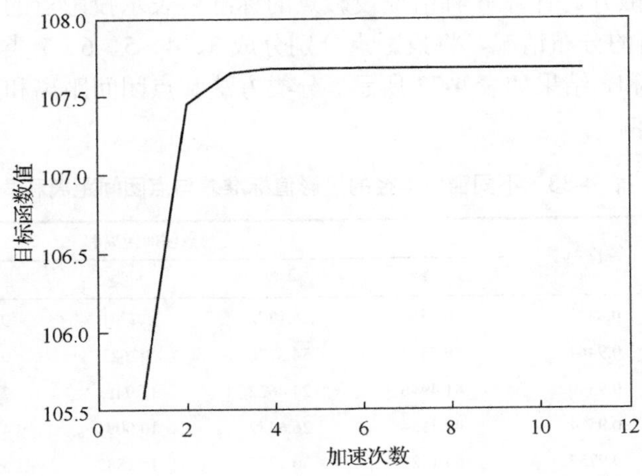

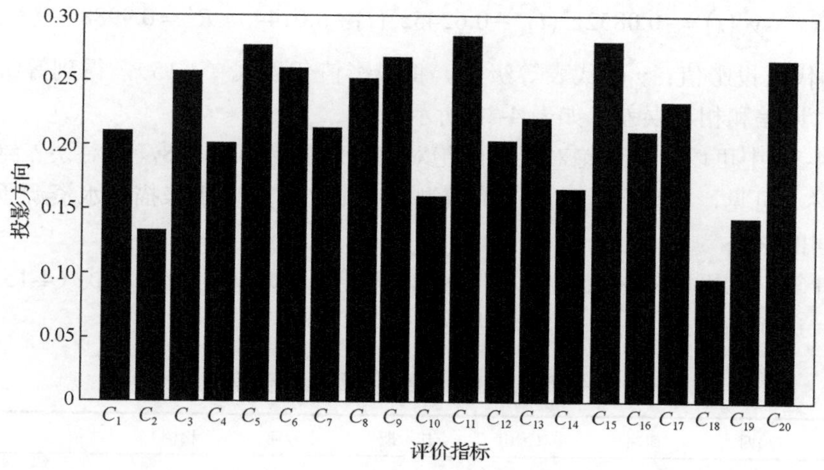

图 4-36 RAGA 寻优过程及投影方向

可以看到，RAGA 加速 13 次找到了最大目标值，即在加速到 13 次时，优秀个体中变量之间的差异已经小于 10^{-6}。

表 4-34 为 $R=1/3\ r_{\max}$ 时 5 个等级样本的投影值，与经验等级 1、2、3、4、5 绘制散点图，如图 4-37 所示。

表 4-34 投影寻踪等级评价模型误差分析表

	经验等级 1	经验等级 2	经验等级 3	经验等级 4	经验等级 5
等级样本投影值	4.0909	3.3551	2.4663	1.2770	0.0700
等级拟合值	1.0338	1.9601	2.9560	4.0780	4.9703
绝对误差	0.0338	−0.0399	−0.0040	0.0780	−0.0297
相对误差/%	3.38	−2	−1.47	1.95	−0.59

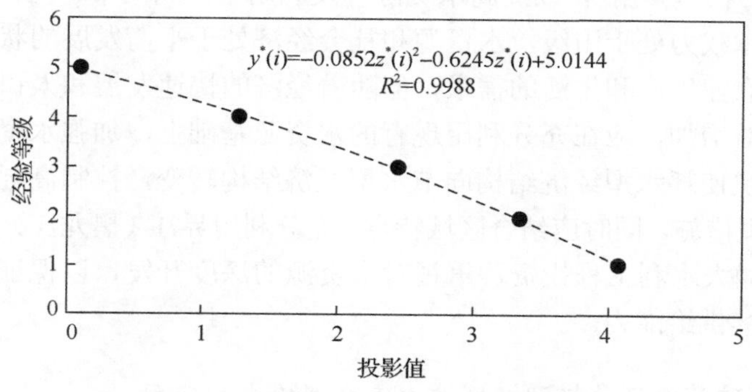

图 4-37 各等级投影值与经验等级关系图

从散点图可以看出，二次曲线比较适合拟合经验等级和投影值，故建立二次曲线的投影寻踪等级评价模型：

$$y^*(i) = -0.0852z^*(i)^2 - 0.6245z^*(i) + 5.0144, \quad R^2 = 0.9988 \tag{4-15}$$

式中，$z^*(i)$代表投影值；$y^*(i)$代表等级值。将投影值代入式（4-15），得到等级拟合值，并计算绝对误差和相对误差，如表 4-34 所示。

从表 4-34 中可以看到，绝对误差的绝对值的均值为 0.03708，相对误差绝对值的均值为 1.88%。可见，投影寻踪等级评价模型精度很高，可以用来描述水资源承载力指标与等级之间的关系。

下面计算三江平原各区域综合评价等级，即将各区域投影值代入式（4-15），得到等级拟合值，进而确定最终评价等级。结果如表 4-35 所示。

表 4-35　三江平原各区域综合评价等级

	鸡西	鹤岗	双鸭山	佳木斯	七台河	穆棱	依兰	三江平原
投影值	2.5633	2.8892	2.7900	2.5572	3.1048	3.4078	2.7040	2.7040
等级拟合值	2.8538	2.4989	2.6088	2.8603	2.2542	1.8968	2.7028	2.7028
评价等级	III	II	III	III	II	II	III	III

可以看到，三江平原区域整体水资源承载力处于III级，区划内的鹤岗市、七台河市和穆棱市水资源承载力处于II级，水资源承载力较强，区域内水资源处于弱无压力状态；鸡西市、双鸭山市、佳木斯市和依兰县水资源承载力处于III级，水资源承载力中等，水资源和社会经济处于平衡发展的状态。本书的分析结果与文献[164]十分类似，不同在于文献将鹤岗市归于III级，将双鸭山市归于II级，而本书将鹤岗市归于II级，将双鸭山市归于III级。实际上，鹤岗市和双鸭山市的投影值十分接近，鹤岗市的等级拟合值为 2.4989，基本处于II级和III级正中位置，而双鸭山市的等级拟合值与II级也十分接近。

位于三江平原南部山区的穆棱市、中部的七台河市水资源承载力处于II级，水资源处于弱无压力状态，该区水资源有一定的富余，因此，水资源在满足该区社会经济发展需求的基础上，应适当扩大耕地面积和农业灌溉用水量，同时应加强区域间调配水工程的建设，做到“物尽其用”，以提高水资源开发利用率。鸡西市、双鸭山市、佳木斯市和依兰县水资源承载力处于III级，水资源和社会经济处于平衡发展的状态。该区水资源虽能基本满足工农业生产和生活的需求，但随着经济的快速发展和人口数量的增加，水资源需求量会日益增加，应在充分利用现有的水资源基础上，加强水资源管理，提高水资源利用率，尽快使耗水型经济结构向节水型经济结构转变，控制高耗水作物的种植面积，采取节水灌溉措施。同时应结合区域特点，充分利用界江（黑龙江）和界湖（兴凯湖）丰富的水资源，加大水利工程投资，重视对水资源的深度开发，以保证该区水资源对社会经济发展的持续供给能力。

（二）投影寻踪等级评价模型在区域水安全评价中的应用

水安全是指一个国家或区域在一定技术水平和经济社会发展条件下，以人类社会与经济、生态环境协调发展为原则，水资源、水环境和供水能力等能够支撑经济社会持续发展、维护生态系统良性循环的状态。水安全状况与经济社会和人类生态系统的可持续发展紧密相关。随着全球性资源危机的加剧，国家安全观念发生重大变化，水安全已成为国家安全的一个重要内容，与国防安全、经济安全、金融安全有同等重要的战略地位[166]。

云南省地处我国西南边陲，辖昆明、曲靖、玉溪等 16 个州（市）129 个县（市辖区、县级市）。境内水资源丰富，分属长江、珠江、元江、澜沧江、怒江、大盈江 6 大水系。近年来，云南省经济社会得到迅猛发展，以水利为主要内容的水安全建设为促进云南省经济、社会、环境和谐发展提供了重要支撑和保障。然而，云南省水资源总量虽然丰富，但面临着水土资源不匹配、降水时空分布不均、开发难度大和水质污染逐年加剧以及用水结构不尽合理、水资源利用效率偏低、水资源配置能力不足等问题，工程型、水质型、发展型缺水并存，水安全问题面临着严峻挑战。因此，科学、客观评价最严格水资源管理约束下的区域水安全状态，对于实现云南省水资源可持续利用和经济社会的可持续发展具有重要意义[166]。

本例在构建云南省水安全评价指标体系和确定评价标准的基础上，建立了基于 RAGA 的投影寻踪等级评价模型，并将其应用到云南省水安全评价中。

根据评价指标体系建立的可操作性、系统性、层次性和地区性原则，在对区域水安全及影响因素综合分析的基础上，构建了云南省水安全评价指标体系，见表 4-36，数据来源于文献[166]。

表 4-36　云南省水安全评价指标体系结构框架

目标层 A	准则层 B	指标层 C	类型	分级标准				
				Ⅰ级	Ⅱ级	Ⅲ级	Ⅳ级	Ⅴ级
水安全评价	总量红线	水资源利用率/%	−	[0,10)	[10,20)	[20,30)	[30,40)	[40,50)
		人均水资源量/m^3	+	[6000,8000]	[4000,6000)	[2000,4000)	[1000,2000)	[0,1000)
		用水总量控制率/%	−	[50,70)	[70,85)	[85,95)	[95,100)	[100,105)
		供水量模数/($10^4m^3/km^2$)	+	[180,210]	[150,180)	[120,150)	[80,120)	[50,80)
	效率红线	工业用水重复利用率/%	+	[95,105]	[85,95)	[75,85)	[60,75)	[45,60)
		万元工业增加值用水量/m^3	−	[20,40)	[40,60)	[60,90)	[90,120)	[120,150)
		灌溉水利用系数	+	[0.6,0.65)	[0.55,0.6)	[0.5,0.55)	[0.4,0.5)	[0.3,0.4)
		亩均灌溉用水量/m^3	−	[200,300)	[300,400)	[400,600)	[600,800)	[800,1000)
	纳污红线	水功能区达标率/%	+	[90,100)	[80,90)	[70,80)	[60,70)	[50,60)
		城市污水处理率/%	+	[90,100)	[80,90)	[70,80)	[60,70)	[50,60)
		饮用水源达标率/%	+	[95,100)	[90,95)	[85,90)	[80,85)	[75,80)
		人均 COD 环境容量/kg	+	[15,20)	[10,15)	[8,10)	[5,8)	[2,5)

评价指标分级标准是区域水安全评价的重要研究内容。云南省降水年际丰、枯变化大，区域分布不匀，加之经济社会的快速发展，城镇化、工业化进程的加快，水资源短缺、水污染、洪涝灾害、水土流失等省情决定了云南省必须实行最严格的水资源管理制度才能支撑经济社会的可持续发展，才能有效保障区域水安全。虽然水安全评价研究起步于 20 世纪 70 年代，但目前尚没有统一的、在全国范围内均适用的水安全评价指标体系和等级标准，当前研究较多的是针对各个评价区域实际而提出的具有一定区域特征的指标体系和等级标准。本节基于云南省所辖行政分区最严格水资源管理控制指标，

遵行科学性、可获取、可度量等原则，从总量红线、效率红线、纳污红线 3 个方面遴选 12 个指标构建区域水安全评价指标体系，并将水安全划分为“非常安全/Ⅰ级”“安全/Ⅱ级”“基本安全/Ⅲ级”“不安全/Ⅳ级”和“极不安全/Ⅴ级”，见表 4-36（为了得到等级样本，选取区间端点的均值作为该等级对应的样本，所以对单侧区间来说，补齐一侧的端点）。

将云南省内的昆明市、曲靖市、玉溪市、保山市、昭通市、丽江市、普洱市、临沧市、楚雄州、红河州、文山州、西双版纳州、大理州、德宏州、怒江州和迪庆州作为待评价样本，为了便于了解区域整体水安全状况，同时将云南省也列入待评价样本中。各样本水安全评价指标统计值及等级样本值见表 4-37，其中等级样本值由表 4-36 中区间的均值计算得到。

表 4-37　云南省水安全评价指标统计值及等级样本值

	水资源利用率/%	人均水资源量/m^3	用水总量控制率/%	供水量模数/($10^4m^3/km^2$)	工业用水重复利用率/%	万元工业增加值用水量/m^3	灌溉水利用系数/%	亩均灌溉用水量/m^3	水功能区达标率/%	城市污水处理率/%	饮用水源达标率/%	人均COD环境容量/kg
昆明市	36.87	749.2	73.35	8.71	91.6	49	0.52	370	30	94.1	87.5	5.7
曲靖市	10.91	2628	71.36	4.76	95.4	51	0.52	304	41.2	85.2	87.5	2.76
玉溪市	21.85	1591	77.64	5.47	81.8	28	0.52	452	50.5	80.2	81.3	9.02
保山市	9.57	4381	96.42	5.64	39.8	109	0.48	380	82.6	85.4	80	6.87
昭通市	7.03	2354	83.89	3.97	95.4	71	0.48	421	63.5	70.1	88.2	1.38
丽江市	10.5	4433	86.8	2.89	42.3	90	0.48	442	57.5	85.2	87.5	4.44
普洱市	4.95	9430	97.11	2.73	60.9	83	0.48	535	76.7	77.6	86.7	6.05
临沧市	8.61	4590	99.49	4.17	60.9	57	0.48	559	45.6	83.6	85.7	6.17
楚雄州	21.96	1518	66.93	3.2	93.5	42	0.5	478	48.5	82.8	90	5.14
红河州	9.31	3392	88.21	4.63	93.2	50	0.5	325	14.8	78.2	80	5.75
文山州	6.16	4127	82.84	2.91	74.6	64	0.52	352	65.4	80.4	92.3	3.36
西双版纳州	6.28	7703	86.18	2.93	64.1	78	0.48	470	65	78	100	13.87
大理州	18.74	1941	83.1	4.53	52.4	75	0.5	341	61.5	81.8	87.5	5.34
德宏州	6.41	8807	98.2	6.39	58.7	75	0.48	337	80	80.4	87.5	25.44
怒江州	1.18	26883	93.59	1.18	83.6	79	0.45	452	71.5	36.1	100	3.54
迪庆州	1.53	23976	82.6	0.64	56.8	79	0.45	382	73	68.7	100	25.61
云南省	6.76	3663	83.25	3.9	89.9	63	0.49	397	56.1	88.9	89.1	5.71
Ⅰ级	5	7000	60	205	100	30	0.625	250	95	95	97.5	17.5
Ⅱ级	15	5000	77.5	165	90	50	0.575	350	85	85	92.5	12.5
Ⅲ级	25	3000	90	135	80	75	0.525	500	75	75	87.5	9
Ⅳ级	35	1500	97.5	100	67.5	105	0.45	700	65	65	82.5	6.5
Ⅴ级	45	500	102.5	65	52.5	135	0.35	900	55	55	77.5	3.5

为了消除量级和量纲的影响，根据式（4-1）和式（4-2），结合表 4-36 中指标的正逆性，对上述数据进行归一化处理，归一化后的结果如表 4-38 所示。

表 4-38 云南省各地区指标值及等级样本值归一化结果

	水资源利用率	人均水资源量	用水总量控制率	供水量模数	工业用水重复利用率	万元工业增加值用水量	灌溉水利用系数	亩均灌溉用水量	水功能区达标率	城市污水处理率	饮用水源达标率	人均 COD 环境容量
昆明市	0.1855	0.0094	0.6859	0.0395	0.8605	0.8037	0.6182	0.8154	0.1895	0.9847	0.4444	0.1783
曲靖市	0.7780	0.0807	0.7327	0.0202	0.9236	0.7850	0.6182	0.9169	0.3292	0.8336	0.4444	0.0570
玉溪市	0.5283	0.0414	0.5849	0.0236	0.6977	1.0000	0.6182	0.6892	0.4451	0.7487	0.1689	0.3153
保山市	0.8085	0.1471	0.1431	0.0245	0.0000	0.2430	0.4727	0.8000	0.8454	0.8370	0.1111	0.2266
昭通市	0.8665	0.0703	0.4379	0.0163	0.9236	0.5981	0.4727	0.7369	0.6072	0.5772	0.4756	0.0000
丽江市	0.7873	0.1491	0.3694	0.0110	0.0415	0.4206	0.4727	0.7046	0.5324	0.8336	0.4444	0.1263
普洱市	0.9140	0.3385	0.1268	0.0102	0.3505	0.4860	0.4727	0.5615	0.7718	0.7046	0.4089	0.1927
临沧市	0.8304	0.1550	0.0708	0.0173	0.3505	0.7290	0.4727	0.5246	0.3840	0.8065	0.3644	0.1977
楚雄州	0.5258	0.0386	0.8369	0.0125	0.8920	0.8692	0.5455	0.6492	0.4202	0.7929	0.5556	0.1552
红河州	0.8145	0.1096	0.3362	0.0195	0.8870	0.7944	0.5455	0.8846	0.0000	0.7148	0.1111	0.1804
文山州	0.8864	0.1375	0.4626	0.0111	0.5781	0.6636	0.6182	0.8431	0.6309	0.7521	0.6578	0.0817
西双版纳州	0.8836	0.2730	0.3840	0.0112	0.4037	0.5327	0.4727	0.6615	0.6259	0.7114	1.0000	0.5155
大理州	0.5993	0.0546	0.4565	0.0190	0.2093	0.5607	0.5455	0.8600	0.5823	0.7759	0.4444	0.1634
德宏州	0.8806	0.3149	0.1012	0.0281	0.3140	0.5607	0.4727	0.8662	0.8130	0.7521	0.4444	0.9930
怒江州	1.0000	1.0000	0.2096	0.0026	0.7276	0.5234	0.3636	0.6892	0.7070	0.0000	1.0000	0.0891
迪庆州	0.9920	0.8898	0.4682	0.0000	0.2824	0.5234	0.3636	0.7969	0.7257	0.5535	1.0000	1.0000
云南省	0.8727	0.1199	0.4529	0.0160	0.8322	0.6729	0.5091	0.7738	0.5150	0.8964	0.5156	0.1787
Ⅰ级	0.9128	0.2464	1.0000	1.0000	1.0000	0.9813	1.0000	1.0000	1.0000	1.0000	0.8889	0.6653
Ⅱ级	0.6846	0.1706	0.5882	0.8043	0.8339	0.7944	0.8182	0.8462	0.8753	0.8302	0.6667	0.4589
Ⅲ级	0.4564	0.0948	0.2941	0.6575	0.6678	0.5607	0.6364	0.6154	0.7506	0.6604	0.4444	0.3145
Ⅳ级	0.2282	0.0379	0.1176	0.4862	0.4601	0.2804	0.3636	0.3077	0.6259	0.4907	0.2222	0.2113
Ⅴ级	0.0000	0.0000	0.0000	0.3149	0.2110	0.0000	0.0000	0.0000	0.5012	0.3209	0.0000	0.0875

采用 MATLAB 2016a 编程处理数据，对云南省各地区样本及等级样本数据建立投影寻踪分类模型，选定父代初始种群规模为 N=400、交叉概率 p_c=0.8、变异概率 p_m=0.2，选取两次进化所产生的优秀个体变化区间作为下次加速时优化变量的变化区间，优秀个体数目选定为 40 个，最大加速次数为 20 次，变异方向的系数 M=10，运行停止的最小阈值为 10^{-6}。为了观察不同投影半径的影响，分别选取投影半径 R 为 $0.1S_z$、$0.3S_z$、$0.5S_z$、1/5 $r_{\max}$、1/4 $r_{\max}$、1/3 $r_{\max}$。考虑到 RAGA 为随机寻优算法，6 种半径的情况分别运行 1000 次，取其中最大目标值对应的投影方向及投影值。

图 4-38 为不同窗口半径情况下，17 个区域样本和 5 个等级样本的投影值散点图。为了体现出投影点的分类状态，将投影值进行升序排序后再绘制散点图。

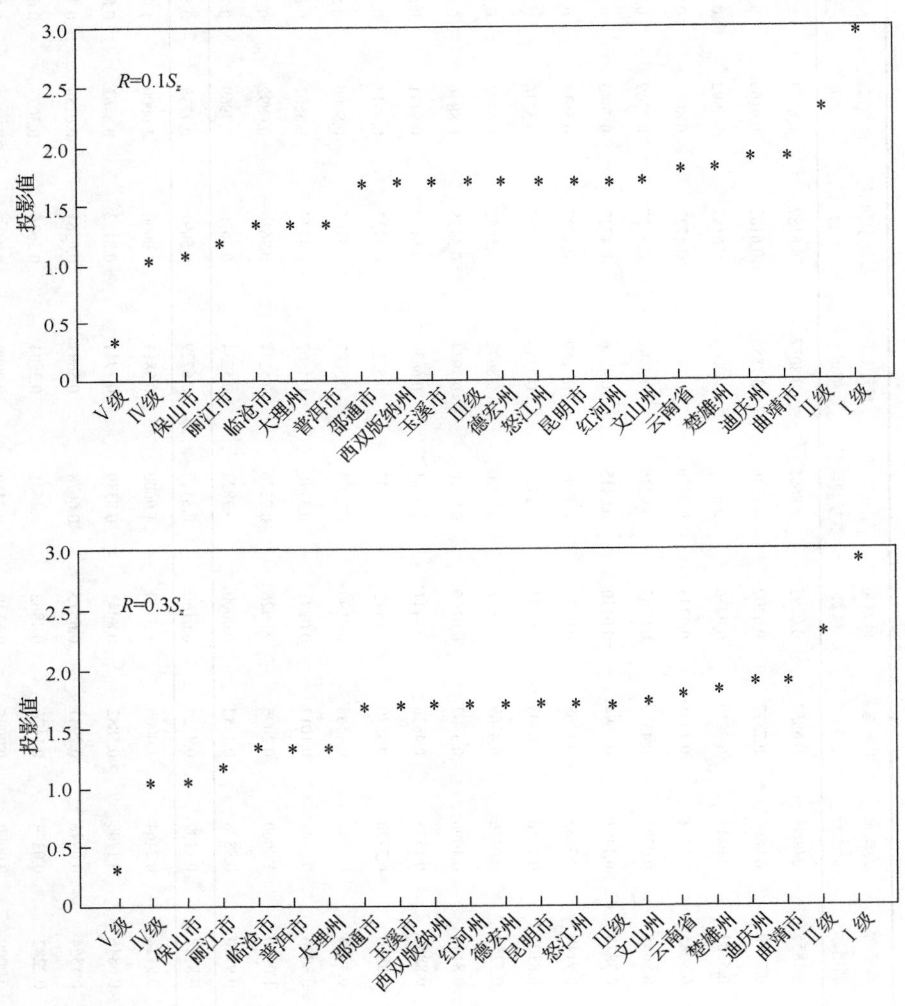

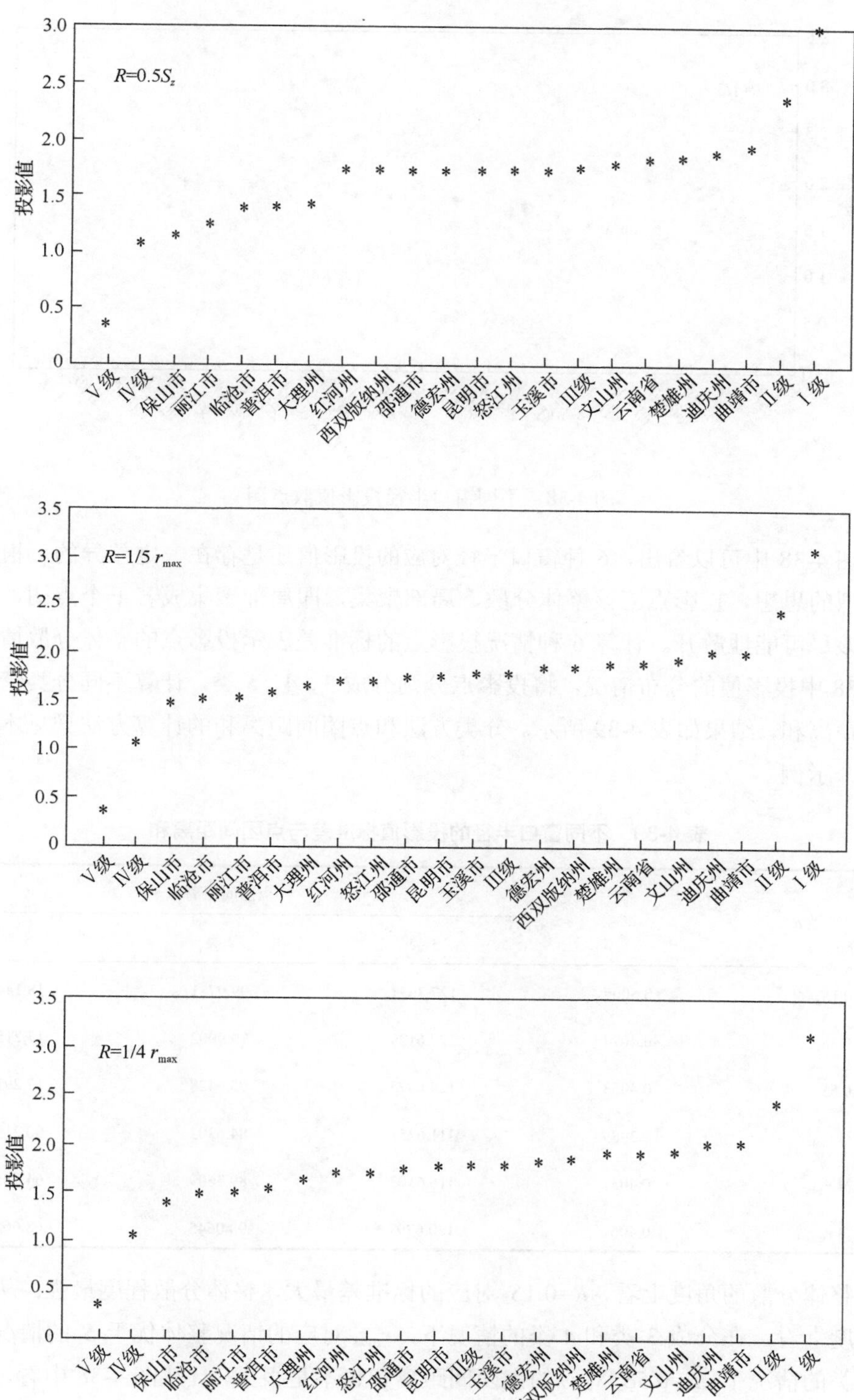

R=0.5S_z
投影值
V级
IV级
保山市
丽江市
临沧市
普洱市
大理州
红河州
西双版纳州
邵通市
德宏州
昆明市
怒江州
玉溪市
III级
文山州
云南省
楚雄州
迪庆州
曲靖市
II级
I级
R=1/5 r_{max}
投影值
R=1/4 r_{max}
投影值

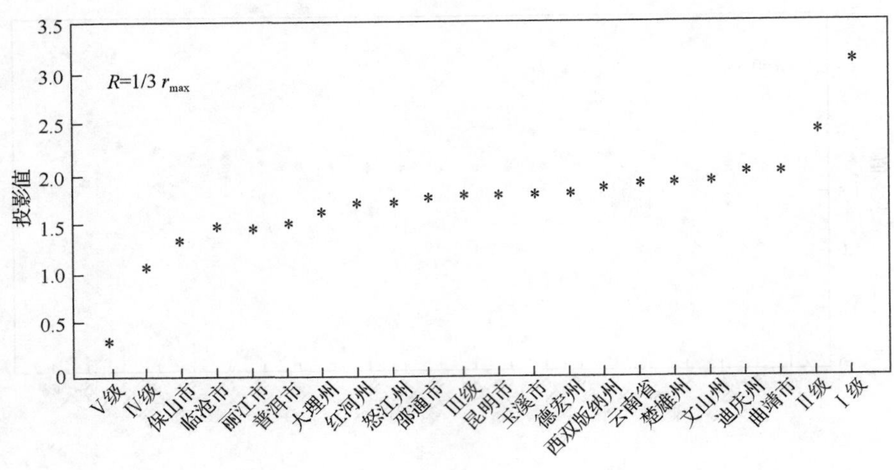

图 4-38　不同窗口半径投影值散点图

从图 4-38 中可以看出，6 种窗口半径对应的投影值还是存在一定差异的。根据投影寻踪模型的思想，投影点应该整体分散、局部聚集，即局部聚集成若干个点团，但点团之间应该尽可能地散开。计算 6 种情况投影点的标准差表示投影点的整体分散情况。根据图 4-38 中投影值的分布情况，将投影点分别分成 3、4、5 类，计算不同分类情况下的点团间距离和，结果如表 4-39 所示。分类方法和点团间距离和的计算方法详见本章第二节第一个示例。

表 4-39　不同窗口半径的投影值标准差与点团间距离和

窗口半径 R	标准差	点团间距离和		
		3 类	4 类	5 类
$0.1S_z$	0.5009	127.7631	99.9781	18.1444
$0.3S_z$	0.4074	127.6129	99.9002	17.2151
$0.5S_z$	0.4053	124.0973	95.6428	17.2914
$1/5\ r_{\max}$	0.3989	111.6251	84.6302	60.2169
$1/4\ r_{\max}$	0.4037	116.6103	89.3609	64.7859
$1/3\ r_{\max}$	0.4061	120.6797	93.0645	68.6659

从整体分散的角度上看，$R=0.1S_z$ 对应的标准差最大，整体分散程度最强。从局部聚集的角度上看，在分成 3 类和 4 类的情况下，$r_{\max}$ 对应的情况整体优于 S_z 的情况。但在分成 5 类的情况下，$R=0.5S_z$ 对应的点团间距离和也不是很大，且从图 4-38 中看，$R=0.5S_z$ 对应的等级样本整体分散程度最强。所以本例最终选取窗口半径 $R=0.5S_z$。同前面的

模型一样，此处半径的选择带有主观色彩，读者在解决自己的问题时，可以根据需要选择。或者读者可以利用 S_z 和 r_{max} 不同的常数倍，或许会得到更好的结果。

为了更清晰地了解模型的运行过程，将目标函数值的变化过程进行了展示。当 R=0.5S_z 时，程序运行 1000 次对应的目标函数值的变化情况如图 4-39 所示。

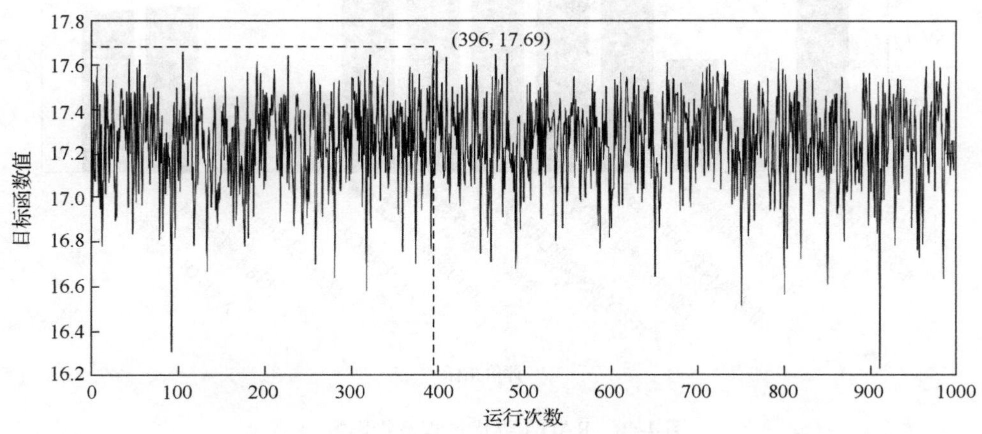

图 4-39　程序运行 1000 次对应的目标函数值变化

第 396 次时，对应的目标函数值最大，最大目标值为 17.69，此时投影方向为 a^*= (0.3018,0.0851,0.1762,0.3046,0.4726,0.3789,0.3533,0.3556,0.1255,0.1191,0.2588,0.2503,0.3078, 0.2940,0.2632,0.2292,0.2741,0.1911,0.1406,0.2343)。最大目标值的寻优过程如图 4-40 所示。

可以看到，RAGA 加速 9 次找到了最大目标值，即在加速到 9 次时，优秀个体中变量之间的差异已经小于 10^{-6}。

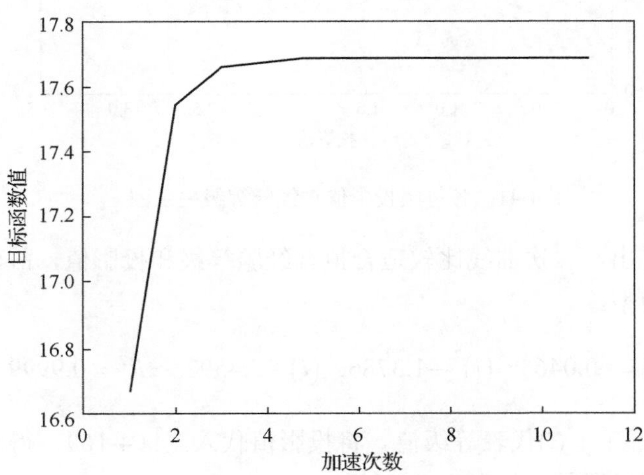

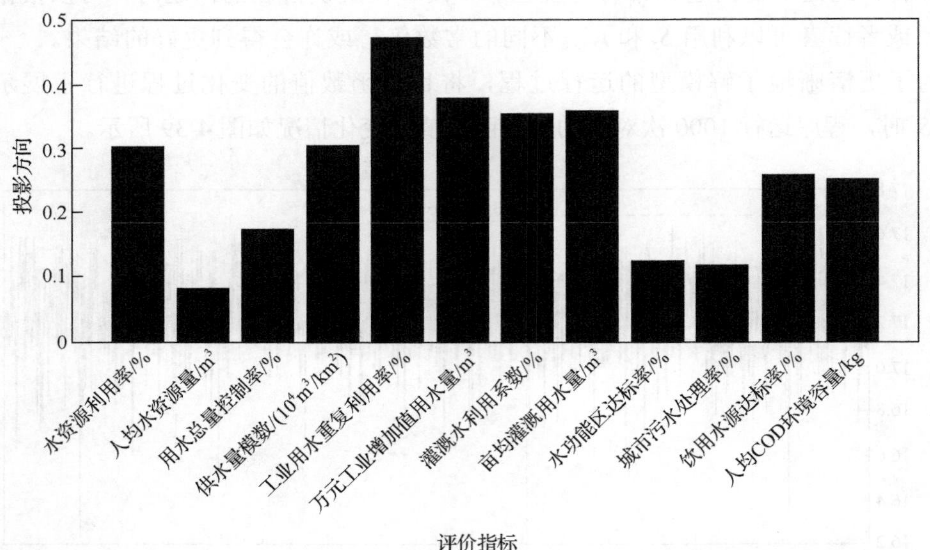

图 4-40　RAGA 寻优过程及投影方向

R=0.5S_z 时 5 个等级样本的投影值，与经验等级 1、2、3、4、5 绘制散点图，如图 4-41 所示。

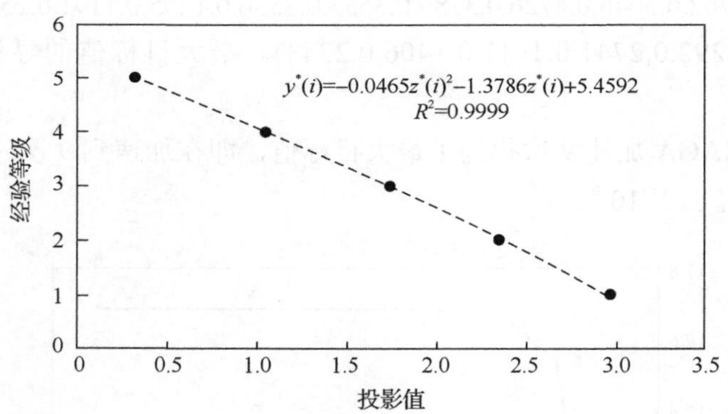

图 4-41　各等级投影值与经验等级关系图

从散点图可以看出，二次曲线比较适合拟合经验等级和投影值，故建立二次曲线的投影寻踪等级评价模型：

$$y^*(i) = -0.0465z^*(i)^2 - 1.3786z^*(i) + 5.4592, \quad R^2 = 0.9999 \tag{4-16}$$

式中，$z^*(i)$代表投影值；$y^*(i)$代表等级值。将投影值代入式（4-16），得到等级拟合值，并计算绝对误差和相对误差，如表 4-40 所示。

表 4-40　投影寻踪等级评价模型误差分析表

	经验等级 1	经验等级 2	经验等级 3	经验等级 4	经验等级 5
等级样本投影值	2.9720	2.3511	1.7363	1.0500	0.3187
等级拟合值	0.9912	2.0209	2.9857	3.9984	5.0027
绝对误差	−0.0088	0.0209	−0.0143	−0.0016	0.0027
相对误差/%	−0.87	1.05	−0.05	0.00	0.00

从表 4-40 中可以看到，绝对误差的绝对值的均值为 0.01，相对误差绝对值的均值为 0.394%。可见，投影寻踪等级评价模型精度很高，可以用来描述水资源承载力指标与等级之间的关系。

下面计算云南省各区域综合评价等级，即将各区域投影值代入式（4-16），得到等级拟合值，进而确定最终评价等级，结果如表 4-41 所示。

表 4-41　水安全评价结果

	投影值	等级拟合值	评价等级
保山市	1.0702	3.9696	Ⅳ
丽江市	1.1883	3.7997	Ⅳ
临沧市	1.3394	3.5797	Ⅳ
大理州	1.3444	3.5723	Ⅳ
普洱市	1.3554	3.5561	Ⅳ
昭通市	1.6820	3.0683	Ⅲ
西双版纳州	1.6940	3.0502	Ⅲ
玉溪市	1.6940	3.0501	Ⅲ
德宏州	1.6965	3.0463	Ⅲ
怒江州	1.6965	3.0463	Ⅲ
昆明市	1.6965	3.0463	Ⅲ
红河州	1.6969	3.0457	Ⅲ
文山州	1.7167	3.0155	Ⅲ
云南省	1.8001	2.8881	Ⅲ
楚雄州	1.8168	2.8625	Ⅲ
迪庆州	1.9022	2.7308	Ⅲ
曲靖市	1.9074	2.7228	Ⅲ

可以看到，云南省整体水安全处于Ⅲ级，区划内的昭通市、西双版纳州、玉溪市、德宏州、怒江州、昆明市、红河州、文山州、楚雄州、迪庆州和曲靖市的水安全等级处于Ⅲ级，水安全处于基本安全状态；保山市、丽江市、临沧市、大理州和普洱市水安全等级处于Ⅳ级，水安全处于不安全等级。本书的分析结果与文献[166]略有不同，本书

评价结果等级略高于文献评价结果。实际上，临沧市、大理州、普洱市的等级拟合值为 3.5 左右，基本处于Ⅲ级和Ⅳ级正中位置，而迪庆州和曲靖市的等级拟合值基本处于Ⅱ级和Ⅲ级正中位置，本书在等级分类上采取四舍五入方法，因此评价结果略高于文献评价结果。

丽江市和大理州属著名旅游地区，其水资源开发已初具规模，在供水量模数、工业用水重复利用率、万元工业增加值用水量、灌溉水利用系数、水功能区达标率等方面表现较差，水安全评价为“不安全”，可通过推进节水型社会建设、开展水生态文明试点、加强水利基础设施建设以及严格落实最严格水资源管理制度等举措，有效提升水安全水平。昭通市等 12 个行政分区评价为“基本安全”，其中，昆明市、怒江州、德宏州综合投影值并列第 7 位，水安全水平相对较高，原因在于昆明市是云南省经济社会最为发达的地区，在效率红线指标以及总量指标中的用水总量控制率、供水量模数表现突出，通过施行最严格水资源管理制度、加大水污染防治力度等措施，水安全尚有提升的空间。

（三）投影寻踪等级评价模型在节水型社会建设区域类型分析中的应用

节水型社会建设区域类型划分涉及水利发展与社会经济发展的各个方面，是当前以及未来一段时间内节水型社会建设的关键环节，从理论到实践都需要进行进一步的探索。节水型社会建设应该在遵循该区域的经济社会发展现状及水资源综合规划的基础上，针对不同区域的经济社会情况和水资源特征，全面规划、突出重点、逐步推进，形成各具特色的区域节水类型。基于对水资源禀赋和开发利用现状的分析可知，节约利用水资源、发挥有限水资源的最大效益和潜力、建设节水型社会，是缓解水资源短缺的主要途径。节水型社会建设区域类型划分的提出，是综合区域内社会经济产业发展现状、水资源概况及缺水类型而进行的一项水利建设可持续发展的新探索[167]。

不同区域水资源的天然禀赋、开发利用程度不同，社会经济发展水平存在差异，节水型社会建设区域类型应有不同。进行节水型社会建设区域类型分析主要遵循“清晰反映节水思路、突出区域建设重点、划分标准易量化”的原则。节水类型的划分通常受到当地的水资源、水环境、水生态等基本特征，以及经济社会发展规模与速度、用水与污染排放的总量与结构、水利设施水平及节水潜力等多方面因素的影响[167]。

依据国内外的研究与实践，水资源条件、社会经济发展水平及节水潜力是影响节水型社会建设不同类型的重要因素。一般而言，水资源条件表征水资源的天然禀赋、水资源紧缺程度和节水型社会建设的必要性与迫切性，社会经济发展条件表征节水型社会建设的经济可行性及建设潜力，节水潜力决定了节水型社会建设的方向及重点。节水型社会建设区域类型评价指标及量化分级见表 4-42。数据来源于文献[167]（表 4-42 中富水、发达、潜力巨大、极度缺水、贫困和潜力很小在原文献中是一个单侧区间。为了得到表 4-42 中的等级样本，选取区间端点的均值作为该等级对应的样本，所以对单侧区间来说，补齐一侧的端点）。

表 4-42 节水型社会建设区域类型评价指标及量化分级（a）

水资源条件 W	富水	轻度缺水	中度缺水	严重缺水	极度缺水
人均水资源量 W_1/m³	3000～5000	1700～3000	1000～1700	500～1000	0～500
人均供水量 W_2/m³	2000～3000	1200～2000	600～1200	200～600	0～200
多年平均降水量 W_3/mm	800～1000	600～800	400～600	200～400	0～200
水资源开发利用率 W_4/%	0～20	20～30	30～35	35～40	40～50

表 4-42 节水型社会建设区域类型评价指标及量化分级（b）

社会经济条件 E	发达	较发达	中度发达	欠发达	贫困
人均 GDP E_5/万元	4.8～5.5	3.7～4.8	2.5～3.7	1.0～2.5	0～1.0
城镇化率 E_6/%	40～55	25～40	10～25	5～10	0～5
人口密度 E_7/(人/km²)	800～1000	600～800	400～600	200～400	0～200
人均收入 E_8/元	40000～60000	25000～40000	15000～25000	10000～15000	5000～10000

表 4-42 节水型社会建设区域类型评价指标及量化分级（c）

节水潜力条件 P	潜力巨大	潜力较大	潜力适中	潜力较小	潜力很小
供水管网漏损率 P_9/%	30～45	20～30	12～20	6～12	0～6
城镇污水处理率 P_{10}/%	50～60	60～70	70～80	80～90	90～100
工业用水重复利用率 P_{11}/%	80～85	85～90	90～95	95～100	100～105
农业节水灌溉率 P_{12}/%	20～40	40～60	60～80	80～90	90～100

本例以陕西省为研究区域，进行区域模式划分，其中关中地区是全省的政治、经济、文化中心，人口密度大，人数占全省的63%；陕北地区矿产资源丰富，是国家级能源化工基地；陕南水资源相对丰富，水资源量占全省的77%，是国家南水北调中线工程水源地。这 3 个区域在自然地理、水资源条件、社会经济发展水平等方面都存在较大差异。故本例将陕西省分为关中、陕北、陕南 3 个部分进行节水型社会建设区域类型划分。各项指标见表 4-43。

表 4-43 2012 年陕西省社会经济发展及水资源条件概况表（a）

水资源条件 W	富水	轻度缺水	中度缺水	严重缺水	极度缺水	关中	陕北	陕南
人均水资源量 W_1/m³	4000	2350	1350	750	250	384.53	506.95	4639.81
人均供水量 W_2/m³	2500	1600	900	400	100	209.58	168.5	297.57
多年平均降水量 W_3/mm	900	700	500	300	100	395.71	370.7	733.52
水资源开发利用率 W_4/%	10	25	32.5	37.5	45	54.5	33.24	6.41

表 4-43 2012 年陕西省社会经济发展及水资源条件概况表（b）

社会经济条件 E	发达	较发达	中度发达	欠发达	贫困	关中	陕北	陕南
人均 GDPE_5/万元	5.15	4.25	3.1	1.75	0.5	2.71	4.77	1.34
城镇化率 E_6/%	47.5	32.5	17.5	7.5	2.5	83.45	72	83.31
人口密度 E_7/(人/km²)	900	700	500	300	100	420.59	74.07	133.09
人均收入 E_8/元	50000	32500	20000	12500	7500	17055.02	14167.45	15423.26

表 4-43 2012 年陕西省社会经济发展及水资源条件概况表（c）

节水潜力条件 P	潜力巨大	潜力较大	潜力适中	潜力较小	潜力很小	关中	陕北	陕南
供水管网漏损率 P_9/%	37.5	25	16	9	3	15.22	18	19.4
城镇污水处理率 P_{10}/%	55	65	75	85	95	82	79.5	71
工业用水重复利用率 P_{11}/%	82.5	87.5	92.5	97.5	102.5	88.99	76.79	66.73
农业节水灌溉率 P_{12}/%	30	50	70	85	95	65.59	43.42	47.06

为了消除量级和量纲的影响，根据式（4-1）和式（4-2），对上述数据进行归一化处理，归一化后的结果如表 4-44 所示。

表 4-44 陕西省各地区指标值及等级样本值归一化结果（a）

水资源条件 W	富水	轻度缺水	中度缺水	严重缺水	极度缺水	关中	陕北	陕南
人均水资源量	0.8543	0.4784	0.2506	0.1139	0.0000	0.0306	0.0585	1.0000
人均供水量	1.0000	0.6250	0.3333	0.1250	0.0000	0.0457	0.0285	0.0823
多年平均降水量	1.0000	0.7500	0.5000	0.2500	0.0000	0.3696	0.3384	0.7919
水资源开发利用率	0.9253	0.6134	0.4575	0.3535	0.1975	0.0000	0.4421	1.0000

表 4-44 陕西省各地区指标值及等级样本值归一化结果（b）

社会经济条件 E	发达	较发达	中度发达	欠发达	贫困	关中	陕北	陕南
人均 GDP	1.0000	0.8065	0.5591	0.2688	0.0000	0.4753	0.9183	0.1806
城镇化率	0.5559	0.3706	0.1853	0.0618	0.0000	1.0000	0.8586	0.9983
人口密度	1.0000	0.7578	0.5157	0.2735	0.0314	0.4196	0.0000	0.0715
人均收入	1.0000	0.5882	0.2941	0.1176	0.0000	0.2248	0.1569	0.1864

表 4-44 陕西省各地区指标值及等级样本值归一化结果（c）

节水潜力条件 P	潜力巨大	潜力较大	潜力适中	潜力较小	潜力很小	关中	陕北	陕南
供水管网漏损率	1.0000	0.6377	0.3768	0.1739	0.0000	0.3542	0.4348	0.4754
城镇污水处理率	1.0000	0.7500	0.5000	0.2500	0.0000	0.3250	0.3875	0.6000
工业用水重复利用率	0.5591	0.4193	0.2796	0.1398	0.0000	0.3777	0.7188	1.0000
农业节水灌溉率	1.0000	0.6923	0.3846	0.1538	0.0000	0.4525	0.7935	0.7375

采用 MATLAB 2016a 编程处理数据，对陕西省各地区样本及等级样本数据建立投影寻踪分类模型，选定父代初始种群规模为 N=400、交叉概率 p_c=0.8、变异概率 p_m=0.2，

选取两次进化所产生的优秀个体变化区间作为下次加速时优化变量的变化区间，优秀个体数目选定为 40 个，最大加速次数为 20 次，变异方向的系数 M=10，运行停止的最小阈值为 10^{-6}。为了观察不同投影半径的影响，分别选取投影半径 R 为 $0.1S_z$、$0.3S_z$、$0.5S_z$、1/5 $r_{\max}$、1/4 $r_{\max}$、1/3 $r_{\max}$。考虑到 RAGA 为随机寻优算法，6 种半径的情况分别运行 1000 次，取其中最大目标值对应的投影方向及投影值。

图 4-42～图 4-44 为不同窗口半径情况下，3 个区域样本和 5 个等级样本的投影值散点图。为了体现出投影点的分类状态，将投影值进行升序排序后再绘制散点图。

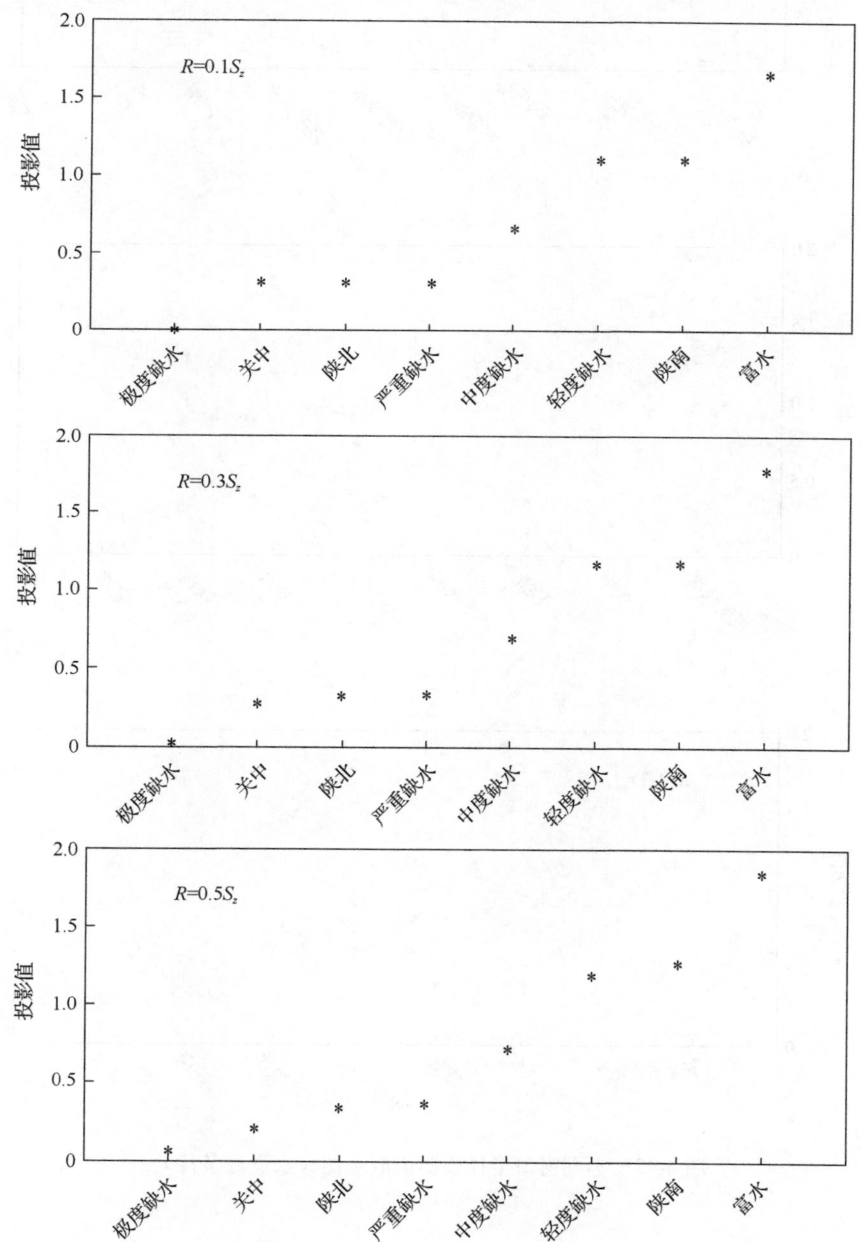

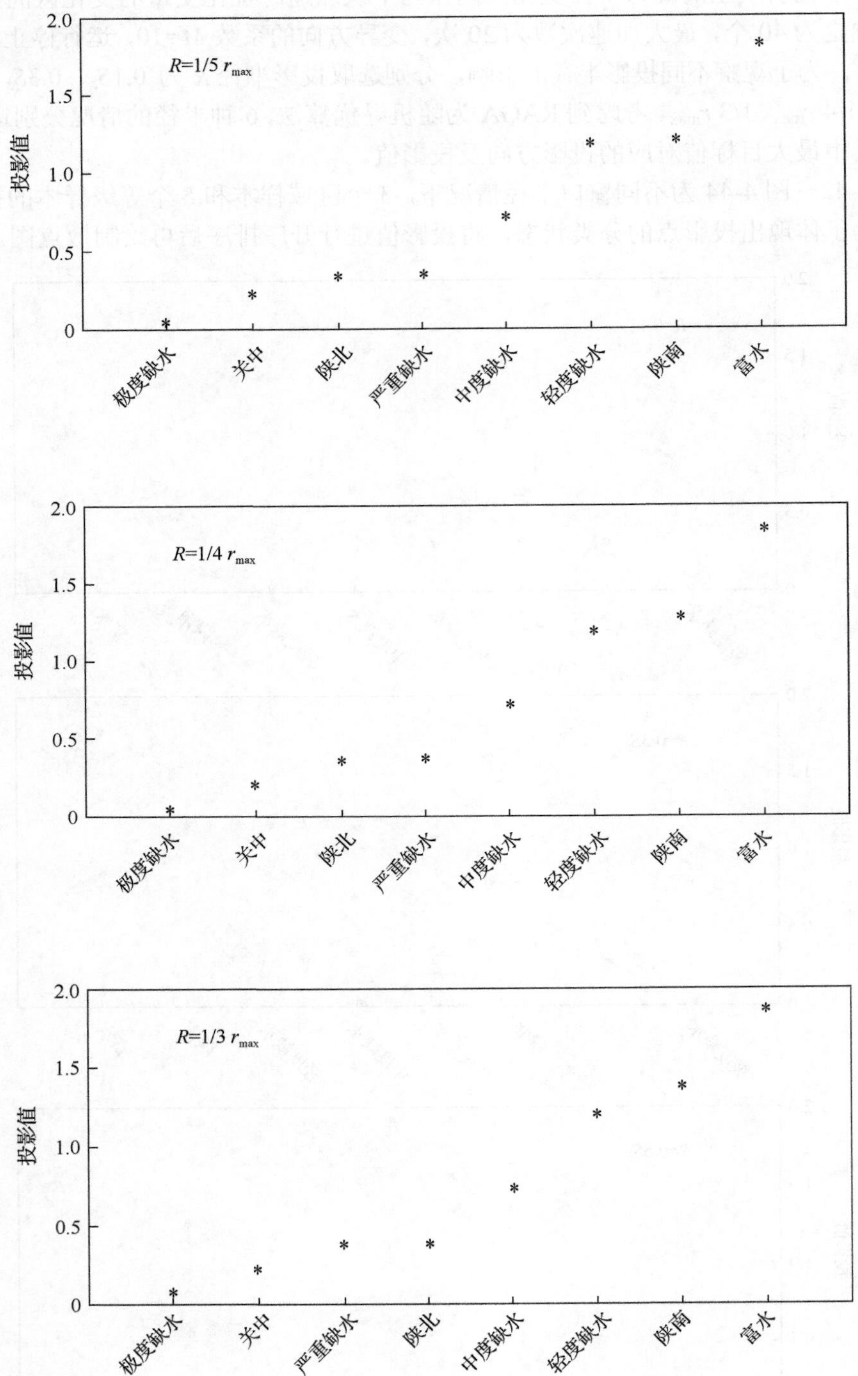

图 4-42　不同窗口半径投影值散点图（水资源条件）

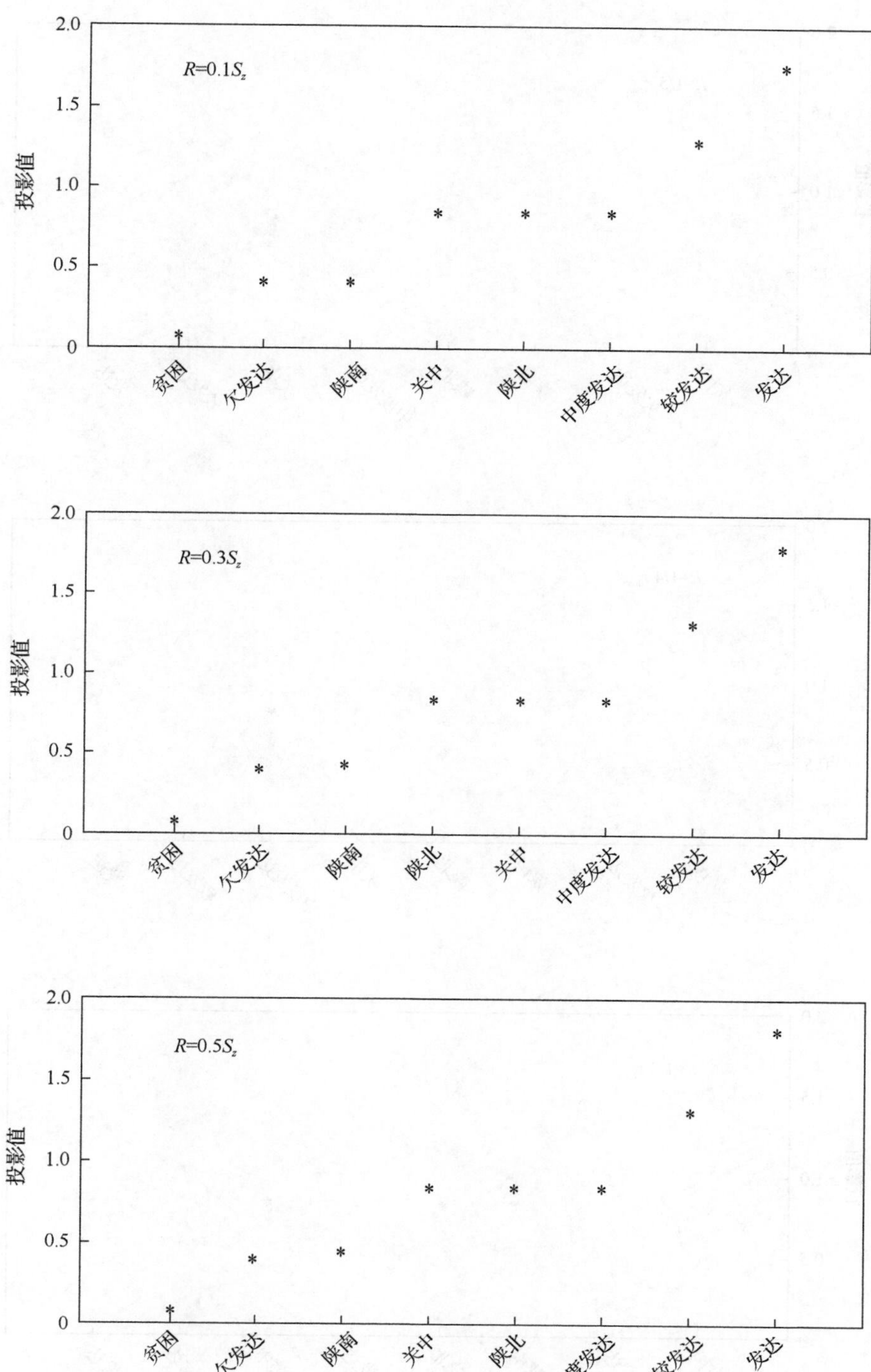
2.0
1.5
1.0
0.5
0
投影值
R=0.1S_z
贫困
欠发达
陕南
关中
陕北
中度发达
较发达
发达
2.0
1.5
1.0
0.5
0
投影值
R=0.3S_z
贫困
欠发达
陕南
陕北
关中
中度发达
较发达
发达
2.0
1.5
1.0
0.5
0
投影值
R=0.5S_z
贫困
欠发达
陕南
关中
陕北
中度发达
较发达
发达

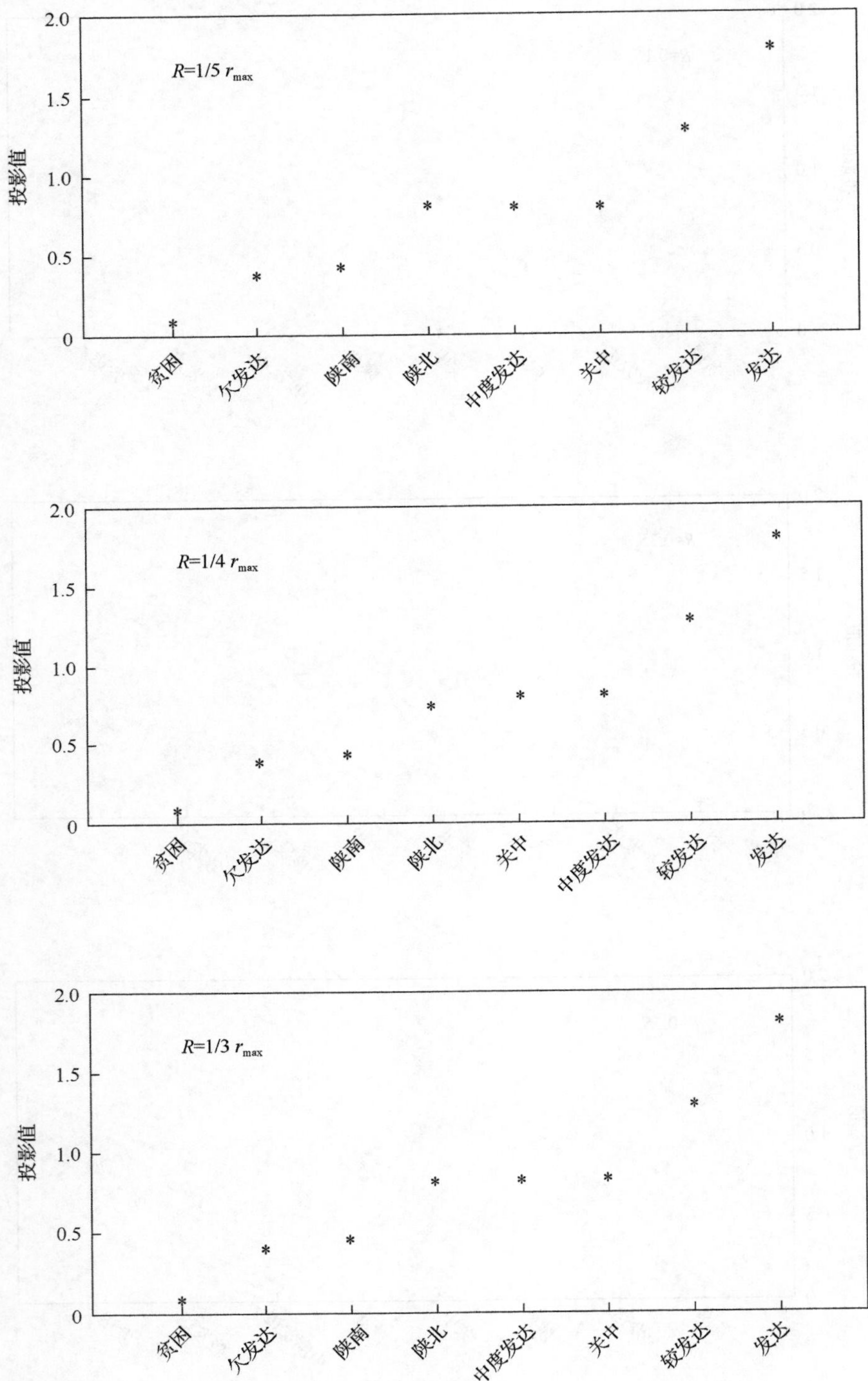

图 4-43　不同窗口半径投影值散点图（社会经济条件）

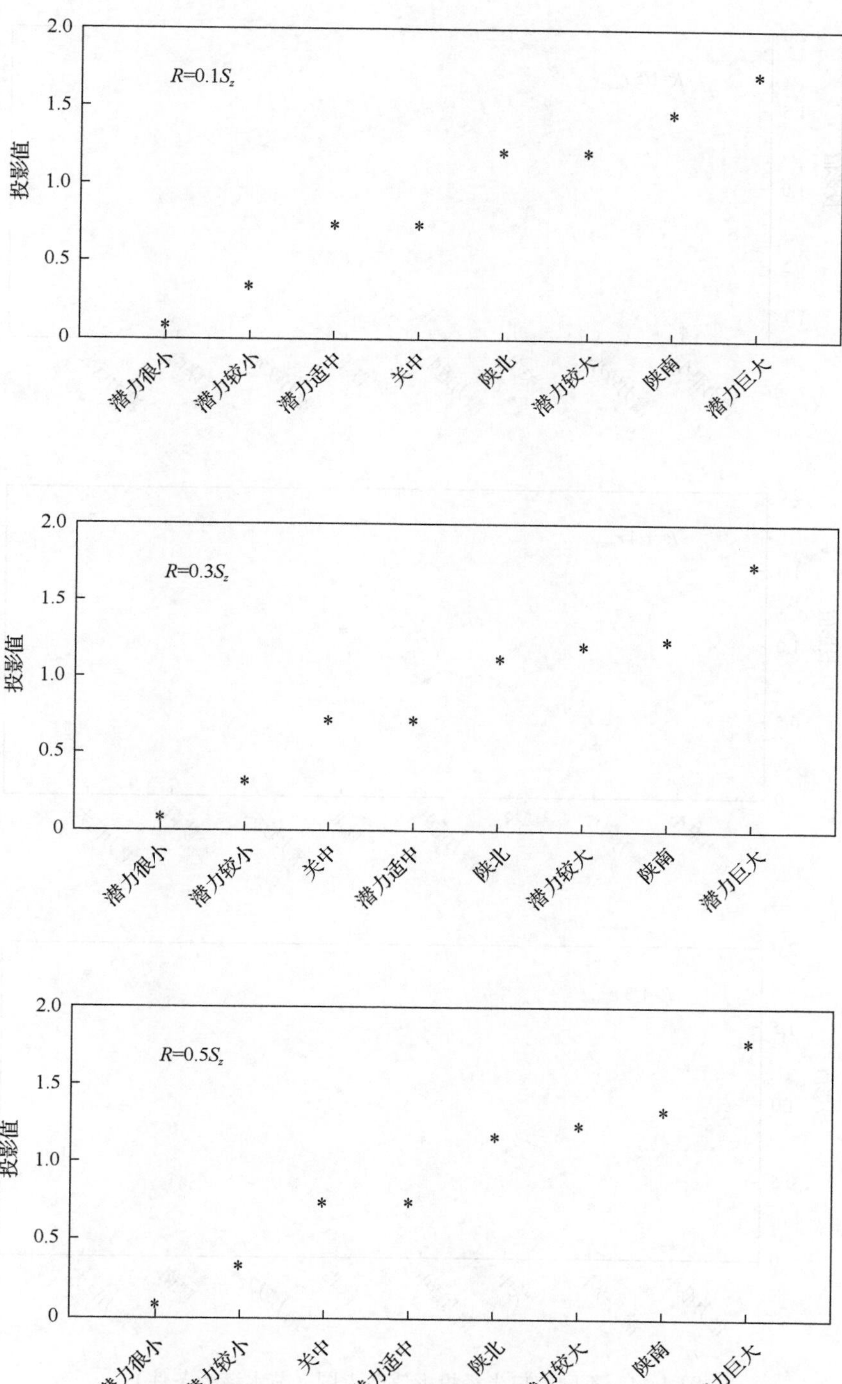
2.0
1.5
1.0
0.5
0
投影值
R=0.1Sz
潜力很小
潜力较小
潜力适中
关中
陕北
潜力较大
陕南
潜力巨大
2.0
1.5
1.0
0.5
0
投影值
R=0.3Sz
潜力很小
潜力较小
关中
潜力适中
陕北
潜力较大
陕南
潜力巨大
2.0
1.5
1.0
0.5
0
投影值
R=0.5Sz
潜力很小
潜力较小
关中
潜力适中
陕北
潜力较大
陕南
潜力巨大

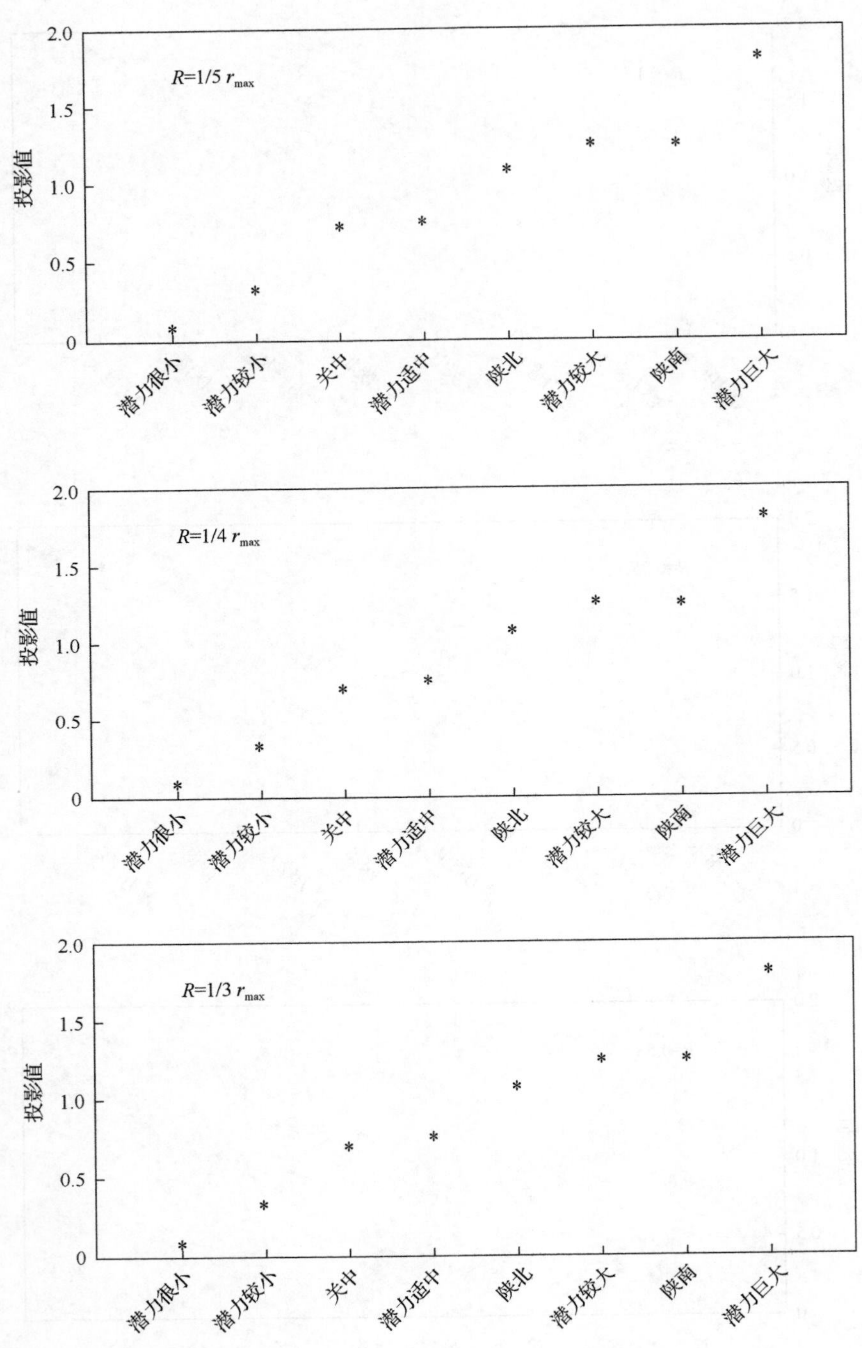

图 4-44　不同窗口半径投影值散点图（节水潜力条件）

从图 4-42～图 4-44 中可以看出，6 种窗口半径对应的投影值还是存在一定差异的。根据投影寻踪模型的思想，投影点应该整体分散、局部聚集，即局部聚集成若干个点团，但点团之间应该尽可能地散开。计算 6 种情况投影点的标准差表示投影点的整体分散情况。根据图 4-42～图 4-44 中投影值的分布情况，将投影点分别分成 3、4、5、6 类，计算不同分类情况下的点团间距离和，结果如表 4-45 所示。分类方法和点团间距离和的计算方法详见本章第二节第一个示例。

表 4-45　不同窗口半径的投影值标准差与点团间距离和（a）

水资源条件 窗口半径 R	标准差	点团间距离和			
		3 类	4 类	5 类	6 类
$0.1S_z$	0.5565	5.2952	1.8400	0.0003	0.0000
$0.3S_z$	0.5955	5.6797	1.9886	0.2635	0.0206
$0.5S_z$	0.6245	6.0305	2.2381	0.7501	0.1789
$1/5\ r_{max}$	0.6163	5.9148	2.1157	0.5696	0.0661
$1/4\ r_{max}$	0.6295	6.1919	2.3598	0.7871	0.1822
$1/3\ r_{max}$	0.6385	6.3867	2.5765	2.2411	0.3181

表 4-45　不同窗口半径的投影值标准差与点团间距离和（b）

社会经济条件 窗口半径 R	标准差	点团间距离和			
		3 类	4 类	5 类	6 类
$0.1S_z$	0.5448	11.6029	1.5594	0.0109	0.0000
$0.3S_z$	0.5540	11.4769	1.6190	0.0546	0.0000
$0.5S_z$	0.5548	11.4283	1.6275	0.0632	0.0000
$1/5\ r_{max}$	0.5551	11.3795	1.6340	0.0706	0.0000
$1/4\ r_{max}$	0.5529	10.7350	4.7641	0.3735	0.1014
$1/3\ r_{max}$	0.5554	11.2407	4.9412	0.2138	0.0989

表 4-45　不同窗口半径的投影值标准差与点团间距离和（c）

节水潜力条件 窗口半径 R	标准差	点团间距离和			
		3 类	4 类	5 类	6 类
$0.1S_z$	0.5721	4.1800	3.4926	0.9872	0.02002126
$0.3S_z$	0.5596	6.7836	1.1551	0.5004	0.074847662
$0.5S_z$	0.5748	5.9762	1.3477	0.6654	0.144290388
$1/5\ r_{max}$	0.5710	6.9090	6.2073	0.7221	0.070555586
$1/4\ r_{max}$	0.5723	6.9755	6.2630	0.7962	0.086929932
$1/3\ r_{max}$	0.5724	6.9866	6.2727	0.8060	0.089591284

从整体分散的角度上看，水资源条件和社会经济条件下，R=1/3 r_{max} 对应的标准差最大，整体分散程度最强；节水潜力条件下，R=0.5S_z 对应的标准差最大，整体分散程度最强。从局部聚集的角度上看，水资源条件和节水潜力条件下，S_z 对应的情况整体上优于 r_{max} 的情况；社会经济条件下，S_z 对应的情况整体上劣于 r_{max} 的情况。但如果分成 6 类，水资源条件下，R=1/5 r_{max} 对应的等级样本整体分散程度和局部聚集情况整体最优；社会经济条件下，R=0.5S_z 对应的等级样本整体分散程度和局部聚集情况整体最优；节水潜力条件下，R=0.1S_z 对应的等级样本整体分散程度和局部聚集情况整体最优。

所以，水资源条件下本例最终选取窗口半径 R=1/5 r_{max}；社会经济条件下本例最终选取窗口半径 R =0.5S_z；节水潜力条件下本例最终选取窗口半径 R=0.1S_z。同前面的模型一样，此处半径的选择带有主观色彩，读者在解决自己的问题时，可以根据需要选择。或者读者可以利用 S_z 和 r_{max} 不同的常数倍，或许会得到更好的结果。

为了更清晰地了解模型的运行过程，将目标函数值的变化过程进行了展示。水资源条件下，当 R=1/5 r_{max} 时；社会经济条件下，当 R=0.5S_z 时；节水潜力条件下，当 R=0.1S_z 时，程序运行 1000 次对应的目标函数值的变化情况分别如图 4-45～图 4-47 所示。

水资源条件下，第 656 次时，对应的目标函数值最大，最大目标值为 3.53，此时投影方向为 a^*=(0.4595,0.6652,0.5083,0.2967)。最大目标值的寻优过程如图 4-48 所示。

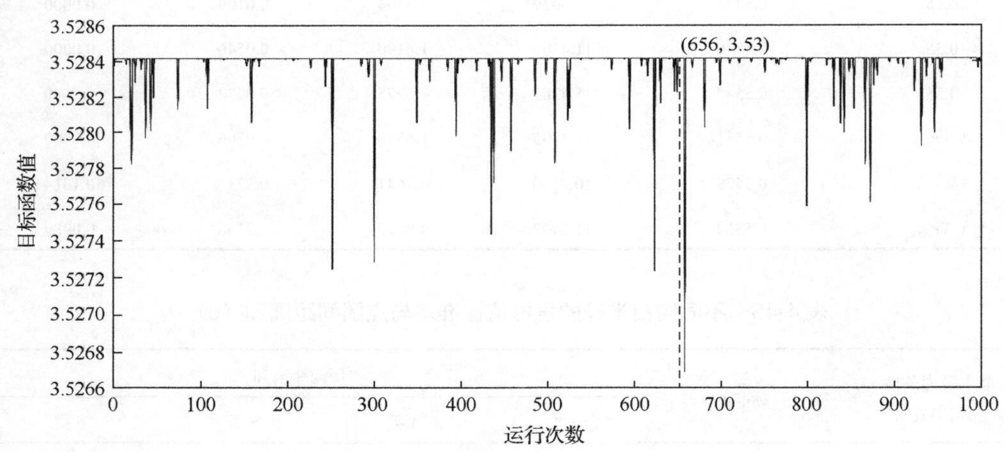

图 4-45　程序运行 1000 次对应的目标函数值变化（水资源条件）

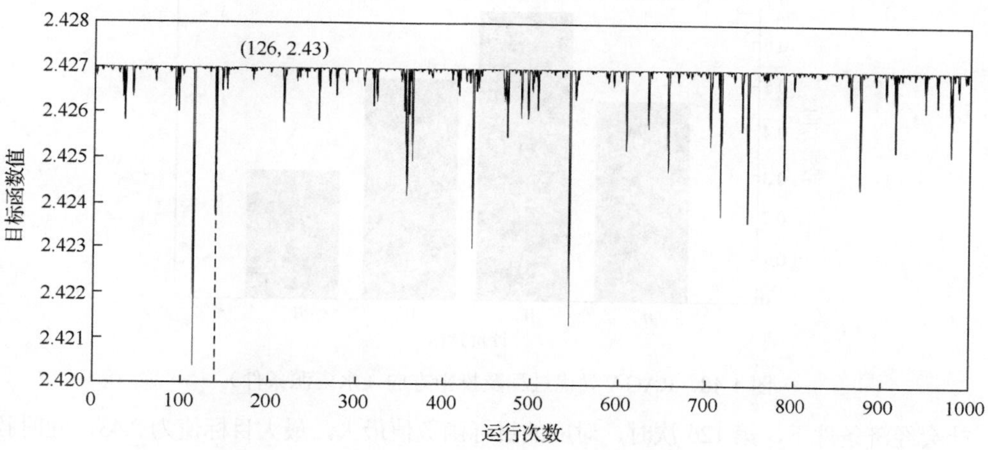

图 4-46 程序运行 1000 次对应的目标函数值变化（社会经济条件）

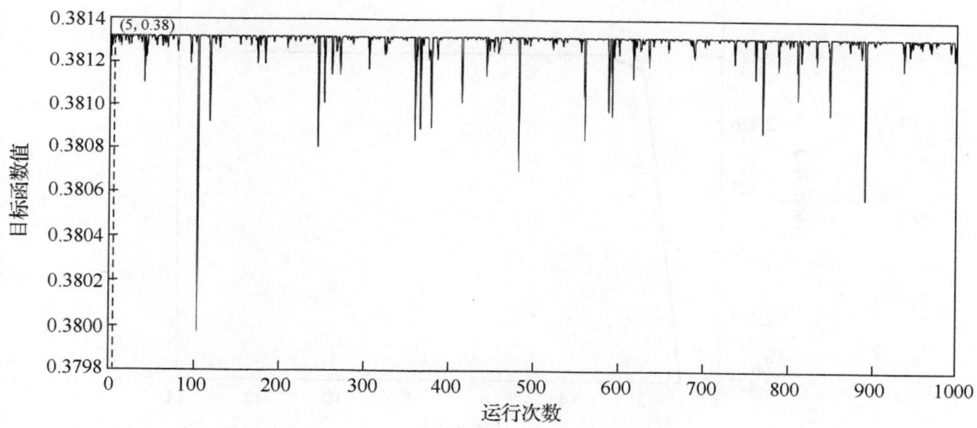

图 4-47 程序运行 1000 次对应的目标函数值变化（节水潜力条件）

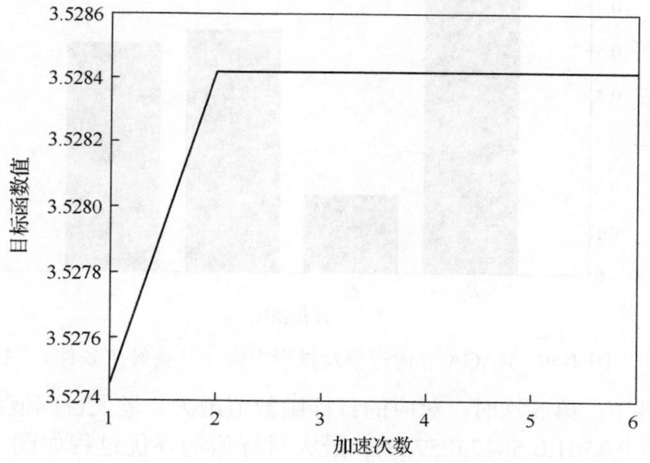

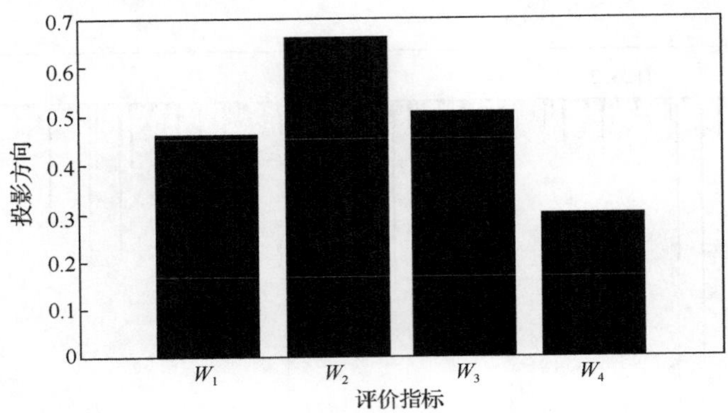

图 4-48　RAGA 寻优过程及投影方向（水资源条件）

社会经济条件下，第 126 次时，对应的目标函数值最大，最大目标值为 2.43，此时投影方向为 a^*=(0.6457,0.1737,0.5406,0.5105)。最大目标值的寻优过程如图 4-49 所示。

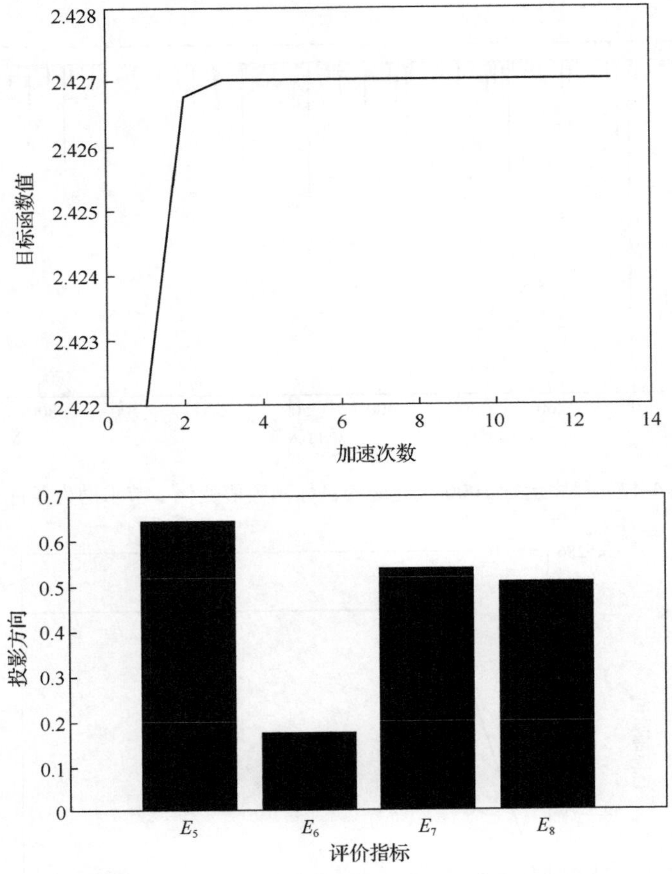

图 4-49　RAGA 寻优过程及投影方向（社会经济条件）

节水潜力条件下，第 5 次时，对应的目标函数值最大，最大目标值为 0.38，此时投影方向为 a^*=(0.3473,0.4501,0.5847,0.5787)。最大目标值的寻优过程如图 4-50 所示。

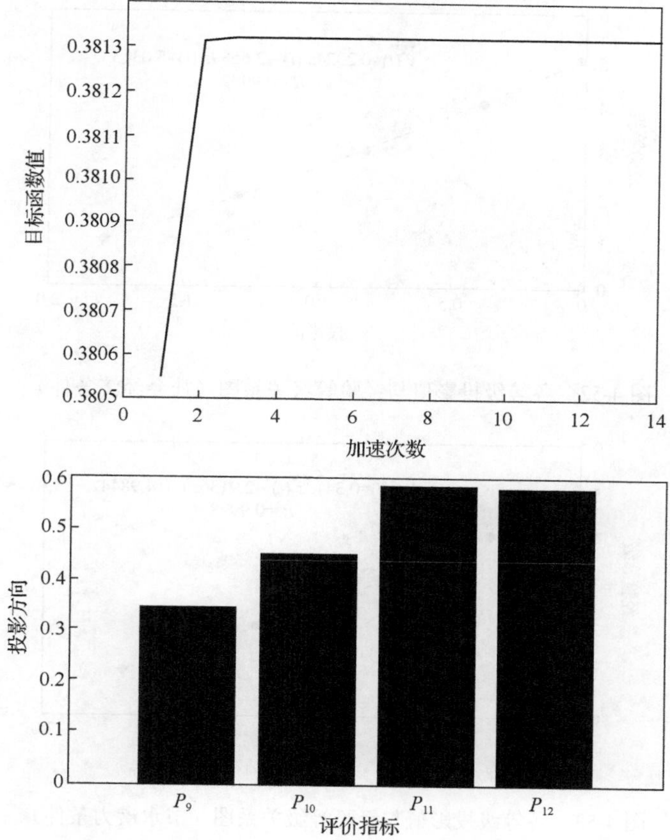

图 4-50　RAGA 寻优过程及投影方向（节水潜力条件）

可以看到，在水资源条件下，RAGA 加速 2 次找到了最大目标值，即在加速到 2 次时，优秀个体中变量之间的差异已经小于 10^{-6}；在社会经济条件和节水潜力条件下，RAGA 加速 3 次找了最大目标值，即在加速到 3 次时，优秀个体中变量之间的差异已经小于 10^{-6}。

R=1/5 $r_{\max}$（水资源条件下）、R=0.5S_z（社会经济条件下）、R=0.1S_z（节水潜力条件下）时 5 个等级样本的投影值，与经验等级 1、2、3、4、5 绘制散点图，如图 4-51～图 4-53 所示。

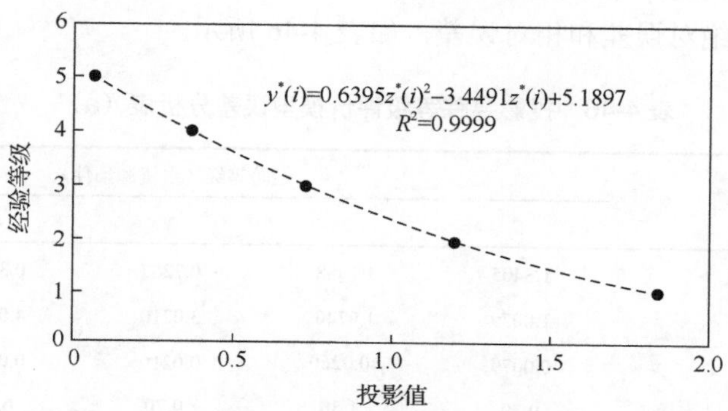

图 4-51　各等级投影值与经验等级关系图（水资源条件）

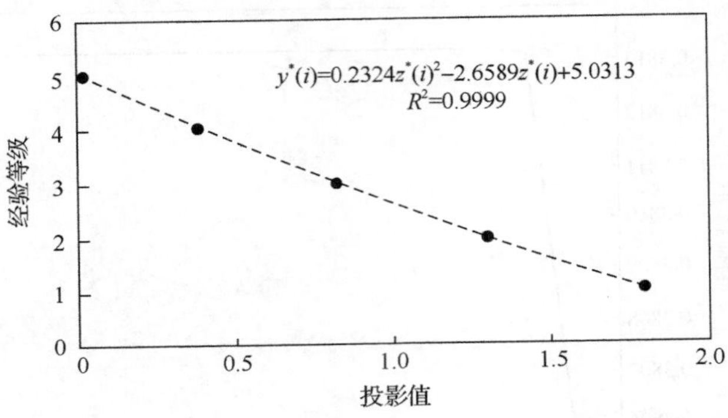

图 4-52　各等级投影值与经验等级关系图（社会经济条件）

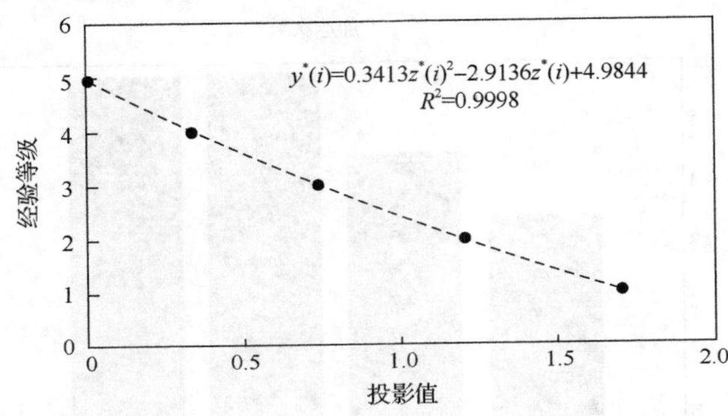

图 4-53　各等级投影值与经验等级关系图（节水潜力条件）

从散点图可以看出，二次曲线比较适合拟合经验等级和投影值，故建立二次曲线的投影寻踪等级评价模型：

$$y^*(i)=0.6395z^*(i)^2-3.4491z^*(i)+5.1897,\quad R^2=0.9999 \tag{4-17}$$

$$y^*(i)=0.2324z^*(i)^2-2.6589z^*(i)+5.0313,\quad R^2=0.9999 \tag{4-18}$$

$$y^*(i)=0.3413z^*(i)^2-2.9136z^*(i)+4.9844,\quad R^2=0.9998 \tag{4-19}$$

式中，$z^*(i)$代表投影值；$y^*(i)$代表等级值。将投影值代入式（4-17）～式（4-19），得到等级拟合值，并计算绝对误差和相对误差，如表 4-46 所示。

表 4-46　投影寻踪等级评价模型误差分析表（a）

	经验等级（水资源条件）				
	1	2	3	4	5
等级样本投影值	1.8405	1.1988	0.7267	0.3674	0.0586
等级拟合值	1.0079	1.9740	3.0210	4.0088	4.9898
绝对误差	0.0079	−0.0260	0.0210	0.0088	−0.0102
相对误差/%	0.79	−1.30	−0.70	0.22	−0.20

表 4-46　投影寻踪等级评价模型误差分析表（b）

	经验等级（社会经济条件）				
	1	2	3	4	5
等级样本投影值	1.7934	1.2951	0.8222	0.3923	0.0170
等级拟合值	1.0103	1.9776	3.0023	4.0240	4.9862
绝对误差	0.0103	−0.0224	0.0023	0.0240	−0.0138
相对误差/%	1.03	−1.12	0.08	0.60	−0.28

表 4-46　投影寻踪等级评价模型误差分析表（c）

	经验等级（节水潜力条件）				
	1	2	3	4	5
等级样本投影值	1.7031	1.2049	0.7420	0.3437	0.0000
等级拟合值	1.0122	1.9693	3.0104	4.0233	4.9844
绝对误差	0.0122	−0.0307	0.0104	0.0233	−0.0156
相对误差/%	1.22	−1.54	0.35	0.58	−0.31

从表 4-46 中可以看到，水资源条件下，绝对误差的绝对值的均值为 0.0148，相对误差绝对值的均值为 0.6431%；社会经济条件下，绝对误差的绝对值的均值为 0.0146，相对误差绝对值的均值为 0.6206%；节水潜力条件下，绝对误差的绝对值的均值为 0.0184，相对误差绝对值的均值为 0.8%。可见，投影寻踪等级评价模型精度很高，可以用来描述水资源承载力指标与等级之间的关系。

下面计算陕西省各区域综合评价等级，即将各区域投影值代入式(4-17)～式(4-19)，得到等级拟合值，进而确定最终评价等级，结果如表 4-47 所示。

表 4-47　陕西省各区域水资源承载力评价结果（a）

		关中	陕北	陕南
水资源条件	投影值	0.2324	0.3490	1.2134
	等级拟合值	4.4227	4.0639	1.9461
	评价等级	严重缺水	严重缺水	轻度缺水

表 4-47　陕西省各区域水资源承载力评价结果（b）

		关中	陕北	陕南
社会经济条件	投影值	0.8220	0.8222	0.4238
	等级拟合值	3.0027	3.0023	3.9462
	评价等级	中度发达	中度发达	欠发达

表 4-47　陕西省各区域水资源承载力评价结果（c）

		关中	陕北	陕南
节水潜力条件	投影值	0.752	1.2049	1.4467
	等级拟合值	2.9863793	1.9692972	1.4836156
	评价等级	潜力适中	潜力较大	潜力巨大

可以看到，关中地区水资源条件处于严重缺水水平，社会经济处于中度发达水平，节水潜力适中；陕北地区水资源条件处于严重缺水水平，社会经济处于中度发达水平，节水潜力较大；陕南地区水资源条件处于轻度缺水水平，社会经济处于欠发达水平，节水潜力巨大。本书的分析结果与文献[167]十分类似，不同在于文献将关中水资源条件评定为中度缺水，将陕北社会经济条件评定为较发达，本书将关中节水潜力评定为适中，将陕南节水潜力评定为巨大。

从区域类型划分结果可以看出，关中地区应该从控制用水总量、加强水污染防治、建设引调水工程、改进工农业节水技术等方面入手。关中地区是陕西省的发展中心，人口密集，同时是粮食主产区，主要包括渭河沿线城市群及泾东渭北地区：西安、宝鸡、咸阳、渭南、杨凌、铜川等市（区）。区域内水资源总量 $90.05\times10^8 m^3$，人均水资源仅 $384.53m^3$，是全省人均水资源量最少的地区，降水量少，现状用水量已接近可供水资源量，地表水水质达标率低于 50%，地处黄河流域，水质污染较为严重，水资源利用率较高。在工业方面，关中地区城镇聚集、工业发达，要加快对高用水行业的节水技术改造，淘汰落后的用水技术设施，新建工业企业要按照高标准节水要求建设，严格水资源论证。调整产业布局，鼓励大型高用水企业向水资源相对丰富地区搬迁，严格控制新建高用水和高污染工业项目。在农业方面，关中地区是我国粮食主产区之一，灌溉面积占全省灌溉面积的 72%，农业灌溉节水是该区节水的重点。在城镇生活方面，加快改造城市供水管网，强化城镇生活用水管理，合理利用多种水源，强制使用节水器具及计量设备。加强水污染防治，提高污水处理率和再生利用率，鼓励非常规水源利用。

陕北地区节水工作的重点在多水源利用、工农业节水、水资源保护等领域。陕北地区矿产资源丰富，特别是煤、天然气、石油和盐储量较大，被国务院确定为国家级能源化工基地。区内自然生态环境脆弱，水土流失严重，水资源时空分布不均，可利用量少。部分河段存在生态环境用水被挤占、土地荒漠化等问题。其重点区域是陕北能源化工基地及榆林、延安市区。在区域经济建设中要把节约用水和保护环境作为重要任务，严格实行用水总量控制，加强用水定额管理，提高用水效率，注重矿井水利用等多水源开发。对新上工业项目要严格控制，按照高标准节水要求建设，严格水资源论证。加快能源基地建设与技术进步，建立与水资源承载能力相适应的经济结构体系。利用其经济优势，推广先进适用的节水技术，集中力量建设一批高起点、具有国际先进水平的节约用水型企业。榆林市和延安市是农牧结合区，是陕西省的牧业重地，推广草场节水灌溉和耕作技术，建设牧区节水灌溉饲草基地。合理安排农业布局和调整种植业结构，积极发展旱作农业，综合运用农艺、生物和工程等节水措施；加大现有灌区的节水改造力度，发展节水灌溉，渠灌区继续抓好以渠道防渗为主的节水改造；有条件的山区要积极推广覆盖集雨、保护性耕作、深松蓄水保墒等旱作节水技术。

陕南地区水资源量较全省其他地区相对丰富，而且节水潜力很大，但是社会经济实力较弱，政府应在节水型社会建设方面给予一定的财政支持或者鼓励多方融资。陕南地区位于长江流域，是国家南水北调中线水源地，水资源开发利用率较低，人均供水量与其他丰水地区相比较少。陕南节水工作的重点在工业、农业、城市生活、雨水集蓄利用及水资源保护等领域。该地区应节水与防污并重，发展循环经济及生态农业。加快产业结构调整和促进产业提升，大力发展循环经济，推行清洁生产；加强水污染的防治，实行严格的排污控制，建立和完善水环境与水资源保护的长效机制；提高工业废污水处理标准，实现工业废污水全面达标排放；加快城市污水处理设施和垃圾处理设施的建设，最大限度地减少污水和垃圾对水环境的污染和破坏。

（四）投影寻踪等级评价模型在水管理制度评价中的应用

最严格水资源管理制度是一种行政管理制度，它是指根据区域水资源潜力，按照水资源利用的最低限制，制定水资源开发、利用、排放标准，并用最严格的行政行为进行管理的制度。它以水循环规律为基础，是在遵守水循环规律的基础上面向水循环全过程、全要素的管理制度；最严格水资源管理制度是对水资源的依法管理、可持续管理，其最终目标是实现有限水资源的可持续利用[168]。

同时，作为中国新时期一种新型水资源管理制度，最严格水资源管理制度实施效果的评价必须要有一套科学合理而又简单易行的评价体系作支撑。本书主要借用文献[169]的资料，选择宝应县实施最严格水资源管理制度的 2012～2016 年数据，建立了基于 RAGA 的投影寻踪等级评价模型，并将其应用到最严格水资源管理制度评价中，以此验证模型在此类评价中的适用性，以期为后续的水资源管理制度评价工作提供理论指导。

本书也沿用了文献[169]中所制定的以定量指标替代定性指标而构建的最严格水资源管理制度实施效果评价指标体系，具体内容如表 4-48 所示。

表 4-48 最严格水资源管理制度实施效果评价指标体系及分级标准

指标	指标类型	优秀	良好	合格	不合格
用水总量控制率 C_1/%	逆	0～80	80～90	90～100	100～110
万元国内生产总值用水量降幅 C_2/%	正	10～20	8～10	5～8	0～5
万元工业增加值用水量降幅 C_3/%	正	10～20	8～10	5～8	0～5
农田灌溉水有效利用系数 C_4	正	0.7～1.0	0.6～0.7	0.5～0.6	0.4～0.5
重要江河湖泊水功能区水质达标率 C_5/%	正	90～100	80～90	60～80	0～60
重要水功能区污染物总量减排率 C_6/%	正	10～20	8～10	5～8	0～5
节水灌溉率 C_7/%	正	60～100	40～60	20～40	0～20
亩均灌溉用水量 C_8/(m^3/亩)	逆	0～200	200～400	400～500	500～600
人均综合用水量 C_9/(m^3/人)	逆	0～600	600～650	650～675	675～690

续表

指标	指标类型	优秀	良好	合格	不合格
节水器具普及率 C_{10}/%	正	90～100	80～90	60～80	0～60
水价改革到位率 C_{11}/%	正	90～100	80～90	60～80	0～60
水资源费征收到位率 C_{12}/%	正	90～100	80～90	60～80	0～60
非常规水源利用量比率 C_{13}/%	正	15～30	10～15	6～10	0～6
饮用水源地安全供水保证率 C_{14}/%	正	99～100	90～99	70～90	0～70
污水达标处理率 C_{15}/%	正	90～100	80～90	60～80	0～60
省、市、区、县界缓冲区管理保证率 C_{16}/%	正	90～100	80～90	60～80	0～60
河岸植被覆盖率 C_{17}/%	正	90～100	80～90	60～80	0～60
生态环境需水量满足率 C_{18}/%	正	90～100	80～90	60～80	0～60
水资源开发利用率 C_{19}/%	逆	0～10	10～30	30～50	50～100
建设项目水资源论证率 C_{20}/%	正	90～100	80～90	60～80	0～60
取水水量控制率 C_{21}/%	正	90～100	80～90	60～80	0～60
外调水取用水量比率 C_{22}/%	正	85～100	60～85	30～60	0～30
地下水开采率 C_{23}/%	逆	0～20	20～40	40～60	60～100
水功能区 COD 总量控制率 C_{24}/%	正	90～100	80～90	60～80	0～60

注：1 亩≈666.67m^2。

将 2012～2016 年宝应县最严格水资源管理制度实施效果评价指标统计值作为待评价样本。各样本指标的统计值见表 4-49，同时，表 4-49 中还包括了等级样本值，等级样本值由表 4-48 中分级标准区间的均值计算得到。

表 4-49　2012～2016 年宝应县最严格水资源管理制度实施效果评价指标统计值及等级样本值

指标	优秀	良好	合格	不合格	2012 年	2013 年	2014 年	2015 年	2016 年
C_1	40	85	95	105	63.5	64.6	63.1	61.1	62.1
C_2	15	9	6.5	2.5	12.8	13.3	12.3	12.1	12
C_3	15	9	6.5	2.5	15.2	15.7	15.3	14.8	14.8
C_4	0.85	0.65	0.55	0.45	0.5	0.5	0.4	0.4	0.4
C_5	95	85	70	30	78.7	80.2	84.8	88.6	85.3
C_6	15	9	6.5	2.5	12.5	12.5	12.7	13.3	13.7
C_7	80	50	30	10	86.5	87.4	88.7	90.2	91.3
C_8	100	300	450	550	151.8	151.8	147	139.8	139.8
C_9	300	625	662.5	682.5	122.1	113.2	107	91.1	89
C_{10}	95	85	70	30	85.3	88.9	90.2	95.7	95.8
C_{11}	95	85	70	30	85.3	86.2	85.5	85.8	86.1
C_{12}	95	85	70	30	86.3	86.7	88.5	89.3	90.2
C_{13}	22.5	12.5	8	3	20.5	18.8	19.7	19.4	20.7
C_{14}	99.5	94.5	80	35	98.7	98.8	99.2	99.8	99.9
C_{15}	95	85	70	30	85.3	86.8	86.8	87.8	88.5

续表

指标	优秀	良好	合格	不合格	2012 年	2013 年	2014 年	2015 年	2016 年
C_{16}	95	85	70	30	91.9	93.4	93.6	94.7	95.1
C_{17}	95	85	70	30	77.2	83.3	87.2	85	88.1
C_{18}	95	85	70	30	75.8	82.5	86.7	88.8	90.1
C_{19}	5	20	40	75	21	24.8	15.4	19	19.8
C_{20}	95	85	70	30	87.5	88.6	88.5	90.2	90.6
C_{21}	95	85	70	30	75.3	77.6	77.8	80.1	81.3
C_{22}	92.5	72.5	45	15	87	87.6	82.9	76.5	77.4
C_{23}	10	30	50	80	35.7	36.4	38.2	39.8	30.1
C_{24}	95	85	70	30	85.7	87.6	93.5	97.4	97.6

为了消除量级和量纲的影响，根据式（4-1）和式（4-2），结合表 4-49 中指标的正逆性，对上述数据进行归一化处理，归一化后的结果如表 4-50 所示。

表 4-50　各年份指标统计值及等级样本值归一化结果

指标	优秀	良好	合格	不合格	2012 年	2013 年	2014 年	2015 年	2016 年
C_1	1.0000	0.3077	0.1538	0.0000	0.6385	0.6215	0.6446	0.6754	0.6600
C_2	1.0000	0.5200	0.3200	0.0000	0.8240	0.8640	0.7840	0.7680	0.7600
C_3	0.9470	0.4924	0.3030	0.0000	0.9621	1.0000	0.9697	0.9318	0.9318
C_4	1.0000	0.5556	0.3333	0.1111	0.2222	0.2222	0.0000	0.0000	0.0000
C_5	1.0000	0.8462	0.6154	0.0000	0.7492	0.7723	0.8431	0.9015	0.8508
C_6	1.0000	0.5200	0.3200	0.0000	0.8000	0.8000	0.8160	0.8640	0.8960
C_7	0.8610	0.4920	0.2460	0.0000	0.9410	0.9520	0.9680	0.9865	1.0000
C_8	1.0000	0.5556	0.2222	0.0000	0.8849	0.8849	0.8956	0.9116	0.9116
C_9	0.6445	0.0969	0.0337	0.0000	0.9442	0.9592	0.9697	0.9965	1.0000
C_{10}	0.9878	0.8359	0.6079	0.0000	0.8404	0.8951	0.9149	0.9985	1.0000
C_{11}	1.0000	0.8462	0.6154	0.0000	0.8508	0.8646	0.8538	0.8585	0.8631
C_{12}	1.0000	0.8462	0.6154	0.0000	0.8662	0.8723	0.9000	0.9123	0.9262
C_{13}	1.0000	0.4872	0.2564	0.0000	0.8974	0.8103	0.8564	0.8410	0.9077
C_{14}	0.9938	0.9168	0.6934	0.0000	0.9815	0.9831	0.9892	0.9985	1.0000
C_{15}	1.0000	0.8462	0.6154	0.0000	0.8508	0.8738	0.8738	0.8892	0.9000
C_{16}	0.9985	0.8449	0.6144	0.0000	0.9508	0.9739	0.9770	0.9939	1.0000
C_{17}	1.0000	0.8462	0.6154	0.0000	0.7262	0.8200	0.8800	0.8462	0.8938
C_{18}	1.0000	0.8462	0.6154	0.0000	0.7046	0.8077	0.8723	0.9046	0.9246
C_{19}	1.0000	0.7857	0.5000	0.0000	0.7714	0.7171	0.8514	0.8000	0.7886
C_{20}	1.0000	0.8462	0.6154	0.0000	0.8846	0.9015	0.9000	0.9262	0.9323
C_{21}	1.0000	0.8462	0.6154	0.0000	0.6969	0.7323	0.7354	0.7708	0.7892
C_{22}	1.0000	0.7419	0.3871	0.0000	0.9290	0.9368	0.8761	0.7935	0.8052
C_{23}	1.0000	0.7143	0.4286	0.0000	0.6329	0.6229	0.5971	0.5743	0.7129
C_{24}	0.9615	0.8136	0.5917	0.0000	0.8240	0.8521	0.9393	0.9970	1.0000

采用 MATLAB 2016a 编程处理数据，对三江平原各地区样本及等级样本数据建立投影寻踪分类模型，选定父代初始种群规模为 N=400、交叉概率 p_c=0.8、变异概率 p_m=0.2，选取两次进化所产生的优秀个体变化区间作为下次加速时优化变量的变化区间，优秀个体数目选定为 40 个，最大加速次数为 20 次，变异方向的系数 M=10，运行停止的最小阈值为 10^{-6}。为了观察不同投影半径的影响，分别选取投影半径 R 为 $0.1S_z$、$0.3S_z$、$0.5S_z$、1/5 $r_{\max}$、1/4 $r_{\max}$、1/3 $r_{\max}$。考虑到 RAGA 为随机寻优算法，6 种半径的情况分别运行 1000 次，取其中最大目标值对应的投影方向及投影值。

图 4-54 为不同窗口半径情况下，5 个年份样本和 4 个等级样本的投影值散点图。为了体现出投影点的分类状态，将投影值进行升序排序后再绘制散点图。

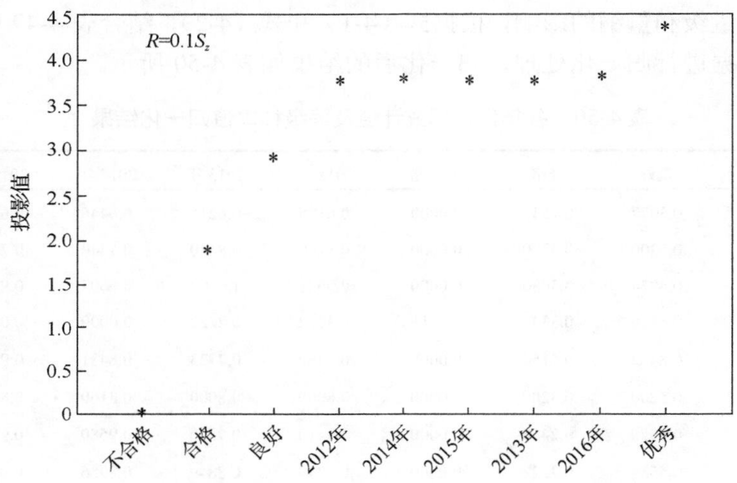

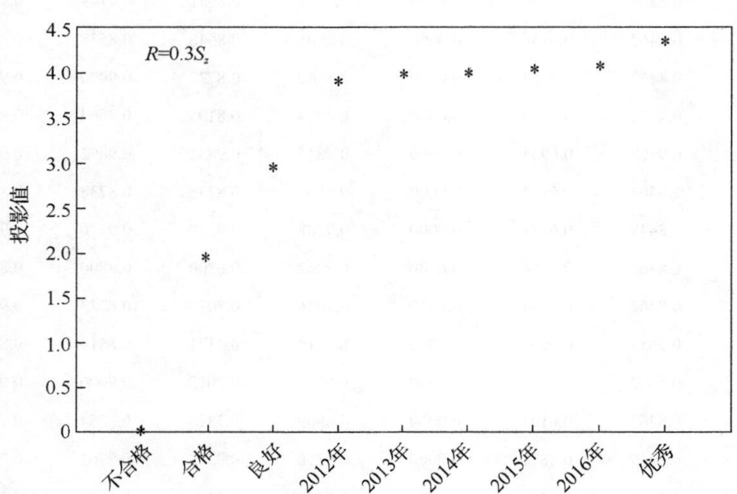

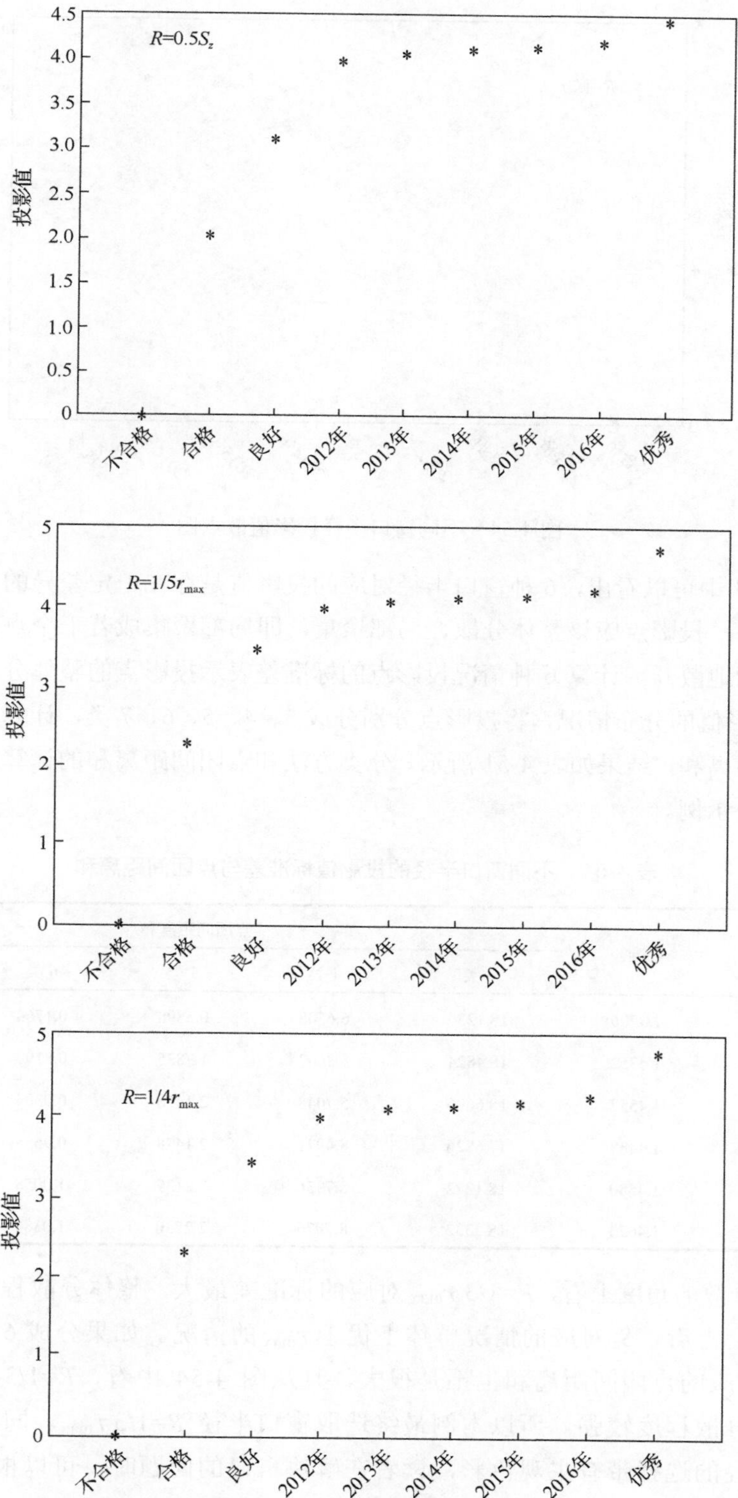
R=0.5S_z
投影值
4.5
4.0
3.5
3.0
2.5
2.0
1.5
1.0
0.5
0
不合格
合格
良好
2012年
2013年
2014年
2015年
2016年
优秀
R=1/5$r_{\max}$
投影值
5
4
3
2
1
0
不合格
合格
良好
2012年
2013年
2014年
2015年
2016年
优秀
R=1/4$r_{\max}$
投影值
5
4
3
2
1
0
不合格
合格
良好
2012年
2013年
2014年
2015年
2016年
优秀

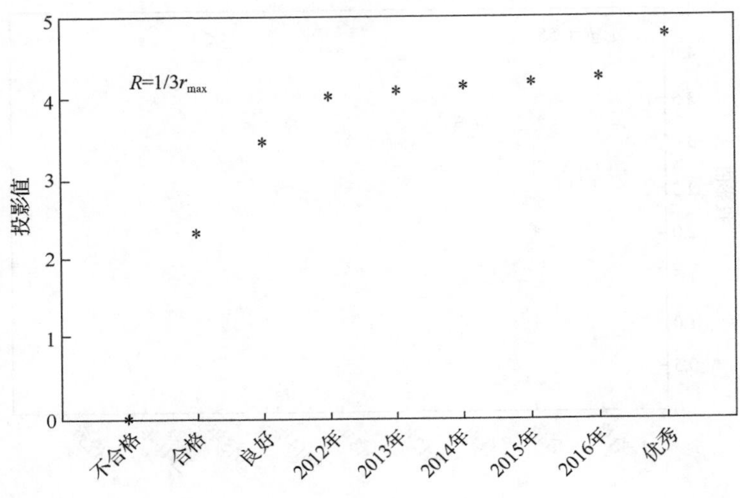

图 4-54　不同窗口半径投影值散点图

从图 4-54 中可以看出，6 种窗口半径对应的投影值是存在一定差异的。根据投影寻踪模型的思想，投影点应该整体分散、局部聚集，即局部聚集成若干个点团，但点团之间应该尽可能地散开。计算 6 种情况投影点的标准差表示投影点的整体分散情况。根据图 4-54 中投影值的分布情况，将投影点分别分成 3、4、5、6、7 类，计算不同分类情况下的点团间距离和，结果如表 4-51 所示。分类方法和点团间距离和的计算方法详见本章第二节第一个示例。

表 4-51　不同窗口半径的投影值标准差与点团间距离和

窗口半径 R	标准差	点团间距离和				
		3 类	4 类	5 类	6 类	7 类
$0.1S_z$	1.3706	18.1230	6.6508	0.5898	0.1764	0.0178
$0.3S_z$	1.4352	18.4824	5.2602	1.7835	0.8195	0.3053
$0.5S_z$	1.4552	18.6606	5.7048	2.1426	0.9804	0.3625
$1/5\ r_{max}$	1.4488	17.6826	8.4971	2.1478	0.9658	0.3423
$1/4\ r_{max}$	1.4580	18.1272	8.7336	2.2139	1.0058	0.3641
$1/3\ r_{max}$	1.4623	18.3332	8.7076	2.2730	1.0384	0.3835

从整体分散的角度上看，R=1/3 r_{max} 对应的标准差最大，整体分散程度最强。从局部聚集的角度上看，S_z 对应的情况整体上优于 r_{max} 的情况。如果分成 6 类或 7 类时，R=1/3 r_{max} 对应的点团间距离和也不是很大，且从图 4-54 中看，R=1/3 r_{max} 对应的等级样本整体分散程度较强。所以本例最终选取窗口半径 R=1/3 r_{max}。同前面的模型一样，此处半径的选择带有主观色彩，读者在解决自己的问题时，可以根据需要选择。或者读者可以利用 S_z 和 r_{max} 不同的常数倍，或许会得到更好的结果。

为了更清晰地了解模型的运行过程，将目标函数值的变化过程进行了展示。当 R=1/3 r_{max} 时，程序运行 1000 次对应的目标函数值的变化情况如图 4-55 所示。

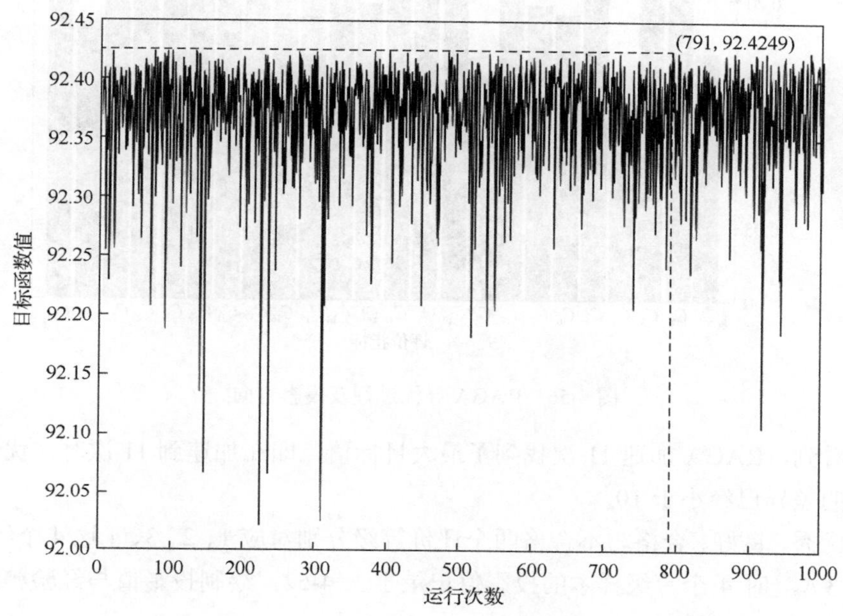

图 4-55　程序运行 1000 次对应的目标函数值变化

第 791 次时，对应的目标函数值最大，最大目标值为 92.4249，此时投影方向为 a^*=(0.1650,0.2036,0.2077,0.1222,0.2063,0.1908,0.1968,0.2086,0.1510,0.2139,0.2205,0.2194, 0.1981,0.2359,0.2194,0.2306,0.2079,0.2048,0.2084,0.2221,0.2041,0.2309,0.1865, 0.2071)。最大目标值的寻优过程如图 4-56 所示。

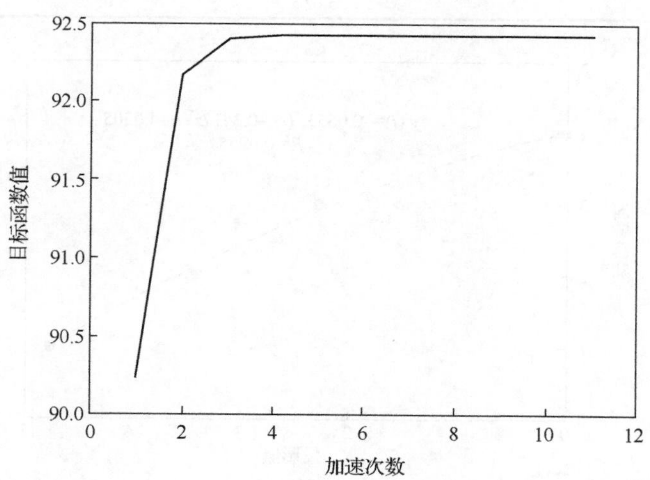

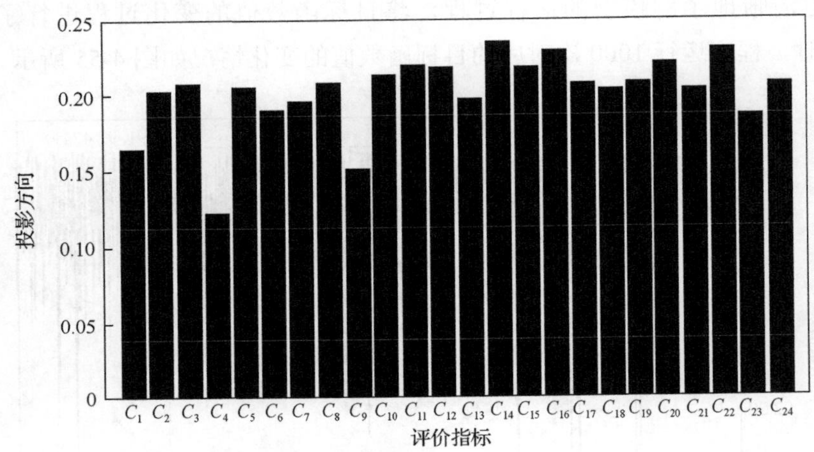

图 4-56　RAGA 寻优过程及投影方向

可以看到，RAGA 加速 11 次找到了最大目标值，即在加速到 11 次时，优秀个体中变量之间的差异已经小于 10^{-6}。

设置优秀、良好、合格与不合格四个评价等级分别对应 1、2、3、4 这 4 个经验等级，并将 $R=1/3\ r_{\max}$ 时 4 个等级样本的投影值记录于表 4-52，绘制投影值与经验等级的散点图，结果如图 4-57 所示。

表 4-52　投影寻踪等级评价模型误差分析表

	经验等级 1	经验等级 2	经验等级 3	经验等级 4
等级样本投影值	4.7571	3.4187	2.2861	0.0136
等级拟合值	0.9625	2.1125	2.9085	4.0158
绝对误差	−0.0375	0.1125	−0.0915	0.0158
相对误差/%	−3.75	5.62	3.05	4

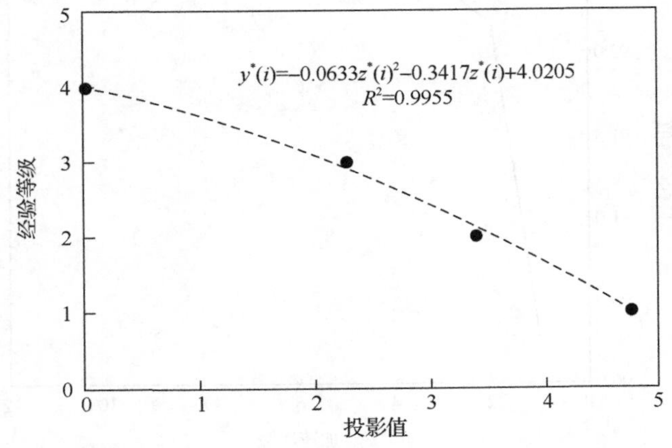

图 4-57　各等级投影值与经验等级关系图

从散点图可以看出，二次曲线比较适合拟合经验等级和投影值，故建立二次曲线的投影寻踪等级评价模型：

$$y^*(i) = -0.0633z^*(i)^2 - 0.3417z^*(i) + 4.0205,\ R^2 = 0.9955 \qquad (4\text{-}20)$$

式中，$z^*(i)$代表投影值；$y^*(i)$代表等级值。将投影值代入式（4-20），得到等级拟合值，并计算绝对误差和相对误差，如表 4-52 所示。

从表 4-52 中可以看到，绝对误差的绝对值的均值为 0.0643，相对误差绝对值的均值为 4.11%。可见投影寻踪等级评价模型精度很高，可以用来描述最严格水资源管理制度实施效果评价指标与等级之间的关系。

下面计算 2012～2016 年最严格水资源管理制度评价等级，即将各区域投影值代入式（4-20），得到等级拟合值，进而确定最终评价等级，结果如表 4-53 所示。

表 4-53　2012～2016 年最严格水资源管理制度实施效果评价等级

	2012 年	2013 年	2014 年	2015 年	2016 年
投影值	3.9902	4.0682	4.1193	4.1640	4.2263
等级拟合值	1.6492	1.5828	1.5388	1.5001	1.4457
评价等级	良好	良好	良好	良好	优秀

结果显示，宝应县自 2012 年开始实施最严格水资源管理制度以来，至 2016 年的几年间，评价结果的投影值逐渐增大，最严格水资源管理制度实施效果评价等级也由良好至优秀，说明宝应县在水资源规划、调度、管理的改善等多方面均卓有成效，最严格水资源管理制度的实施效果逐渐变好，需要继续保持。本书的分析结果与文献[169]所使用的投影寻踪-模糊综合评价模型评价结果一致，也与宝应县水务局提供的评价结果一致，2016 年所对应的等级标准均为优秀，说明本书中所采用的基于实数编码加速遗传算法优化的投影寻踪评价模型方法在最严格水资源管理制度实施效果评价中切实可行。

（五）投影寻踪等级评价模型在寒区引水隧洞结构健康状态评价中的应用

引水隧洞是自水源地引水的水工隧洞，是常见的水工建筑物之一。在我国早期投入建设的引水隧洞中，随着工程的投入使用以及多种不良因素的影响，隧洞在长期运行中出现了衬砌变形、衬砌裂缝、隧道漏水等多种问题，导致隧洞无法完成正常安全输水工作。因此，系统地识别出隧洞存在的各种因素并对其健康状态进行合理的评价，以对引水隧洞进行合理及时的维修加固，对保障水工隧洞的正常使用年限并减少输水过程中的水量损失具有重要的意义。

本书参考文献[170]的资料数据，采用基于 RAGA 的投影寻踪等级评价模型对盘道岭隧洞结构健康状态进行综合评价。根据相关资料，筛选出的引水隧洞结构健康状态评价指标体系如图 4-58 所示，底层指标的判定标准如表 4-54 所示。

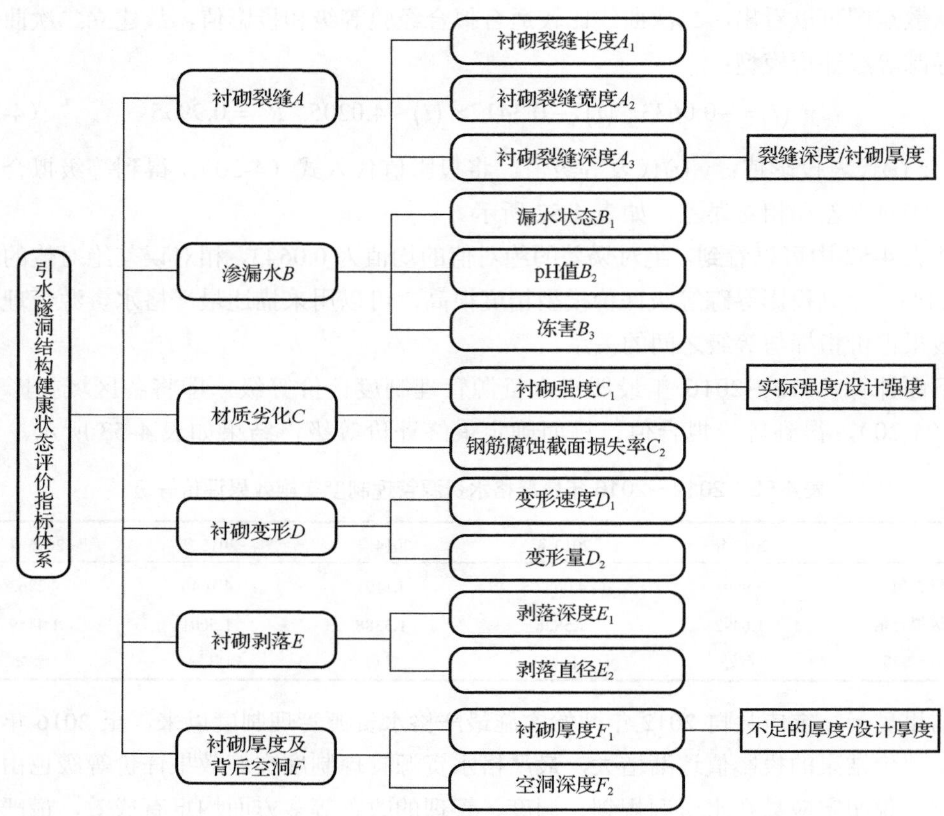

图 4-58　引水隧洞结构健康状态评价指标体系

在表 4-54 中，安全等级 A～D 表示隧洞健康状态依次由差到好，由于 A 级和 D 级在原文献中都是单侧区间，为了得到等级样本，选取区间端点的均值作为该等级对应的样本，所以对单侧区间来说，在本书中我们补齐了一侧的端点，并将漏水状态 B_1 中的浸渗、滴漏、涌流、喷射分别设置了 0～0.01、0.01～0.05、0.05～0.2、0.2～1 的安全等级范围，并假定浸渗、滴漏、涌流所对应的指标数据分别为 0.005、0.03 及 0.125；将冻害 B_3 中的挂冰不影响过流、挂冰影响过流分别设置 0～0.3、0.3～1 的安全等级范围，当安全等级为 A 级和 B 级时，冻害 B_3 指标记为 1，并假定挂冰不影响过流、挂冰影响过流状态所对应的指标数据分别为 0.15 和 0.65。

表 4-54　引水隧洞结构健康状态评价指标判定标准

1 级指标	2 级指标	指标类型	安全等级			
			D	C	B	A
衬砌裂缝（A）	衬砌裂缝长度 A_1/m	逆	0～1	1～5	5～10	5～15
	衬砌裂缝宽度 A_2/mm	逆	0～0.2	0.2～3	3～5	5～10
	衬砌裂缝深度 A_3	逆	0～0.3	0.3～5	0.5～0.7	0.7～1

续表

1级指标	2级指标	指标类型	安全等级			
			D	C	B	A
渗漏水（B）	漏水状态 B_1	逆	浸渗	滴漏	涌流	喷射
	pH 值 B_2	正	6.1～7.9	5.1～6.0	4.1～5.0	0～4.0
	冻害 B_3	逆	挂冰不影响过流	挂冰影响过流	—	—
材质劣化（C）	衬砌强度 C_1	正	0.8～1.2	0.5～0.8	0～0.5	0
	钢筋腐蚀截面损失率 C_2/%	逆	0～3	3～10	10～25	25～50
衬砌变形（D）	变形速度 D_1	逆	0～1	1～3	3～10	10～30
	变形量 D_2	逆	0～0.25	0.25～0.5	0.5～0.75	0.75～1
衬砌剥落（E）	剥落深度 E_1/mm	逆	0～6	6～12	12～25	25～50
	剥落直径 E_2/mm	逆	0～50	50～75	75～150	150～200
衬砌厚度及背后空洞（F）	衬砌厚度 F_1	逆	0	0.01～0.1	0.1～0.5	0.5～1
	空洞深度 F_2/mm	逆	0～20	20～100	100～500	500～1000

将盘道岭隧洞 K76+235～K77+633、K77+633～K77+757、K77+757～K80+230、K80+230～K86+402、K86+402～K86+507、K86+507～K91+958 这 6 个典型隧洞段分别命名为隧洞 1、隧洞 2、隧洞 3、隧洞 4、隧洞 5 和隧洞 6，并将其作为待评价样本，以便于了解盘道岭隧洞现阶段的健康状态，各样本的健康状态评价指标数据如表 4-55 所示。并且，在表 4-55 中添加了等级样本数据，其数值是由表 4-54 中等级样本区间的均值计算得到。

表 4-55　盘道岭隧洞结构健康状态评价指标数据

指标	D	C	B	A	隧洞 1	隧洞 2	隧洞 3	隧洞 4	隧洞 5	隧洞 6
A_1	0.5	3	7.5	10	2.37	1.98	4.07	1.99	2.88	3.63
A_2	0.1	1.6	4	7.5	0.28	0.24	1.27	2.08	0.15	1.24
A_3	0.15	2.65	0.6	0.85	0.32	0.35	0.37	0.31	0.49	0.51
B_1	0.005	0.03	0.125	0.6	0.03	0.03	0.125	0.005	0.03	0.03
B_2	7	5.55	4.55	2	5.69	5.02	5.28	5.35	5.23	5.33
B_3	0.15	0.65	1	1	0.15	0.15	0.65	0.65	0.15	0.15
C_1	1	0.65	0.25	0	0.97	0.78	0.76	0.63	0.88	0.82
C_2	1.5	6.5	17.5	37.5	4.21	4.66	6.83	5.98	3.01	3.88
D_1	0.5	2	6.5	20	2.04	1.19	4.84	5.02	2.62	1.14
D_2	0.125	0.375	0.625	0.875	0.27	0.52	0.48	0.29	0.34	0.27
E_1	3	9	18.5	37.5	8.56	7.99	8.63	9.25	7.13	8.58
E_2	25	62.5	112.5	175	38.89	50.31	51.32	39.23	40.33	49.77
F_1	0	0.055	0.3	0.75	0.16	0.51	0.31	0.49	0.11	0.28
F_2	10	60	300	750	8.99	16.67	23.85	25.76	10.73	16.97

为了消除量级和量纲的影响，根据式（4-1）和式（4-2），结合表 4-54 中指标的正逆性，对上述数据进行归一化处理，归一化后的结果如表 4-56 所示。

表 4-56　盘道岭隧洞结构样本指标及等级样本归一化值

指标	D	C	B	A	隧洞 1	隧洞 2	隧洞 3	隧洞 4	隧洞 5	隧洞 6
A_1	1.0000	0.7368	0.2632	0.0000	0.8032	0.8442	0.6242	0.8432	0.7495	0.6705
A_2	1.0000	0.7973	0.4730	0.0000	0.9757	0.9811	0.8419	0.7324	0.9932	0.8459
A_3	1.0000	0.0000	0.8200	0.7200	0.9320	0.9200	0.9120	0.9360	0.8640	0.8560
B_1	1.0000	0.9580	0.7983	0.0000	0.9580	0.9580	0.7983	1.0000	0.9580	0.9580
B_2	1.0000	0.7100	0.5100	0.0000	0.7380	0.6040	0.6560	0.6700	0.6460	0.6660
B_3	1.0000	0.4118	0.0000	0.0000	1.0000	1.0000	0.4118	0.4118	1.0000	1.0000
C_1	1.0000	0.6500	0.2500	0.0000	0.9700	0.7800	0.7600	0.6300	0.8800	0.8200
C_2	1.0000	0.8611	0.5556	0.0000	0.9247	0.9122	0.8519	0.8756	0.9581	0.9339
D_1	1.0000	0.9231	0.6923	0.0000	0.9210	0.9646	0.7774	0.7682	0.8913	0.9672
D_2	1.0000	0.6667	0.3333	0.0000	0.8067	0.4733	0.5267	0.7800	0.7133	0.8067
E_1	1.0000	0.8261	0.5507	0.0000	0.8388	0.8554	0.8368	0.8188	0.8803	0.8383
E_2	1.0000	0.7500	0.4167	0.0000	0.9074	0.8313	0.8245	0.9051	0.8978	0.8349
F_1	1.0000	0.9267	0.6000	0.0000	0.7867	0.3200	0.5867	0.3467	0.8533	0.6267
F_2	0.9986	0.9312	0.6073	0.0000	1.0000	0.9896	0.9799	0.9774	0.9977	0.9892

采用 MATLAB 2016a 编程处理数据，对盘道岭隧洞结构样本指标及等级样本数据建立投影寻踪分类模型，选定父代初始种群规模为 N=400、交叉概率 p_c=0.8、变异概率 p_m=0.2，选取两次进化所产生的优秀个体变化区间作为下次加速时优化变量的变化区间，优秀个体数目选定为 40 个，最大加速次数为 20 次，变异方向的系数 M=10，运行停止的最小阈值为 10^{-6}。为了观察不同投影半径的影响，分别选取投影半径 R 为 $0.1S_z$、$0.3S_z$、$0.5S_z$、$1/5\ r_{\max}$、$1/4\ r_{\max}$、$1/3\ r_{\max}$。考虑到 RAGA 为随机寻优算法，6 种半径的情况分别运行 1000 次，取其中最大目标值对应的投影方向及投影值。

图 4-59 为不同窗口半径情况下，6 个隧洞样本和 4 个等级样本的投影值散点图。为了体现出投影点的分类状态，将投影值进行升序排序后再绘制散点图。

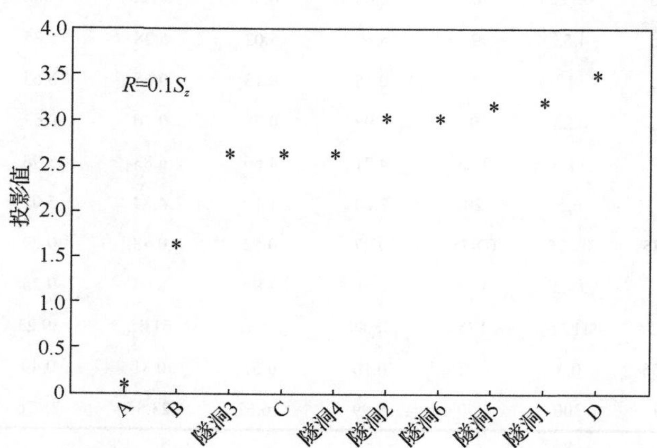

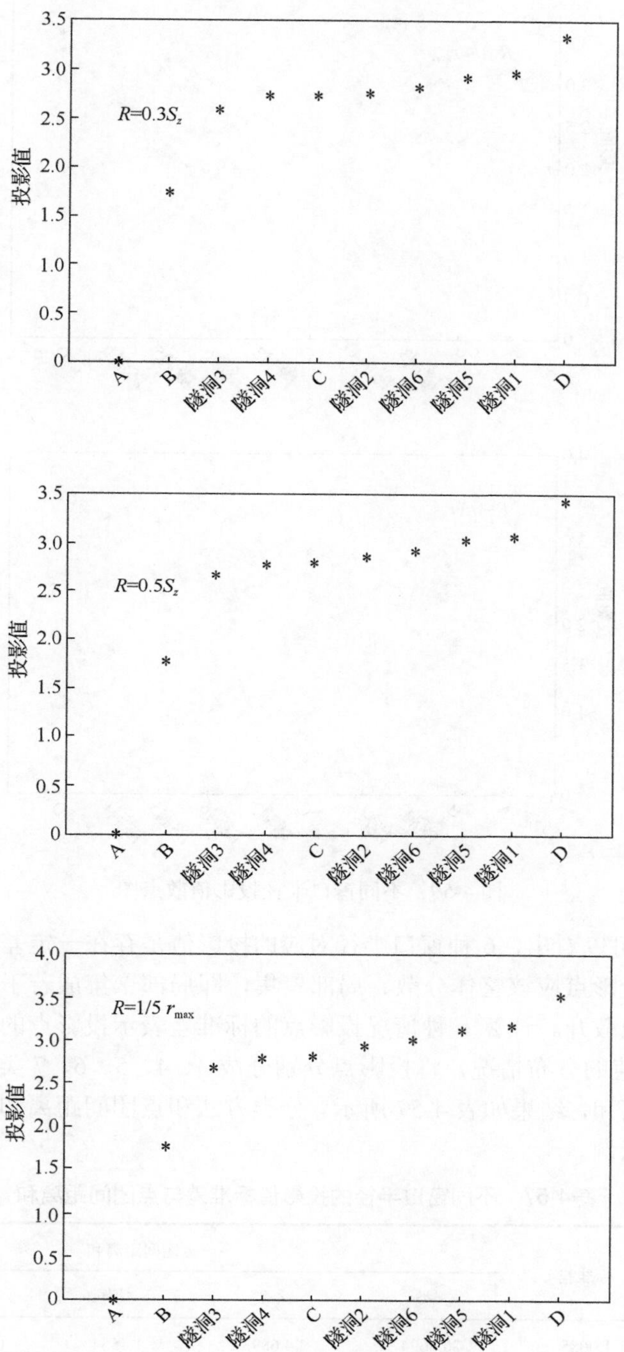
3.5
3.0
2.5
2.0
1.5
1.0
0.5
0
R=0.3S_z
投影值
A
B
隧洞3
隧洞4
C
隧洞2
隧洞6
隧洞5
隧洞1
D
R=0.5S_z
投影值
R=1/5 r_{max}
4.0
投影值

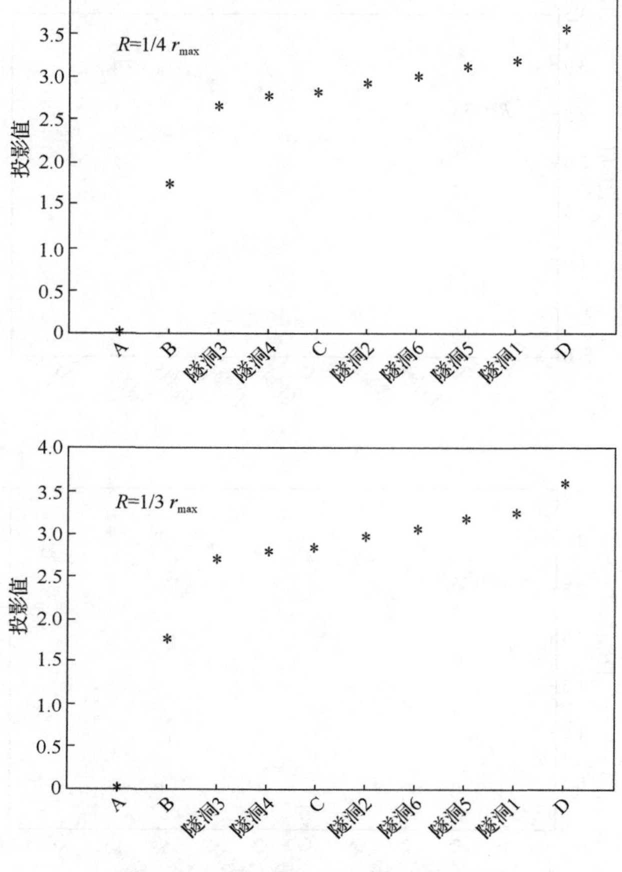

图 4-59　不同窗口半径投影值散点图

从图 4-59 中可以看出，6 种窗口半径对应的投影值是存在一定差异的。根据投影寻踪模型的思想，投影点应该整体分散、局部聚集，即局部聚集成若干个点团，但各点团之间应该尽可能地散开。计算 6 种情况投影点的标准差表示投影点的整体分散情况。根据图 4-59 中投影值的分布情况，将投影点分别分成 3、4、5、6、7 类，计算不同分类情况下的点团间距离和，结果如表 4-57 所示。分类方法和点团间距离和的计算方法详见本章第二节第一个示例。

表 4-57　不同窗口半径的投影值标准差与点团间距离和

窗口半径 R	标准差	点团间距离和				
		3 类	4 类	5 类	6 类	7 类
$0.1S_z$	1.0085	20.8694	4.6893	1.4554	0.0713	0.0000
$0.3S_z$	0.9577	14.1618	6.4906	3.6586	0.7101	0.2509
$0.5S_z$	0.9844	15.4163	7.5503	4.5219	1.0731	0.2341
1/5 r_{max}	1.0150	17.7311	9.2072	3.2072	1.5868	0.3180

续表

窗口半径 R	标准差	点团间距离和				
		3 类	4 类	5 类	6 类	7 类
1/4 r_{max}	1.0206	18.1740	9.5867	3.3840	0.8430	0.3468
1/3 r_{max}	1.0307	19.4491	10.4843	2.4067	0.8414	0.3829

从整体分散的角度上看，R=1/3 r_{max} 对应的标准差最大，整体分散程度最强。从局部聚集的角度上看，S_z 对应的情况整体上优于 r_{max} 的情况。当分成 5 类时，R=0.1S_z 对应的点团间距离和最小，甚至不足 R=0.3S_z 对应的点团间距离和的二分之一，并且从图 4-59 中看，R=0.1S_z 对应的等级样本局部聚集程度最强，所以，本例最终选取窗口半径 R=0.1S_z。同上文所叙述的模型一样，此处半径的选择同样带有主观色彩，读者在解决自己的问题时，可以根据需要自行选择。

为了更清晰地了解模型的运行过程，将目标函数值的变化过程进行了展示。当 R=0.1S_z 时，程序运行 1000 次对应的目标函数值的变化情况如图 4-60 所示。

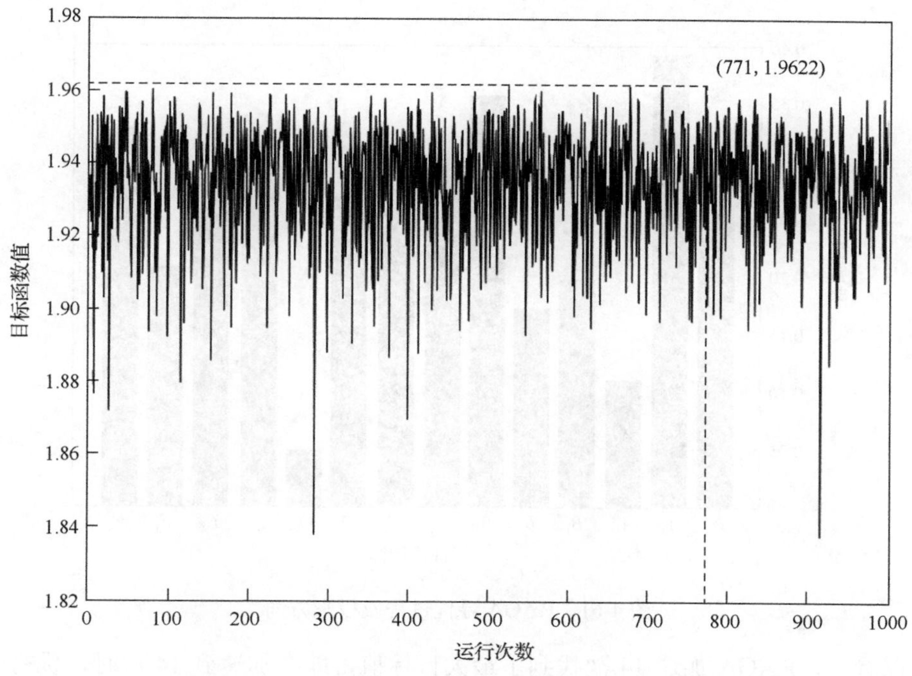

图 4-60　程序运行 1000 次对应的目标函数值变化

第 771 次时，对应的目标函数值最大，最大目标值为 1.9622，此时投影方向为 a^*=(0.2537,0.3924,0.1066,0.1967,0.1690,0.3571,0.3035,0.3043,0.2672,0.0472,0.3144,0.2636,0.2049,0.3268)。最大目标值的寻优过程如图 4-61 所示。

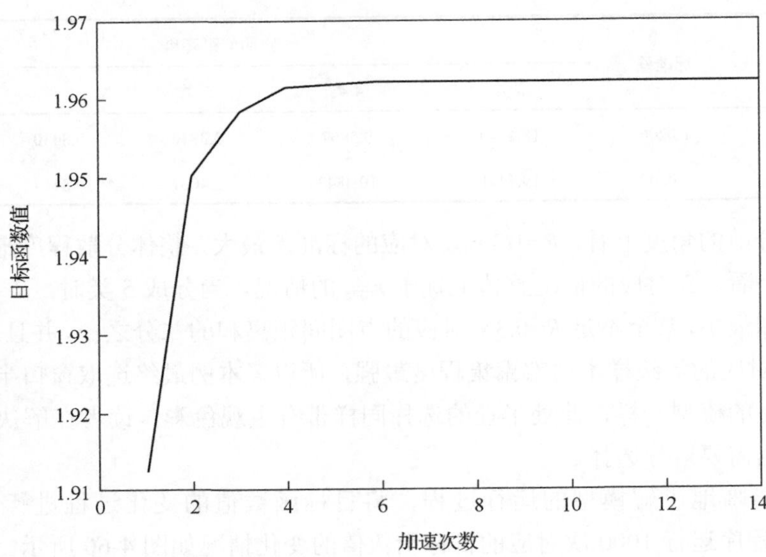

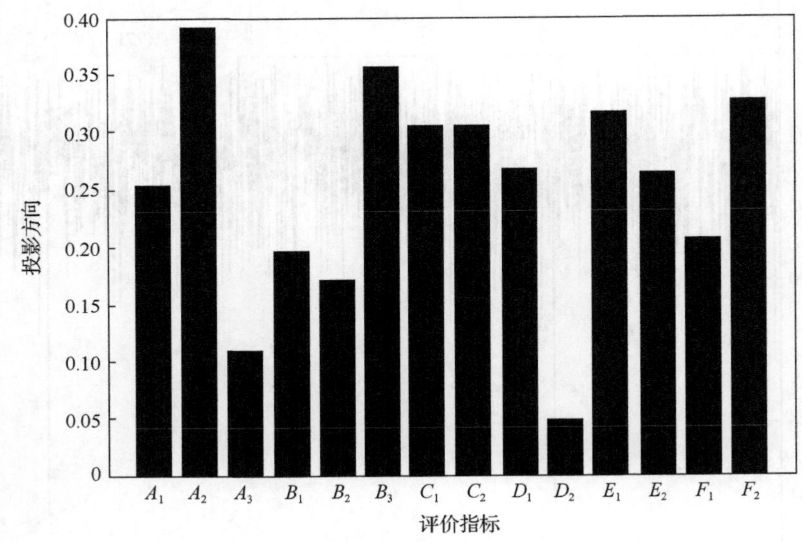

图 4-61　RAGA 寻优过程及投影方向

可以看到，RAGA 加速 14 次找到了最大目标值，即在加速到 14 次时，优秀个体中变量之间的差异已经小于 10^{-6}。

设置隧洞的四个健康等级 D、C、B、A 分别对应 1、2、3、4 这四个经验等级，并将 R=0.1S_z 时 4 个等级样本的投影值记录于表 4-58，绘制投影值与经验等级的散点图，结果如图 4-62 所示。

表 4-58　投影寻踪等级评价模型误差分析表

	经验等级 1（D）	经验等级 2（C）	经验等级 3（B）	经验等级 4（A）
等级样本投影值	3.5072	2.6444	1.6332	0.0768
等级拟合值	0.9934	2.0163	2.9877	4.0027
绝对误差	−0.0066	0.0163	−0.0123	0.0027
相对误差/%	−0.66	0.81	−0.41	0.07

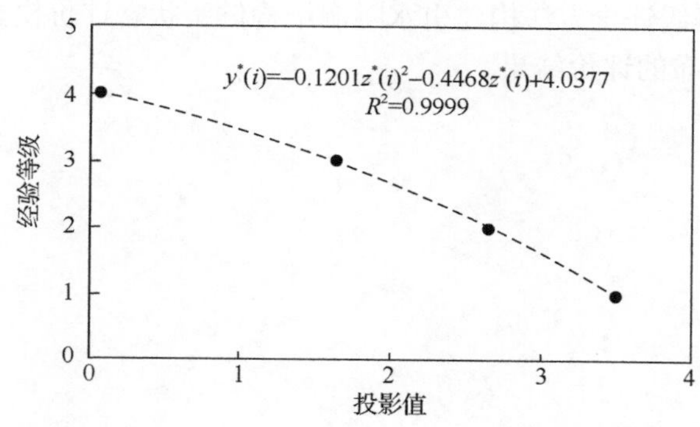

图 4-62　各等级投影值与经验等级关系图

从散点图可以看出，二次曲线比较适合拟合经验等级和投影值，故建立二次曲线的投影寻踪等级评价模型：

$$y^*(i) = -0.1201z^*(i)^2 - 0.4468z^*(i) + 4.0377, \quad R^2 = 0.9999 \tag{4-21}$$

式中，$z^*(i)$代表投影值；$y^*(i)$代表等级值。将投影值代入式（4-21），得到等级拟合值，并计算绝对误差和相对误差，如表 4-58 所示。

从表 4-58 中可以看到，绝对误差的绝对值的均值为 0.0095，相对误差的绝对值的均值为 0.49%。可见投影寻踪等级评价模型精度很高，可以用来描述水资源承载力指标值与等级之间的关系。

下面计算盘道岭隧洞结构健康状态评价等级，即将各区域投影值代入式（4-21），得到等级拟合值，进而确定最终评价等级，结果如表 4-59 所示。

表 4-59　盘道岭隧洞结构健康状态评价等级

	隧洞 1	隧洞 2	隧洞 3	隧洞 4	隧洞 5	隧洞 6
投影值	3.2073	3.0164	2.6444	2.6444	3.1716	3.0164
等级拟合值	1.3693	1.5972	2.0163	2.0163	1.4125	1.5972
评价等级	D	C	C	C	D	C

比较不同隧洞段的结构健康等级，可以发现：各隧洞段的结构健康等级为 C 级或 D

级，对各隧洞段进行比较时，隧洞 1 和隧洞 5 的结构健康等级排序相对最优，在日常输水工作中能够保障正常运行，不会产生危险。隧洞 3 和隧洞 4 结构健康状态相对较差，出于对隧洞安全使用的考虑，这两个隧洞段应着重解决衬砌裂缝问题和冻害问题。同时，隧洞 2 和隧洞 6 的结构健康等级也处于 C 级，其结构状态同样存在一定的安全隐患，也需要采取一定的措施对该隧洞段进行修理与维护。

经对比，本书的分析结果与文献[170]中的结果十分类似。不同之处在于，在我们的计算中，隧洞 3 与隧洞 4，隧洞 2 与隧洞 6 两组的投影值相同，这可能与我们在上文中将隧洞的漏水状态及冻害指标数据设定为固定值进行计算有关。综上所述，选取基于 RAGA 的投影寻踪等级评价方法构建引水隧洞结构健康状态评价模型时，模型的精度较高，能够得到十分可靠的评价结果。

第五章　投影寻踪 Spearman 相关系数模型及其应用

第一节　投影寻踪 Spearman 相关系数模型简介

投影寻踪 Spearman 相关系数模型在构建投影指标时考虑了投影点与经验等级之间的关系，因为这种关系可能是线性的也可能是非线性的，所以本章采用 Spearman 相关系数度量投影点与经验等级之间的关系，建立投影寻踪 Spearman 相关系数模型，具体步骤如下。

步骤 1　构造投影指标函数。设根据评价标准表产生样本的经验等级及其指标分别为 $y(i)$ 及 $\{x^*(i,j)|i=1,2,\cdots,n;j=1,2,\cdots,p\}$。其中，$n$、$p$ 分别为样本个数和指标个数。最低等级设为 1、最高等级设为 N。并对 $\{x^*(i,j)|i=1,2,\cdots,n;j=1,2,\cdots,p\}$ 进行归一化处理，即

$$x(i,j)=\frac{x^*(i,j)-x_{\min}(j)}{x_{\max}(j)-x_{\min}(j)} \tag{5-1}$$

式中，$x_{\max}(j)$、$x_{\min}(j)$分别为第 j 个指标值的最大值和最小值；$x(i,j)$为指标特征值归一化的序列。

建立等级评价模型就是建立 $\{x(i,j)|i=1,2,\cdots,n;j=1,2,\cdots,p\}$ 与 $y(i)$之间的数学关系。PP 方法就是把 p 维数据 $\{x(i,j)|i=1,2,\cdots,n;j=1,2,\cdots,p\}$ 综合成以 $a=(a_1,a_2,\cdots,a_p)$为投影方向的一维投影值 $z(i)$：

$$z(i)=\sum_{j=1}^{p}a(j)x(i,j) \tag{5-2}$$

然后根据 $z(i)$-$y(i)$的散点图建立适当的数学模型。为消除各预测因子的量纲效应，使建模具有一般性，式（5-2）中，a 为单位长度向量。

在综合投影值时，要求投影值 $z(i)$应尽可能大地提取指标值中的变异信息，即$\{x(i,j)\}$的标准差 S_z 达到尽可能大；同时要求 $z(i)$与 $y(i)$的 Spearman 相关系数的绝对值$|R_{zy}|$达到尽可能大。这样得到的投影值就可以尽可能多地携带预测因子系统$\{x(i,j)|i=1,2,\cdots,n;j=1,2,\cdots,p\}$ 的变异信息，并且能够保证投影值对预测对象 $y(i)$具有很好的解释性。基于此，投影指标函数可构造为

$$Q(a)=S_z\left|R_{zy}\right| \tag{5-3}$$

式中，$|\cdot|$为取绝对值；R_{zy}为$z(i)$与$y(i)$的 Spearman 相关系数；S_z为投影值$z(i)$的标准差，其表达式为

$$S_z=\left[\sum_{i=1}^{n}\left(z(i)-E_z\right)^2/(n-1)\right]^{0.5} \tag{5-4}$$

其中，E_z为序列｛$z(i)$｝的均值。

步骤 2　优化投影指标函数。当给定预测对象及其预测因子的样本数据｛$y(i)|i=1,2,\cdots,n$｝和｛$x^*(i,j)|i=1,2,\cdots,n;j=1,2,\cdots,p$｝时，投影指标函数$Q(a)$只随投影方向$a$的变化而变化。不同的投影方向反映不同的数据结构特征，最佳投影方向就是最大可能暴露高维数据某类特征结构的投影方向。可通过求解投影指标函数最大化问题来估计最佳投影方向，即

$$\max Q(a)=S_z\left|R_{zy}\right| \tag{5-5}$$

$$\text{s.t.}\sum_{j=1}^{p}a^2(j)=1,\quad -1\leqslant a(j)\leqslant 1 \tag{5-6}$$

这是一个以｛$a(j)|j=1,2,\cdots,p$｝为变量的复杂优化问题，常规方法处理很困难。模拟生物进化中优胜劣汰规则与群体内部染色体信息交换机制的基于实数编码的加速遗传算法（RAGA），是一种通用的全局性优化方法，用它来求解上述优化问题则十分简便和有效。

步骤 3　建立基于不同函数的投影寻踪等级评价模型，如 Logistic 曲线、倒 S 曲线等。

第二节　基于 Logistic 曲线的投影寻踪等级评价模型简介及其应用

一、基于 Logistic 曲线的投影寻踪等级评价模型简介

基于 Logistic 曲线的投影寻踪等级评价模型，建模具体步骤如下。

步骤 1 和步骤 2 与第一节内容相同。

步骤 3　建立基于 Logistic 曲线的投影寻踪等级评价模型。把由步骤 2 求得的最佳投影方向的估计值a^*代入式(5-2)后即得第i个样本投影值的计算值$z^*(i)$，根据$z^*(i)$-$y(i)$的散点图可建立相应的数学模型。研究表明，用 Logistic 曲线作为（耕地资源可持续利用等）等级评价模型是很合适的，即

$$y^*(i)=\frac{N+0.5}{1+\mathrm{e}^{c(1)+c(2)z^*(i)}} \tag{5-7}$$

式中，$y^*(i)$为第i个样本量等级的计算值；最大等级N为该曲线的上限值，如果分子为N，则计算的拟合值都会小于N，即等级拟合值会整体左偏，所以用 0.5 加以修正；$c(1)$、$c(2)$

为待定参数，求解 $c(1)$、$c(2)$的方式大体有几种方案：一是将非线性问题线性化，利用回归分析中最小二乘法确定参数。二是利用优化算法求解，如用 RAGA 求解下列优化问题：

$$\min F\left(c(1),c(2)\right)=\sum_{i=1}^{n}\left(y^{*}(i)-y(i)\right)^{2} \tag{5-8}$$

三是如果可以知道参数的大概取值，可以利用迭代的方式求解非线性回归方程的参数解，很多软件都可以求解此类问题，例如 SPSS 等。

对于可以线性化的模型，作者建议采用第一种方案，因为这种方案可以得到比较准确的结果，并且可以给出统计学意义上的显著性；其次采取第三种方案，由于优化算法具有随机性，第二种方案不能确保参数的解是合适的。

本节的 Logistic 曲线是可以线性化的非线性问题，对式（5-7）做变换得到下式：

$$\ln\left(\frac{N}{y^{*}(i)}-1\right)=c(1)+c(2)z^{*}(i) \tag{5-9}$$

令 $y^{*\prime}(i)=\ln\left(\dfrac{N}{y^{*}(i)}-1\right)$，则可以转化为线性模型：

$$y^{*\prime}(i)=c(1)+c(2)z^{*}(i) \tag{5-10}$$

式（5-10）是一元线性回归方程，可以用普通最小二乘法求解。

二、基于 Logistic 曲线的投影寻踪等级评价模型应用

（一）基于 Logistic 曲线的投影寻踪等级评价模型在耕地资源可持续利用综合评价中的应用

对某一具体的农业区域或生产单位进行耕地资源可持续利用评价，有助于弄清该区在耕地资源可持续利用约束下所处的态势，从中找出限制因素，进而为推动资源可持续利用找到改进途径。

耕地资源可持续利用评价指标体系的设计原则包括系统性、科学性、动态性、可操作性及因地制宜等原则。系统性原则指指标体系必须能够反映耕地可持续利用的各个方面，能较客观和真实地反映系统发展的状态，同时又要避免指标之间的重叠，使评价目标和评价指标联系成一个有机的整体；科学性原则指指标体系一定要建立在科学基础之上，要保证数据来源的准确性和处理方法的科学性，具体指标能反映耕地可持续利用主要目标的实现程度；动态性原则指耕地可持续利用既是目标又是过程，其指标体系应充分考虑系统的动态变化特点，能综合反映该区域耕地可持续利用现状和发展趋势，便于进行预测和管理；可操作性原则指指标体系应是简易性和复杂性的统一，要充分考虑数据获取和指标量化的难易程度，既保证全面反映耕地可持续利用的各种内涵又要利于推行，要尽量利用现有统计资料及规范标准；因地制宜原则指指标体系应能够反映该耕地可持续利用的阶段和特点，要有区域特色，要把实施耕地可持续利用战略与社会经济目标的实现结合起来[171]。

本例应用基于 Logistic 曲线的投影寻踪等级评价模型对耕地资源可持续利用进行等

级综合评价，并用 RAGA 来优化投影指标函数，为耕地资源可持续利用等级综合评价提供了一条新的途径。

根据耕地资源可持续利用评价指标体系及创业农场的具体情况，各个因素的指标评价标准列于表 5-1。

表 5-1　创业农场耕地资源可持续利用评价标准

评价指标		等级		
		Ⅰ级	Ⅱ级	Ⅲ级
数量指标	人均耕地 C_1/hm²	>2.00	1.33～2.00	<1.33
	劳均耕地 C_2/hm²	>7.33	6.67～7.33	<6.67
	耕地总量年内减少量 C_3/hm²	<66.67	66.67～100.00	>100.00
质量指标	耕地养分综合指数 C_4	>0.7	0.6～0.7	<0.6
	盐渍化面积比 C_5/%	<10	10～35	>35
	水土流失面积比 C_6/%	<10	10～20	>20
	农田灌溉率 C_7/%	>80	50～80	<50
效益指标	单位面积产粮 C_8/(kg/hm²)	>4500	3000～4500	<3000
	单位面积产值 C_9/(元/hm²)	>6000	4500～6000	<4500
	单位面积净产值 C_{10}/(元/hm²)	>1200	900～1200	<900

根据动态性原则，若能将评价模型运用于每一年度，则可得到各年度的评价结果，进而可进一步探求耕地资源可持续利用的年度变化规律及发展趋势。而基于农场的实际情况，仅在 1989 年、1999 年对农田土壤进行了较系统的化验分析，考虑到指标值的可获取性，选取这两个年度分别进行耕地资源的可持续利用评价，以便对农场耕地资源的可持续利用性在时间上进行纵向对比分析。1989 年、1999 年评价指标及相应取值见表 5-2。

表 5-2　创业农场 1989 年、1999 年耕地资源利用状况

评价指标		1989 年	1999 年
数量指标	人均耕地 C_1/hm²	2.53	2.78
	劳均耕地 C_2/hm²	7.58	7.87
	耕地总量年内减少量 C_3/hm²	206.67	126.67
质量指标	耕地养分综合指数 C_4	0.71	0.52
	盐渍化面积比 C_5/%	3	12
	水土流失面积比 C_6/%	8	26
	农田灌溉率 C_7/%	20	82
效益指标	单位面积产粮 C_8/(kg/hm²)	2313.0	6961.5
	单位面积产值 C_9/(元/hm²)	2863.50	8353.50
	单位面积净产值 C_{10}/(元/hm²)	805	3075

根据表 5-1、表 5-2 数据，可利用基于 Logistic 曲线的投影寻踪等级评价模型对创业农场耕地资源可持续利用进行等级评价。计算过程如下。

在表 5-1 中各等级取值范围内均匀随机产生各 5 个样本 $x^*(i,j)$，共 15 个等级样本，具体数据见表 5-3。结合表 5-2 中实测的两个样本，组成 17 个待代入模型的样本。按照前文的基于 Logistic 曲线的投影寻踪等级评价模型的计算过程求解。

表 5-3　耕地资源可持续等级的经验值和拟合值对比结果

样本序列	耕地资源可持续利用指标										投影值	可持续利用等级	
	C_1	C_2	C_3	C_4	C_5	C_6	C_7	C_8	C_9	C_{10}		经验值	拟合值
1	2.62	8.01	14.06	0.87	7.7	1.09	84.23	4998.6	7173.5	1667	−1.6673	1	1.0452
2	2.81	7.36	65.76	0.8	6.76	8.22	85.21	6462.4	7010.8	1802.9	−1.5842	1	1.1241
3	2.47	7.65	15.65	0.79	6.89	7.57	88.01	4921.2	7656.8	3306.9	−1.7484	1	0.9714
4	2.2	8.3	53.48	0.89	3.02	5.12	81.18	6225	6513.5	2165.5	−1.6564	1	1.0554
5	2.56	8.26	17.16	0.72	1.91	7.04	95.45	7148.2	8633.6	2354.5	−1.9103	1	0.8339
6	1.75	7.14	86.37	0.69	19.2	19.37	62.63	3482.4	4619.9	1016	−0.6750	2	2.1000
7	1.6	7.3	75.03	0.61	13.8	12.24	56.91	4239	4860.4	1099.6	−0.8251	2	1.9373
8	1.67	6.85	70.94	0.62	18.15	14.01	54.63	3044	5687.9	1147.8	−0.7333	2	2.0374
9	1.67	7.32	81.1	0.64	10.8	19.91	64.61	4453.3	5763.4	1121.5	−0.8714	2	1.8864
10	1.85	6.81	75.92	0.65	28.11	18.02	76.18	4356.9	4501.9	1004.3	−0.6768	2	2.0981
11	0.23	2.87	225.58	0.58	35.34	25.11	41.48	2453.7	4177.4	837.4	0.3830	3	2.9810
12	1.06	5.7	172.38	0.17	35.2	27	26.25	865.4	2481.7	578	0.4490	3	3.0169
13	0.92	6.18	161.89	0.24	39.62	21.96	3.23	2595.6	3673.8	803.9	0.3037	3	2.9349
14	0.28	3.12	136.18	0.26	38.45	21.84	19.87	2481.1	3552.6	653.6	0.4699	3	3.0278
15	0.19	5.74	143.22	0.03	39.87	22.06	40.37	1263	4419	601.4	0.4033	3	2.9922

采用 MATLAB 2016a 编程处理数据，对 17 组等级样本数据建立投影寻踪分类模型，选定父代初始种群规模为 N=400、交叉概率 p_c=0.8、变异概率 p_m=0.2，选取两次进化所产生的优秀个体变化区间作为下次加速时优化变量的变化区间，优秀个体数目选定为 40 个，最大加速次数为 20 次，变异方向的系数 M=10，运行停止的最小阈值为 10^{-6}。考虑到 RAGA 为随机寻优算法，运行程序 1000 次，取其中最大目标值对应的投影方向及投影值。

为了更清晰地了解模型的运行过程，将目标函数值的变化过程进行了展示。程序运行 1000 次对应的目标函数值的变化情况如图 5-1 所示。

可以看到，第 379 次时，对应的目标函数值最大，最大目标值为 0.8121，此时投影方向为 a^*=(−0.3651,−0.2846,0.2856,−0.2869,0.3995,0.2795,−0.3137,−0.3207,−0.3087,−0.2961)。最大目标值的寻优过程如图 5-2 所示。

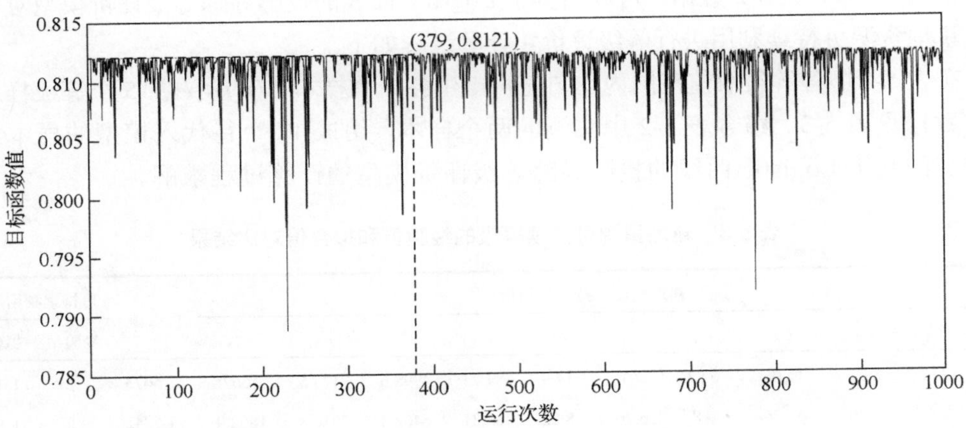

图 5-1　程序运行 1000 次对应的目标函数值变化

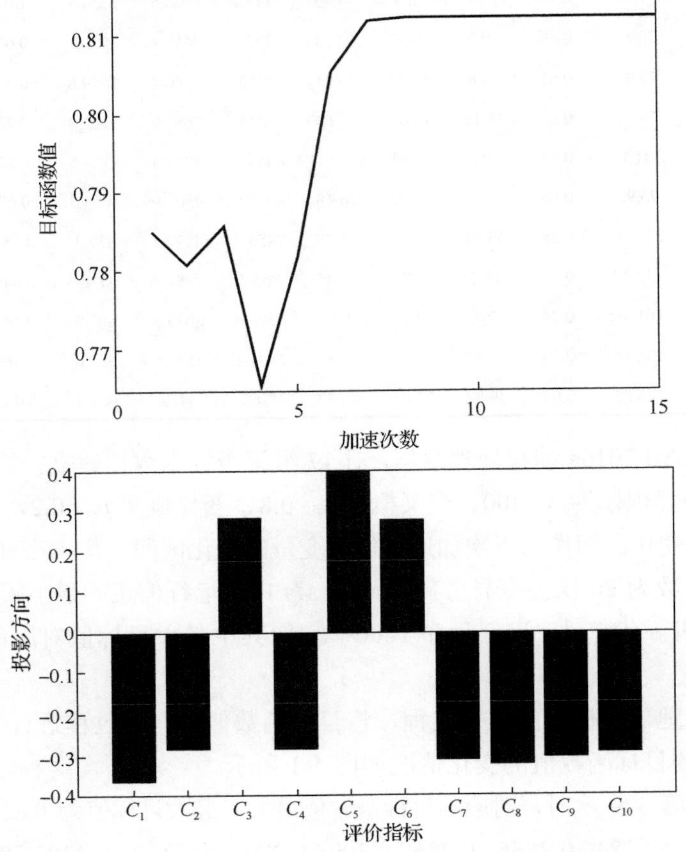

图 5-2　RAGA 寻优过程及投影方向

可以看到，RAGA 加速 15 次找到了最大目标值，即在加速到 15 次时，优秀个体中变量之间的差异已经小于 10^{-6}。

15 个等级样本的投影值见表 5-3。

图 5-3 为投影值 $z^*(i)$与经验等级 $y(i)$的散点图。从 $z^*(i)$与 $y(i)$的散点图可以看出，$z^*(i)$与 $y(i)$的图形与 Logistic 曲线较为接近，因此，采用 Logistic 曲线所对应的函数进行拟合。

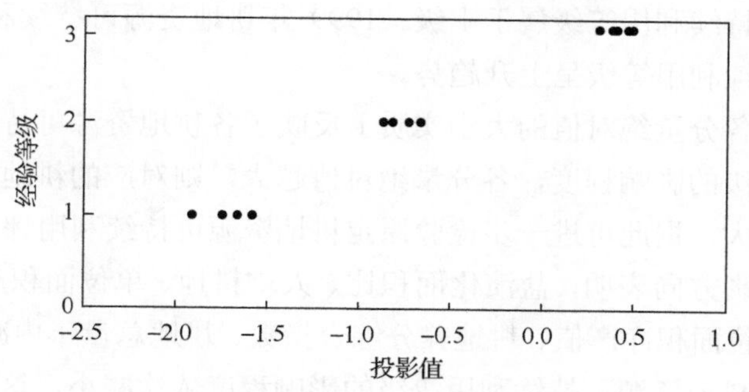

图 5-3　投影值与经验等级的散点图

按照式（5-9）和式（5-10），计算新的因变量 $y^{*\prime}(i)$，与自变量 $z^*(i)$，建立一元线性回归模型，此处可以由 Excel 或者 SPSS 等软件完成。最终的参数估计值是 $c(1)=-1.262$，$c(2)=-1.269$，ANOVA 分析中显著性 $p=1.94\times10^{-14}$，可见 p 值远小于 0.05，回归方程高度显著，样本确定性系数 $R^2=0.995$。即用基于 Logistic 曲线的投影寻踪等级评价模型计算的耕地资源可持续利用等级评价模型为

$$y^*(i)=\frac{3.5}{1+\mathrm{e}^{-1.262-1.269z^*(i)}} \tag{5-11}$$

将投影值代入式（5-11），得到等级的拟合值如表 5-3 所示。各个样本经验等级与拟合值的误差分析见表 5-4。

表 5-4　经验等级与拟合值误差分析表

绝对误差值落在不同区间的比例/%		平均绝对误差	平均相对误差/%
[0,0.1]	[0,0.2]		
80	100	0.0645	4.47

从表 5-3 看到，经验等级和拟合值是非常接近的，表 5-4 表明，经验值和拟合值误差是非常小的。用上述模型和表 5-2 的实测数据对创业农场耕地资源可持续利用进行等级评价，见表 5-5。

表 5-5　创业农场耕地资源可持续利用等级

地区	年份	投影值	耕地资源可持续利用等级计算值	等级
创业农场	1989	−0.6284	2.1493	Ⅱ级
	1999	−1.4041	1.3052	Ⅰ级

从表 5-5 可以看出，1989 年创业农场耕地资源可持续利用等级属于Ⅱ级；1999 年创业农场耕地资源可持续利用等级属于Ⅰ级。1999 年耕地资源可持续利用等级优于 1989 年，耕地资源可持续利用等级呈上升趋势。

最佳投影方向各分量绝对值的大小实质上反映了各耕地资源可持续利用指标对耕地资源可持续利用等级的影响程度，各分量绝对值越大，则对应的耕地资源可持续利用等级的影响程度就越大，据此可进一步检验原定耕地资源可持续利用评价标准的合理性。在本例中，最佳投影方向表明，盐渍化面积比、人均耕地、单位面积产粮、农田灌溉率、单位面积产值、单位面积净产值、耕地养分综合指数、耕地总量年内减少量、劳均耕地、水土流失面积比对耕地资源可持续利用等级的影响程度依次减小，这与耕地资源管理的经验相一致，说明原定耕地资源可持续利用评价标准是合理的。

（二）基于 Logistic 曲线的投影寻踪等级评价模型在农业水资源供需状况评价中的应用

随着近年来三江平原农业水资源的供需矛盾日益加剧，急需建立综合评价模型对三江平原农业水资源供需状况进行等级综合评价，得出农业水资源供需状况所属等级，采取相应的管理措施，实现水资源的可持续发展。本节应用基于 Logistic 曲线的投影寻踪等级评价模型，通过基于 RAGA 优化模型中的投影方向参数，完成高维数据向低维空间的转换，即将每个样本的多个评价指标综合成一个综合指标，用倒 S 曲线建立农业水资源供需状况综合评价的投影寻踪等级模型，从而实现对农业水资源供需状况的等级综合评价。

三江平原是黑龙江、乌苏里江及松花江及其支流汇集冲击成的一片沃土。三江平原位于东北平原东北部，是中国最大的沼泽分布区，介于北纬 43°50′～48°40′，东经 129°30′～135°05′。全区总控面积 $10.57\times10^4 km^2$，占黑龙江省总面积的 23%，其中山丘面积为 $4.54\times10^4 km^2$，占总面积的 43%；平原面积为 $6.03\times10^4 km^2$，占总面积的 57%。其纬度较高，年平均气温为 1.6～3.9℃，夏季温暖，最热月平均气温在 23C°以上，年降水量超过 580mm，集中在 6～8 月，雨热同季，有一半以上的土地非常适合进行农作物的种植，尤其是黑土层较厚，含有较高的有机质。土地肥力高，利于农作物的生长，尤其适于优质水稻和高油大豆。

评价三江平原农业水资源的供需状况涉及范围较广，在指标体系的建立过程中指标考虑得越多，评价的准确性越高，但是各个指标要易于量化，数据要容易取得，指标不能相互重复。因此，在确定指标体系时既要全面又要突出重点，使指标体系本身成为一个有机的整体。针对三江平原实际情况，经查阅有关文献[172]及专家评定，最后确定指标体系如图 5-4 所示。

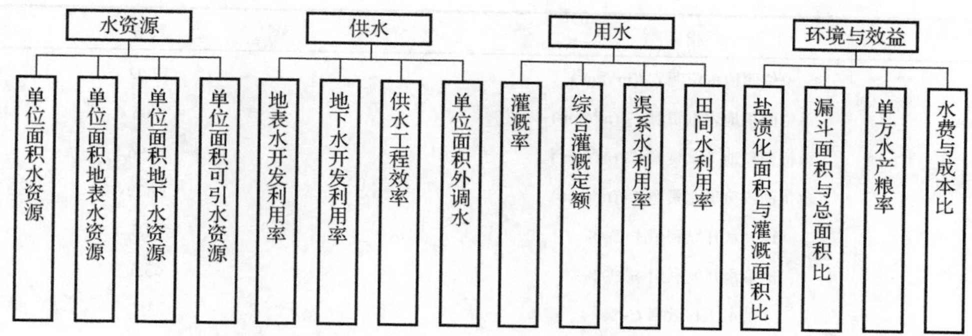

图 5-4　农业用水供需状况评价指标体系

根据农业用水供需状况评价指标体系及三江平原的具体情况，各个因素的指标评价标准列于表 5-6。

表 5-6　三江平原农业用水供需状况评价标准

评价指标		等级		
		一级	二级	三级
水资源指标	单位面积水资源 $C_1/(m^3/hm^2)$	35～25	25～15	<15
	单位面积地表水资源 $C_2/(m^3/hm^2)$	20～15	15～10	<10
	单位面积地下水资源 $C_3/(m^3/hm^2)$	20～15	15～10	<10
	单位面积可引水资源 $C_4/(m^3/hm^2)$	20～15	15～10	<10
供水指标	地表水开发利用率 C_5/%	>60	60～30	<30
	地下水开发利用率 C_6/%	80～100	50～80	30～50
	供水工程效率 C_7/%	>80	80～50	<50
	单位面积外调水 $C_8/(m^3/hm^2)$	>20	20～10	<10
用水指标	灌溉率 C_9/%	>80	80～50	<50
	综合灌溉定额 $C_{10}/(m^3/hm^2)$	<30	30～45	45～60
	渠系水利用率 C_{11}/%	≥70	70～50	<50
	田间水利用率 C_{12}/%	≥80	80～70	<70
环境与效益指标	盐渍化面积与灌溉面积比 C_{13}/%	<10	10～35	<35
	漏斗面积与总面积比 C_{14}/%	<15	15～50	>50
	单方水产粮率 $C_{15}/(kg/hm^2)$	>1.5	1.5～1.0	<1.0
	水费与成本比 C_{16}/%	>60	60～40	<40

以黑龙江省富锦市为例，进一步说明评价指标体系在实际中的应用。富锦市位于黑龙江省东北部，属于三江平原灌区，现有耕地面积 33.6 万 hm^2，农业用水的来源有当地

的地表水、地下水以及过境水源，主要作物为水稻、小麦、玉米、大豆。各项指标及相应的数值分列于表 5-7。

表 5-7　富锦市 2000 年农业水资源供需状况

指标	数值
单位面积水资源 C_1/(m^3/hm^2)	17.02
单位面积地表水资源 C_2/(m^3/hm^2)	5.06
单位面积地下水资源 C_3/(m^3/hm^2)	11.96
单位面积可引水资源 C_4/(m^3/hm^2)	17.39
地表水开发利用率 C_5/%	12.5
地下水开发利用率 C_6/%	63.5
供水工程效率 C_7/%	35
单位面积外调水 C_8/(m^3/hm^2)	0
灌溉率 C_9/%	90
综合灌溉定额 C_{10}/(m^3/hm^2)	60
渠系水利用率 C_{11}/%	40
田间水利用率 C_{12}/%	70
盐渍化面积与灌溉面积比 C_{13}/%	34.7
漏斗面积与总面积比 C_{14}/%	<10
单方水产粮率 C_{15}/(kg/hm^2)	1
水费与成本比 C_{16}/%	33.3

根据表 5-6、表 5-7 数据，利用基于 Logistic 曲线的投影寻踪等级评价模型对富锦市农业水资源供需状况进行综合评价。计算过程如下。

在表 5-6 中各等级取值范围内均匀随机产生各 5 个样本 $x^*(i,j)$，共 15 个等级样本，具体数据见表 5-8。结合表 5-7 中实测样本，组成 16 个待代入模型的样本。按照前文的基于 Logistic 曲线的投影寻踪等级评价模型的计算过程求解。

采用 MATLAB 2016a 编程处理数据，对 17 组等级样本数据建立投影寻踪分类模型，选定父代初始种群规模为 N=400、交叉概率 p_c=0.8、变异概率 p_m=0.2，选取两次进化所产生的优秀个体变化区间作为下次加速时优化变量的变化区间，优秀个体数目选定为 40 个，最大加速次数为 20 次，变异方向的系数 M=10，运行停止的最小阈值为 10^{-6}。考虑到 RAGA 为随机寻优算法，运行程序 1000 次，取其中最大目标值对应的投影方向及投影值。

为了更清晰地了解模型的运行过程，将目标函数值的变化过程进行了展示。程序运行 1000 次对应的目标函数值的变化情况如图 5-5 所示。

可以看到，第 730 次时，对应的目标函数值最大，最大目标值为 1.1619，此时投影方向为 a^*=(−0.2703,−0.2896,−0.2454,−0.2338,−0.2432,−0.2719,−0.2368,−0.2019,−0.2660,0.2658,−0.1982,−0.2744,0.2269,0.2496,−0.2459,−0.2609)。最大目标值的寻优过程如图 5-6 所示。

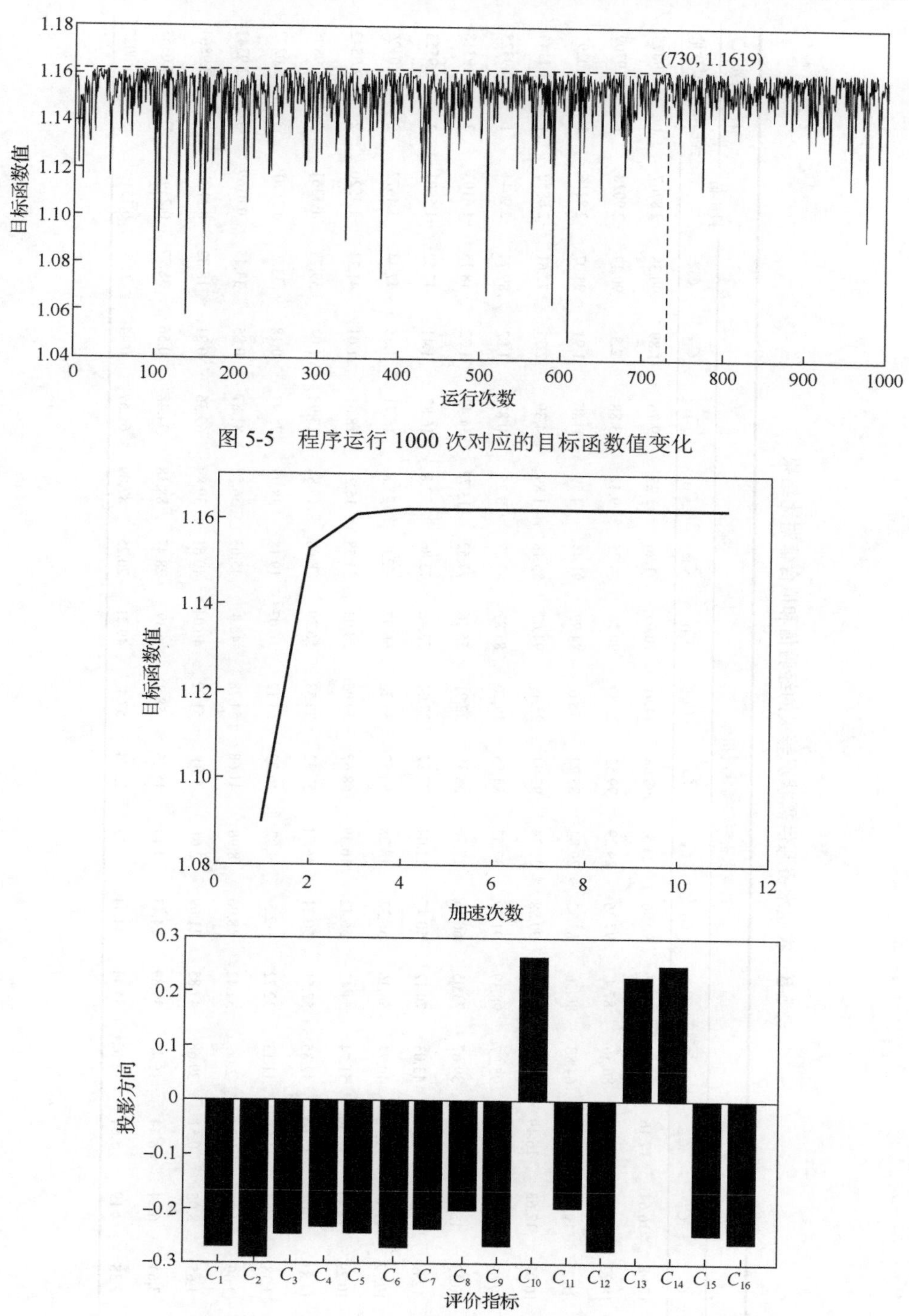

图 5-5　程序运行 1000 次对应的目标函数值变化

图 5-6　RAGA 寻优过程及投影方向

可以看到，RAGA 加速 13 次找到了最大目标值，即在加速到 13 次时，优秀个体中变量之间的差异已经小于 10^{-6}。15 个等级样本的投影值见表 5-8。

表 5-8　农业水资源供需状况等级的经验值和拟合值对比结果

样本序号	农业水资源供需状况指标																投影值	样本等级	
	C_1	C_2	C_3	C_4	C_5	C_6	C_7	C_8	C_9	C_{10}	C_{11}	C_{12}	C_{13}	C_{14}	C_{15}	C_{16}		经验值	拟合值
1	27.86	17.98	16.64	17.16	93.7	96.67	90.96	24.5	98.08	14.91	70.03	91.26	3.25	9.76	1.89	90.38	−2.8767	1	0.9875
2	27.54	18.22	16.11	18.04	86.36	87.4	97.36	29.29	99.52	23.59	90.76	89.25	9.42	3.88	2.3	90.17	−2.9028	1	0.9709
3	28.44	18.3	19.83	19.71	64.88	80.36	83.32	29.82	85.72	18.6	84.92	91.44	4.59	11.87	1.91	93.07	−2.8116	1	1.0297
4	26.15	16.01	17.63	16.49	68.31	90.38	90.88	21.34	92.94	25.49	94.67	85.18	1.89	4.39	2.35	72.61	−2.6852	1	1.1144
5	26.15	19.68	16.59	18.75	95.27	98.39	91.59	37.57	84.55	19.26	85.87	89.83	3.25	0.87	1.82	89.74	−2.9644	1	0.9325
6	18.12	10.13	13.86	13.75	39.67	73.05	60.16	17.76	68.38	32.91	55.16	77.52	13.72	34.43	1.32	48.15	−1.6103	2	1.9318
7	17.59	12.6	12.85	13.83	43.03	70.12	50.47	11.04	77.87	37.04	53.46	73.86	22.8	16.87	1.41	47.52	−1.5801	2	1.9553
8	21.26	10.72	11.17	11.12	40.74	56.36	56.32	18.28	50.57	35.26	66.97	72.6	25.8	16.71	1.35	47.44	−1.4672	2	2.0426
9	19.26	10.29	12.41	12.36	51.74	54.42	56.42	16.49	68.67	39.06	54.03	74.58	16.21	18.61	1.01	41.34	−1.4520	2	2.0542
10	21.71	14.81	10.6	13.05	42.35	57.51	50.21	16.71	57.32	39.53	56.39	78.98	19.88	23.98	1.04	59.78	−1.5361	2	1.9895
11	5.17	3.38	3.63	4.65	11.13	32.72	32.5	9.07	16.22	53.12	16.07	19.18	38.95	75.97	0.18	33.2	0.2170	3	3.0272
12	6.04	2.09	4.35	1.57	2.06	32.42	48.06	8.96	41.68	54.78	48.8	45.63	56.57	81.87	0.85	33.45	0.0169	3	2.9341
13	4.9	1.65	8.05	0.51	29.68	47.85	11.69	2.61	9.01	51.92	46.04	40.61	39.89	69.36	0.21	18.82	0.1103	3	2.9864
14	9.67	3.64	6.24	8.44	16.45	34.89	24.43	4.49	15.23	58.9	6.39	28.47	88.18	94.48	0.56	38.77	0.2392	3	3.0353
15	14.49	2.38	4.19	5.84	13.62	34.44	34.44	7.13	12.74	57.48	49.21	20.25	87.09	61.57	0.44	21.5	0.1519	3	3.0027

图 5-7 为投影值 $z^*(i)$与经验等级 $y(i)$的散点图。从 $z^*(i)$与 $y(i)$的散点图可以看出，$z^*(i)$与 $y(i)$的图形与 Logistic 曲线较为接近，因此可以将 Logistic 曲线所对应的函数作为拟合函数。

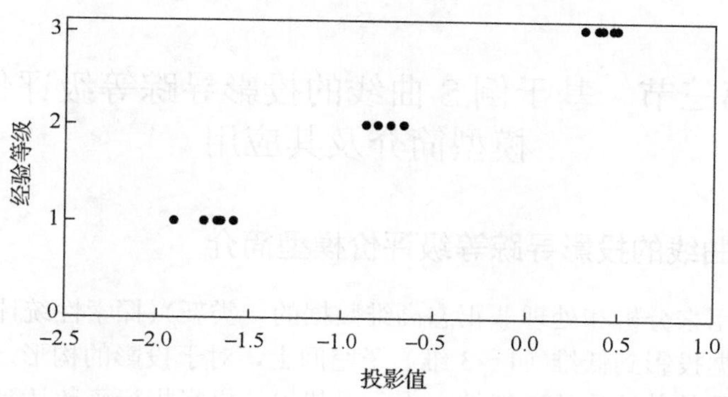

图 5-7　投影值与经验等级的散点图

按照式（5-9）和式（5-10），计算新的因变量 $y^{*\prime}(i)$，与自变量 $z^*(i)$建立一元线性回归模型，此处可以由 Excel 或者 SPSS 等软件完成。最终计算结果为参数的估计值是 $c(1)=-1.661$、$c(2)=-0.902$，ANOVA 分析表中显著性 $p=1.61\times10^{-16}$，可见 p 值远小于 0.05，回归方程高度显著，样本决定系数 $R^2=0.998$。即用基于 Logistic 曲线的投影寻踪等级评价模型计算的耕地资源可持续利用等级评价模型为

$$y^*(i)=\frac{3.5}{1+\mathrm{e}^{-1.661-0.902z^*(i)}} \tag{5-12}$$

将投影值代入式（5-12），得到等级的拟合值如表 5-8 所示。各个样本经验等级与拟合值的误差分析见表 5-9。

表 5-9　经验等级与拟合值误差分析表

绝对误差值落在不同区间的比例/%		平均绝对误差	平均相对误差/%
[0,0.1]	[0,0.2]		
93.33	100	0.0412	2.74

从表 5-8 看到，经验值和拟合值是非常接近的，表 5-9 误差分析表明，经验值和拟合值误差是非常小的。

于是可用基于 Logistic 曲线的投影寻踪等级评价模型和表 5-7 的实测数据对三江平原地区富锦市农业水资源供需状况进行综合评价，实测数据的投影值为−1.0193，最后将最佳投影值代入式（5-12）即得出富锦市 2000 年农业水资源供需状况的等级拟合值 2.37017，即富锦市 2000 年水资源可持续利用的等级值处在Ⅱ级与Ⅲ级之间，接近于Ⅱ级，所以富锦市 2000 年水资源可持续利用的等级值属于Ⅱ级。

从富锦市 2000 年农业水资源供需状况等级计算值可知，富锦市水资源利用不合理，所以要大力采取节水措施，加强水资源管理，做到科学用水、计划用水，要根据本地的实

际情况加强立法，制定切实有效的水法。从未来发展看，由于松花江水系水量的逐年减少，三江平原灌区的用水危机极大，必须狠抓节水和水资源管理尤其是农作物布局结构的调整，使有限的水资源合理分配和利用以达到水资源永续利用的目的。

第三节　基于倒S曲线的投影寻踪等级评价模型简介及其应用

一、基于倒S曲线的投影寻踪等级评价模型简介

投影寻踪是用来分析和处理非正态高维数据的一类新兴探索性统计方法。它的基本方法是把高维数据投影到低维（1～3 维）子空间上，对于投影的构形，采用投影指标函数来衡量投影暴露某种结构的可能性大小，寻找出使投影指标函数达到最优（即能反映高维数据结构或特征）的投影值，然后根据该投影值来分析高维数据的结构特征，或根据该投影值与研究系统的输出值之间的散点图构造数学模型以预测系统的输出。其中，投影指标函数的构造及其优化问题是应用 PP 方法能否成功的关键。该问题一般很复杂，传统 PP 方法的计算量相当大，在一定程度上限制了该方法的深入研究和广泛应用。为此，下面提出一套基于倒 S 曲线的投影寻踪等级评价模型，建模具体步骤如下。

步骤 1 和步骤 2 与第一节内容相同。

步骤 3　建立基于倒 S 曲线的投影寻踪等级评价模型。把由步骤 2 求得的最佳投影方向的估计值 a^*代入式（5-2）后即得第 i 个样本投影值的计算值 $z^*(i)$，根据 $z^*(i)$-$y(i)$的散点图可建立相应的数学模型。研究表明，用倒 S 曲线作为土壤质量等级评价模型是很合适的，即

$$y^*(i)=\frac{N}{1+\mathrm{e}^{c(1)+c(2)/\left(z^*(i)+c(3)\right)}} \tag{5-13}$$

式中，$y^*(i)$为第 i 个样本量等级的计算值；最大等级 N 为该曲线的上限值；$c(1)$、$c(2)$、$c(3)$为待定参数，本节的模型不能够进行线性化处理，而且参数的大致范围也是未知的，所以迭代法也不能处理，所以采用优化算法处理，采用 RAGA 求解下列优化问题：

$$\min F\left(c(1),c(2),c(3)\right)=\sum_{i=1}^{n}\left(y^*(i)-y(i)\right)^2 \tag{5-14}$$

二、基于倒S曲线的投影寻踪等级评价模型应用

土壤质量动态变化研究是以土壤质量评价为基础，研究土壤质量指数的时空变化。因评价实体、目标、指标体系的不同，评价模式（方法）也存在差异。为更合理地对土壤质量动态变化进行综合评价，本书提出了基于倒 S 曲线的投影寻踪等级评价模型，通过基于 RAGA 优化模型中的投影方向参数，完成高维数据向低维空间的转换，即将每个样本的多个评价指标综合成一个综合指标，用倒 S 曲线建立投影寻踪土壤质量综合评价模型，从而实现对土壤样本的评价。三江平原位于黑龙江省的东北部，是由黑龙江、松花江、

乌苏里江冲积形成的低平原，地理坐标介于北纬 43°50′～48°40′，东经 129°30′～135°05′。全区总控面积 10.57×10^{4}km^2。三江平原是我国重要的商品粮基地，新中国成立前，该地区人口稀少，耕地面积小，基本保持着原生生态环境。三江平原是我国重要的商品粮基地。20 世纪 80 年代以前的土地开发缺乏环境与水土保持意识和盲目追求经济效益，导致土壤退化，直接威胁到该区土壤的可持续利用和农业的持续发展。选取富锦市永富乡作为三江平原土壤质量变化趋势的试验点具有典型性，可为该市乃至整个三江平原地区今后土地开发提供一定的科学决策依据。

基于上述建模理论与步骤，采用时间对比法，对富锦市永富乡耕作土壤进行剖面取样分析，计算土壤表层（耕作层）土的指标投影值，通过不同开垦年限土壤质量综合评价值（最佳投影函数值）的大小来评价开垦后土壤变化趋势。

本例主要参考文献[173]的资料，选择与土壤质量相关的物理、化学指标（生物学指标难以测定），指标因子包括：有机质、全氮、全磷、全钾、速效氮、速效磷、速效钾、土壤阳离子交换量（cation exchange capacity, CEC）、pH。各个评价指标的分级标准见表 5-10。富锦市永富乡表层土壤的原始实测数据如表 5-11 所示。

表 5-10　三江平原土壤（表层土)质量评价指标等级体系

评价指标	I	II	III	IV	V
有机质/(g/kg)	>80	60～80	40～60	20～40	<20
全氮/(g/kg)	>5	3.5～5	2～3.5	0.5～2	<0.5
全磷/(g/kg)	>2	1.5～2	1～1.5	0.5～1	<0.5
全钾/(g/kg)	>25	17.5～25	10～17.5	2.5～10	<2.5
速效氮/(mg/kg)	>350	275～350	200～275	125～200	<125
速效磷/(mg/kg)	>100	70～100	40～70	10～40	<10
速效钾/(mg/kg)	>350	270～350	190～270	110～190	<110
CEC/(mol/kg)	>200	150～200	100～150	150～100	<50
pH	6～6.5	5.5～6,6.5～7	5～5.5	7～7.5	<5，<7

表 5-11　富锦市永富乡表层土壤原始实测数据

采样地点	开垦年限	有机质/(g/kg)	全氮/(g/kg)	全磷/(g/kg)	全钾/(g/kg)	速效氮/(mg/kg)	速效磷/(mg/kg)	速效钾/(mg/kg)	CEC/(mol/kg)	pH
富锦市永富乡	荒地	96.54	6.23	1.30	5.41	840.4	13.2	217.6	92.7	6.4
	5 年	49.62	3.35	0.89	6.90	360.3	10.50	281.6	85.7	6.1
	10 年	34.00	2.61	1.15	8.05	289.1	7.28	125.3	98.4	5.9
	25 年	22.15	1.46	0.89	6.63	317.8	8.91	65.7	87.9	6.2

根据表 5-10、表 5-11 数据，利用基于倒 S 曲线的投影寻踪等级评价模型对富锦市永富乡表层土壤质量变化进行综合评价。

在表 5-10 中各等级取值范围内均匀随机产生各 5 个样本 $x^*(i,j)$，构成等级样本，共 25 组数据，见表 5-12。结合表 5-11 中实测的 4 组数据，共 29 组样本数据。利用前文构建的基于倒 S 曲线的投影寻踪等级评价模型，对 29 组数据进行质量等级评价计算。

采用 MATLAB 2016a 编程处理数据，对 29 组等级样本数据建立投影寻踪分类模型，选定父代初始种群规模为 N=400、交叉概率 p_c=0.8、变异概率 p_m=0.2，选取两次进化所产生的优秀个体变化区间作为下次加速时优化变量的变化区间，优秀个体数目选定为 40 个，最大加速次数为 20 次，变异方向的系数 M=10，运行停止的最小阈值为 10^{-6}。考虑到 RAGA 为随机寻优算法，运行程序 1000 次，取其中最大目标值对应的投影方向及投影值。

为了更清晰地了解模型的运行过程，将目标函数值的变化过程进行了展示。程序运行 1000 次对应的目标函数值的变化情况如图 5-8 所示。

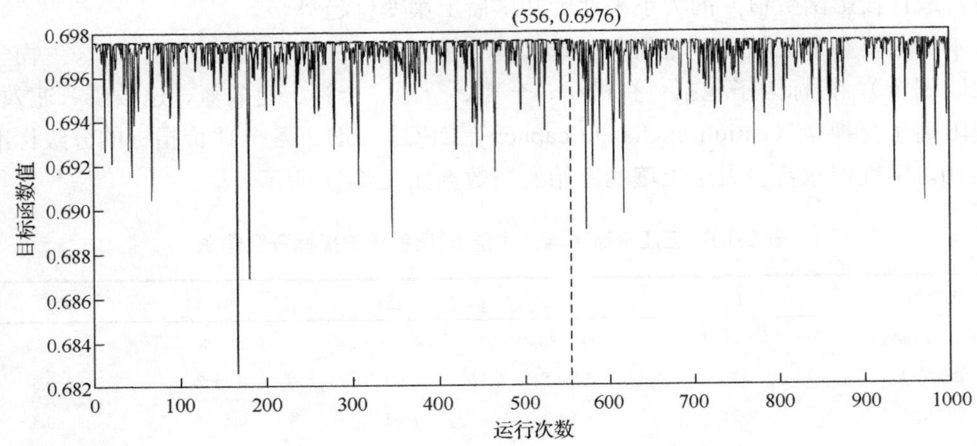

图 5-8　程序运行 1000 次对应的目标函数值变化

可以看到，第 556 次时，对应的目标函数值最大，最大目标值为 0.6976，此时投影方向为 a^*=(0.3529,0.3539,0.3345,0.3950,0.2601,0.3640,0.3571,0.3713,0.1298)。最大目标值的寻优过程如图 5-9 所示。

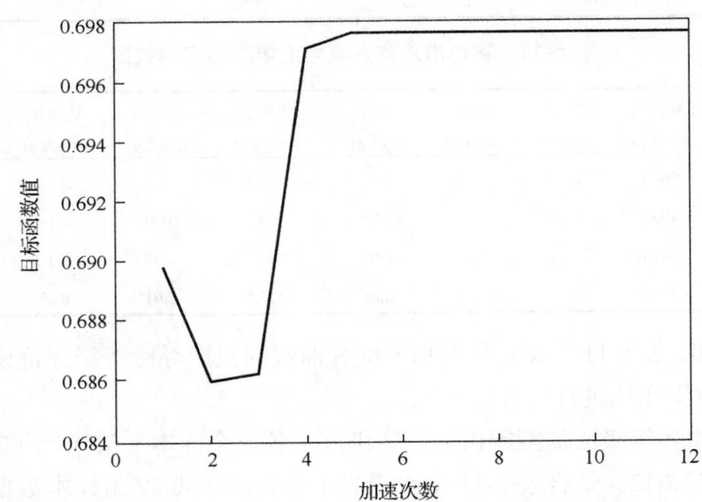

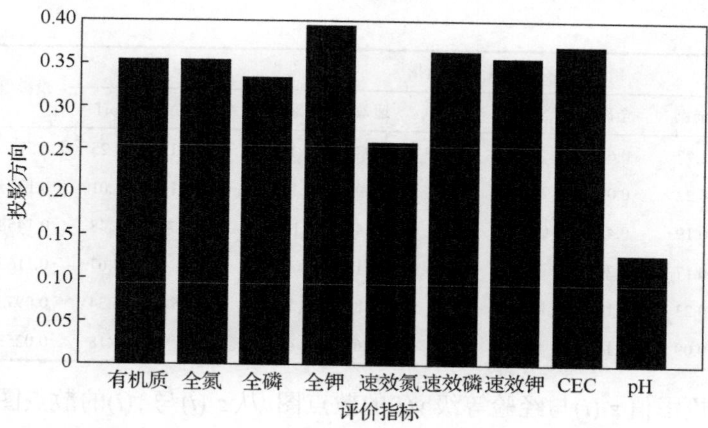

图 5-9　RAGA 寻优过程及投影方向

可以看到，RAGA 加速 12 次找到了最大目标值，即在加速到 12 次时，优秀个体中变量之间的差异已经小于 10^{-6}。

25 个等级样本的投影值见表 5-12。

表 5-12　土壤质量等级的经验值和拟合值对比结果

土样序号	土壤质量指标									投影值	质量等级	
	有机质	全氮	全磷	全钾	速效氮	速效磷	速效钾	CEC	pH		经验值	拟合值
1	156.01	8.81	3.23	35.14	387.63	120.28	355.35	283.73	6.42	2.1608	1	1.0420
2	114.31	6.51	3.72	45.54	538.32	183.85	505.71	304.52	6.13	2.3869	1	0.8953
3	103.9	9.94	2.87	41.01	649.71	105.03	618.78	299.66	6.36	2.3211	1	0.9345
4	99.7	8.04	2.09	42.08	360.24	136.76	509.02	339.84	6.23	2.1224	1	1.0706
5	144.39	5.39	2.34	34.13	648.09	187.29	654.63	378.06	6.08	2.3888	1	0.8943
6	64.62	4.18	1.9	24.52	298.23	75.96	329.74	192.31	6.84	1.3680	2	1.9649
7	66.09	4.31	1.93	22.34	297.3	87.04	325.57	194.01	5.94	1.3441	2	2.0071
8	73.23	4.37	1.61	19.07	315.43	82.46	347.67	160.7	6.87	1.3185	2	2.0536
9	76.78	4.44	1.51	18.2	271.31	88.94	305.35	186.38	5.86	1.2713	2	2.1427
10	78.17	4.46	2.01	20.45	339.59	77.14	270.79	186.75	6.71	1.3534	2	1.9906
11	52.17	2.03	1.46	16.88	260.99	58.11	255.61	126.26	5.19	0.9333	3	2.9106
12	43.79	2.23	1.3	16.13	240.06	51.11	239.7	108.65	5.07	0.8482	3	3.1378
13	45.69	2.64	1.29	12.85	259.57	49.15	269.21	132.17	5.13	0.8833	3	3.0425
14	52.58	2.56	1.16	10.27	214.26	61.53	218.26	123.92	5.34	0.8419	3	3.1550
15	44.64	2.28	1.22	14.44	270.07	59.38	200.96	134.37	5.43	0.8727	3	3.0712
16	29.72	1.73	0.87	5.58	125.74	18.17	184.55	60.13	7.41	0.5803	4	3.9039
17	23.87	1.55	0.75	7.45	179.53	31.08	173.58	98.99	7.01	0.6239	4	3.7774
18	29.38	1.27	0.88	8.38	129.44	36.23	153.11	66	7.22	0.6043	4	3.8344
19	22.68	1.36	0.51	7.09	169.02	30.78	122.29	77.74	7.13	0.5387	4	4.0240

续表

土样序号	土壤质量指标									投影值	质量等级	
	有机质	全氮	全磷	全钾	速效氮	速效磷	速效钾	CEC	pH		经验值	拟合值
20	24.79	1.77	0.67	3.4	144.83	39.01	175.5	67.31	7.25	0.5750	4	3.9192
21	17.83	0.22	0.09	2.23	17.36	1.99	51.26	33.61	5.01	0.1314	5	5.0162
22	13.64	0.19	0.45	0.85	38.66	5.47	105.25	13.57	4.48	0.1458	5	4.9900
23	1.3	0.17	0.26	1.7	75.36	0.15	48.25	48	4.67	0.1165	5	5.0424
24	4.14	0.23	0.19	1.52	7.2	0.84	74.32	6.05	5.34	0.0975	5	5.0744
25	1.01	0.09	0.16	0.1	20.04	6.65	47.32	8.3	4.18	0.0253	5	5.1834

图 5-10 为投影值 $z^*(i)$与经验等级 $y(i)$的散点图。从 $z^*(i)$与 $y(i)$的散点图可以看出，$z^*(i)$与 $y(i)$的图形与倒 S 曲线较为接近，因此可以将倒 S 曲线所对应的函数作为拟合函数。

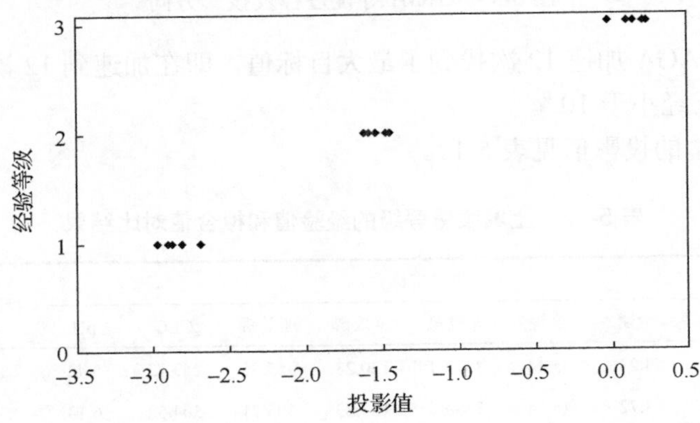

图 5-10　投影值与经验等级的散点图

采用 RAGA 求解式（5-13）中的参数，RAGA 中各项参数设置与求解投影值的参数是一致的。同样运行程序 1000 次，取其中最小目标值对应的投影方向及投影值。寻优得到参数 $c(1)$= 4.7071，$c(2)$= −12.2674，$c(3)$= −1.6097。则用基于倒 S 曲线的投影寻踪等级评价模型计算的土壤质量变化综合评价模型为

$$y^*(i)=\frac{5.5}{1+\mathrm{e}^{4.7071-12.2674/\left(z^*(i)+1.6097\right)}} \tag{5-15}$$

将投影值代入式（5-15），得到等级的拟合值如表 5-12 所示。各个样本的等级经验值与拟合值的误差分析见表 5-13。

表 5-13　等级经验值与拟合值误差分析表

绝对误差值落在不同区间的比例/%		平均绝对误差	平均相对误差/%
[0,0.1]	[0,0.2]		
68	96	0.0819	3.56

从表 5-12 看到，经验值和拟合值是非常接近的，表 5-13 误差分析表明经验值和拟

合值误差是非常小的。用上述模型和表 5-11 的实测数据对三江平原地区富锦市永富乡表层土壤质量变化进行综合评价，见表 5-14。

表 5-14　富锦市永富乡表层土壤质量等级拟合结果

采样地点	开垦年限	投影值	土壤质量等级拟合值	等级
富锦市永富乡	荒地	1.1571	2.3766	II
	5	0.7854	3.3123	III
	10	0.6414	3.7263	IV
	25	0.5155	4.0903	IV

文献[173]中富锦市永富乡开垦年限为荒地、5 年、10 年、15 年的表层土壤质量指数分别为 352、290、255 和 220，没有给出富锦市永富乡表层土壤质量综合评价的具体等级。本章模型对富锦市永富乡表层土壤质量变化综合评价给出了土壤具体所属的评价等级的数值，模型的结果较常规方法更合理、精确。

从各开垦年限土壤质量等级计算值可知，富锦市永富乡表层土壤质量呈下降趋势，富锦市永富乡开荒前表层土壤质量属于Ⅱ级；开荒 5 年后，表层土壤质量属于Ⅲ级；开荒 10 年后，表层土壤质量属于Ⅳ级；而开荒 25 年后表层土壤继续退化，表层土壤质量仍属于Ⅳ级。

最佳投影方向各分量绝对值的大小实质上反映了各土壤质量指标对土壤质量等级的影响程度，各分量绝对值越大，则对应的土壤质量指标对土壤质量等级的影响程度就越大，据此可进一步检验原定土壤质量评价标准的合理性。在本例中，最佳投影方向 a^*=(0.3529,0.3539,0.3345,0.3950,0.2601,0.3640,0.3571,0.3713,0.1298)，表明全钾、CEC、速效磷、速效钾、全氮、有机质、全磷、速效氮、pH 对土壤质量等级的影响程度依次减小，这与土壤质量管理的经验相一致，说明原定土壤质量评价标准是合理的。

第六章　投影寻踪信息熵模型及其应用

第一节　信息熵简介

1948 年，美国贝尔实验室的数学家 C. E. Shannon 在其论文“A mathematical theory of communication”中提出了信息熵的概念，并说明信息熵是一个统计量，用以描述随机变量的离散程度，是信息的基本单位[174]。对于离散型随机变量，若其概率分布为 $p(X=x_i)=p_i\,(i=1,2,\cdots,n)$，且满足 $\sum_{i=1}^{n} p_i = 1$，则随机变量 X 的信息熵定义为

$$H(X) = -\sum_{i=1}^{n} p_i \log_b p_i \tag{6-1}$$

式中，不同的底数 b 代表不同的量纲，当 $b=e$ 时，单位为 nat，本书采 nat 来作为信息熵的单位，此时信息熵中的对数部分可以写成 $\ln p_i$。可以看到信息熵只与随机变量概率有关，而不受随机变量取值的影响。

信息熵作为描述随机变量离散程度的统计量，当离散程度较小时，信息熵较小，当离散程度越大时，信息熵也越大。这里离散程度较大的随机变量意指随机变量的取值概率较为平均。下面以两点分布为例来说明这个问题[175]。假设随机变量 X 服从两点分布，概率分布如下：

$$p(X=1)=p$$
$$p(X=0)=1-p$$

根据式（6-1），随机变量 X 的信息熵为

$$H(X) = -p\ln p - (1-p)\ln(1-p)$$

当概率 p 连续变化时，$H(X)$ 变化如图 6-1 所示。

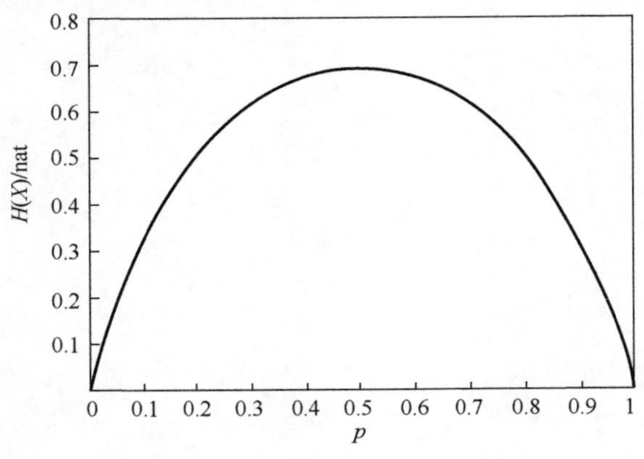

图 6-1　信息熵的变化趋势

可以看到，当 p=0.5 时信息熵达到最大值，此时意味着随机变量取值概率最为平均，随机变量的离散程度最大。对于离散型随机变量 X，$p(X=x_i)=1/n$（$i=1,2,\cdots,n$），信息熵取得最大值 ln$n$；当随机变量 X 为退化分布时，$p(X=x_i)=1$，$p(X=x_j)=0$，$i\neq j$，此时信息熵取得最小值 0。所以信息熵的取值范围 $H(X)\in[0, \ln n]$。

信息熵也可以度量一组数据的离散程度，对于数据序列 z_i（$i=1,2,\cdots,n$），令 $p_i = z_i / \sum_{j=1}^{n} z_j \ (i=1,2,\cdots,n)$，可以将 p_i 看作离散型随机变量的概率分布，进而求得信息熵。当数据序列 z_i 之间数值差异较小时，则 p_i 的分布也较为平均，此时信息熵较大；反之，若 z_i 之间数值差异较大，则信息熵较小。例如，对于两组数据 Ⅰ={1,2,3,4,5}, Ⅱ={101,102,103,104,105}，显然第Ⅰ组数据比第Ⅱ组数据差异更大，但二者的标准差却是一致的，都是 1.5811。按如上方法计算得出信息熵 H(Ⅰ)= 1.4898、H(Ⅱ)=1.6093，这个结果也印证了前面的分析。可以说，信息熵能够辨识出两组数据差异性的异同，而同样作为度量数据离散程度的标准差却无法辨识两组数据的异同。

第二节　投影寻踪信息熵模型简介

本节参照 Friedman-Tukey 投影指标思想，结合相关文献中投影寻踪评价模型[164, 176, 177]，引入信息熵度量数据的离散程度，提出了一种改进的投影指标。基于信息熵的改进投影寻踪评价模型的建模步骤如下[86]。

步骤 1　归一化数据。

样本数据 $\{x^*(i,j)|i=1,2,\cdots,n; j=1,2,\cdots,p\}$，其中 $x^*(i,j)$ 为第 i 个样本的第 j 个指标值，n、p 分别为样本数和指标数。

对于正向指标：

$$x(i,j) = \frac{x^*(i,j) - x_{\min}(j)}{x_{\max}(j) - x_{\min}(j)} \tag{6-2}$$

对于逆向指标：

$$x(i,j) = \frac{x_{\max}(i,j) - x^*(i,j)}{x_{\max}(j) - x_{\min}(j)} \tag{6-3}$$

式中，$x_{\max}(j)$、$x_{\min}(j)$ 分别为第 j 个指标值的最大值和最小值，$x(i,j)$ 为归一化后指标值序列。

步骤 2　构造投影指标 $H(a)$。

投影寻踪模型把 p 维数据 $\{x(i,j)|i=1,2,\cdots,n; j=1,2,\cdots,p\}$ 综合成以 $a=\{(a_1, a_2,\cdots,a_p)\}$ 为投影方向的一维投影值 $z(i)$，即

$$z(i) = \sum_{j=1}^{p} a(j)x(i,j), \quad i=1,2,\cdots,n \tag{6-4}$$

为了便于比较，将向量 a 定义成单位向量。

在综合投影指标值时，要求投影值 $z(i)$的散布特征应为：局部投影点尽可能密集，最好凝聚成若干个点团，而在整体上点团与点团之间尽可能散开。定义投影指标：

$$H(a)=\frac{H(D)}{H(S)} \tag{6-5}$$

式中，

$$H(S)=-\sum_{i=1}^{n}p(i)\ln p(i)$$

其中，$p(i)=z(i)/\sum_{j=1}^{n}z(j)$，整体上要求投影点分散，差异较大，则熵值 $H(S)$应尽量小。

$$H(D)=\sum_{i=1}^{n}\sum_{j=1}^{n}\left(H(i,j)-R\right)u\left(H(i,j)-R\right)$$

其中，$H(i,j)=-q(i)\ln q(i)-q(j)\ln q(j)$，$q(i)=z(i)/\left(z(i)+z(j)\right)$，$z(j)/q(j)=\left(z(i)+z(j)\right)$。若 $z(i)$和 $z(j)$数值较接近，则 $H(i,j)$较大，反之较小。投影寻踪模型要求投影点局部聚集，则 $H(D)$应尽量大。$u(\cdot)$为单位阶跃函数。

$$u\left(H(i,j)-R\right)=\begin{cases}1, & H(i,j)\geqslant R\\ 0, & H(i,j)<R\end{cases}$$

R 为局部密度的窗口半径，R 取值不能太大，因为 R 较大，则对于过多的投影点，有 $H(i,j)-R\leqslant 0$，$u(H(i,j)-R)=0$，使得窗口过窄，点团内投影点过少。R 取值不能太小，因为 R 较小，则对于过多的投影点，有 $H(i,j)-R\geqslant 0$，$u(H(i,j)-R)=1$，使得窗口过宽，点团内投影点过多。根据信息熵的性质可知 $H(i,j)$的范围是 $H(i,j)\in[0,\ln 2]$，R 的作用是对于点团内的投影点使得 $H(i,j)-R\geqslant 0$，对于点团之间的投影点使得 $H(i,j)-R<0$，则 R 的取值范围也是 0 到 ln2 之间。

第一种确定 R 的方法与 Friedman 和 Tukey 模型确定 R 方法类似。由 4.1 节分析可以知道，Friedman 和 Tukey 采用 $R=0.1S_z$，表明了窗口半径和投影点的离散程度有关。在本节模型中，$H(S)$代表了投影点之间离散程度。所以基于 Friedman 和 Tukey 确定的 R 思想，可以定义 R 为 $H(S)$的倍数，即

$$R=cH(S) \tag{6-6}$$

式中，c 为常数，可以由具体数据参照分类结果确定。事实上 c 值的确定是本节模型的一个难点，有待于进一步深入研究。经过算例检验，作者计算发现，当 $c>0.16$ 时，目标函数都为零。这说明当 $R>0.16H(S)$时，对于所有投影点，$H(i,j)-R<0$、$u(H(i,j)-R)=0$、$H(D)=0$，即 R 过大，未能起到截断的作用。而当 $c>0.14$ 时，用 RAGA 得到投影方向以及投影值是相等的，这说明 $R<0.14H(S)$时，所有的 $H(i,j)-R>0$、$u(H(i,j)-R)=1$，导致 $H(D)$不发生变化，即所有的点都在一个点团中，这显然也不符合投影寻踪模型的思想。所以对于本章的示例，c 的范围应该在 0.14 到 0.16 之间。可以推断，对于不同的数据，c 的范围是不同的，而找到 c 的有效范围是通过反复试算得到的，比较消耗时间。

第二种确定 R 的方法是穷举法，因为 R 在 0 到 ln2 之间取值，所以可以按照一定的步长分别尝试 R 值。首先可先选择较大的步长以确定 R 的大致位置，缩小 R 取值的范围，再选择较小的步长继续缩小 R 取值的范围。这种方法也需要反复地进行试算。

第三种确定 R 的方法是利用 R 和 $H(i,j)$的关系来确定，由投影寻踪的思想可知，R 的作用是截断，即对部分投影点来说 $H(i,j)-R<0$，而对其他投影点来说 $H(i,j)-R>0$，R 的范围可以是 $H_{\min}$ 到 $H_{\max}$ 之间，其中 $H_{\min}=\min(H(i,j))$、$H_{\max}=\max(H(i,j))$，故可以令

$$R = H_{\min} + cr_H \tag{6-7}$$

式中，$r_H=H_{\max}-H_{\min}$；c 是待定的系数，取值范围为 $c\in(0,1)$。当 c 取较大值时，意味着点团数较多，分类较为细致，反之，当 c 取较小的值时，意味着点团数较少，分类较为粗糙。在实际应用中，可以令 c 取不同值，从投影的具体情况来确定合适的 c 值。本书采用第三种方法确定窗口半径 R。

值得注意的是，c 值的确定具有主观性，常需要根据投影寻踪模型的思想、经验或者所研究的具体问题确定。本章示例最终根据投影寻踪模型的思想确定，即投影点整体分散局部聚集。

步骤 3　优化投影指标函数 $H(a)$。

$H(a)$随着投影方向的变化而变化，不同的投影方向反映不同的数据结构特征，为了满足数据整体分散，局部聚集的要求，指标值 $H(a)$越大越好。

$$\max H(a) = \frac{H(D)}{H(S)}, \quad \text{s.t.} \sum_{j=1}^{p} a^2(j) = 1 \tag{6-8}$$

这是一个以 $a(j)$（$j=1,2,\cdots,p$）为优化变量的复杂非线性优化问题，可以采用优化算法求解，本节采用 RAGA 求解。

步骤 4　分类评价。

对于无等级标准的评价问题，可以根据投影值的大小做出差异性判断。对于有等级问题，可以将等级视为样本，则模型可以计算出等级样本的投影值，将该值作为等级分类的依据。假设等级样本归一化后表示为 $\{y(l,j)|\ l=1,2,\cdots,m-1;\ j=1,2,\cdots,p\}$，其中 $y(l,j)$为第 j 个指标的第 l 个分级界点归一化值，且满足 $y(1,j)< y(2,j)<\cdots<y(m-1,j)$，最优投影方向 $a^*=\{a^*(1), a^*(2),\cdots, a^*(p)\}$ 得到最终的分级界点，即 $s^*(l)=\sum_{j=1}^{p}a^*(j)y(l,j)$（$l=1,2,\cdots,m-1$），$s^*(l)$为综合各个指标分级界点后最终参照的分级界点，将评价结果分成 m 级。将最佳投影方向 $a^*=\{a^*(1), a^*(2),\cdots, a^*(p)\}$ 代入式（6-4），求出每个样本的投影指标 $z^*(i)$（$i=1,2,\cdots,n$），将 $z^*(i)$与 $s^*(l)$对比，若 $z^*(i)<s^*(l)$，则该样本位于第 1 级，若 $s^*(l-1)\leqslant z^*(i)<s^*(l)$，则为第 l（$l=2,\cdots,m-1$）级，若 $z^*(i)\geqslant s^*(m-1)$，则为第 m 级。

第三节 模 型 分 析

从上一小节的分析可以看出，所定义的投影指标与 Friedman-Tukey 投影指标最大的不同在于度量数据离散程度的形式。首先，从整体的角度看，Friedman- Tukey 投影指标用标准差来度量，本节的投影指标用信息熵来度量。信息熵和标准差都可以反映数据的离散程度，标准差反映一组数据到其均值的平均距离，是集中在均值附近程度的度量，当两组数据均值或量纲不同时，用标准差来比较两组数据的离散程度是不合适的；信息熵没有固定的参照点，表示数据到均匀分布的一种平均距离，是对系统整体的一种度量[178, 179]；另一方面，标准差只反映了数据的二阶距的特征，信息熵则可以反映数据多阶距的特征，能更好地描述数据的离散程度[178]；此外，在不了解原始数据的概率分布时，信息熵更适合度量不确定性[180]。其次，从局部角度看，Friedman-Tukey 投影指标用距离 $r(i, j)$描述两个点的相近程度，本书中用熵 $H(i, j)$来度量。距离可以很好地度量两点的相近程度，但是范围较大，$r(i, j)\in[0,+\infty)$。熵可以很好地解决这个问题，由信息熵的基本性质有 $H(i, j)\in[0,\ln 2]$，可以得到 $R\in[0,\ln 2]$，为采用穷举法确定窗口半径提供了可能。

第四节 投影寻踪信息熵模型的应用

一、投影寻踪信息熵模型在农业旱灾脆弱性评价中的应用

旱灾是影响区域农业的主要自然灾害之一，区域农业旱灾脆弱性评价是建立区域旱灾预报、监测、预警机制的必要条件，其结果可以为查明旱灾隐患和防灾减灾工作提供理论依据。在同样干旱（致灾因子）发生条件下，灾害严重程度会因暴露于孕灾环境中的承灾体数量、承灾体易于遭受灾害影响的性质以及经济社会对干旱的应对能力的不同而有所差别。后三者通常称为暴露性、灾损敏感性和防灾减灾能力，是脆弱性的组成部分。在致灾因子一定的条件下，脆弱性起到放大或缩小灾害的作用，干旱是灾害形成的必要条件，而脆弱性是“旱”转换成“灾”的根本原因。本节将投影寻踪信息熵模型应用于黑龙江省三江平原 18 个农业县或县级市 2004 年、2007 年、2010 年、2013 年四个年份的农业旱灾脆弱性评价中。

（一）评价标准及指标体系构建

农业旱灾脆弱性评价指标的选择是区域农业旱灾脆弱性评价的主要内容之一，评价指标选择得恰当与否直接关系到农业旱灾脆弱性评价的结果。农业旱灾脆弱性受暴露性、灾损敏感性和防灾减灾能力的综合影响。暴露性指经受干旱压力的程度；灾损敏感性是指易受到干旱影响的程度，其强调了潜在的损失；防灾减灾能力是指通过防旱、抗旱措

施减少干旱影响的行为。暴露性和灾损敏感性强调了干旱的影响和潜在损失，防灾减灾能力决定了这种潜在损失转化为真实损失的比例[86]。

因此，在遵循可操作性、系统性、区域性等原则的基础上，结合文献[86]，从暴露性、灾损敏感性和防灾减灾能力三个方面选取了 10 个指标，见表 6-1。

三个方面共同反映了农业系统的受灾状态和抗灾能力。根据等距分级方法，结合三江平原的区域特性，将所有指标分成四个相对等级，等级越高，脆弱性越强，见表 6-1。

表 6-1　三江平原农业旱灾脆弱性评价相对等级标准

	评价指标（X_i）	Ⅰ级	Ⅱ级	Ⅲ级	Ⅳ级	正逆性
暴露性	粮食单产（X_1）/ (t/hm²)	<3	3～4	4～5	>5	正
	人均耕地面积（X_2）/ (hm²/人)	<0.6	0.45～0.6	0.3～0.45	>0.3	正
灾损敏感性	人口密度（X_3）/ (人/km²)	<40	40～60	60～80	>80	正
	农业人口比例（X_4）/ %	<45	45～55	55～65	>65	正
	农业 GDP 比例（X_5）/ %	<25	25～40	40～55	>55	正
防灾减灾能力	灌溉指数（X_6）/ %	>45	45～30	30～15	<15	逆
	人均 GDP（X_7）/ 元	>26000	18000～26000	10000～18000	<10000	逆
	农民人均纯收入（X_8）/ 元	>8000	6000～8000	4000～6000	<4000	逆
	单位面积化肥纯量（X_9）/ (t/hm²)	>0.15	0.1～0.15	0.05～0.1	<0.05	逆
	单位耕地农机动力（X_{10}）	>3.5	2.5～3.5	1.5～2.5	<1.5	逆

各个指标的计算方法及解释如下。粮食单产（X_1）：粮食产量/区域面积，单产越高，经济效益越高，在受灾时相对损失越大，脆弱性越大；人均耕地面积（X_2）：耕地面积/人口总数，人口作用于土地压力大小的表现，人均耕地面积越大，土地压力越低，脆弱性越小；人口密度（X_3）：人口总数/区域面积，反映区域人口疏密程度，人口密度越大，在旱灾发生时，受灾人数越多，潜在损失越大，脆弱性越大；农业人口比例（X_4）：农业人口/总人口，农业人口对干旱最为敏感，较城镇人口来说，更容易受到干旱的影响，农业人口比例越高，脆弱性越大；农业 GDP 比例（X_5）：农业 GDP/区域 GDP，反映区域对农业的依赖程度，而农业最易受到旱灾的影响，所以比例越高，潜在损失越大，对农业依赖程度越大，脆弱性越大；灌溉指数（X_6）：有效灌溉面积/耕地面积，灌溉指数是抗旱能力的一个重要指标，水利建设对抗旱有着积极作用，在自然降水一定的情况下，农业遭受干旱影响的程度与水利化程度密切相关，水利化程度越高，脆弱性程度越小，抗旱能力越强，脆弱性越小；人均 GDP（X_7）：区域 GDP/人口总数，主要反映社会经济发展水平，经济发展水平越高，就有更多的能力投入抗旱减灾之中，降低旱灾脆弱性；农民人均纯收入（X_8）：农民是与干旱联系最密切的群体，也是抗旱的主要群体，农民人均纯收入反映了减灾投入和灾后恢复能力，收入越高，抗旱能力越强，脆弱性越小；单位面积化肥纯量（X_9）：农用化肥纯量/耕地面积，在合理范围内，施肥越多，在一定程度上可以增强土壤肥力，提高粮食产量，降低脆弱性。单位耕地农机动力（X_{10}）：区域农用机械总动力/耕地面积，反映区域的机械化水平，机械化水平越高，对水资源的调节能力和开发利用效应越强，脆弱性越小。

（二）评价指标源数据

为了对三江平原农业旱灾脆弱性进行时空差异分析，找出造成区域脆弱性差异和造成区域脆弱性变化的原因，本节选取了 4 年（2004 年、2007 年、2010 年、2013 年）的数据，每一年选取了三江平原 18 个县的数据，加上三个分级界点，共计 75 组样本值。计算用的原始数据如表 6-2～表 6-6 所示。

表 6-2　2004 年各评价指标数据

地区	X_1	X_2	X_3	X_4	X_5	X_6	X_7	X_8	X_9	X_{10}
依兰县	5.6693	0.2564	85	0.6667	0.3274	0.0980	6354	3708	0.1206	2.4418
鸡东县	3.8870	0.2970	92	0.6611	0.2566	0.1120	12788	3264	0.0771	2.1242
虎林市	8.8659	0.1553	32	0.3993	0.4844	0.2130	13189	3913	0.1586	6.2443
密山市	5.7193	0.2259	56	0.5672	0.3658	0.1450	9447	3274	0.1418	2.9545
萝北县	5.1361	0.1054	34	0.2193	0.4145	0.3240	12717	4041	0.2058	4.9124
绥滨县	4.4774	0.2510	56	0.5455	0.5412	0.4580	9271	1153	0.2143	3.4509
集贤县	5.4830	0.2666	142	0.6188	0.3833	0.1170	5821	2700	0.1743	2.5439
友谊县	4.0731	0.0695	67	0.1429	0.3519	0.2570	8479	2104	0.0033	3.6546
宝清县	6.1973	0.2041	42	0.6256	0.5191	0.1980	6677	3095	0.1321	3.2153
饶河县	4.4979	0.2015	21	0.5423	0.5239	0.3240	3917	1081	0.1822	3.1459
桦南县	4.8155	0.3010	100	0.6953	0.4688	0.0890	5166	1254	0.1182	1.3873
桦川县	5.2134	0.3107	95	0.7222	0.5666	0.2120	3166	828	0.2225	4.3210
汤原县	6.1668	0.2519	78	0.5977	0.4126	0.2780	6143	850	0.2351	2.8354
抚远县	1.8767	0.4195	18	0.5000	0.6067	0.3140	9001	914	0.1692	1.1493
同江市	6.7369	0.1784	27	0.5060	0.5977	0.3470	9765	964	0.2117	4.3710
富锦市	8.0680	0.2491	55	0.6120	0.4996	0.3120	9242	3227	0.2015	2.9913
勃利县	3.9755	0.2567	83	0.6297	0.3582	0.1080	6152	3015	0.2132	2.3588
穆棱市	2.3218	0.2522	49	0.5767	0.1397	0.0570	12167	3555	0.0953	1.3379

表 6-3　2007 年各评价指标数据

地区	X_1	X_2	X_3	X_4	X_5	X_6	X_7	X_8	X_9	X_{10}
依兰县	4.0461	0.5238	87	0.6779	0.3209	0.1315	10326	4964	0.0790	1.6247
鸡东县	4.1721	0.3219	91	0.6702	0.2699	0.1950	16062	4881	0.0732	3.4965
虎林市	3.9181	0.5553	31	0.3631	0.5478	0.3495	19831	5068	0.0727	2.8725
密山市	3.8304	0.4164	55	0.5778	0.4081	0.1980	13070	4708	0.1014	2.2172
萝北县	3.4486	0.3288	33	0.2142	0.3250	0.5470	15245	5023	0.1008	1.9726
绥滨县	2.1830	0.4572	57	0.4983	0.4631	0.6470	6388	1234	0.1205	2.2806
集贤县	3.3595	0.3974	142	0.6221	0.3611	0.1870	12645	4122	0.1488	2.3911
友谊县	4.2828	0.0769	65	0.1249	0.4137	0.3670	13960	7043	0.0910	3.0636
宝清县	3.6395	0.3827	42	0.5807	0.5686	0.2570	13373	4799	0.1094	2.9279
饶河县	3.1682	0.6415	21	0.4858	0.6685	0.4120	12642	1145	0.0809	1.3810
桦南县	2.9635	0.4974	104	0.6952	0.4836	0.1100	7756	1207	0.0870	1.0805

续表

地区	X_1	X_2	X_3	X_4	X_5	X_6	X_7	X_8	X_9	X_{10}
桦川县	2.9309	0.6448	96	0.7410	0.4879	0.3140	5095	1206	0.1497	2.3067
汤原县	4.6776	0.4294	78	0.6098	0.0557	0.3470	9273	1178	0.1495	1.5045
抚远县	1.7180	1.5231	17	0.5376	0.6868	0.4780	15602	2689	0.0815	0.9343
同江市	2.1479	0.8548	27	0.4245	0.4512	0.4620	11210	1870	0.1248	0.9143
富锦市	3.2399	0.7930	56	0.6033	0.5817	0.3870	11953	4678	0.1153	1.4834
勃利县	3.5785	0.3113	83	0.6295	0.3541	0.1290	9440	4073	0.0804	2.0781
穆棱市	2.1719	0.3696	49	0.5826	0.3086	0.0767	16017	5500	0.0656	0.9964

表 6-4　2010 年各评价指标数据

地区	X_1	X_2	X_3	X_4	X_5	X_6	X_7	X_8	X_9	X_{10}
依兰县	6.0415	0.5145	88	0.6823	0.3082	0.1607	20572	9130	0.0901	2.3733
鸡东县	5.6574	0.3205	91	0.6633	0.2477	0.1950	26571	7368	0.0819	4.0580
虎林市	6.1305	0.5574	31	0.3590	0.5442	0.5239	30240	10178	0.0797	3.3777
密山市	4.8002	0.4248	54	0.5775	0.3568	0.2450	21540	7073	0.1019	2.8973
萝北县	4.1547	0.3297	33	0.2106	0.6134	0.6770	22985	9931	0.2004	2.5968
绥滨县	3.7143	0.4530	57	0.5020	0.7299	0.8970	18547	1198	0.1918	3.5925
集贤县	6.7255	0.3995	141	0.6186	0.3189	0.2050	20913	7786	0.1871	3.5772
友谊县	4.3512	0.0748	67	0.1323	0.3389	0.4870	22676	11842	0.1008	4.7459
宝清县	5.4543	0.3808	42	0.5301	0.5068	0.3580	23860	8190	0.1174	3.4266
饶河县	4.3416	0.6219	22	0.4592	0.6875	0.5480	19791	1508	0.1048	2.0654
桦南县	4.4633	0.4888	106	0.6885	0.4436	0.1199	12544	1180	0.1178	2.6015
桦川县	5.2310	0.6324	98	0.7458	0.4986	0.4260	9028	1096	0.1791	3.5179
汤原县	5.6620	0.4266	78	0.6100	0.4458	0.4050	15853	1185	0.1511	2.9303
抚远县	3.0918	1.6605	16	0.4763	0.6972	0.5670	28933	9628	0.0961	1.3978
同江市	4.4366	0.8246	28	0.4214	0.6732	0.5470	27433	2856	0.2279	1.2218
富锦市	4.8131	0.7675	58	0.6092	0.5508	0.4060	23202	9605	0.1432	2.1028
勃利县	4.3834	0.3210	80	0.6174	0.1783	0.1720	18877	6550	0.0918	2.2878
穆棱市	3.5017	0.4059	44	0.5572	0.1718	0.1240	33477	9003	0.0769	1.6723

表 6-5　2013 年各评价指标数据

地区	X_1	X_2	X_3	X_4	X_5	X_6	X_7	X_8	X_9	X_{10}
依兰县	6.5187	0.5469	88	0.6847	0.2972	0.1744	35472	12048	0.1010	2.3027
鸡东县	5.4446	0.3414	93	0.6766	0.2703	0.2647	34977	11692	0.0659	3.7184
虎林市	2.0775	0.6018	31	0.3310	0.5399	0.6426	48078	13263	0.0331	1.5622
密山市	4.1167	0.4236	54	0.5755	0.3797	0.2735	32474	12006	0.0750	2.6790
萝北县	1.1314	0.3380	33	0.2152	0.6024	0.7884	36310	12711	0.0710	1.0905
绥滨县	2.1379	0.4858	56	0.5000	0.7316	0.9029	27015	3260	0.0959	2.1686
集贤县	5.3383	0.4029	140	0.6203	0.3304	0.3013	39321	10866	0.1393	3.4689

续表

地区	X_1	X_2	X_3	X_4	X_5	X_6	X_7	X_8	X_9	X_{10}
友谊县	4.5072	0.0765	66	0.1290	0.3441	0.5624	35120	10323	0.0094	5.2542
宝清县	2.5689	0.3863	42	0.5262	0.5207	0.4251	47862	12530	0.0528	1.7261
饶河县	1.3987	0.6365	21	0.4126	0.7427	0.6326	32981	3948	0.0458	0.9181
桦南县	5.3729	0.5260	98	0.6847	0.3976	0.1482	22617	3518	0.1333	3.3113
桦川县	5.6952	0.6634	93	0.7489	0.4667	0.4563	22806	3801	0.2198	3.7083
汤原县	5.8552	0.4703	74	0.6115	0.4540	0.5294	29247	3070	0.1294	2.7900
抚远县	2.0889	2.0381	14	0.3954	0.3318	0.7126	10333	2756	0.0293	1.4848
同江市	1.3945	0.8514	28	0.4042	0.6891	0.6636	54168	4939	0.0900	1.1934
富锦市	4.2424	0.8083	57	0.6074	0.5559	0.4948	41946	13296	0.1044	1.8362
勃利县	3.5395	0.3264	79	0.6167	0.2799	0.1861	15623	8737	0.1608	2.4327
穆棱市	3.5960	0.4121	44	0.4701	0.1651	0.1500	56741	12702	0.1033	1.9772

表 6-6　等级样本评价指标数据（分级界点）

等级	X_1	X_2	X_3	X_4	X_5	X_6	X_7	X_8	X_9	X_{10}
Ⅲ～Ⅳ级	5.0000	0.6000	80	0.6500	0.5500	0.1500	10000	4000	0.0500	1.5000
Ⅱ～Ⅲ级	4.0000	0.4500	60	0.5500	0.4000	0.3000	18000	6000	0.1000	2.5000
Ⅰ～Ⅱ级	3.0000	0.3000	40	0.4500	0.2500	0.4500	26000	8000	0.1500	3.5000

（三）模型参数设置

按照本章提出模型的构建方法，将正向指标代入式（6-2），逆向指标代入式（6-3），得到归一化数据，由于数据量较大，本例不展示归一化后的数据。借助 MATLAB 2016a 软件，将 4 个年份（2004 年、2007 年、2010 年、2013 年）和等级样本的数据，共 75 个样本代入本章的模型之中。采用 RAGA 求解，选定父代初始种群规模为 N=400、交叉概率 p_c=0.8、变异概率 p_m=0.2，选取两次进化所产生的优秀个体变化区间作为下次加速时优化变量的变化区间，优秀个体数目选定为 40 个，最大加速次数为 20 次，变异方向的系数 M=10，运行停止的最小阈值为 10^{-6}。窗口半径 $R=H_{\min}+cr_H$，为了观察不同投影半径的影响，分别选取 c 为 0.2、0.3、0.4、0.5、0.6、0.7，考虑到 RAGA 为随机寻优算法，6 种半径的情况分别运行 500 次，取其中最大目标值对应的投影方向及投影值。由于本例运行时间较长，为了节省时间，本例模型只运行 500 次取其中最大值，有兴趣的读者可以自行修改参数。

对于另外两种确定 R 的方法，有兴趣的读者可以在随书提供的代码基础上，修改源代码，自己尝试完成。

（四）模型运行结果

图 6-2 为 c 取不同值，即不同窗口半径条件下，75 个样本的散点图，图中横轴为投影值，纵轴为参考轴。

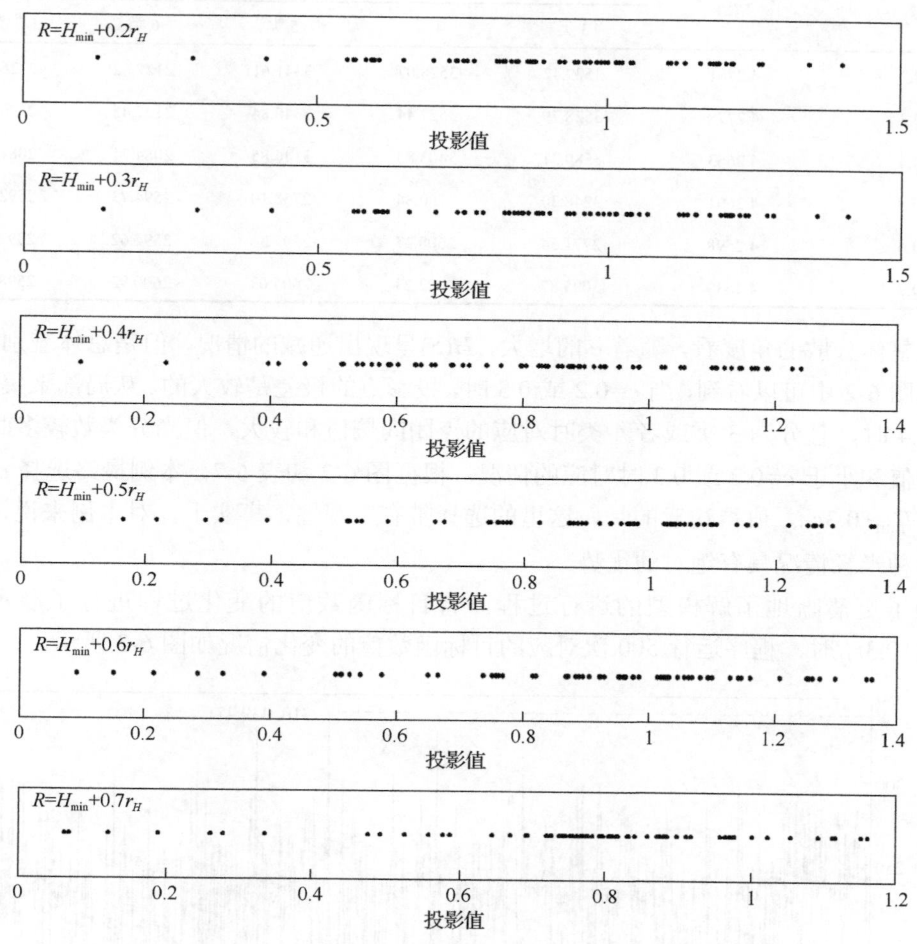

图 6-2　不同窗口半径的投影值

从图 6-2 中可以看到不同窗口半径条件下投影点的分布情况，直观上很难确定哪种分布情况更好，但是可以看出投影点都分成了很多个点团。为了进一步确定投影半径，根据投影寻踪模型的思想，要求投影点整体分散、局部聚集。计算投影值整体的信息熵，即 $H(S)$，按照本章度量数据离散程度的标准，可以度量数据的整体分散程度，$H(S)$越小，整体分散程度越大。在度量局部聚集的方法上，将升序后投影值进行一阶差分，一阶差分较大的值可以用于将样本分类。将投影值分成若干个点团之后，计算点团内所有投影点两两之间信息熵，即 $H(i,j)$值，再将所有点团的熵值相加，称为点团间熵值和，根据信息熵的性质，点团间熵值和越大则数据局部越聚集，计算结果如表 6-7 所示。具体分类方法和点团间熵值和的计算方法见第四章第二节第一个示例。

表 6-7　不同窗口半径的投影点 $H(S)$与点团间熵值和

参数 c	$H(S)$	点团间熵值和				
		3 类	4 类	5 类	6 类	7 类
0.2	4.2781	3529.42	3528.07	3341.61	2127.82	2126.44
0.3	4.2778	3528.79	3527.44	3340.84	2127.48	2126.09
0.4	4.2663	3589.31	3403.83	3146.85	2084.21	2081.45
0.5	4.2601	3248.30	2760.84	2758.10	2594.73	2592.16
0.6	4.2598	2771.54	2608.27	2597.36	2594.62	2592.04
0.7	4.2539	3095.87	3092.23	2605.03	2600.92	2598.32

从整体分散的角度看，随着 c 的增大，$H(S)$呈现出递减的情况，但是总体差别不大。而且从图 6-2 中可以看到，当 c=0.2 或 0.3 时，投影点的极差是较大的。从局部聚集上看，当 c=0.4 时，且分为 3 类或者 4 类时对应的点团间熵值和较大，但当分类数较多时，点团间熵值和小于 c=0.2 或 0.3 时对应的情况。根据图 6-2 和表 6-7，本例最终选择 c=0.3，即 $R=H_{\min}+0.3r_H$。值得注意的是，这里的选择带有主观性，事实上，对本例来说，似乎没有哪种半径情况具有绝对的优势。

为了更清晰地了解模型的运行过程，将目标函数值的变化过程进行了展示。当 $R=H_{\min}+0.3r_H$时，程序运行 500 次对应的目标函数值的变化情况如图 6-3 所示。

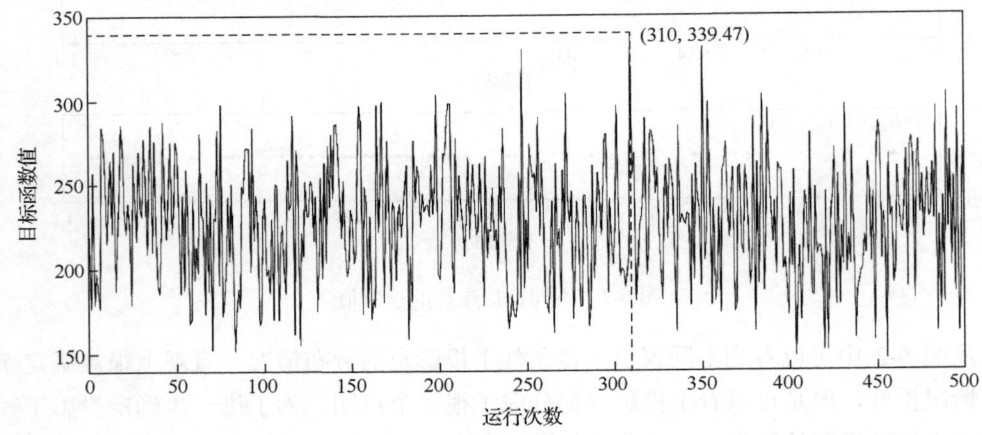

图 6-3　程序运行 500 次对应的目标函数值变化

第 310 次时，对应的目标函数值最大，最大目标值为 339.47，此时投影方向为 a^*=(0.7753,0.2757,0.0790,0.0197,0.0051,0.2688,0.0009,0.4936,0.0179,0.0006)。最大目标值的寻优过程以及投影方向如图 6-4 所示。

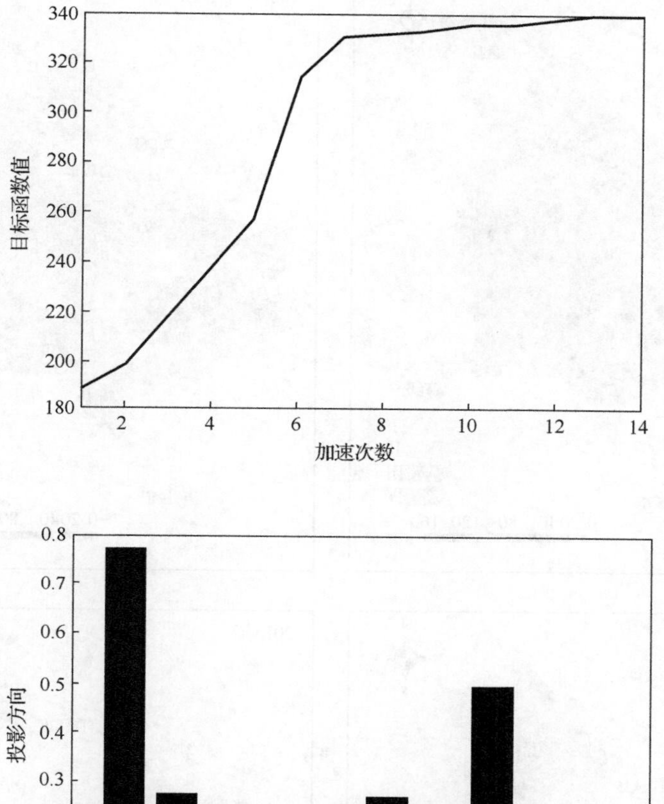

图 6-4　RAGA 寻优过程及投影方向

可以看到，RAGA 加速 14 次找到了最大目标值，即在加速到 14 次时，优秀个体中变量之间的差异已经小于 10^{-6}。

（五）结果分析

当 $R=H_{\min}+0.3r_H$ 时，Ⅰ～Ⅱ级、Ⅱ～Ⅲ级、Ⅲ～Ⅳ级的分级界点分别为 0.6083、0.8771、1.1460，分级界点可以把投影点分为 4 个等级。若样本投影值小于 0.6083，则其被定义为Ⅰ级；若投影值在 0.6083 到 0.8771 之间，则被定义为Ⅱ级，以此类推。

为了更直观地了解三江平原农业旱灾脆弱性区域差异，利用 ArcGIS 的可视化功能，绘制区域脆弱性等级空间分布，见图 6-5。

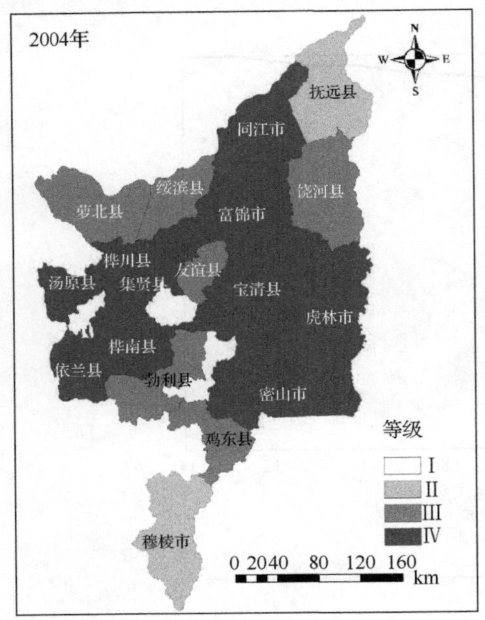

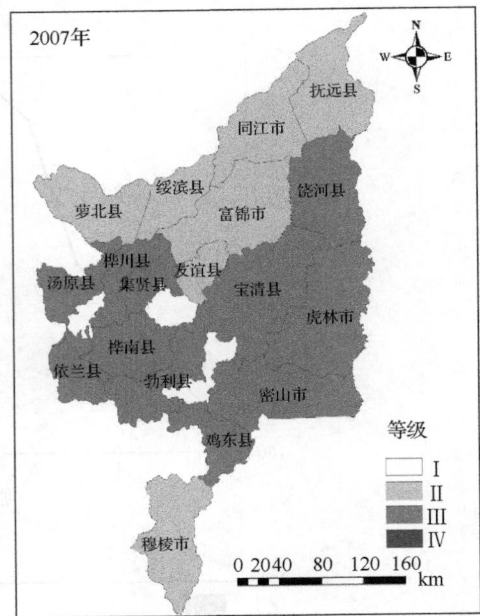

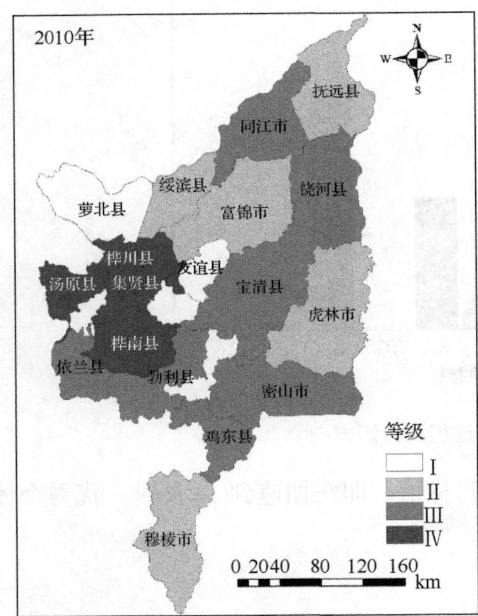

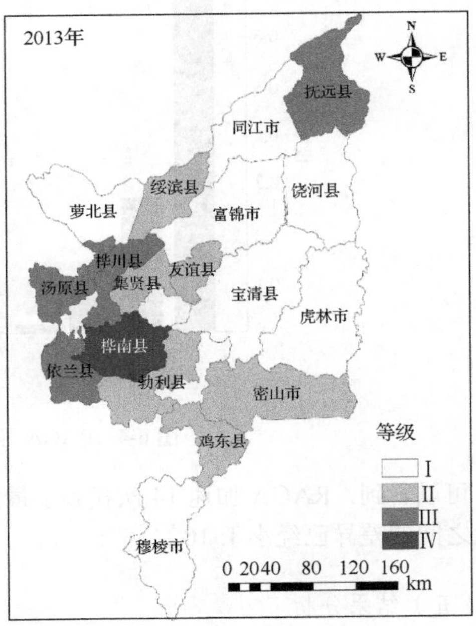

图 6-5　三江平原农业旱灾脆弱性等级空间分布

从图 6-5 中可以看出，整体上，三江平原农业旱灾脆弱性逐渐降低，脆弱性为Ⅳ级的地区由 2004 年的 10 个下降为 2013 年的 1 个，脆弱性为Ⅰ级的地区由 2004 年的 0 个上升为 2013 年的 7 个。这表明，在整体上，三江平原的农业旱灾脆弱性随着时间呈现出下降的趋势。这主要是因为反映农业旱灾脆弱性的各项指标都有转好的趋势。在灾损敏感性上，由于经济的快速发展，城镇化进程加快，农业人口比例在 10 年间由 54.6%下降到了 51.17%。在防灾减灾能力上，区域旱灾脆弱性的降低很大程度上得益于区域减灾抗灾能力的提升，农田水利设施逐渐完善，可灌溉面积逐年增加，灌溉指数由 2004 年的 22% 上升到了 2013 年的 46%，抗旱能力显著增强；此外，同中国经济的大环境一样，区域经济发展迅速，人均 GDP 在 10 年间由 8303 元上涨到了 34616 元，农民人均纯收入也从 2385 元上升到了 8367 元，经济的发展决定了防灾减灾投入的增加。

由于等级是对脆弱性定性的一种描述，所以可能造成在相同等级内的地区脆弱性依然存在差异。根据评价值对萝北县、友谊县、虎林市以及抚远县的脆弱性变化做定量分析，如图 6-6 所示，颜色越深代表脆弱性越强，下同。注意，图中色块颜色深浅只反映相同地区随时间脆弱性变化，不同地区之间的颜色不具有可比性。

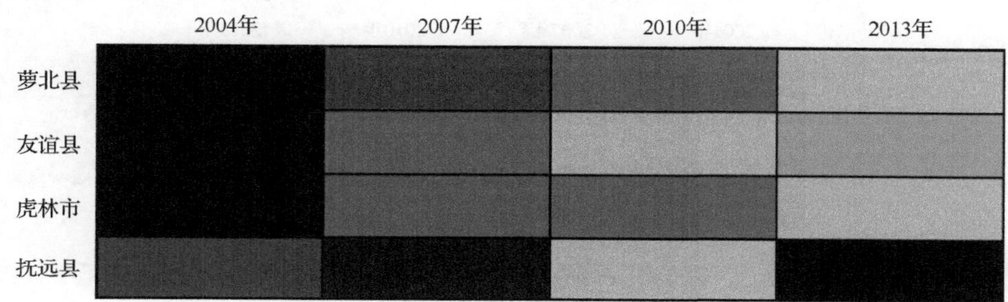

图 6-6　农业旱灾脆弱性变化趋势一

由图 6-6 可以看到，除了抚远县外，其他地区的脆弱性大体上都呈现出下降趋势，其中，萝北县的脆弱性同比较低，以 2013 年为例，萝北县人口密度为 33 人/km^2，大大低于区域平均人口密度 61.7 人/km^2，农业人口比例仅为 21.52%，远低于区域平均农业人口比例 51.16%，灾损敏感性较低，此外，萝北县森林覆盖率达到了 67.9%，为整个三江平原中之最。在防灾减灾能力上，萝北县的灌溉指数为 78.84%，高于均值 46.16%，此外，该地区经济较为发达，农民人均纯收入达到了 12710 元，高于区域均值 8637 元。从时间的角度看，萝北县的脆弱性也呈现出缓慢下降的趋势，主要的原因是区域防灾减灾的能力有所增强，灌溉指数由 32.40%上升到了 78.8%，农民人均纯收入也从 4041 元上升到了 12710 元，人均 GDP 从 12717 元增长到了 36310 元。友谊县的脆弱性程度仅次于萝北县，也处于较低的水平，地区对农业依赖程度不强，4 年农业 GDP 比例均值为 36.18%，其有逐年下降的趋势，4 年农业人口比例均值为 13.23%，远低于区域平均值 52.97%。从变化的角度看，友谊县的脆弱性也呈现出了下降的趋势，主要原因还是地区防灾减灾能力增强，灌溉指数增加，从 25.7%增加到 56.2%，农民生活逐渐富裕，农民人均纯收入由 2104 元增加到了 10323 元；虎林市的脆弱性略高于萝北县和友谊县，但也位于较低水平，以 2013 年为例，地区灾损敏感性较低，人口密度为 30.75 人/km^2，农业人口比例为 33.1%，都位于较低水平，同时区域抗灾能力也较强，灌溉指数达到了 64.3%，农民人均纯收入和人均 GDP 达到了 13263 元和 48077 元，都高于区域平均水平。从 2004 年到 2013 年，虎林市的经济发展较快，2004 年农民人均纯收入和人均 GDP 仅为 3913 元和 13189 元，到了 2013 年，农民人均纯收入和人均 GDP 增长到了 13263 元和 48078 元。

如图 6-7 所示，宝清县和穆棱市的脆弱性较低，且随时间变化明显，两个地区都从最初的Ⅲ级下降到了Ⅰ级，脆弱性显著降低。两个地区 2004 年农业人口比例均值为 60.1%，2013 年下降到了 49.8%，灾损敏感性降低。在防灾减灾能力方面，灌溉指数均值由 12.75%上升到了 28.8%，农民人均纯收入均值和人均 GDP 均值也分别从 3325 元和 9422 元增长到了 12616 元和 52301 元，防灾减灾能力显著增强。饶河县和同江市脆弱性适中，且也随时间呈现出了下降的趋势，变化趋势较为缓和。两个地区对农业的依赖程度较强，2013 年农业 GDP 比例分别为 74.3%和 68.9%，但区域人口密度较低，分别为 21.4 人/km^2 和 27.97 人/km^2，灾损敏感性适中。从时间上看，两地区的防灾减灾能力也有所增强，灌溉指数均值从 33.55%上升到了 64.81%，人均 GDP 均值从 6841 元增长到了 43574 元。

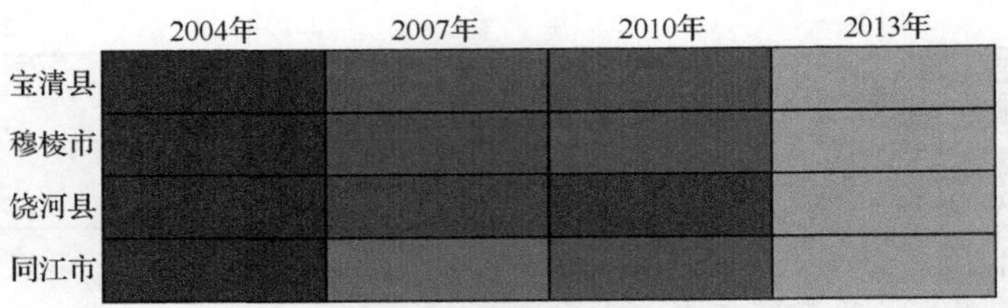

图 6-7　农业旱灾脆弱性变化趋势二

如图 6-8 所示，依兰县和鸡东县脆弱性级别变化明显，呈逐级递减的趋势，这种变化主要体现在了地区的防灾减灾能力上，依兰县的灌溉指数 4 个年份的值分别为 9.8%、13.15%、16.07%、17.44%，鸡东县的灌溉指数 4 个年份的值分别为 11.2%、19.5%、19.5%、26.47%，都有比较明显的提高，农民人均纯收入 4 个年份两个地区的均值分别为 3486 元，4922 元，8249 元和 11870 元，表明防灾减灾的投入能力有了明显的增强。密山市、富锦市和勃利县的脆弱性变化也比较明显，主要原因也是经济快速发展，防灾减灾能力不断增强，3 个地区灌溉指数均值从 18.83%上升到了 31.8%，农民人均纯收入均值也从 3172 元增长到了 11346 元，人均 GDP 均值也从 8280 元增长到了 30014 元，防灾减灾能力明显增强。

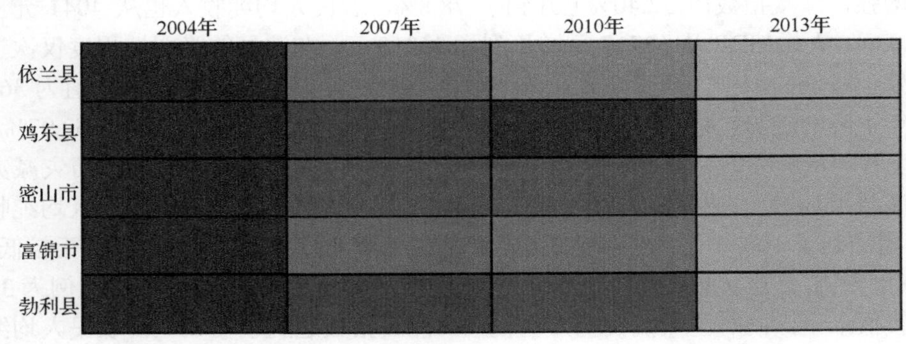

图 6-8　农业旱灾脆弱性变化趋势三

如图 6-9 所示，汤原县和绥滨县脆弱性呈现出下降的趋势，主要原因是区域经济水平相对滞后，虽然农民人均纯收入和人均 GDP 有所增加，在一定程度上缓和了区域的脆弱程度，但区域农业 GDP 比例较高，2004 年两个地区农业 GDP 比例均值为 47.69%，而 2013 年为 59.3%，都位于较高值，灾损敏感性增加。集贤县脆弱性等级也较高，但随时间呈现出比较明显的下降趋势，主要原因还是因为经济有了较大发展，地区防灾减灾能力增强，但与其他地区相比，脆弱性还位于较高值。桦南县和桦川县的脆弱性虽然随时间发生了较大的变化，但是两个地区在三江平原地区脆弱性等级依然较高，以 2013 年为例，两个地区人口密度均值为 95.75 人/km^2，明显高于总体均值 61.7 人/km^2，农业人口比例平均为 71.68%，高于总体均值 51.16%；在遭受同等旱灾程度的情况下，损失相对较大。区域内国有农场较少，农业上抗旱投入较少，灌溉耕地面积不足，灌溉指数均值为 30.23%，低于总体均值 46.16%，抗旱能力较差。农民人均纯收入较低，平均为 3659 元，远低于总体均值 8637 元。所以该区域易于遭受旱灾的威胁，且在遭受旱灾威胁的情况下，防灾和减灾能力相对较差。

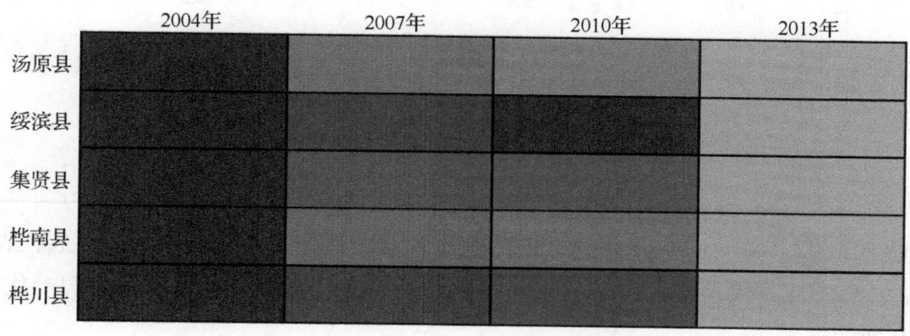

图 6-9　农业旱灾脆弱性变化趋势四

二、投影寻踪信息熵模型在节水灌溉效益评价中的应用

节水灌溉效益是采用节水灌溉工程或节水措施在原有灌溉面积上增加的效益，以及将节约的水量用于扩大灌溉面积或用于提供城镇用水而获得的效益的总称。采用有无节水工程（节水措施）对比或节水前后对比进行计算，包括直接效益和间接效益。直接效益指有无节水工程（节水措施）或节水灌溉前后原有灌溉面积增加的产出效益，以及节约水资源投向其他用途的净产出；间接效益指采取节水灌溉后节约水资源的价值、减少污染治理的费用以及节水灌溉后实现的节能效益、节地效益和省工效益等。

（一）指标体系构建及数据

本例以文献[181]中的数据为依据。文献[181]中选取了 15 个指标反映节水灌溉效益，分别为有效利用面积比率（X_1）、工程内部收益率（X_2）、工程效益费用比率（X_3）、经济能力（X_4）、灌输水利用系数（X_5）、工程对农田系统的适宜度（X_6）、工程施工的难易程度（X_7）、节工程度（X_8）、省地程度（X_9）、土壤流失状况（X_{10}）、水循环良性情况（X_{11}）、农业社会增产量（X_{12}）、改善农业种植工艺状况（X_{13}）、节水灌溉工程安全可靠性程度（X_{14}）、符合农业社会经营和发展状况（X_{15}）；选取的样本地区分别为七星台、问安、百里洲、顾家店、马家店、仙女、安福寺、白洋、董市。具体指标数据如表 6-8[181]所示。

表 6-8 枝江地区乡镇节水灌溉效益指标数据

指标	七星台	问安	百里洲	顾家店	马家店	仙女	安福寺	白洋	董市
X_1/%	65.16	51.23	85.34	31.08	40.59	49.56	36.78	34.89	45.92
X_2/%	0.126	0.115	0.139	0.147	0.127	0.116	0.138	0.115	0.134
X_3	2.13	1.69	1.78	1.65	1.89	1.92	2.04	1.73	1.95
X_4	6	5	7	6	9	6	5	6	5
X_5	0.49	0.46	0.51	0.50	0.46	0.41	0.43	0.42	0.45
X_6	8.5	7.1	8.6	7.9	7.6	7.2	7.3	7.1	7.5
X_7	0.50	0.80	0.50	0.50	0.75	0.80	0.85	0.81	0.79
X_8/%	20	16	35	29	36	17	22	31	38
X_9/%	10.0	9.0	8.7	6.3	5.4	6.1	5.7	4.6	3.1
X_{10}	5.2	4.6	3.7	5.9	5.5	3.1	4.0	3.0	2.0
X_{11}/%	8	7	5	6	7	8	6	7	9
X_{12}/%	26	17	27	25	13	19	26	14	21
X_{13}	8	5	6	7	5	6	8	7	4
X_{14}	9	8	7	7	8	9	6	5	6
X_{15}	6	7	5	6	7	8	7	6	8

按照本章提出模型的构建方法，将正向指标 X_1、X_2、X_3、X_4、X_5、X_6、X_8、X_9、X_{11}、X_{12}、X_{13}、X_{14}、X_{15} 代入式（6-2），逆向指标 X_7、X_{10} 代入式（6-3），得到归一化数据，如表 6-9 所示。

表 6-9 枝江地区乡镇节水灌溉效益指标数据（归一化后）

指标	七星台	问安	百里洲	顾家店	马家店	仙女	安福寺	白洋	董市
X_1	0.6281	0.3714	1.0000	0.0000	0.1753	0.3406	0.1050	0.0702	0.2735
X_2	0.3438	0.0000	0.7500	1.0000	0.3750	0.0313	0.7188	0.0000	0.5938
X_3	1.0000	0.0833	0.2708	0.0000	0.5000	0.5625	0.8125	0.1667	0.6250
X_4	0.2500	0.0000	0.5000	0.2500	1.0000	0.2500	0.0000	0.2500	0.0000
X_5	0.8000	0.5000	1.0000	0.9000	0.5000	0.0000	0.2000	0.1000	0.4000
X_6	0.9333	0.0000	1.0000	0.5333	0.3333	0.0667	0.1333	0.0000	0.2667
X_7	1.0000	0.1429	1.0000	1.0000	0.2857	0.1429	0.0000	0.1143	0.1714
X_8	0.1818	0.0000	0.8636	0.5909	0.9091	0.0455	0.2727	0.6818	1.0000
X_9	1.0000	0.8547	0.8110	0.4622	0.3314	0.4331	0.3750	0.2151	0.0000
X_{10}	0.1795	0.3333	0.5641	0.0000	0.1026	0.7179	0.4872	0.7436	1.0000
X_{11}	0.7500	0.5000	0.0000	0.2500	0.5000	0.7500	0.2500	0.5000	1.0000
X_{12}	0.9286	0.2857	1.0000	0.8571	0.0000	0.4286	0.9286	0.0714	0.5714
X_{13}	1.0000	0.2500	0.5000	0.7500	0.2500	0.5000	1.0000	0.7500	0.0000
X_{14}	1.0000	0.7500	0.5000	0.5000	0.7500	1.0000	0.2500	0.0000	0.2500
X_{15}	0.3333	0.6667	0.0000	0.3333	0.6667	1.0000	0.6667	0.3333	1.0000

（二）模型参数设置

借助 MATLAB 2016a 软件，将 9 个样本的数据代入本章的模型之中。采用 RAGA 求解，选定父代初始种群规模为 N=400、交叉概率 p_c=0.8、变异概率 p_m=0.2，选取两次进化所产生的优秀个体变化区间作为下次加速时优化变量的变化区间，优秀个体数目选定为 40 个，最大加速次数为 20 次，变异方向的系数 M=10，运行停止的最小阈值为 10^{-6}。窗口半径 $R=H_{\min}+cr_H$，为了观察不同投影半径的影响，分别选取 c 为 0.2、0.3、0.4、0.5、0.6、0.7，考虑到 RAGA 为随机寻优算法，6 种半径的情况分别运行 1000 次，取其中最大目标值对应的投影方向及投影值。

对于另外两种确定 R 的方法，有兴趣的读者可以在随书提供的代码基础上，修改源代码，自己尝试完成。

（三）模型运行结果

图 6-10 为 c 取不同值，即不同窗口半径条件下，9 个样本的散点图。

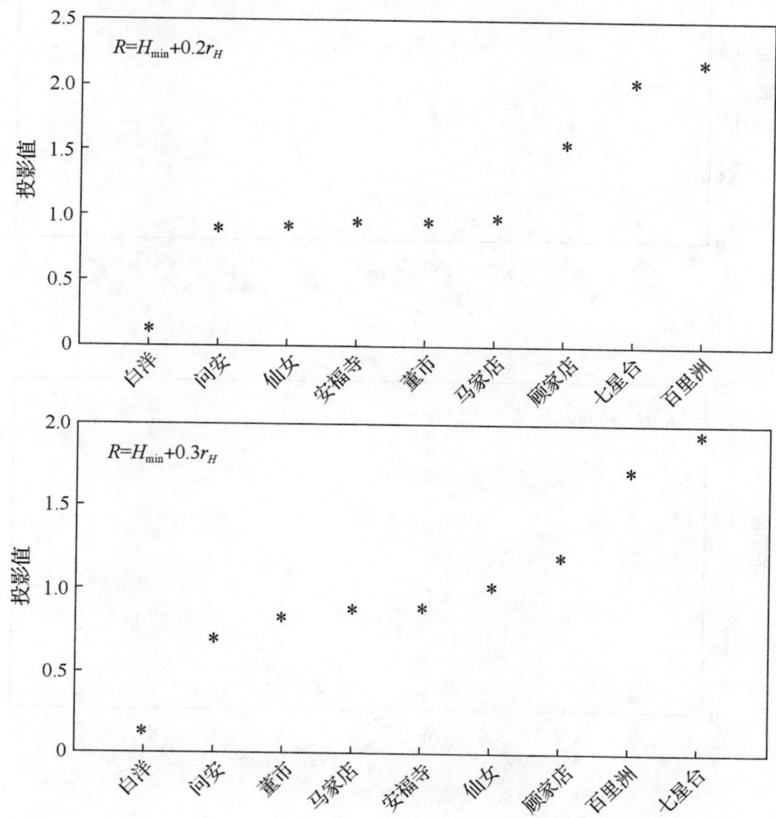

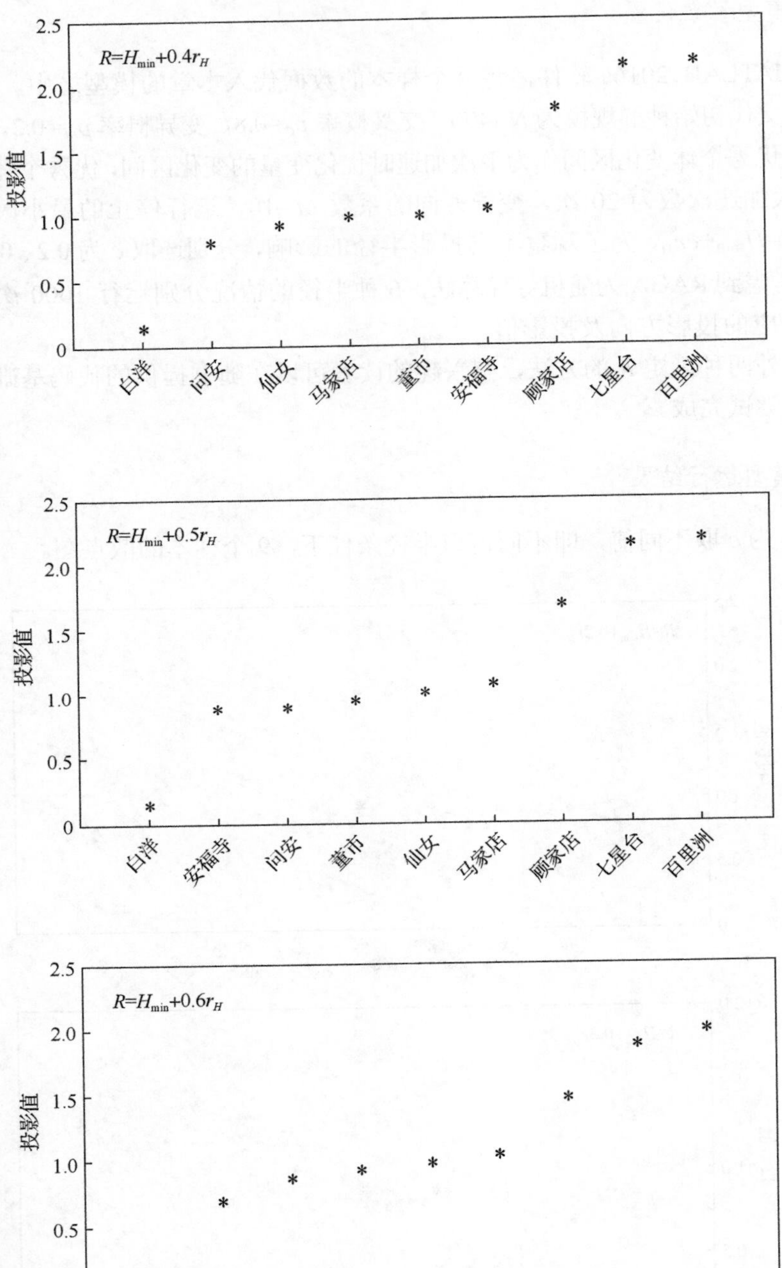

$R=H_{min}+0.4r_H$
投影值
2.5
2.0
1.5
1.0
0.5
0
白洋
问安
仙女
马家店
董市
安福寺
顾家店
七星台
百里洲
$R=H_{min}+0.5r_H$
投影值
2.5
2.0
1.5
1.0
0.5
0
白洋
安福寺
问安
董市
仙女
马家店
顾家店
七星台
百里洲
$R=H_{min}+0.6r_H$
投影值
2.5
2.0
1.5
1.0
0.5
0
白洋
问安
马家店
仙女
董市
安福寺
顾家店
七星台
百里洲

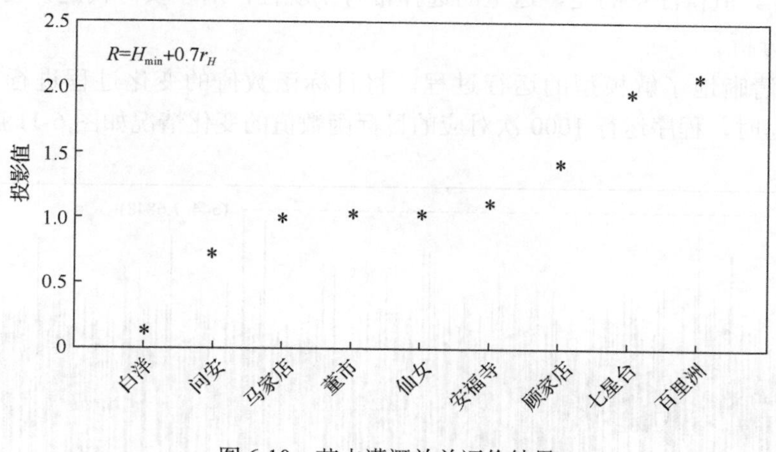

图 6-10　节水灌溉效益评价结果

从图 6-10 中可以看到不同窗口半径条件下投影点的分布情况，直观上很难确定哪种分布情况更好，但是可以看出投影点都分成了很多个点团。为了进一步确定投影半径，根据投影寻踪模型的思想，要求投影点整体分散、局部聚集。计算投影值的整体的信息熵，即 $H(S)$，按照本章度量数据离散程度的标准，可以度量数据的整体分散程度，$H(S)$ 越小，整体分散程度越大。在度量局部聚集的方法上，将升序后的投影值进行一阶差分，一阶差分较大的值可以用于将样本分类。将投影值分成若干个点团之后，计算点团内所有投影点两两之间信息熵，即 $H(i,j)$值，然后计算点团间熵值和。根据信息熵的性质，点团间熵值和越大则数据局部越聚集，计算结果如表 6-10 所示。具体分类方法和点团间熵值和的计算方法见第四章第二节第一个示例。

表 6-10　不同窗口半径的投影点 $H(S)$与点团间熵值和

参数 c	$H(S)$	点团间熵值和		
		3 类	4 类	5 类
0.2	2.0529	24.2067	21.4816	20.0963
0.3	2.0653	28.1747	26.7920	20.0135
0.4	2.0467	24.1923	21.4336	15.9355
0.5	2.0541	24.1928	21.4525	15.9305
0.6	2.0530	24.1163	21.3811	15.9243
0.7	2.0604	28.0943	21.3658	15.9356

从整体分散的角度看，随着 c 的不同，$H(S)$呈现出不同的情况，当 c=0.4 时，达到极小值。从局部聚集上看，当 c=0.3 时，对应的点团间熵值和较大。由于本例样本量较少，所以主要从整体分散上来评判分类的效果。结合图 6-10，本例最终选择 c=0.4，即

$R=H_{min}+0.4r_H$。值得注意的是，这里的选择带有主观性，对于实际问题，可以结合问题的背景进行分析。

为了更清晰地了解模型的运行过程，将目标函数值的变化过程进行了展示。当$R=H_{min}+0.4r_H$时，程序运行 1000 次对应的目标函数值的变化情况如图 6-11 所示。

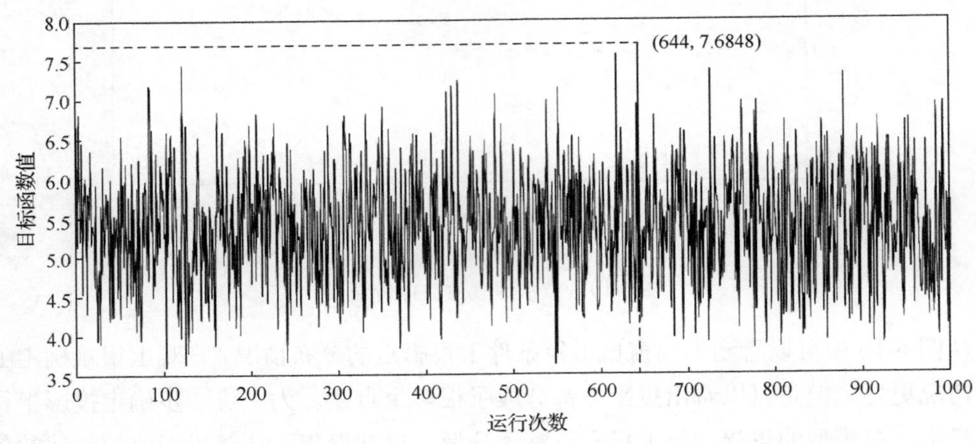

图 6-11　程序运行 1000 次对应的目标函数值变化

第 644 次时，对应的目标函数值最大，最大目标值为 7.6848，此时投影方向为 a^* = (0.1145,0.4299,0.0252,0.0080,0.1958,0.4610,0.2693,0.0106,0.0818,0.0101,0.0168,0.4434,0.0019,0.5233,0.0203)。最大目标值的寻优过程及投影方向如图 6-12 所示。

可以看到，RAGA 加速 10 次找到了最大目标值，即在加速到 10 次时，优秀个体中变量之间的差异已经小于 10^{-6}。

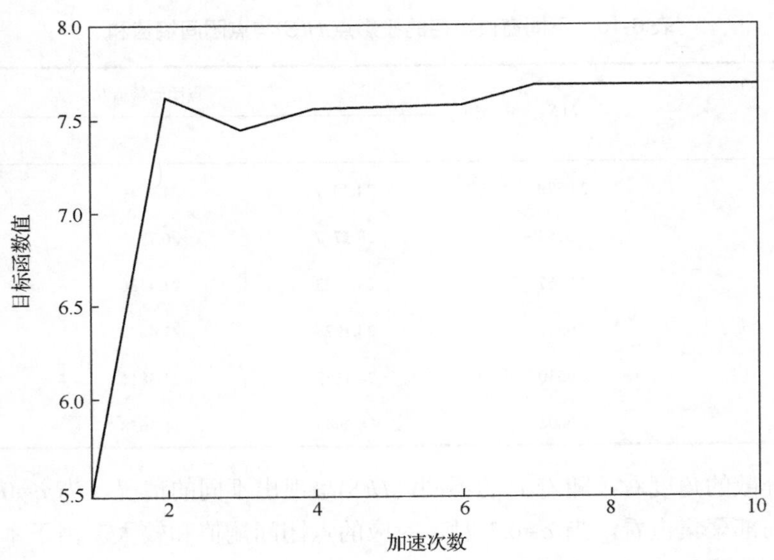

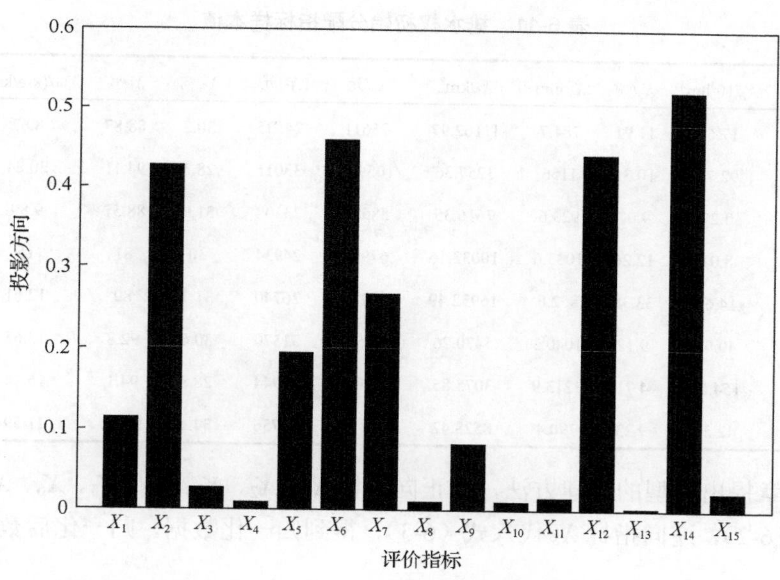

图 6-12　RAGA 寻优过程及投影方向

（四）结果分析

根据模型运行的结果，得到 9 个地区的最终评价结果，按照收益由大到小排序为：百里洲、七星台、顾家店、安福寺、董市、马家店、仙女、问安、白洋。文献[181]给出的最终评价结果为：百里洲、七星台、马家店、安福寺、董市、问安、仙女、白洋、顾家店。二者还是比较类似的。

三、投影寻踪信息熵模型在排水权初始配置研究中的应用

流域排水权初始配置研究是建立健全排水权交易机制的前提条件和关键因素，是促进区域间公平排水，实现可持续发展的基础。本例以文献[182]中的研究内容和数据为基础，在梳理稀缺资源配置研究的基础上，借鉴水权、排污权等初始分配方法，利用投影寻踪信息熵模型建立排水权初始分配模型。

（一）指标体系构建及数据

根据文献[182]内容，选取地区直接经济总损失（X_1）、农作物受灾面积（X_2）、投资贡献度（X_3）、年降水量（X_4）、区域淮河流域面积（X_5）、人均 GDP（X_6）、居民人均可支配收入（X_7）、恩格尔系数（X_8）、污水处理率（X_9）、建成区排水管道密度（X_{10}）、水土流失治理面积（X_{11}），排水权初始分配指标样本值如表 6-11 所示。

表 6-11　排水权初始分配指标样本值

地区	X_1/亿元	X_2/10^3hm^2	X_3/%	X_4/mm	X_5/km^2	X_6/元	X_7/元	X_8/%	X_9/%	X_{10}/(km/km^2)	X_{11}/10^3hm^2
徐州	0.234	17.64	11.91	784.7	11162.97	75611	24535	30.2	88.87	8.87	54.23
南通	2.601	92.75	10.31	1156	3257.36	105903	33011	28.3	94.11	20.84	33.22
连云港	0.015	0.27	9.07	923.6	7616.35	58577	23302	31.9	88.51	9.89	121.22
淮安	0.336	8.01	12.26	1033.6	10032.16	67909	24934	30	81	15	110.95
盐城	0.643	14.69	33.38	852.6	16932.49	70216	26740	31.7	89	12.61	24.15
扬州	1.149	40.07	9.12	1040.3	5470.26	112559	31370	30.6	92.8	13.63	54.31
泰州	16.501	154.55	4.71	1213.9	3075.85	102058	30944	28.8	94.1	16.44	9.8
宿迁	2.38	42.27	9.23	790.4	8528.42	53317	20756	34.4	90.42	11.59	139.83

按照本章提出模型的构建方法，将正向指标 X_1、X_2、X_3、X_4、X_5、X_6、X_7、X_9、X_{10}、X_{11} 代入式（6-2），逆向指标 X_8 代入式（6-3），得到归一化数据，归一化后数据如表 6-12 所示。

表 6-12　排水权初始分配指标归一化值

地区	X_1	X_2	X_3	X_4	X_5	X_6	X_7	X_8	X_9	X_{10}	X_{11}
徐州	0.0133	0.1126	0.2511	0.0000	0.5836	0.3763	0.3084	0.6885	0.6003	0.0000	0.3417
南通	0.1569	0.5994	0.1953	0.8651	0.0131	0.8876	1.0000	1.0000	1.0000	1.0000	0.1801
连云港	0.0000	0.0000	0.1521	0.3236	0.3277	0.0888	0.2078	0.4098	0.5728	0.0852	0.8569
淮安	0.0195	0.0502	0.2633	0.5799	0.5020	0.2463	0.3409	0.7213	0.0000	0.5121	0.7779
盐城	0.0381	0.0935	1.0000	0.1582	1.0000	0.2853	0.4883	0.4426	0.6102	0.3124	0.1104
扬州	0.0688	0.2580	0.1538	0.5955	0.1728	1.0000	0.8661	0.6230	0.9001	0.3977	0.3423
泰州	1.0000	1.0000	0.0000	1.0000	0.0000	0.8227	0.8313	0.9180	0.9992	0.6324	0.0000
宿迁	0.1435	0.2722	0.1577	0.0133	0.3935	0.0000	0.0000	0.0000	0.7185	0.2272	1.0000

（二）模型参数设置

借助 MATLAB 2016a 软件，将 8 个样本的数据代入本章的模型之中。采用 RAGA 求解，选定父代初始种群规模为 N=400、交叉概率 p_c=0.8、变异概率 p_m=0.2，选取两次进化所产生的优秀个体变化区间作为下次加速时优化变量的变化区间，优秀个体数目选定为 40 个，最大加速次数为 20 次，变异方向的系数 M=10，运行停止的最小阈值为 10^{-6}。窗口半径 $R=H_{\min}+cr_H$，为了观察不同投影半径的影响，分别选取 c 为 0.2、0.3、0.4、0.5、0.6、0.7，考虑到 RAGA 为随机寻优算法，6 种半径的情况分别运行 1000 次，取其中最大目标值对应的投影方向及投影值。

（三）模型运行结果

图 6-13 为 c 取不同值，即不同窗口半径条件下，8 个样本的散点图。

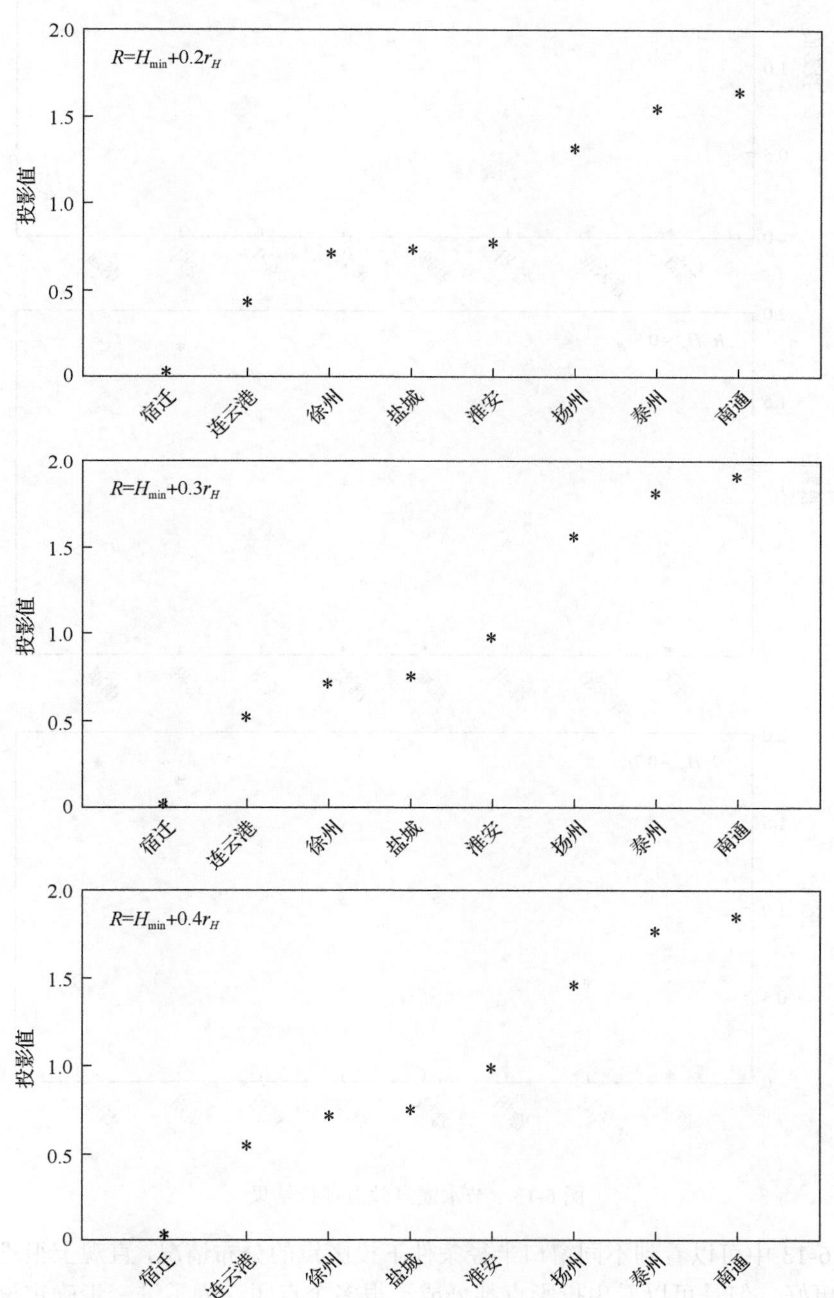

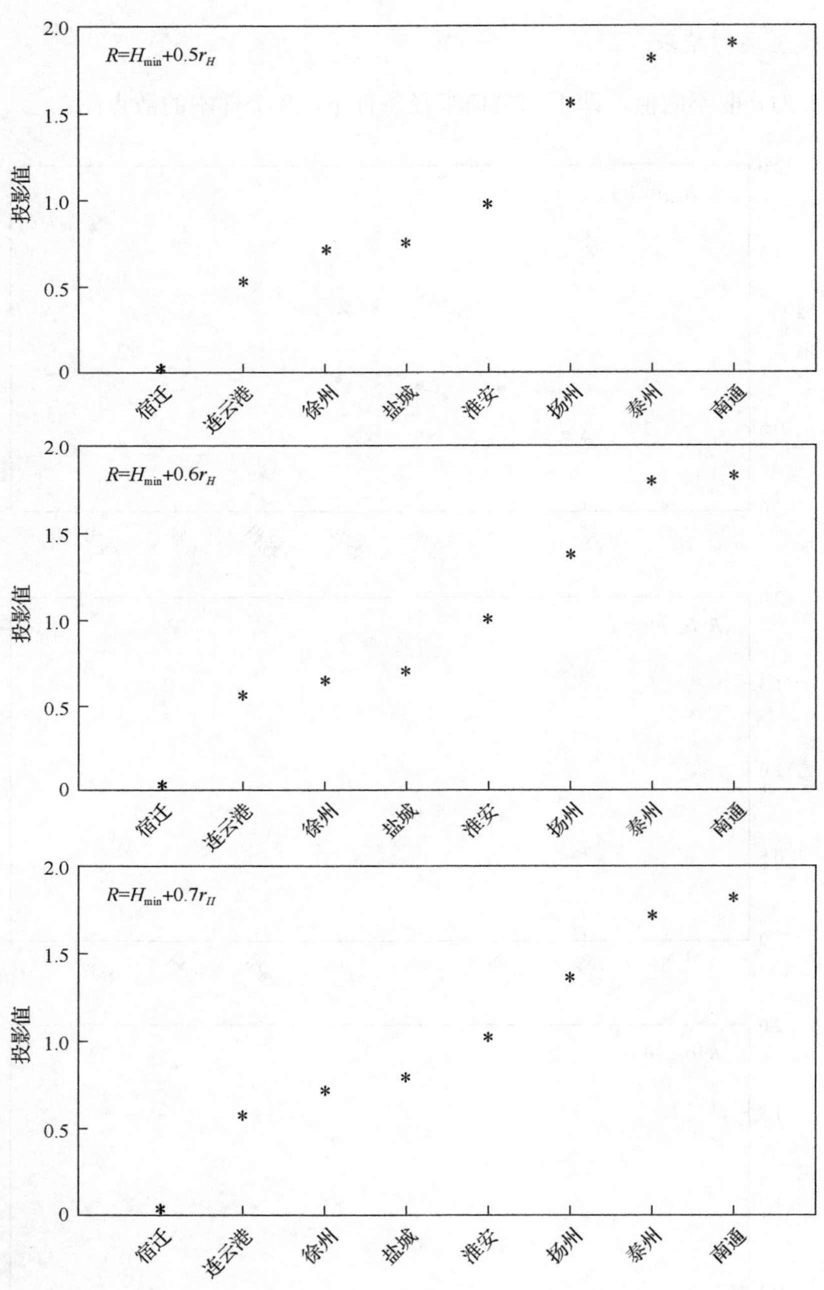

图 6-13　节水灌溉效益评价结果

从图 6-13 中可以看到不同窗口半径条件下投影点的分布情况，直观上很难确定哪种分布情况更好，但是可以看出投影点都分成了很多个点团。为了进一步确定投影半径，根据投影寻踪模型的思想，要求投影点整体分散、局部聚集。计算投影值整体的信息熵，即 $H(S)$，按照本章度量数据离散程度的标准，可以度量数据的整体分散程度，$H(S)$越小，整体分散程度越大。在度量局部聚集的方法上，将升序后投影值进行一阶差分，一阶差分较大的值可以用于将样本分类。将投影值分成若干个点团之后，计算点团内所有投影点两两之间信息熵，即 $H(i, j)$值，然后计算点团间熵值和。根据信息熵的性质，点团间熵值和越大则数据局部越聚集，计算结果如表 6-13 所示。具体分类方法和点团间熵值和的计算方法见第四章第二节第一个示例。

表 6-13　不同窗口半径的投影点 $H(S)$与点团间熵值和

参数 c	$H(S)$	点团间熵值和		
		3 类	4 类	5 类
0.2	1.8774	17.8030	13.8429	11.0879
0.3	1.8613	17.8246	15.0684	11.0390
0.4	1.8735	17.8321	15.0839	11.0467
0.5	1.8619	17.8273	15.0701	11.0385
0.6	1.8671	20.1693	15.0696	11.0727
0.7	1.8850	17.8271	15.0868	11.0515

从整体分散的角度看，随着 c 的不同，$H(S)$呈现出不同的情况，当 c=0.3 时，达到极小值。从局部聚集上看，当 c=0.6 时，对应的点团间熵值和较大。且当 c=0.6 时，与 c=0.3 时点团间熵值和相差不大。结合图 6-13，本例最终选择 c=0.6，即 $R=H_{\min}+0.6r_H$。值得注意的是，这里的选择带有主观性，对于实际问题，可以结合问题的背景进行分析。

为了更清晰地了解模型的运行过程，将目标函数值的变化过程进行了展示。当 $R=H_{\min}+0.6r_H$时，程序运行 1000 次对应的目标函数值的变化情况如图 6-14 所示。

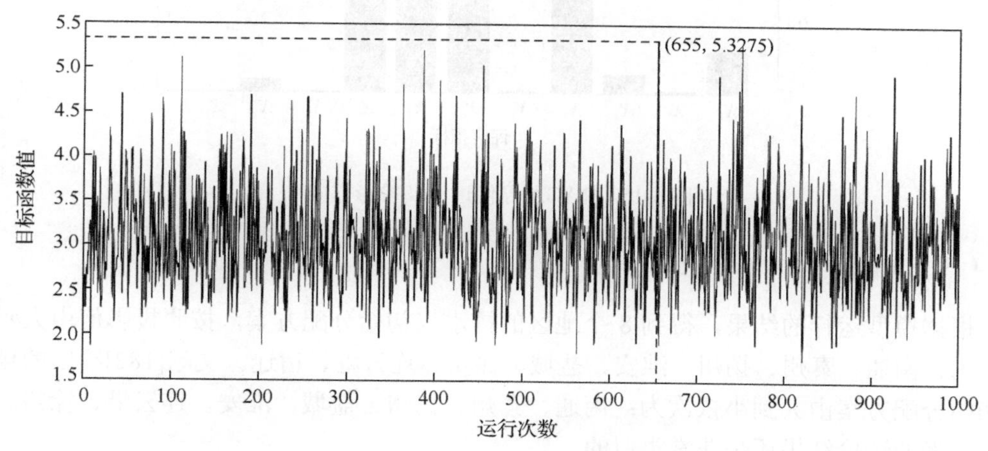

图 6-14　程序运行 1000 次对应的目标函数值变化

第 655 次时，对应的目标函数值最大，最大目标值为 5.3275，此时投影方向为 a^*= (0.0605,0.0034,0.0271,0.5918,0.0045,0.2164,0.4911,0.5975,0.0019,0.0178,0.0010)。最大目标值的寻优过程及投影方向如图 6-15 所示。

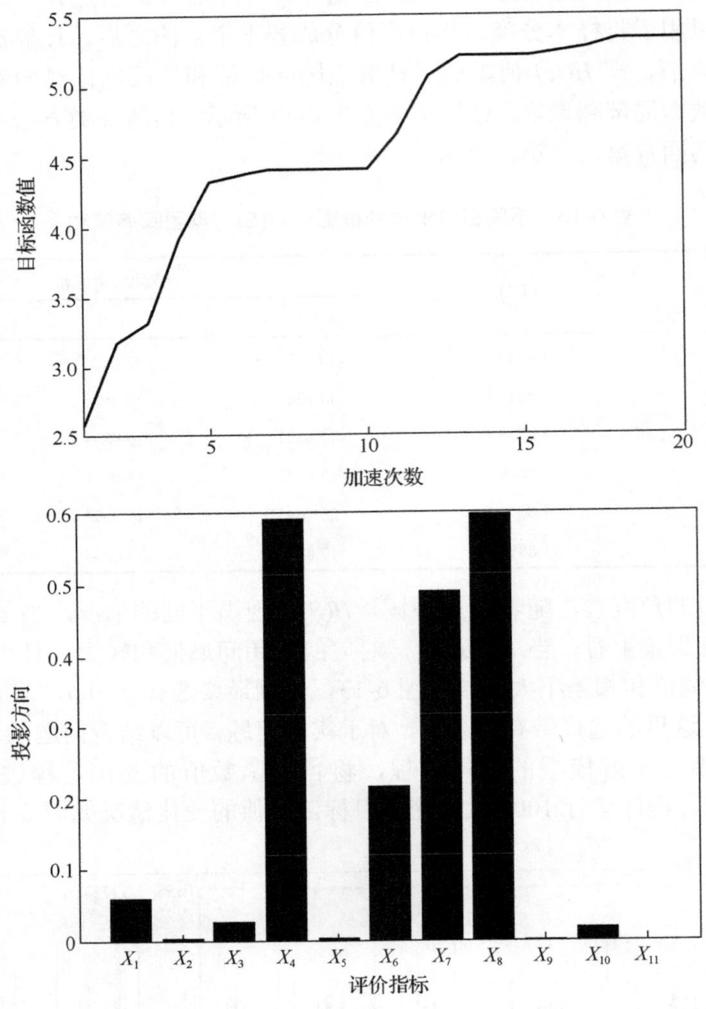

图 6-15　RAGA 寻优过程及投影方向

（四）结果分析

根据模型运行的结果，得到 8 个地区的排水权初始分配方案，按照投影值由大到小排序为：南通、泰州、扬州、淮安、盐城、徐州、连云港、宿迁。文献[182]给出的排水权初始分配方案由大到小依次为：南通、泰州、扬州、盐城、淮安、连云港、徐州、宿迁。二者的评价结果还是非常类似的。

第七章　聚类分析修正的投影寻踪模型及其应用

第一节　聚类分析修正的投影寻踪模型简介

投影寻踪模型中局部窗口半径起到“过滤”的作用，如果投影点距离大于窗口半径，则该距离会被舍弃，如果投影点距离小于或等于窗口半径，则该距离会被保留。本章依据 Friedman 投影指标整体分散、局部聚集的思想，将高维数据用聚类分析的方法进行聚类，用聚类矩阵表征聚类结果，依据聚类结果确定一维投影指标中的局部密度部分。本章方法在确定局部密度过程中并未涉及窗口半径，从而解决了投影指标中局部密度窗口半径不易确定的问题。本章将善于分类的聚类分析方法与善于评价的投影寻踪方法相结合，依据两种方法各自的优势，构建了一个改进的投影寻踪模型。具体步骤如下[87]。

步骤 1　归一化数据。

样本数据 $\{x^*(i,j)|i=1,2,\cdots,n;j=1,2,\cdots,p\}$，其中 $x^*(i,j)$为第 i 个样本的第 j 个指标值，n、p 分别为样本数和指标数。

对于正向指标：

$$x(i,j)=\frac{x^*(i,j)-x_{\min}(j)}{x_{\max}(j)-x_{\min}(j)} \tag{7-1}$$

对于逆向指标：

$$x(i,j)=\frac{x_{\max}(i,j)-x^*(i,j)}{x_{\max}(j)-x_{\min}(j)} \tag{7-2}$$

式中，$x_{\max}(j)$、$x_{\min}(j)$分别为第 j 个指标值的最大值和最小值，$x(i,j)$为归一化后指标值序列。

步骤 2　构造投影指标 $Q(a)$。

投影寻踪模型把 p 维数据 $\{x(i,j)|i=1,2,\cdots,n;j=1,2,\cdots,p\}$ 综合成以 $a=(a_1,a_2,\cdots,a_p)$ 为投影方向的一维投影值 $z(i)$，即

$$z(i)=\sum_{j=1}^{p}a(j)x(i,j),\quad i=1,2,\cdots,n \tag{7-3}$$

为了便于比较，将向量 a 定义成单位向量。n 为样本的个数，p 为每个样本的维数。

在构建投影指标之前，先引入聚类矩阵的概念，将 n 个样本用 SPSS 软件做聚类分

析（本章利用K均值聚类法，读者可自行确定聚类方法），假定分成m类，记为$A_1,A_2,\cdots,A_m$，假定第i个样本属于A_k，第j个样本属于A_l，则聚类矩阵定义为$D=(d_{ij})_{n\times n}$，其中：

$$d_{ij}=\begin{cases}1, & k=l\\0, & k\neq l\end{cases} \tag{7-4}$$

即当i、j两个样本属于同一类时，则其聚类矩阵中第i行第j列的元素为1，否则为0。聚类矩阵的作用是在构建局部密度时，保留同一类投影点间的信息，而舍弃不同类投影点之间的信息。

可以看到，分类数m的确定对于本章模型来说是一个关键问题。m的确定带有主观性，在实际应用中可以尝试多种分类值，再根据投影点的分布情况选取合适的情况，即根据实验来选取。此外，如果对于某些问题有特定的分类，或者说根据经验可以给出分类的经验值，也可以直接给出分类值。

在综合投影指标值时，要求投影值 $z(i)$的散布特征应为：局部投影点尽可能密集，最好凝聚成若干个点团，而在整体上点团与点团之间尽可能散开。定义投影指标：

$$Q(a)=S_zD_z \tag{7-5}$$

式中，$S_z=\sqrt{\dfrac{\sum_{i=1}^{n}z(i)-\overline{z}}{n-1}}$为投影点标准差；$D_z=1/\sum_{i=1}^{n}\sum_{j=1}^{n}r(i,j)d_{ij}$，$r(i,j)$为样本投影点之间的距离，$r(i,j)=|z(i)-z(j)|$，$i$、$j=1,2,\cdots,n$。$\sum_{i=1}^{n}\sum_{j=1}^{n}r(i,j)d_{ij}$保证了对于同一类中的样本，保留了 $r(i,j)$的信息，而对于不同类中的样本，舍弃了 $r(i,j)$的信息。D_z越大，$\sum_{i=1}^{n}\sum_{j=1}^{n}r(i,j)d_{ij}$越小，此时说明投影点局部聚集程度越高，而整体上类与类之间的距离可以任意大，因为对于不同类中的样本的$r(i,j)$信息并不包括在D_z内。标准差S_z则反映了投影点的整体分散程度，S_z越大则说明投影点整体越分散。

综上，当投影指标 $Q(a)$越大时，S_z越大，从而保证了投影点整体是分散的；D_z越大，从而保证投影点是局部聚集的。也就是说当投影指标$Q(a)$越大时，能同时保证投影点整体分散和局部聚集，从而满足了 Friedman-Tukey 投影寻踪模型的思想。

步骤3 优化投影指标函数$Q(a)$。

$Q(a)$受投影方向的影响，而投影方向可以反映高维数据的结构特征，为了满足数据整体分散、局部聚集的要求，指标$Q(a)$越大越好。

$$\max Q(a)=S_zD_z,\quad \text{s.t.}\sum_{j=1}^{p}a^2(j)=1 \tag{7-6}$$

这是一个以 $a(j)$（$j=1,2,\cdots,p$）为优化变量的复杂非线性优化问题，可以采用优化算法求解，本章采用 RAGA 求解。

步骤 4　分类评价。

对于无等级标准的评价问题，可以根据投影值的大小做出差异性判断。对于有等级问题，可以将等级视为样本，则模型可以计算出等级样本的投影值，将该值作为等级分类的依据。假设等级样本归一化后表示为 $\{y(l,j)|\ l=1,2,\cdots,m-1;\ j=1,2,\cdots,p\}$，其中 $y(i,j)$ 为第 j 个指标的第 l 个分级界点归一化值，且满足 $y(1,j)< y(2,j)<\cdots<y(m-1,j)$，最优投影方向 $a^*=\{a^*(1), a^*(2),\cdots, a^*(p)\}$ 得到最终的分级界点，即 $s^*(l)=\sum_{j=1}^{p}a^*(j)y(l,j)$ $(l=1,2,\cdots,m-1)$，$s^*(l)$为综合各个指标分级界点后最终参照的分级界点，将评价结果分成 m 级。将最佳投影方向 $a^*=\{a^*(1), a^*(2),\cdots, a^*(p)\}$ 代入式（7-3），求出每个样本的投影指标 $z^*(i)$, $i=1,2,\cdots,n$，将 $z^*(i)$与 $s^*(l)$对比，若 $z^*(i)<s^*(l)$，则为第 1 级，若 $s^*(l-1)\leqslant z^*(i)<s^*(l)$，则为第 l（$l=2,3,\cdots,m-1$）级，若 $z^*(i)\geqslant s^*(m-1)$，则为第 m 级。

第二节　模 型 分 析

为了更好地说明模型构建过程，这里举一个例子。假定有 12 个样本 $Q_1,Q_2,\cdots,Q_{12}$，对应投影点为 $z(1),z(2),\cdots,z(12)$。用 K 均值聚类方法将样本分成 3 类，记为 A_1、A_2、A_3，$A_1=\{Q_1,Q_2,Q_3,Q_4\}$，$A_2=\{Q_5,Q_6,Q_7,Q_8\}$，$A_3=\{Q_9,Q_{10},Q_{11},Q_{12}\}$，则聚类矩阵为

$$D=\begin{bmatrix}1&1&1&1&0&0&0&0&0&0&0&0\\1&1&1&1&0&0&0&0&0&0&0&0\\1&1&1&1&0&0&0&0&0&0&0&0\\1&1&1&1&0&0&0&0&0&0&0&0\\0&0&0&0&1&1&1&1&0&0&0&0\\0&0&0&0&1&1&1&1&0&0&0&0\\0&0&0&0&1&1&1&1&0&0&0&0\\0&0&0&0&1&1&1&1&0&0&0&0\\0&0&0&0&0&0&0&0&1&1&1&1\\0&0&0&0&0&0&0&0&1&1&1&1\\0&0&0&0&0&0&0&0&1&1&1&1\\0&0&0&0&0&0&0&0&1&1&1&1\end{bmatrix}$$

$D=(d_{ij})_{12\times 12}$，投影点距离 $r(i,j)=|\ z(i)-z(j)|$（i、$j=1,2,\cdots,12$），S_z 代表投影点标准差，$D_z=1/\sum_{i=1}^{12}\sum_{j=1}^{12}r(i,j)d_{ij}$。可以看到局部密度只保留了类内的投影点距离，当极大化投影指标 $Q(a)$时，较大的 D_z 保证了类内点的局部聚集，较大的 S_z 保证了投影点的整体分散，从而满足了 Friedman-Tukey 投影寻踪模型的思想。

本章是将聚类分析与投影寻踪模型相结合，进而构建了改进的投影寻踪模型。K 均值聚类是传统的、比较有效的聚类方法，它可以将高维的样本进行有效分类。投影寻踪

模型通过将高维数据投影到低维空间上，依据投影点的分布对样本进行分类或评价。本章所提的方法依据投影寻踪模型整体分散、局部聚集的思想，用标准差 S_z 度量投影点整体分散程度，用改进的局部密度 D_z 度量局部聚集程度。在构建局部密度 D_z 时，用 K 均值聚类的方法将高维数据进行分类，并引入聚类矩阵来表征聚类结果，依据聚类结果构建局部密度 D_z，局部密度的表达式中不涉及局部密度窗口半径的问题，从而解决了局部密度窗口半径不易确定的问题。改进的方法将善于分类的聚类分析方法与善于评价的投影寻踪方法相结合，吸取了两种方法各自的优势，丰富了投影寻踪理论，具有一定的理论意义。

第三节　聚类分析修正的投影寻踪模型的应用

一、聚类分析修正的投影寻踪模型在农业旱灾风险评价中的应用

旱灾是致灾因子的危险性经承灾体的脆弱性转变成灾害的过程，其中致灾因子是触发灾害的必要条件，而承灾体的脆弱性是形成灾害的根本原因。本章将聚类分析修正的投影寻踪模型应用到农业旱灾风险分析之中，从致灾因子的危险性、承灾体的暴露性、承灾体的灾损敏感性和防灾减灾能力四个方面选取 14 个指标表征区域农业旱灾风险，选取黑龙江省 13 个地级市作为空间尺度，选取 2004 年、2006 年、2008 年、2010 年、2012 年、2014 年 6 个年份作为时间尺度，并同全国变化趋势对比，从空间和时间的角度分析了黑龙江省农业旱灾风险的空间分布特征和时间变异特征。

（一）指标体系构建

参照文献[87]，从致灾因子的危险性、承灾体的暴露性、承灾体的灾损敏感性和防灾减灾能力四个方面选取指标来表征区域农业旱灾风险。其中致灾因子是灾害产生的必要条件，其危险性主要指给农业生产和生活带来损害发生的可能性，本章选取了年降水量和地均水资源量作为黑龙江省农业旱灾危险性的评估指标。承灾体的暴露性反映了可能受到致灾因子威胁的承灾体的量级的大小，主要包括可能受到致灾因子影响的承灾体的数量、密度、分布和价值等，本章选取了耕地面积比例、人均耕地面积作为评估指标。承灾体的灾损敏感性指暴露在孕灾环境中的不同承灾体对干旱影响的损失响应，本章选取了人口密度和农业 GDP 比例作为评估指标。防灾减灾能力是通过防旱、抗旱措施减少干旱影响的行为，是减轻旱灾的必要条件，强调了抵御灾害的能力，本章选取了灌溉指数、农民人均纯收入、农业灌排机械动力、地均农村劳动力、水利设施投资和地均水库库容量作为评估指标。综上，本章共从四个方面选取了 14 个指标来综合评估黑龙江省农业旱灾风险，具体见表 7-1。以下指标中，有些是增加旱灾风险的指标，即取值越大，农业旱灾风险越大，本章称之为正向指标。其余指标是减轻农业旱灾风险的指标，其取值越大，农业旱灾风险越小，本章称之为逆向指标，具体分类见表 7-1。

表 7-1　黑龙江省农业旱灾风险评价指标体系

评价指标		正逆性
致灾因素危险性	年降水量（X_1）/ mm	逆
	地均水资源量（X_2）/ (m^3/hm^2)	逆
承灾体暴露性	耕地面积比例（X_3）/ %	正
	人均耕地面积（X_4）/ (hm^2/人)	正
承灾体灾损敏感性	人口密度（X_5）/ (人/km^2)	正
	农业 GDP 比例（X_6）/ %	正
防灾减灾能力	灌溉指数（X_7）/ %	逆
	农民人均纯收入（X_8）/ 元	逆
	农业灌排机械动力（X_9）/ ($kW·h/hm^2$)	逆
	地均农村劳动力（X_{10}）/ (人/hm^2)	逆
	水利设施投资（X_{11}）/ (万元/km^2)	逆
	地均水库库容量（X_{12}）/ (m^3/hm^2)	逆

各个指标的计算方法和解释如下。

致灾因子危险性指标：年降水量（X_1），降水是影响干旱的较重要因素之一，是影响作物生长的主要因素，降水量越大，发生干旱的可能性越小，旱灾风险越小。地均水资源量（X_2），水资源总量/耕地面积，水资源是影响农业的重要自然资源，水资源量越大，旱灾风险越小。年降水量和地均水资源量共同构成了区域的气象和水文的自然禀赋条件。

承灾体暴露性指标：耕地面积比例（X_3），耕地面积/区域总面积，耕地面积比例反映的是暴露于干旱危险之中的农业生产范围的大小，比例越高，遭受威胁的数量越大，旱灾风险越大。人均耕地面积（X_4），耕地面积/人口总数，反映了区域人均农业生产条件遭受威胁的数量，取值越大，潜在损失越大，暴露程度越高，旱灾风险越大。

承灾体灾损敏感性指标：人口密度（X_5），人口总数/区域面积，反映区域人口疏密程度，人口密度越高，在干旱发生时，受影响人数越多，潜在损失越大，风险越高。农业 GDP 比例（X_6），农业 GDP/区域 GDP，反映区域经济对农业的依赖程度，农业最易受到干旱的影响，比例越高，潜在损失越大，风险越高。

承灾体防灾减灾能力指标：灌溉指数（X_7），有效灌溉面积/耕地面积，灌溉指数是抗旱能力的一个重要指标，水利设施建设对抵御干旱具有积极作用，在降水量亏缺的情况下，农业遭受干旱威胁的程度与水利设施的完善程度密切相关，水利化程度越高，抗旱能力越强，风险越低。农民人均纯收入（X_8），农民是与干旱联系最密切的群体，也是抗旱的主要群体，农民人均纯收入反映了减灾投入和灾后恢复能力，收入越高，抗旱能力越强，风险越低。农业灌排机械动力（X_9），区域农用灌排机械总动力/耕地面积，反映区域的机械化水平，机械化水平越高，对水资源的调节能力和开发利用效率越高，风险越低。地均农村劳动力（X_{10}），农村劳动力人数/耕地面积，反映了农业抗旱的人员投入水平，取值越大，风险越低。水利设施投资（X_{11}），区域水利设施投资总额/区域面积，农田水利设施是保障农业水资源高效利用的有效手段，是反映抗旱水平的指标之一，取值越大，风险越低。地均水库库容量（X_{12}），区域水库库容总量/耕地面积，水库库容的大小是区域蓄水能力的表现，也是干旱时期可调水量的有效保障，取值越大，风险越低。

（二）评价指标源数据

为了对黑龙江省各地级市农业旱灾风险进行时空差异分析，参考文献[87]中的数据（2004年、2006年、2008年、2010年、2012年、2014年），再加上2016年、2018年的数据，每一年为黑龙江省13个地级市的数据、黑龙江省数据，即每年共计14个样本，8年共计112个样本值。计算用的原始数据如表7-2～表7-9所示。

表7-2　2004年各评价指标数据

地区	X_1	X_2	X_3	X_4	X_5	X_6	X_7	X_8	X_9	X_{10}	X_{11}	X_{12}
哈尔滨	526	5236	31.00	0.1696	183	16.40	12.34	3152	0.2991	1.4632	6.2543	955
齐齐哈尔	295	1490	44.47	0.3404	131	24.10	16.12	1582	0.1279	0.9231	0.4721	468
鸡西	444	7941	14.38	0.1666	86	28.40	24.27	3483	0.3766	1.0910	0.7637	2147
鹤岗	678	23459	10.44	0.1394	75	24.26	20.34	2597	0.1644	0.7666	0.7180	357
双鸭山	395	7807	17.12	0.2497	69	28.11	6.68	2292	0.0955	0.7025	1.6084	75
大庆	440	2349	26.76	0.2164	124	3.24	36.02	2008	0.2114	1.2526	1.8817	238
伊春	590	38687	4.65	0.1177	40	23.26	8.99	3464	0.2847	0.5586	0.5069	231
佳木斯	452	3834	28.89	0.3793	76	28.93	11.78	1339	0.1264	0.6989	0.6998	244
七台河	563	3310	22.45	0.1577	142	12.20	4.17	3015	0.0964	1.1852	0.4476	2454
牡丹江	547	15809	11.10	0.1594	70	12.89	8.87	3917	0.0664	1.5342	1.2988	816
黑河	540	12735	10.72	0.4119	26	36.15	0.80	2876	0.0189	0.4705	0.1823	816
绥化	498	1989	44.86	0.2805	160	29.30	7.76	2270	0.2491	1.2228	0.6039	419
大兴安岭	554	148255	1.49	0.1803	8	33.45	0.73	3432	0.0073	0.2899	0.0342	1018
黑龙江省	502	6760	21.32	0.2528	84	12.48	11.83	2725	0.1700	0.9778	1.2883	898

表7-3　2006年各评价指标数据

地区	X_1	X_2	X_3	X_4	X_5	X_6	X_7	X_8	X_9	X_{10}	X_{11}	X_{12}
哈尔滨	488	5055	33.90	0.1835	185	14.92	15.84	3718	0.2833	1.3405	11.2856	930
齐齐哈尔	465	2035	49.34	0.3702	133	25.15	19.04	2019	0.1579	0.8382	0.8520	420
鸡西	578	9643	17.73	0.2089	85	30.65	24.70	4284	0.3007	0.8462	1.3781	1741
鹤岗	606	17142	11.50	0.1542	75	23.46	30.33	2990	0.1536	0.6938	1.2956	324
双鸭山	508	8736	16.99	0.2499	68	28.49	12.07	3823	0.1000	0.7203	2.9023	93
大庆	425	2994	29.28	0.2305	127	3.14	45.81	2462	0.2293	1.1399	3.3955	217
伊春	585	45280	6.05	0.1554	39	24.87	11.95	4327	0.4983	0.4390	0.9146	173
佳木斯	515	3599	33.07	0.4327	76	30.77	16.81	1691	0.0390	0.6258	1.2627	213
七台河	516	3435	24.46	0.1700	144	12.17	7.79	3511	0.0885	0.9953	0.8077	2253
牡丹江	468	15782	12.23	0.1770	69	15.85	14.37	4785	0.0640	1.3224	2.3437	730
黑河	738	12861	12.23	0.4712	26	37.88	1.68	3367	0.0165	0.4075	0.3290	947

续表

地区	X_1	X_2	X_3	X_4	X_5	X_6	X_7	X_8	X_9	X_{10}	X_{11}	X_{12}
绥化	460	2609	47.28	0.2899	163	34.68	16.45	2680	0.2363	1.1859	1.0897	401
大兴安岭	583	122944	1.50	0.1817	8	37.82	1.77	3901	0.0106	0.2650	0.0618	1574
黑龙江省	534	6233	25.81	0.3055	84	12.08	14.83	3226	0.1501	0.8086	2.5854	821

表 7-4 2008 年各评价指标数据

地区	X_1	X_2	X_3	X_4	X_5	X_6	X_7	X_8	X_9	X_{10}	X_{11}	X_{12}
哈尔滨	439	3602	34.45	0.1847	187	13.60	15.80	5594	0.3012	0.0002	19.7256	970
齐齐哈尔	376	1525	49.19	0.3652	135	22.98	20.14	3003	0.1609	0.8937	1.8386	421
鸡西	643	6101	18.41	0.2170	85	26.59	25.08	5351	0.3077	0.7945	0.4629	1784
鹤岗	614	10501	10.68	0.1432	75	24.09	34.05	3365	0.1731	0.7369	1.9234	399
双鸭山	378	4994	18.23	0.2671	68	31.49	12.06	4080	0.0993	0.7047	3.3456	87
大庆	417	2243	29.91	0.2288	131	3.12	55.76	5603	0.3272	1.1391	5.1910	214
伊春	463	18511	6.26	0.1610	39	26.37	11.78	5700	0.1949	0.4434	2.2161	275
佳木斯	395	2288	34.88	0.4500	78	31.64	16.84	3440	0.0139	0.5963	2.0934	202
七台河	430	2875	24.58	0.1687	146	9.29	7.91	4729	0.0726	0.9465	6.3088	589
牡丹江	549	14125	12.30	0.1769	70	16.72	14.38	6881	0.0792	1.3363	4.6880	742
黑河	526	5176	12.74	0.4897	26	44.36	1.94	4357	0.0165	0.4012	0.5241	2852
绥化	466	2222	47.64	0.2879	166	33.55	16.88	3581	0.2252	1.2227	3.2805	464
大兴安岭	543	55632	1.99	0.2434	8	41.03	1.48	4787	0.0080	0.2135	0.2175	1565
黑龙江省	480	3822	26.71	0.3160	85	13.10	15.40	4652	0.1555	0.7995	4.9849	1304

表 7-5 2010 年各评价指标数据

地区	X_1	X_2	X_3	X_4	X_5	X_6	X_7	X_8	X_9	X_{10}	X_{11}	X_{12}
哈尔滨	590	7860	37.37	0.1999	187	11.26	15.34	7644	0.3940	1.2363	67.0684	1199
齐齐哈尔	512	1410	54.13	0.4026	134	21.81	21.64	4262	0.1889	0.8300	2.6275	478
鸡西	555	9134	21.17	0.2516	84	25.55	27.40	8260	0.2619	0.7309	1.0567	1712
鹤岗	864	21454	13.25	0.1781	74	26.45	49.89	5565	0.2419	0.5979	5.2659	552
双鸭山	719	9325	19.01	0.2765	69	30.34	13.01	5828	0.0991	0.6741	3.0481	298
大庆	466	1829	34.16	0.2589	132	3.28	64.86	8036	0.3249	1.0228	23.0770	1147
伊春	621	34286	7.34	0.1896	39	30.34	10.82	7834	0.1480	0.3837	3.0373	271
佳木斯	742	4744	38.67	0.4968	78	28.58	20.48	4678	0.1245	0.5511	6.0215	202
七台河	555	5592	28.30	0.1886	150	7.34	7.40	6550	0.0907	0.8345	14.8195	504
牡丹江	503	18767	15.15	0.2188	69	16.02	13.05	9860	0.0798	1.1296	11.4541	686
黑河	628	7929	17.07	0.6586	26	44.78	2.77	6464	0.0211	0.3121	0.4507	2139
绥化	553	2855	51.19	0.3046	168	36.42	19.75	5757	0.2276	1.1636	4.6819	464
大兴安岭	636	71108	2.69	0.3353	8	39.68	1.43	4568	0.0059	0.1582	0.3503	916
黑龙江省	611	5989	31.49	0.3717	85	12.56	16.21	6562	0.1648	0.6943	12.2719	1254

表 7-6　2012 年各评价指标数据

地区	X_1	X_2	X_3	X_4	X_5	X_6	X_7	X_8	X_9	X_{10}	X_{11}	X_{12}
哈尔滨	741	5661	38.14	0.2037	187	11.14	35.99	10154	0.4083	1.2179	69.2895	1094
齐齐哈尔	563	2597	54.23	0.4099	132	24.21	27.24	8916	0.1968	0.8033	5.2105	4224
鸡西	499	8088	21.56	0.2608	83	28.37	34.25	10703	0.2560	0.7262	0.6706	1599
鹤岗	720	18614	13.86	0.1873	74	29.44	72.62	9341	0.2344	0.5677	3.4960	759
双鸭山	699	8215	19.08	0.2797	68	32.69	19.66	9545	0.1301	0.6572	12.3887	1829
大庆	604	2295	35.44	0.2667	133	3.85	62.95	10012	0.3538	0.9693	35.7256	1184
伊春	797	43615	7.42	0.1960	38	35.24	19.82	9068	0.1644	0.3696	5.7222	858
佳木斯	770	4626	34.67	0.4702	74	30.19	39.51	9912	0.2023	0.5766	5.6635	226
七台河	518	4612	28.68	0.1922	149	10.23	11.10	8114	0.0895	0.7985	67.1457	3919
牡丹江	675	14568	16.29	0.2437	67	19.21	13.14	10878	0.0852	1.0622	26.1572	10359
黑河	622	9702	18.10	0.7003	26	49.89	5.16	9336	0.0216	0.3029	1.5997	2444
绥化	836	3435	54.54	0.3296	165	40.25	25.21	8117	0.2162	1.1063	5.3728	596
大兴安岭	433	55566	2.70	0.3421	8	40.44	1.14	8066	0.0062	0.1598	1.7838	935
黑龙江省	652	5740	32.40	0.3824	85	15.44	22.93	8604	0.1733	0.6743	17.4292	1896

表 7-7　2014 年各评价指标数据

地区	X_1	X_2	X_3	X_4	X_5	X_6	X_7	X_8	X_9	X_{10}	X_{11}	X_{12}
哈尔滨	416	5947	38.51	0.2070	186	11.73	36.14	12546	0.4174	1.2119	71.6175	1083
齐齐哈尔	428	1084	54.30	0.4147	131	23.98	26.71	11310	0.2017	0.8063	5.2716	4219
鸡西	539	10493	21.91	0.2685	82	34.38	32.84	13449	0.2684	0.7083	8.6688	1573
鹤岗	734	18784	13.90	0.1904	73	35.80	71.65	11463	0.2466	0.5589	1.1506	757
双鸭山	686	10437	19.09	0.2825	68	37.97	21.04	11533	0.1300	0.6372	4.4902	1828
大庆	381	424	35.72	0.2724	131	4.70	57.25	12443	0.3585	0.9369	58.7765	1174
伊春	731	46987	7.30	0.1948	37	41.61	21.03	11368	0.2099	0.3807	1.7146	871
佳木斯	597	3677	34.67	0.4835	72	32.52	41.11	12326	0.2152	0.5714	12.2147	226
七台河	569	5745	28.74	0.2016	143	14.58	10.82	10088	0.0894	0.7995	11.2562	3912
牡丹江	514	18050	16.66	0.2521	66	17.95	13.01	13784	0.1674	1.0674	27.5731	10039
黑河	431	8735	18.43	0.7261	25	48.06	5.41	11401	0.0231	0.2866	0.9916	2032
绥化	661	2480	54.72	0.3450	159	39.85	25.32	10543	0.2033	1.0783	8.7296	521
大兴安岭	580	49726	2.75	0.3565	8	48.96	1.11	9994	0.0158	0.1569	1.1596	919
黑龙江省	559	5468	32.65	0.3943	83	17.36	35.91	10453	0.2569	0.6652	20.4649	1837

表 7-8　2016 年各评价指标数据

地区	X_1	X_2	X_3	X_4	X_5	X_6	X_7	X_8	X_9	X_{10}	X_{11}	X_{12}
哈尔滨	538	7068	37.85	0.2088	181	11.33	39.08	14391	0.4350	1.1848	74.4384	1151
齐齐哈尔	319	1439	54.50	0.4230	129	22.77	36.90	12943	0.2043	0.7598	7.6990	4206

续表

地区	X_1	X_2	X_3	X_4	X_5	X_6	X_7	X_8	X_9	X_{10}	X_{11}	X_{12}
鸡西	609	10385	19.69	0.2451	80	35.65	37.68	15592	0.3162	0.7603	7.4710	1745
鹤岗	811	24025	13.92	0.1969	71	34.28	76.52	13041	0.2714	0.5473	3.7331	493
双鸭山	744	9672	18.76	0.2861	66	36.23	24.58	13035	0.1385	0.6529	5.9301	1860
大庆	466	2217	35.49	0.2709	131	7.17	71.75	13909	0.3683	0.9308	28.9042	1162
伊春	702	43622	7.35	0.2050	36	42.28	21.83	12827	0.2100	0.3706	3.5537	224
佳木斯	680	5123	34.56	0.4899	71	31.24	41.19	13912	0.2162	0.5717	14.7704	225
七台河	652	5097	29.29	0.2263	129	14.69	10.81	11405	0.0877	0.7212	0.8061	3549
牡丹江	637	15496	16.79	0.2586	65	18.53	15.45	15688	0.1829	1.0862	41.8998	9846
黑河	514	5851	19.43	0.7976	24	47.35	7.10	12969	0.0227	0.2614	4.9404	1937
绥化	547	2465	54.27	0.3483	156	38.95	30.42	12014	0.2090	1.0635	15.4017	566
大兴安岭	528	68263	2.74	0.3939	7	49.35	5.30	11349	0.0158	0.1521	1.7911	919
黑龙江省	596	5729	32.55	0.4025	81	17.36	40.42	11832	0.2539	0.6486	19.1039	1817

表 7-9　2018 年各评价指标数据

地区	X_1	X_2	X_3	X_4	X_5	X_6	X_7	X_8	X_9	X_{10}	X_{11}	X_{12}
哈尔滨	651	9777	35.60	0.1986	179	8.34	42.58	16934	0.4484	1.1769	56.3431	1231
齐齐哈尔	597	2850	52.51	0.4189	125	22.83	39.46	15283	0.2189	0.7193	8.5739	4354
鸡西	574	9700	21.24	0.2767	77	35.37	36.56	18258	0.3004	0.6473	15.3370	1701
鹤岗	532	15819	13.60	0.2004	68	30.03	67.76	15134	0.2331	0.5434	3.9719	800
双鸭山	567	8587	17.90	0.2803	64	38.35	25.96	15102	0.1512	0.6300	2.6124	1871
大庆	717	3587	31.07	0.2391	130	7.13	81.86	15978	0.4141	1.0123	19.0129	1320
伊春	903	46364	7.07	0.2033	35	37.85	23.15	15017	0.2182	0.3773	4.3155	879
佳木斯	557	4383	36.78	0.5119	72	35.29	50.82	16315	0.1868	0.5754	13.2342	232
七台河	673	5400	26.51	0.2112	126	12.35	12.74	13230	0.0725	0.9405	2.7405	2696
牡丹江	820	22048	14.86	0.2285	65	12.61	20.14	18458	0.2130	1.2156	29.1058	11326
黑河	623	12851	18.67	0.7837	24	44.19	7.40	15268	0.0236	0.2329	1.8983	1960
绥化	754	4003	51.30	0.3410	150	35.23	33.71	14002	0.2278	1.0989	13.9992	584
大兴安岭	692	57521	2.68	0.4045	7	38.38	5.35	13288	0.0196	0.1429	1.2590	945
黑龙江省	666	7115	31.41	0.3977	79	18.34	43.05	13804	0.2601	0.6378	14.9457	1888

（三）模型参数设置

按照本章提出模型的构建方法，借助 MATLAB 2016a 软件，将 90 个样本代入本章的模型之中。根据表 7-1 所示，将指标 X_3、X_4、X_5 代入式（7-1），其余指标代入式（7-2），对数据进行归一化，由于数据量较大，这里不展示归一化后的数据。采用 RAGA 求解，选定父代初始种群规模为 N=400、交叉概率 p_c=0.8、变异概率 p_m=0.2，选取两次进化所产生的优秀个体变化区间作为下次加速时优化变量的变化区间，优秀个体数目选定为 40 个，最大加速次数为 20 次，变异方向的系数 M=10，运行停止的最小阈值为 10^{-6}。本章采用 K 均值聚类法对样本进行分类，具体方式为在 MATLAB 中采用 kmeans 命令实现。在分类数的选择上，按照低风险、中低风险、中风险、中高风险以及高风险的分类形式，取 m=5。考虑到 RAGA 为随机寻优算法，运行程序 1000 次，取其中最大目标值对应的投影方向及投影值。

为了分别分析危险性、暴露性、灾损敏感性、防灾减灾能力以及综合风险的时空变异情况，将上述 5 种情况分别代入投影寻踪模型进行计算。即将源数据的 1、2 列代入模型计算危险性投影值，3、4 列代入模型计算暴露性，5、6 列代入模型计算灾损敏感性，7～12 列代入模型计算防灾减灾能力，1～12 列代入模型计算综合风险。

（四）模型运行结果

由于篇幅限制，本章只对综合风险的计算过程加以说明。为了更清晰地了解模型的运行过程，将目标函数值的变化过程进行了展示。当 m = 5 时，程序运行 1000 次对应的目标函数值的变化情况如图 7-1 所示。

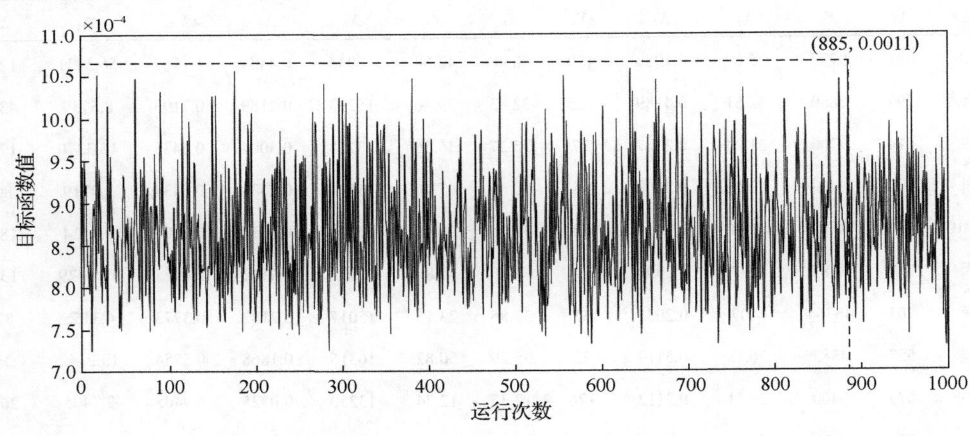

图 7-1　程序运行 1000 次对应的目标函数值变化

第 885 次时，对应的目标函数值最大，最大目标值为 0.0011，此时投影方向为 a^*=(0.0207,0.0197,0.0114,0.0678,0.0107,0.0462,0.0231,0.0092,0.1237,0.1194,0.9281, 0.3173)。RAGA 加速 18 次找到了最大目标函数值。

（五）农业旱灾风险时空变异分析

1. 危险性分析

为了分析黑龙江省各地级市空间差异，计算各地区历年的农业旱灾危险性投影值均值，代表该地区的农业旱灾危险性风险，下同。大庆、哈尔滨、齐齐哈尔的农业旱灾危险性较高，主要原因是这些地区年均降水量相对其他地区较低，大都低于450mm，远低于全省均值。在地均水资源量方面，上述地区也低于全省均值。大庆、齐齐哈尔和黑河位于黑龙江省西部地区，是该省传统的干旱、半干旱地区。区域春季降水量较少，且由于季风气候影响，蒸发量较大，造成区域极易发生干旱，“十年九春旱”是当地干旱情况的真实写照。

伊春、鹤岗的农业旱灾危险性相对较低，两个地区年降水量基本都高于700mm，水资源补给能力较强。两个地区的地均水资源量远高于黑龙江省均值。其他地区的农业旱灾危险性表现为适中，这些地区在年降水量或地均水资源量中某一个方面取值也较高，如双鸭山、绥化的年降水量都基本超过660mm，牡丹江、大兴安岭等地区地均水资源量较高。

为了从时间角度分析区域农业旱灾危险性的变化情况，绘制马赛克图，如图7-2所示。

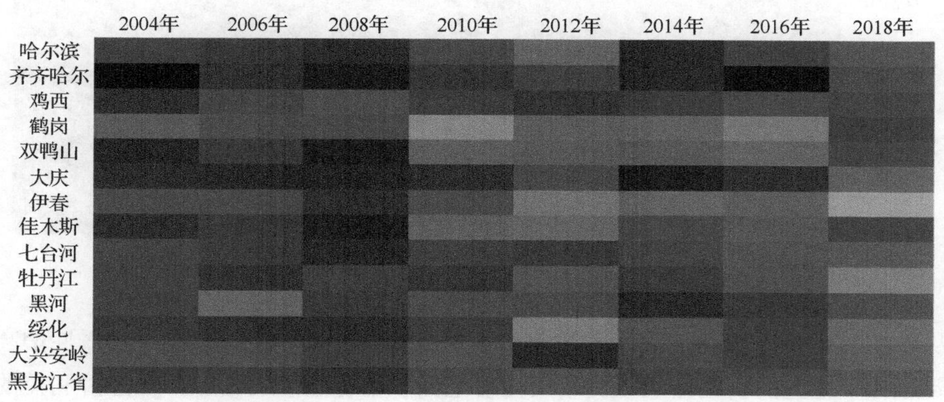

图7-2　黑龙江省农业旱灾危险性变化趋势

图7-2中纵轴为黑龙江省13个地级市以及黑龙江省，横轴为8个年份。马赛克块颜色越深代表危险性越高，颜色越浅代表危险性越低。从图中可以看到，整体上，少数地区农业旱灾危险性呈现出降低的趋势，全省8年平均降水量为570mm，此外在地均水资源量方面，全省8年均值为14872m^3/hm^2。多数地区农业旱灾危险性变化规律性不强，这主要是由区域的气候和水文条件决定的。

2. 暴露性分析

农业旱灾暴露性主要指可能遭受旱灾威胁的承灾体的数量或价值的大小。大兴安岭和伊春的暴露性较低，说明两个地区遭受干旱威胁农业生产资料等数量较低，其中大兴安岭主要以林区为主，耕地较少。以2018年为例，大兴安岭和伊春地区耕地面积比例分别仅为 2.68%和 7.07%，远低于黑龙江省均值 31.41%。伊春是以林业为主的地区，区域人均耕地面积仅为 0.2033hm^2/人，低于全省均值 0.3977hm^2/人。

鹤岗、牡丹江、双鸭山、七台河和鸡西的暴露性适中，这些地区的耕地面积比例基本都在 20%左右，人均耕地面积与单位粮食产量也基本与全省均值持平。绥化、齐齐哈尔、大庆、佳木斯和哈尔滨的暴露性较高，这些地区基本都是黑龙江省主要的粮食产区，耕地面积比例较大，其中绥化和齐齐哈尔分别达到了 51.3%、52.5%。齐齐哈尔西部、哈尔滨南部、佳木斯东部和绥化中部是黑龙江省主要的大豆产区；哈尔滨、佳木斯、绥化和齐齐哈尔是主要的水稻产区，占全省总产量的 45%左右；哈尔滨、绥化和齐齐哈尔地区是主要的玉米产区，播种面积占全省的 2/3 左右。

图 7-3 显示了黑龙江省农业旱灾暴露性随时间的变化趋势。

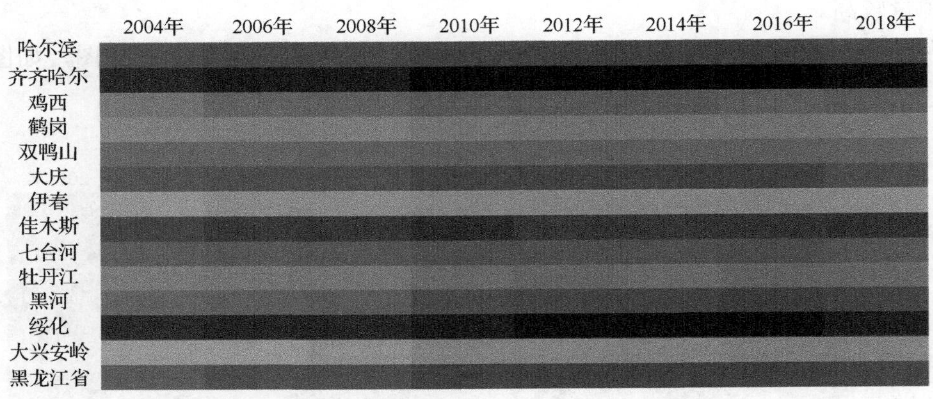

图 7-3　黑龙江省农业旱灾暴露性变化趋势

从图 7-3 中可以看到，整体上黑龙江省的暴露性都有增高的趋势。暴露性增高的原因主要是各个地区的耕地面积比例和人均耕地面积都有显著的增加。在经济利益的驱动下，耕地面积逐年增加。10 余年间，各个地区的耕地面积和人均耕地面积都有所增加，黑龙江省耕地面积比例从 21.32%增加到了 31.41%，人均耕地面积也从 0.253hm^2/人增加到了 0.3977hm^2/人，暴露于孕灾环境中的因素数量都在增加。对比来看，大兴安岭和伊春的暴露性较低，也随时间变化不太明显，主要原因是这两个地区都以林业为主，耕地面积较少。绥化、齐齐哈尔和哈尔滨的暴露性相对较高，且随时间也有增加的趋势，三个地区的耕地面积总量从 2004 年的 500 余万公顷增加到了 2018 年的 590 余万公顷，受灾时潜在损失显著增大，暴露性随时间逐渐增高。

3. 灾损敏感性分析

灾损敏感性反映了在致灾因子作用下，农业生产遭受影响的程度，本章主要从人口和经济的角度来解释承灾体的灾损敏感性。大兴安岭、伊春以及黑河的灾损敏感性较低，主要原因是这些地区地广人稀，且农村人口较少。以 2018 年为例，大兴安岭和伊春的人口密度分别为 7 人/km^2 和 35 人/km^2，远低于全省均值 79 人/km^2。对旱灾响应的灾损敏感性较低，潜在受灾损失较小。黑河、鹤岗、牡丹江、佳木斯、双鸭山、鸡西的灾损敏感性适中。七台河和大庆的灾损敏感性较高，主要原因是这两个地区的人口密度较大。绥化、齐齐哈尔和哈尔滨的灾损敏感性相对最高，这三个地区的人口密度都较大，分别达到了 150 人/km^2、125 人/km^2 和 179 人/km^2，对灾害具有较强的灾损敏感性响应。人口尤其是农业人口对农业旱灾灾损敏感性响应较高，是造成区域灾损敏感性差异的主要原因。

图 7-4 显示了时间角度上黑龙江省农业旱灾灾损敏感性变化趋势。从图 7-4 中可以看到，旱灾灾损敏感性变化趋势不明显，这主要是因为反应灾损敏感性的两个指标随时间变化不大，其中人口密度几乎没有变化，以黑龙江省为例，2004 年人口密度为 84 人/km^2，2018 年人口密度为 79 人/km^2。各个地区中，大兴安岭和伊春的灾损敏感性较低，绥化、哈尔滨和齐齐哈尔的灾损敏感性较高。

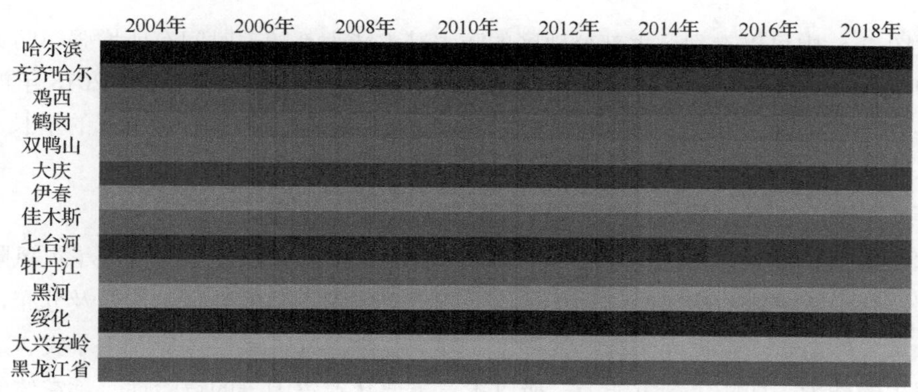

图 7-4　黑龙江省农业旱灾灾损敏感性变化趋势

4. 防灾减灾能力分析

防灾减灾能力强调了抵御旱灾的能力和水平，主要从农业水资源高效利用能力、农业抗旱的人力和经济投入能力等方面解释。本章中评价结果数值越大代表风险越高。大庆、哈尔滨的抗灾能力较强。2018 年，大庆和哈尔滨地区可灌溉的耕地面积比例较大，其灌溉指数均值为 62.22%，高于全省均值 43.05%，此外两个地区农民生活比较富裕，人均纯收入都突破了 15000 元/年，且两个地区对于水利设施的投资较高，分别为 58.78 万元/hm^2、56.62 万元/hm^2，抗旱投入的潜在能力较强。绥化、七台河、佳木斯以及牡丹江地区的防灾减灾能力适中，齐齐哈尔、伊春、鹤岗、双鸭山以及鸡西市防灾减灾能力较弱。比较来说，大兴安岭和黑河地区抗灾能力最差，区域位于高寒地带，经济发展水平较低，各项指标值都低于全省大部分地区。经济发展水平是造成区域抗灾能力差异的主要原因。

图 7-5 显示了时间角度上黑龙江省农业旱灾防灾减灾能力的变化趋势，图中颜色越浅代表抗灾能力越强。

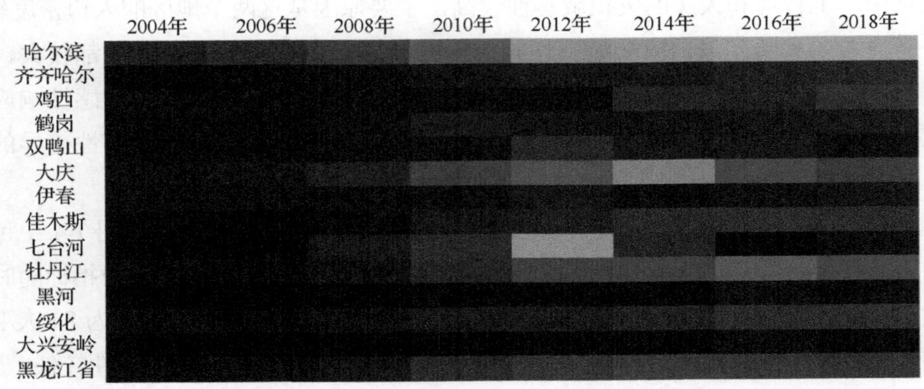

图 7-5　黑龙江省农业旱灾防灾减灾能力变化趋势

从图 7-5 中可以看到，大部分地区的防灾减灾能力都随着时间有所增强。防灾减灾能力的增强主要得益于经济的发展和农业水利设施的建设。从 2004 年到 2018 年，全省绝大多数地区的灌溉指数、农民人均纯收入和水利设施投资额都有显著的增长。

5. 综合风险分析

本章认为农业旱灾风险是致灾因子的危险性经承灾体的脆弱性转变成旱灾风险的一般过程，其中承灾体的脆弱性包含承灾体暴露于致灾因子下的数量、价值及分布，即暴露性；承灾体易于受致灾因子影响的程度，即灾损敏感性；承灾体应对干旱灾害，减少干旱损失的能力，即防灾减灾能力。所以本章主要从致灾因子的危险性，承灾体的暴露性、灾损敏感性、防灾减灾能力四个方面来表征区域农业旱灾风险，其中危险性是直接原因，暴露性和灾损敏感性强调了承灾体暴露于孕灾环境的程度和响应程度，意指潜在损失，防灾减灾能力表明了区域应对能力。大兴安岭和黑河地区的农业旱灾综合风险较高，虽然这两个地区的暴露性和灾损敏感性风险较低，但防灾减灾能力较弱，在同等致灾因子的影响下，抵御灾害的能力较弱，潜在损失较大。牡丹江、鹤岗、黑河、双鸭山、七台河和鸡西的综合风险适中，这些地区在某些指标上表现出较强的风险性，在其他指标又表现出较弱的风险性。大庆、哈尔滨、牡丹江的综合风险性较低，虽然暴露性和灾损敏感性都较高，但这些地区抗灾能力较强。

图 7-6 显示了时间角度上黑龙江省农业旱灾综合风险的变化趋势。从图 7-6 中可以看到，大部分地区的农业旱灾风险呈现出先增大后减小的趋势。综合以上分析可以看出，综合风险的变化主要源于防灾减灾能力的变化。由于区域经济的发展和水利设施的完善，各个地区的抗灾能力都呈现出增强的趋势。综合作用导致黑龙江省的农业旱灾风险呈现出先增大后减小的趋势。目前，黑龙江省耕地开发趋于平稳，而经济的发展、水利设施

的完善将继续增强区域的抗灾能力，因此，黑龙江省的旱灾风险将呈现出进一步降低的趋势。

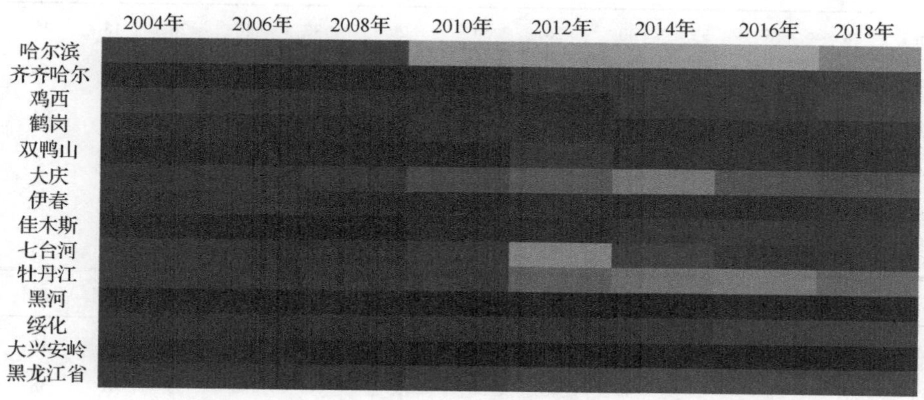

图 7-6　黑龙江省农业旱灾综合风险变化趋势

综合以上分析，可以看出从时间的角度分析，各个地区危险性的变化没有太大规律，这主要是由区域气候和水文条件所决定的。暴露性有增大的趋势，主要表现在耕地面积的比例、人均耕地面积。灾损敏感性变化趋势不明显，基本持平。防灾减灾能力有增强的趋势，主要得益于区域经济的发展和水利设施的完善。从暴露性上看，黑龙江省农业旱灾风险在增大；从防灾减灾能力上看，区域农业旱灾风险在减小；从实际的角度看，目前黑龙江省的耕地开发已经平稳，暴露于孕灾环境中承灾体的数量和价值基本不会有太大变化，暴露性继续增大的趋势有限。而经济的发展、水利设施的完善将有助于继续增强区域防灾减灾能力，区域的抗旱能力还有进一步提升的空间。综合来看，黑龙江省农业旱灾综合风险有减小的趋势。

二、聚类分析修正的投影寻踪模型在空气质量评价中的应用

空气质量是人类生存环境的重要评价指标，良好的环境质量也是城市经济稳定增长和可持续发展的必要条件之一。随着社会经济的高速发展，城镇化水平不断提高，资源和能源被大量消耗，机动车保有量迅速增加，大量有毒有害气体被排放到空气中，导致空气质量明显下降，已对人类赖以生存的生态环境系统造成了严重威胁[183]。

（一）指标体系构建及数据

根据文献[183]的研究数据，以我国的 39 个城市作为研究主体，选取 2017 年数据中的 X_1～X_6 共 6 个指标数据进行研究。其中，X_1 为二氧化硫年平均浓度；X_2 为二氧化氮年平均浓度；X_3 为可吸入颗粒物（PM10）年平均浓度；X_4 为一氧化碳日均值第 95 百分位浓度；X_5 为臭氧（O_3）日最大 8h 第 90 百分位浓度；X_6 为细颗粒物（PM2.5）年平均浓度。相关数据如表 7-10 所示。

表 7-10　各个城市的空气质量数据

指标	北京	天津	石家庄	唐山	秦皇岛	太原	呼和浩特	沈阳	大连	长春	吉林	哈尔滨	上海
X_1/(μg/m^3)	8	16	33	40	26	54	29	37	17	26	18	25	12
X_2/(μg/m^3)	46	50	54	59	49	54	45	40	28	40	29	44	44
X_3/(μg/m^3)	84	94	154	119	82	131	95	85	58	78	79	84	55
X_4/(mg/m^3)	2.1	2.8	3.6	3.8	2.9	2.5	2.8	1.9	1.4	1.9	1.8	2	1.2
X_5/(mg/m^3)	193	192	201	205	170	185	167	166	163	142	147	133	131
X_6/(μg/m^3)	58	62	86	66	44	65	43	50	34	46	52	58	39
指标	南京	无锡	徐州	常州	苏州	南通	连云港	扬州	杭州	宁波	温州	湖州	合肥
X_1/(μg/m^3)	16	13	22	18	14	21	18	18	11	10	12	15	12
X_2/(μg/m^3)	47	46	44	45	48	38	33	40	45	38	41	38	52
X_3/(μg/m^3)	76	77	119	76	64	64	73	93	72	60	65	64	80
X_4/(mg/m^3)	1.5	1.6	1.7	1.4	1.5	1.4	1.3	1.1	1	1.3	1.4	0.8	1.6
X_5/(mg/m^3)	179	184	187	184	173	173	153	192	173	158	145	187	170
X_6/(μg/m^3)	40	44	66	48	42	42	45	54	45	37	38	42	56
指标	厦门	南昌	济南	烟台	郑州	开封	洛阳	平顶山	焦作	重庆	成都	昆明	宝鸡
X_1/(μg/m^3)	11	15	25	18	21	20	25	24	25	12	11	15	12
X_2/(μg/m^3)	32	37	48	33	54	39	42	40	44	46	53	32	41
X_3/(μg/m^3)	48	76	128	68	118	103	117	106	125	72	88	58	102
X_4/(mg/m^3)	2.1	1.6	2.1	1.6	2.2	2.2	2.4	2.1	3.1	1.4	1.7	1.2	2.1
X_5/(mg/m^3)	117	148	193	163	199	182	204	180	208	163	171	124	155
X_6/(μg/m^3)	27	41	65	35	66	62	69	63	73	45	56	28	58

容易看出 6 个指标值越大空气质量越差，所以将 6 个指标都定义为逆向指标，代入式（7-2）可以得到归一化数据，由于数据量较大，这里不展示归一化后的数据。

（二）模型参数设置

按照本章提出模型的构建方法，借助 MATLAB 2016a 软件，将 39 个样本代入本章的模型之中。采用 RAGA 求解，选定父代初始种群规模为 N=400、交叉概率 p_c=0.8、变异概率 p_m=0.2，选取两次进化所产生的优秀个体变化区间作为下次加速时优化变量的变化区间，优秀个体数目选定为 40 个，最大加速次数为 20 次，变异方向的系数 M=10，运行停止的最小阈值为 10^{-6}。本章采用 K 均值聚类法对样本进行分类，具体方式为在 MATLAB 中采用 kmeans 命令实现。在分类数的选择上，按照文献[183]的建议，分为优、良、中三个类别，取 m=3。考虑到 RAGA 为随机寻优算法，运行程序 1000 次，取其中最大目标值对应的投影方向及投影值。

（三）模型运行结果

为了更清晰地了解模型的运行过程，将目标函数值的变化过程进行了展示。当 m=3 时，程序运行 1000 次对应的目标函数值的变化情况如图 7-7 所示。

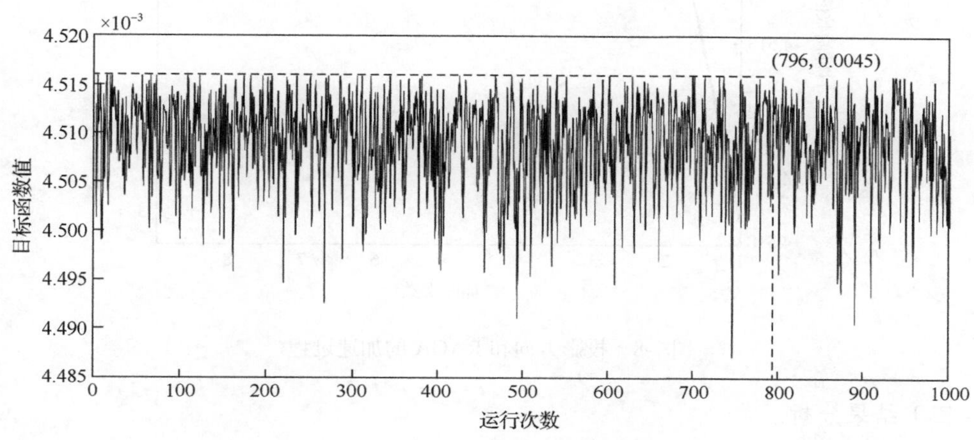

图 7-7　程序运行 1000 次对应的目标函数值变化

第 796 次时，对应的目标函数值最大，最大目标值为 0.0045，此时投影方向为 a^*= (0.3010,0.5157,0.7333,0.1956,0.2500,0.0702)。RAGA 的加速次数为 9 次。图 7-8 显示了投影方向和 RAGA 的加速过程。

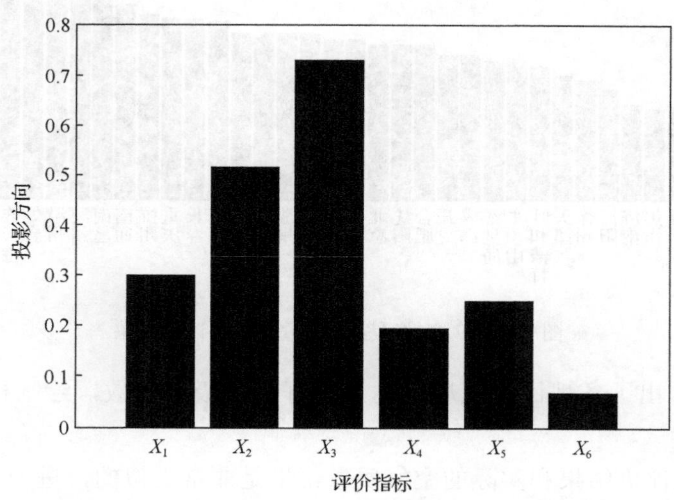

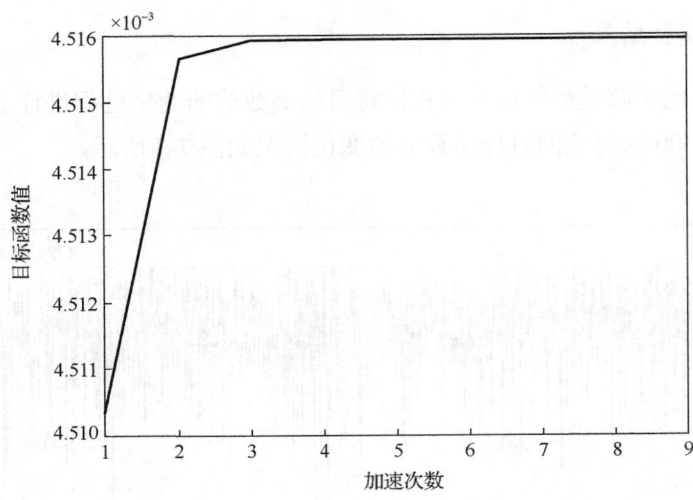

图 7-8　投影方向和 RAGA 的加速过程

（四）结果分析

图 7-9 显示了 39 个地区空气质量的最终评价结果，投影值越大代表空气质量越好。

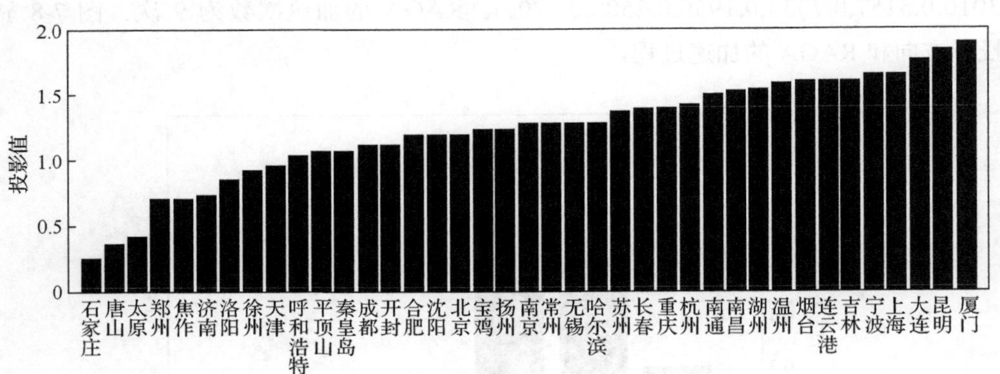

图 7-9　39 个地区空气质量的最终评价结果

文献[183]给出了各地区空气质量达到及好于二级的天数，绘制柱形图如图 7-10 所示。

可以看到，评价结果和实际的空气质量结果是非常类似的，进一步可以计算评价结果和天数的皮尔逊相关系数为 0.864，p 值为 1.47×10^{-12}。Spearman 相关系数为 0.878，p 值为 2.07×10^{-13}，可见二者具有非常强的正相关性，间接说明了本例评价结果的合理性。

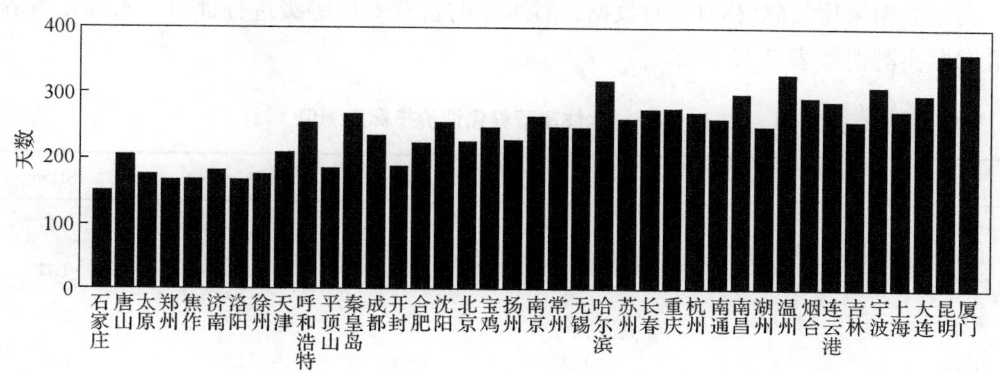

图 7-10　空气质量达到及好于二级的天数

三、聚类分析修正的投影寻踪模型在水体富营养化评价中的应用

水体富营养化已严重威胁水安全及生态文明健康，故准确评价水体富营养化程度具有十分重要的意义。水是人类赖以生存的宝贵资源，其影响到饮用水安全及生态文明健康。但随着社会和城市化发展，工业和生活污水的无节制排放，以及对水资源的不合理开发利用，江、河、湖、库等的富营养化问题日趋严重，水体富营养化已经成为当今主要的环境问题之一。水体富营养化是由于水体中存在过量的氮、磷等营养物质，其会导致水中藻类大量繁殖，水中溶解氧降低，从而造成水质恶化和水生生物死亡。因而采用科学、准确的方法评价水体的富营养化程度对于反映水体质量和污染状况，预测将来的发展趋势具有重要意义[184]。

（一）指标体系构建及数据

水体富营养化的影响因子具有复杂性和多样性。本节选用参考文献[184]中的指标和数据，选取叶绿素 a（Chl-a，X_1）、总磷（TP，X_2）、总氮（TN，X_3）、高锰酸盐指数（COD_{Mn}，X_4）和透明度（SD，X_5）5 个影响因子作为水体富营养化评价指标，相应的水体富营养化评价指标分级标准见表 7-11。

表 7-11　水体富营养化评价指标分级标准

样本	Chl-a/(mg/m^3)	TP/(mg/m^3)	TN/(mg/m^3)	COD_{Mn}/(mg/L)	SD/m
Ⅰ（贫）	≤1.0	≤2.5	≤30	≤0.3	≥10.0
Ⅱ（贫-中）	≤2.0	≤5.0	≤50	≤0.4	≥5
Ⅲ（中）	≤4.0	≤25	≤300	≤2.0	≥1.5
Ⅳ（中-富）	≤10	≤50	≤500	≤4.0	≥1.0
Ⅴ（富）	≤64	≤200	≤2000	≤10	≥0.4
Ⅵ（重-富）	≤128	≤600	≤6000	≤25	≥0.3

实测数据采用文献[184]中的数据，对水体的富营养化等级进行评价。水体富营养化评价指标实测值如表 7-12 所示。

表 7-12　水体富营养化评价指标实测值

样本	Chl-a/(mg/m^3)	TP/(mg/m^3)	TN/(mg/m^3)	COD_{Mn}/(mg/L)	SD/m
洱海	1.86	22	246	3.09	2.77
高州水库	1.49	46	358	1.49	1.72
博斯腾湖	3.52	23	932	5.96	1.46
淀山湖	3	29	1086	2.87	0.67
玉桥水库	10.79	25	1220	4.11	1.42
固城湖	4.99	52	2374	2.75	0.28
南四湖	3.77	194	3201	6.96	0.44
磁湖	14.47	77	1000	3.74	0.36
达理湖	7.24	153	1671	16.25	0.48
巢湖	11.8	115	1786	4.01	0.28
滇池外海	44.43	108	1309	7.11	0.49
滇池草海	298.86	931	15273	16.58	0.23
西湖	58.95	161	2478	6.94	0.43
甘棠湖	75.69	141	1417	7.23	0.38
蘑菇湖	54.77	287	2206	10.38	0.53
麓湖	119.51	372	3038	9.92	0.34
东山湖	149.45	428	5350	13.4	0.22
墨水湖	153.59	232	15692	13.51	0.22
荔湾湖	162.92	743	7337	14.46	0.31
流花湖	323.51	643	6777	25.26	0.15
玄武湖	168.14	663	4073	10.08	0.22
镜泊湖	4.96	316	1270	5.96	0.73
南湖	120.6	228	2630	8.22	0.22
邛海	0.88	130	410	1.43	2.98

在评价分析中，可以将等级样本数据作为样本和实测数据共同参与运算，即将等级样本和实测样本共同作为样本数据代入模型。根据文献[184]的分析，X_1～X_4 为正向指标，X_5 为逆向指标，将数据归一化。归一化后的数据如表 7-13 所示。

表 7-13　水体富营养化评价指标归一化值

样本	Chl-a	TP	TN	COD_{Mn}	SD
洱海	0.0030	0.0210	0.0138	0.1118	0.7340
高州水库	0.0019	0.0468	0.0209	0.0477	0.8406
博斯腾湖	0.0082	0.0221	0.0576	0.2268	0.8670
淀山湖	0.0066	0.0285	0.0674	0.1030	0.9472
玉桥水库	0.0307	0.0242	0.0760	0.1526	0.8711
固城湖	0.0127	0.0533	0.1497	0.0982	0.9868
南四湖	0.0090	0.2062	0.2025	0.2668	0.9706
磁湖	0.0421	0.0802	0.0619	0.1378	0.9787
达理湖	0.0197	0.1621	0.1048	0.6390	0.9665
巢湖	0.0338	0.1212	0.1121	0.1486	0.9868
滇池外海	0.1350	0.1136	0.0817	0.2728	0.9655
滇池草海	0.9236	1.0000	0.9732	0.6522	0.9919
西湖	0.1800	0.1707	0.1563	0.2660	0.9716
甘棠湖	0.2319	0.1492	0.0886	0.2776	0.9766
蘑菇湖	0.1670	0.3064	0.1389	0.4038	0.9614
麓湖	0.3677	0.3980	0.1921	0.3854	0.9807
东山湖	0.4605	0.4583	0.3397	0.5248	0.9929
墨水湖	0.4733	0.2472	1.0000	0.5292	0.9929
荔湾湖	0.5022	0.7975	0.4665	0.5673	0.9838
流花湖	1.0000	0.6898	0.4308	1.0000	1.0000
玄武湖	0.5184	0.7114	0.2581	0.3918	0.9929
镜泊湖	0.0126	0.3376	0.0792	0.2268	0.9411
南湖	0.3711	0.2429	0.1660	0.3173	0.9929
邛海	0.0000	0.1373	0.0243	0.0453	0.7127
Ⅰ（贫）	0.0004	0.0000	0.0000	0.0000	0.0000
Ⅱ（贫-中）	0.0035	0.0027	0.0013	0.0040	0.5076
Ⅲ（中）	0.0097	0.0242	0.0172	0.0681	0.8629
Ⅳ（中-富）	0.0283	0.0512	0.0300	0.1482	0.9137
Ⅴ（富）	0.1956	0.2127	0.1258	0.3886	0.9746
Ⅵ（重-富）	0.3940	0.6435	0.3812	0.9896	0.9848

（二）模型参数设置

按照本章提出模型的构建方法，借助 MATLAB 2016a 软件，将 30 个样本代入本章的模型之中。采用 RAGA 求解，选定父代初始种群规模为 N=400、交叉概率 p_c=0.8、变异概率 p_m=0.2，选取两次进化所产生的优秀个体变化区间作为下次加速时优化变量的变化区间，优秀个体数目选定为 40 个，最大加速次数为 20 次，变异方向的系数 M=10，运行停止的最小阈值为 10^{-6}。本章采用 K 均值聚类法对样本进行分类，具体方式为在 MATLAB 中采用 kmeans 命令实现。在分类数的选择上，按照文献[184]的标准，将水体富营养化分为Ⅰ（贫）、Ⅱ（贫-中）、Ⅲ（中）、Ⅳ（中-富）、Ⅴ（富）、Ⅵ（重-富）六个类别，取 m=6。考虑到 RAGA 为随机寻优算法，运行程序 1000 次，取其中最大目标值对应的投影方向及投影值。

（三）模型运行结果

为了更清晰地了解模型的运行过程，将目标函数值的变化过程进行了展示。当 m=6 时，程序运行 1000 次对应的目标函数值的变化情况如图 7-11 所示。

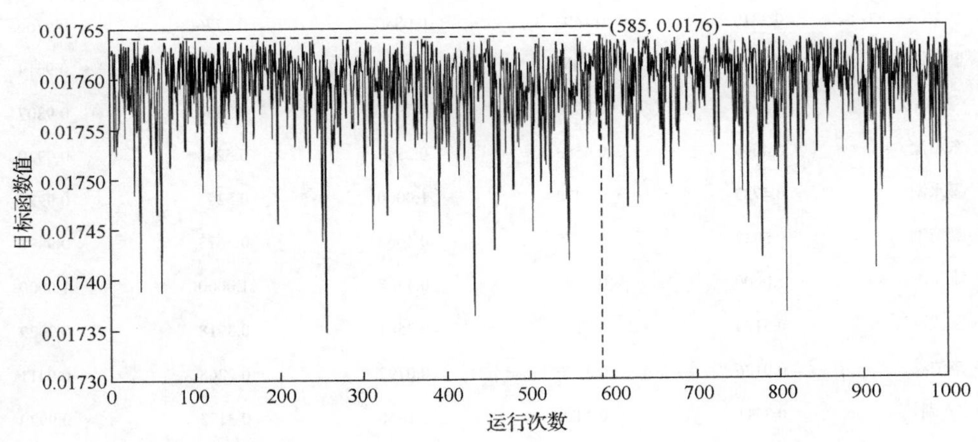

图 7-11　程序运行 1000 次对应的目标函数值变化

第 585 次时，对应的目标函数值最大，最大目标值为 0.0176，此时投影方向为 a^*=(0.3990,0.6347,0.3135,0.5828,0.0002)。RAGA 的加速次数为 9 次。图 7-12 显示了投影方向和加速过程。

（四）结果分析

图 7-13 显示了最终的评价结果，投影值越大代表富营养化程度越严重。

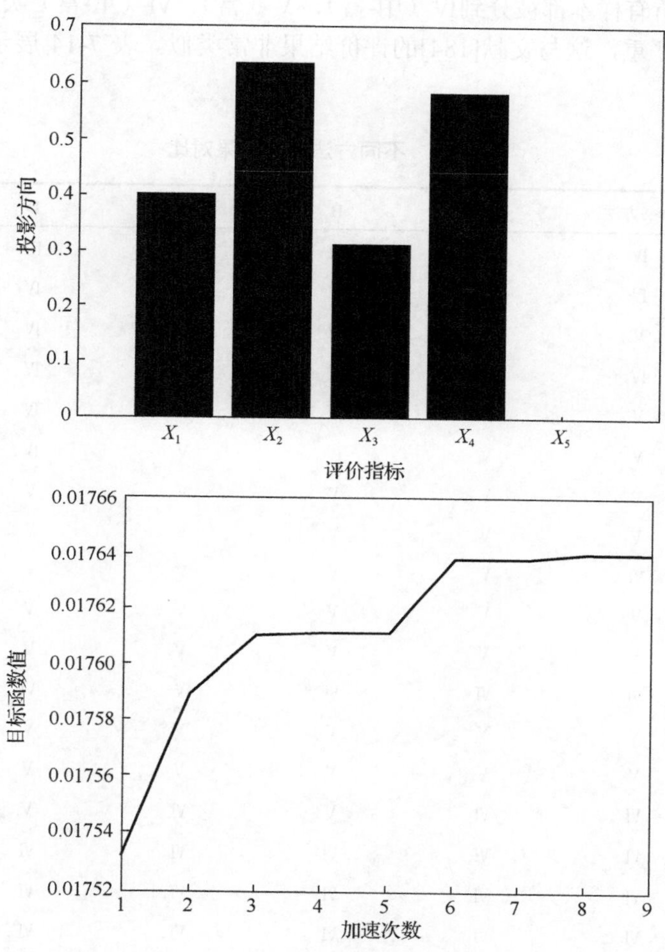

图 7-12　投影方向和 RAGA 的加速过程

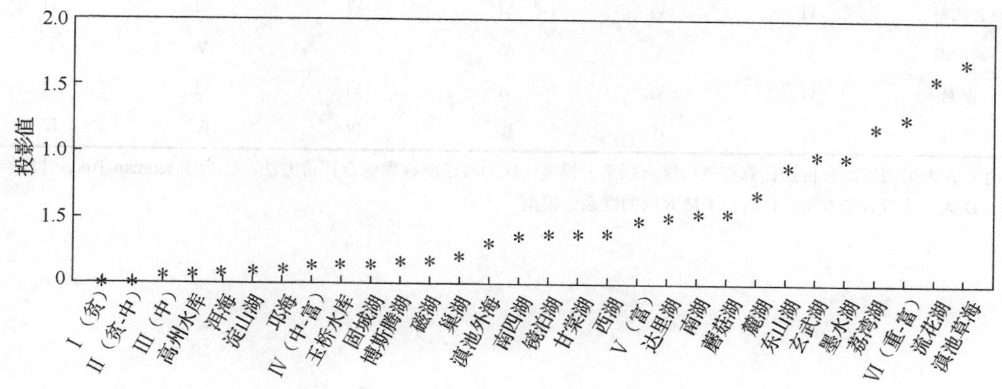

图 7-13　水体富营养化评价结果

可以看到，所有样本都被分到Ⅳ（中-富）、Ⅴ（富）、Ⅵ（重-富）类别中，可见富营养化的情况非常严重，这与文献[184]的评价结果非常类似。表 7-14 展示了不同方法[184]的评价结果。

表 7-14　不同方法评价结果对比

样本	本书方法	A	B	C	D	E
洱海	Ⅳ	Ⅲ	Ⅲ	Ⅲ	Ⅲ	Ⅲ
高州水库	Ⅳ	Ⅳ	Ⅲ	Ⅲ	Ⅳ	Ⅲ
博斯腾湖	Ⅴ	Ⅳ	Ⅳ	Ⅳ	Ⅳ	Ⅳ
淀山湖	Ⅳ	Ⅳ	Ⅳ	Ⅳ	Ⅳ	Ⅳ
玉桥水库	Ⅴ	Ⅳ	Ⅳ	Ⅳ	Ⅳ	Ⅳ
固城湖	Ⅴ	Ⅴ	Ⅳ	Ⅴ	Ⅳ	Ⅴ
南四湖	Ⅴ	Ⅴ	Ⅴ	Ⅴ	Ⅴ	Ⅴ
磁湖	Ⅴ	Ⅴ	Ⅴ	Ⅴ	Ⅴ	Ⅴ
达理湖	Ⅵ	Ⅴ	Ⅴ	Ⅴ	Ⅴ	Ⅴ
巢湖	Ⅴ	Ⅴ	Ⅴ	Ⅴ	Ⅴ	Ⅴ
滇池外海	Ⅴ	Ⅴ	Ⅴ	Ⅴ	Ⅴ	Ⅴ
滇池草海	Ⅵ	Ⅵ	Ⅵ	Ⅴ	Ⅵ	Ⅵ
西湖	Ⅴ	Ⅴ	Ⅴ	Ⅴ	Ⅴ	Ⅴ
甘棠湖	Ⅴ	Ⅴ	Ⅴ	Ⅴ	Ⅴ	Ⅴ
蘑菇湖	Ⅵ	Ⅵ	Ⅴ	Ⅵ	Ⅴ	Ⅵ
麓湖	Ⅵ	Ⅵ	Ⅵ	Ⅵ	Ⅵ	Ⅵ
东山湖	Ⅵ	Ⅵ	Ⅵ	Ⅵ	Ⅵ	Ⅵ
墨水会	Ⅵ	Ⅵ	Ⅵ	Ⅵ	Ⅵ	Ⅵ
荔湾湖	Ⅵ	Ⅵ	Ⅵ	Ⅵ	Ⅵ	Ⅵ
流花湖	Ⅵ	Ⅵ	Ⅵ	Ⅵ	Ⅵ	Ⅵ
玄武湖	Ⅵ	Ⅵ	Ⅵ	Ⅵ	Ⅵ	Ⅵ
镜泊湖	Ⅴ	Ⅴ	Ⅴ	Ⅴ	Ⅴ	Ⅴ
南湖	Ⅵ	Ⅵ	Ⅵ	Ⅵ	Ⅵ	Ⅵ
邛海	Ⅳ	Ⅳ	Ⅳ	Ⅳ	Ⅳ	Ⅳ

注：A 为采用层次分析法计算权重的综合联系云模型；B 为改进型模糊综合评价方法；C 为 Friedman-Tukey 投影寻踪模型；D 为多维联系云模型；E 为基于博弈论的联系云模型。

第八章　解不确定型决策问题的投影寻踪模型及其应用

第一节　解不确定型决策问题的投影寻踪模型简介

决策是人们在各项工作中的一种重要选择行为，关系到人类生活的各个方面，特别是在系统规划、设计、制造和运行等方面具有重要的意义。决策正确与否往往关系到事业的成败和利益的重大得失，因此决策被认为是管理工作的核心和系统工程工作过程中最重要的一步。作为人与自然之间的“对弈”，实际决策过程是认识自然、利用自然、适应自然和改造自然的过程，其中涉及自然变化、社会发展等客观因素和决策者经验积累、心理素质等主观因素，具有高度的复杂性和不确定性，这些特性在不确定型决策问题中反映最为明显。由于所面临的各种自然状态的概率不可预知，目前求解这类不确定型决策问题的方法随决策者所依据的决策标准的不同而不同，常见的有乐观法、悲观法、折中法（乐观系数法）、等概率法和后悔值法，它们的计算结果往往有很大的差异。其中，前 4 种方法的决策标准是根据决策者对各种自然状态的态度制定的，没有考虑在各种自然状态下各行动方案所对应的益损值的变化信息，而这些信息包含着决策者所面临的机会风险（既包括收益机会的风险又包括损失机会的风险，也称投机风险），益损值的变化程度越大，则对应的机会风险就越大。后悔值法的决策标准考虑了这种机会风险，但它只反映了决策者避免最大损失机会这一态度，而没有反映决策者对如何利用收益机会的态度。可见，上述方法都具有一定的局限性，没有充分利用决策问题中各益损值的变化信息[185]。为此，本书从处理不确定型决策问题所蕴含的机会风险这一新视角，提出用投影寻踪[5]方法来求解这类问题的新途径，并进行了实例研究。

不确定型决策问题，就是指根据某种决策准则，在所面临的 m 种自然状态 $S_1, S_2, \cdots, S_m$ 的概率不可预知的情况下，如何从 n 个行动方案 $A_1, A_2, \cdots, A_n$ 中选出一个最优方案或合理方案[186]，它是一类以行动方案为优化变量的复杂的优化问题。设在自然状态 S_j 下行动方案 A_i 所对应的益损值（收益为正值、损失为负值）记为$(C_{i,j})_{n\times m}$，益损值矩阵记为 $C=\{C_{i,j}\ |i=1,2,\cdots,n;j=1,2,\cdots,m\}$。益损值矩阵包含着决策者所面临的机会风险。解不确定型决策问题的实质，就是根据某决策准则，把 $n\times m$ 阶实数益损值矩阵$(C_{i,j})_{n\times m}$压缩为 n 维实数列向量$\{Z_i\ |i=1,2,\cdots,n\}$，该向量的第 i 个分量反映了第 i 个行动方案 A_i（$i=1,2,\cdots,n$），在该决策准则下所能得到的益损值，其中的最大分量所对应的方案就是所求的最优方案。

例如，乐观法就是取所面临的各种自然状态中对决策者最有利的自然状态这一决策准则，通过对益损值矩阵每行取大运算得到压缩向量 $Z_{i,1}=\max\limits_{j}\left\{C_{i,j}\right\}$。悲观法就是取所面

临的各种自然状态中对决策者最不利的自然状态这一决策准则，通过对益损值矩阵每行取小运算得到压缩向量 $Z_{i,2}=\min\limits_{j}\left\{C_{i,j}\right\}$。折中法的决策准则介于乐观法与悲观法之间，其压缩向量取乐观法的压缩向量与悲观法的压缩向量的加权平均值，即 $Z_{i,3}=\alpha Z_{i,1}+(1-\alpha)Z_{i,2}$，其中权重 $\alpha\in[0,1]$称为乐观系数。等概率法的决策准则认为所面临的各种自然状态出现的可能性相同，通过对益损值矩阵每行取算术平均得到压缩向量 $Z_{i,4}=\sum\limits_{j=1}^{m}C_{i,j}/m$。后悔值就是指在同一种自然状态下各行动方案所对应的益损值中的最大值与可能采用的行动方案的益损值之差，根据该后悔值定义就可把益损值矩阵转换为后悔值矩阵$(D_{i,j})_{n\times m}$，$D_{i,j}=\max\limits_{i}C_{i,j}-C_{i,j}$（$j$=1,2,⋯,$m$；$i$=1,2,⋯,$n$），通过对后悔值矩阵每行乘以−1 再采用取小运算得到压缩向量 $Z_{i,5}=\min\limits_{j}\left\{-D_{i,j}\right\}$，可见 $Z_{i,5}$ 的绝对值就是第 i 个行动方案在各种自然状态所对应的损失机会中的最大机会损失值。归纳以上分析，解不确定型决策问题的关键问题就是如何设计合理的决策准则，把益损值矩阵$(C_{i,j})_{n\times m}$压缩为列向量$\{Z_i\,|i=1,2,\cdots,n\}$。近 20 年来的相关应用研究表明，投影寻踪方法解决这类压缩变换问题十分有效。

下面给出用投影寻踪方法求解不确定型决策问题的基本步骤。

步骤 1　构造投影指标函数。投影寻踪方法就是把益损值矩阵$(C_{i,j})_{n\times m}$转换（投影）成 n 维压缩向量$\{Z_i\,|i=1,2,\cdots,n\}$：

$$Z_i=\sum_{j=1}^{m}a(j)C_{i,j},\quad i=1,2,\cdots,n \tag{8-1}$$

式中，$a(1),a(2),\cdots,a(m)$为投影方向 a 的 m 个分量，需满足条件 $a(j)\in[0,1]$(j=1,2,⋯, m)和$\sum\limits_{j=1}^{m}a(j)=1$。

解不确定型决策问题的目的就是从 n 个方案中选优，这些方案与压缩向量$\{Z_i\}$的 n 个分量相对应。在投影时，要求压缩向量的 n 个分量之间尽可能分散。为此，投影指标函数 $Q(a)$可取这些分量的标准差：

$$Q(a)=S_z=\left|\sum_{i=1}^{n}\left(Z_i-E_z\right)^2/(n)\right|^{0.5} \tag{8-2}$$

式中，$E_z=\sum\limits_{i=1}^{n}Z_i/n$为各分量的均值。

步骤 2　优化投影指标函数。当给定益损值矩阵时，投影指标函数 $Q(a)$只随投影方向 a 的变化而变化。不同的投影方向反映不同的数据结构特征，最佳投影方向就是最大可能暴露高维数据某类特征结构的投影方向。可通过求解投影指标函数最大化问题来估计最佳投影方向，即

$$\max Q(a)=S_z \tag{8-3}$$

$$\text{s.t.}\sum_{j=1}^{m}a(j)=1,\quad a(j)\in[0,1] \tag{8-4}$$

这是一个以$\{a(j)|j=1,2,\cdots,m\}$为变量的非线性优化问题，用模拟生物优胜劣汰规则与群体内部染色体信息交换机制的基于实数编码的加速遗传算法（RAGA）来处理该优化问题十分简便和有效。

步骤 3　选择最优方案。把由步骤 2 求得的最佳投影方向 a^*代入式（8-1），即得压缩向量$\{Z_i^*\}$的 n 个分量，它们对应在投影指标函数最大化这一决策准则下各行动方案所能得到的益损值，其中最大分量所对应的方案就是所求的最优方案。

现结合投影方向、压缩向量和投影指标函数的物理意义，对上述求解不确定型决策问题的投影寻踪方法做进一步说明。式（8-1）表明，投影方向的 m 个分量实质上反映了决策者对各种自然状态所赋予的权重，压缩向量的分量 Z_i 就是益损值矩阵$(C_{i,j})_{n\times m}$ 中行动方案 A_i 在 m 种自然状态下的益损值$\{C_{i,j}|j=1,2,\cdots,m\}$的加权平均值。这些权重的确定是通过投影指标函数最大化来实现的。若益损值矩阵中某种自然状态下各行动方案所对应的益损值的变化幅度越大，分布越分散，而给与这种自然状态的权重（投影方向的分量）值越大，则所得的投影指标函数值将越大。因此，由步骤 2 求得的最佳投影方向 a^* 的最大分量将对应各行动方案所对应的益损值的变化幅度最大、分布最分散的那种自然状态。换言之，各行动方案所对应的益损值的变化幅度最大、分布最分散的那种自然状态，决策者将给予最大的权重，因为在这种自然状态下决策者所遇到的机会风险（可能是收益机会的风险，也可能是损失机会的风险）最大，积极而稳妥地处理这种机会风险，决策者既可以充分利用可能获得的最大收益机会，又可以避免可能遭受的最大损失机会。

第二节　解不确定型决策问题的投影寻踪模型的应用

某兵工厂在进行生产时考虑平时、战时相结合，需对产品生产的三种方案 A_1、A_2 和 A_3 进行决策，这些方案在未来形势分别为战争 S_1、和平 S_2 和不战不和 S_3 三种自然状态下的益损值矩阵如表 8-1 所示，而每种自然状态发生的概率不能确定[186]。

表 8-1　益损值矩阵及不同决策方法的决策结果

	S_1	S_2	S_3	压缩向量	最优方案					
					投影寻踪	乐观法	悲观法	折中法	等概率法	后悔值法
A_1	20.0	1.0	−6.1	19.91	*	*		*		*
A_2	9.0	8.0	0.0	8.97					*	
A_3	4.0	4.0	4.0	4.00			*			
最佳投影方向	0.9963	0.0002	0.0035							

注：*为所选的最优方案；折中法中的乐观系数取 0.6。

根据本章第一节的建模过程，利用 RAGA 来求解投影寻踪模型，采用

MATLAB 2016a 编程处理数据，对 17 组等级样本数据建立投影寻踪分类模型，选定父代初始种群规模为 N=400、交叉概率 p_c=0.8、变异概率 p_m=0.2，选取两次进化所产生的优秀个体变化区间作为下次加速时优化变量的变化区间，优秀个体数目选定为 40 个，最大加速次数为 20 次，变异方向的系数 M=10，运行停止的最小阈值为 10^{-6}。考虑到 RAGA 为随机寻优算法，运行程序 1000 次，取其中最大目标值对应的投影方向及投影值。

为了更清晰地了解模型的运行过程，将目标函数值的变化过程进行了展示。程序运行 1000 次对应的目标函数值的变化情况如图 8-1 所示。

可以看到，第 400 次时，对应的目标函数值最大，最大目标值为 8.1370，此时投影方向为 a^*=(0.9963,0.0002,0.0035)。将最佳投影方向代入式（8-1）后即得压缩向量$\{Z_i^*\}$，结果见表 8-1。压缩向量的分量 Z_i^*值越大，表示 A_i 方案所能得到的益损值就越大，据此可得最优方案为 A_1。

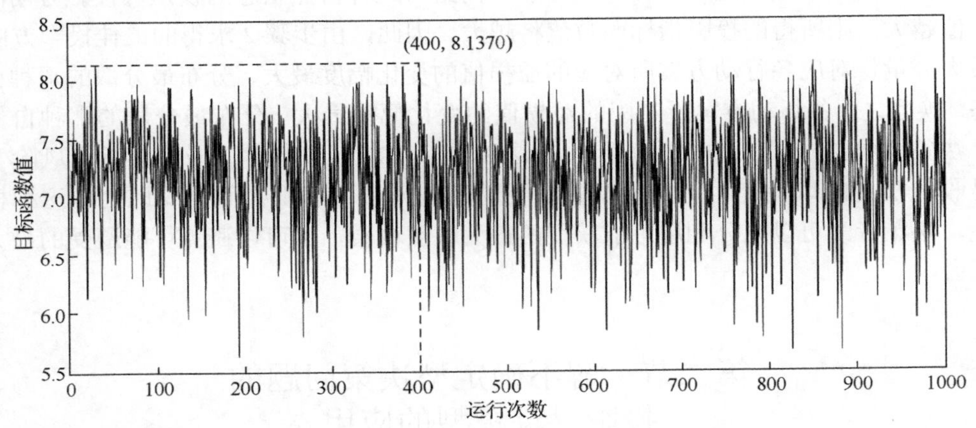

图 8-1　程序运行 1000 次对应的目标函数值变化

某厂生产一种新型童车，据市场需求预测分析，产品销路可分为畅销 S_1、一般 S_2 和滞销 S_3 三种自然状态，而每种自然状态发生的概率不能确定。童车生产有大批量 A_1、中批量 A_2 和小批量 A_3 三种生产方案，各种方案在各种自然状态下的益损值矩阵如表 8-2 所示[187]。

表 8-2　益损值矩阵及不同决策方法的决策结果

	S_1	S_2	S_3	压缩向量	最优方案					
					投影寻踪	乐观法	悲观法	折中法	等概率法	后悔值法
A_1	30	23	−15	−14.85		*				
A_2	25	20	0	0.08				*	*	*
A_3	12	12	12	12.00	*		*			
最佳投影方向	0.0021	0.0015	0.9964							

注：*为所选的最优方案；折中法中的乐观系数取 0.6。

根据本章第一节的建模过程，利用 RAGA 来求解投影寻踪模型，参数设置同上例，运行程序 1000 次，取其中最大目标值对应的投影方向及投影值。程序运行 1000 次对应的目标函数值的变化情况如图 8-2 所示。

可以看到，第 472 次时，对应的目标函数值最大，最大目标值为 13.4529，此时投影方向为 a^*=(0.0021,0.0015,0.9964)。将最佳投影方向代入式（8-1）后即得压缩向量$\{Z_i^*\}$，结果见表 8-2。压缩向量的分量 Z_i^*值越大，表示 A_i 方案所能得到的益损值就越大，据此可得最优方案为 A_3。

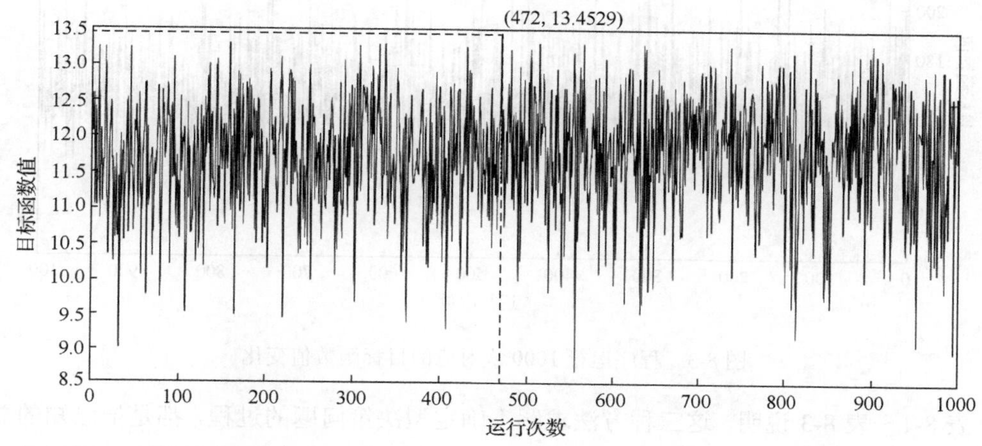

图 8-2　程序运行 1000 次对应的目标函数值变化

某厂准备生产一种新产品，该产品的市场需要量可分为较高 S_1、一般 S_2、较低 S_3 和很低 S_4 四种自然状态，而每种自然状态发生的概率不能确定。为生产该产品，工厂制订了新建自动线 A_1、改建生产线 A_2 和原有车间生产 A_3 三种工艺方案，各种方案在各种自然状态下的益损值矩阵如表 8-3 所示[188]。

表 8-3　益损值矩阵及不同决策方法的决策结果

	S_1	S_2	S_3	S_4	压缩向量	最优方案					
						投影寻踪	乐观法	悲观法	折中法	等概率法	后悔值法
A_1	850	420	−150	−400	841.11	*	*		*	*	
A_2	600	400	−100	−350	594.11						*
A_3	400	250	90	−50	397.03			*			
最佳投影方向	0.9889	0.0048	0.0042	0.0021							

注：*为所选的最优方案；折中法中的乐观系数取 0.6。

根据本章第一节的建模过程，利用 RAGA 来求解投影寻踪模型，参数设置同上例，运行程序 1000 次，取其中最大目标值对应的投影方向及投影值。程序运行 1000 次对应的目标函数值的变化情况如图 8-3 所示。

可以看到，第 299 次时，对应的目标函数值最大，最大目标值为 222.5268，此时投影方向为 $a^*=(0.9889,0.0048,0.0042,0.0021)$。将最佳投影方向代入式（8-1）后即得压缩向量$\{Z_i^*\}$，结果见表 8-3。压缩向量的分量 Z_i^*值越大，表示 A_i 方案所能得到的益损值就越大，据此可得最优方案为 A_1。

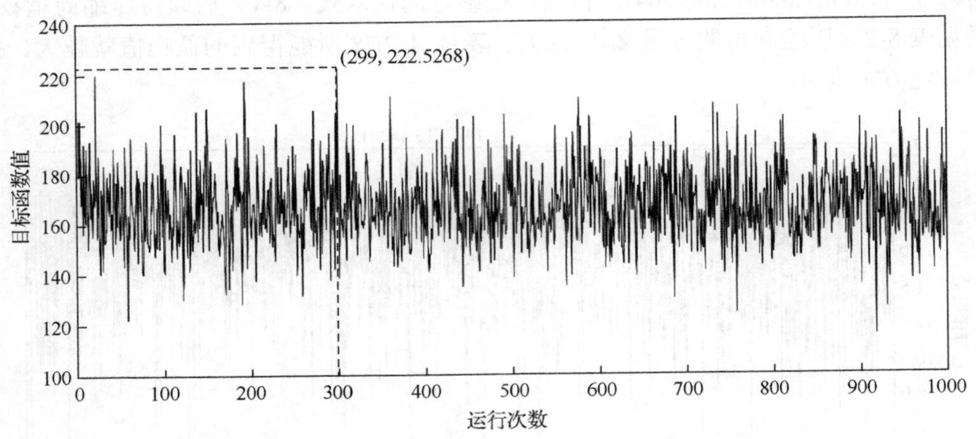

图 8-3　程序运行 1000 次对应的目标函数值变化

表 8-1～表 8-3 说明，这三种方法求解不确定型决策问题的过程，都是把已知的益损值矩阵转换为压缩向量的过程，但它们利用益损值矩阵信息的方式和程度是不同的。投影寻踪方法利用了益损值矩阵的全部元素之间的变化信息，反映了决策者利用了决策问题所包含的机会风险。当收益机会的风险大于损失机会的风险时，投影寻踪方法积极地选取收益机会最大的自然状态下最大益损值所对应的方案，这时一般与乐观法的决策结果相同；当损失机会的风险大于收益机会的风险时，投影寻踪方法稳妥地选取损失机会最大的自然状态下最大益损值所对应的方案，这时一般与悲观法的决策结果相同；显然，当损失机会的风险等于收益机会的风险时，投影寻踪方法的决策结果将与等概率法的决策结果相同。可见，投影寻踪方法利用益损值矩阵的信息比乐观法、悲观法、等概率法和折中法全面，根据决策问题所包含的机会风险能进能退。后悔值法实质上是从各种方案最大机会损失值中选取最小者作为最优决策，处理机会风险显然不如投影寻踪方法全面。

（1）在求解不确定型决策问题时，目前常用方法的实质都是如何把益损值矩阵转换为压缩向量，不同的转换规则反映了不同的决策准则，该压缩向量的第 i 个分量反映了第 i 个行动方案在该决策准则下所能得到的益损值，取最大分量所对应的方案为最优方案。

（2）益损值矩阵各元素的变化信息包含了决策者所面临的机会风险（既包括收益机会的风险又包括损失机会的风险），变化程度越大则对应的机会风险就越大。为全面处理这种机会风险，提出了一种新方法——投影寻踪方法。

（3）研究结果表明，当益损值矩阵所反映的收益机会的风险大于损失机会的风险时，投影寻踪方法积极地选取收益机会最大的自然状态下最大益损值所对应的方案，这时一般与乐观法的决策结果相同；当损失机会的风险大于收益机会的风险时，投影寻踪方法稳妥地选取损失机会最大的自然状态下最大益损值所对应的方案，这时一般与悲观法的决策结果相同；当损失机会的风险等于收益机会的风险时，投影寻踪方法的决策结果将与等概率法的决策结果相同。投影寻踪方法利用益损值矩阵的信息比常用方法充分，可根据决策问题所包含的机会风险能进能退。

第九章　投影寻踪回归模型及其应用

第一节　投影寻踪回归模型简介及其应用

1981 年，Friedman 和 Stutzel[7]基于投影寻踪的思想最先给出了投影寻踪回归方法，其主要目的是解决高维空间中的回归问题。回归问题的关键是估计回归函数 f，常用的方法有线性回归、多项式回归等形式，当这些方法用于高维空间时，不能克服“维数灾难”的困难，针对这些问题，学者提出了用若干个岭函数加权和的形式来逼近回归函数的思想。投影寻踪回归方法的数学表达式为

$$Y=\sum_{m=1}^{M}b_m g_m\left(\sum_{j=1}^{p}a_{mj}^{\mathrm{T}}X\right) \tag{9-1}$$

式中，Y 为因变量；X 为自变量；m 为逼近的子函数个数；g_m 为第 m 个光滑岭函数；b_m 为权值，表示第 m 个岭函数对输出值的贡献大小；a_{mj} 为第 m 个投影方向的第 j 个分量；p 为输入空间的维数。要求式（9-1）中 $\sum_{j=1}^{p}a_j^2=1$。

如果要取得相当的逼近和预报精度，建立多元回归水资源预测模型的前提是：影响因子与预报因子之间确切存在模型所假定方法的相关关系（可以是线性的或非线性的），才能根据样本情况估计其中的参数。由于各个预测因子之间的相关关系并不是一致的线性或非线性，而是存在各种相关形式，因此采用一致的线性或非线性形式建立的回归模型不能真实地反映回归关系，影响逼近和预报的精度。为了协调考虑这些不均衡的相关关系，引入了加权的思想，使影响重要的关系在回归方程中所占的权重较大，这对模型的精度改善起到了一定的作用，以下的投影寻踪回归便是与此类似。

下面介绍投影寻踪回归模型在建模时的几个关键环节。

（一）岭函数（ridge function）拟合

设(X,Y)是一对随机变量，$X\in R^p$、$Y\in R$，设 Y 表示为 X 的回归形式 $Y=f(X)$，其中 $f(\cdot)$ 为回归函数。利用样本值估计回归函数的方法包括参数方法和非参数方法。参数方法假定回归函数的形式已知，例如为线性、指数或幂函数等形式，而非参数方法对回归函数的形式不做任何确定，只对回归函数作出数值的估计，投影寻踪回归是一种非参数的回归估计方法。它是用若干个一维回归函数的和去拟合回归函数 $f(\cdot)$，称此一维回归函数为岭函数（用 g 表示），要求岭函数在超平面连续。从简单意义上说，投影寻踪回归可以看作是线性回归的推广，以下举例说明。

设有样本(X_1,X_2)，将 $Y=X_1X_2$ 写成两个岭函数的形式：

$$X_1X_2=\frac{1}{4\alpha\beta}((\alpha X_1+\beta X_2)^2-(\alpha X_1-\beta X_2)^2) \tag{9-2}$$

式中，α、β 为常数，当 $\alpha=\beta=1$ 时有

$$X_1X_2=\frac{1}{4}\left(\begin{bmatrix}1\\1\end{bmatrix}(X_1X_2)\right)^2-\frac{1}{4}\left(\begin{bmatrix}1\\-1\end{bmatrix}(X_1X_2)\right)^2$$

对应的式（9-1）有

$$a_1^{\mathrm{T}}=\begin{bmatrix}1\\1\end{bmatrix},\quad a_2^{\mathrm{T}}=\begin{bmatrix}1\\1\end{bmatrix},\quad g_1=\frac{1}{4}(X_1+X_2)^2,\quad g_2=-\frac{1}{4}(X_1-X_2)^2$$

目前已经证明：回归函数表示为岭函数和的形式并不是唯一的，这种唯一仅限于相差一个多项式的情况[189, 190]。

（二）贪婪策略（greedy method）

用有限个估计岭函数的和去拟合回归函数是投影寻踪回归的样本实现过程，根据Friedman[7]建议的算法，具体给出投影矩阵 A 和岭函数 g 的选取办法。

当 a_j、$g_j(j<m)$给定后，使得第 m 个岭函数拟合后的残差 r_m 等于：

$$r_m(X)=f(X)-\sum_{j=1}^{m-1}g_j\left(a_j^{\mathrm{T}}X\right),\quad r_{m+1}(X)=f(X)-\sum_{j=1}^{m}g_j\left(a_j^{\mathrm{T}}X\right) \tag{9-3}$$

式（9-3）中的符号含义同式（9-1），故 $r_m-r_{m+1}=g(a^{\mathrm{T}}X)$，当 $E(g^2(a^{\mathrm{T}}X))$达到最大时，就确定了 a_m 的值，这样将一个复杂的问题转化为求极值问题。下一个过程是当投影方向 a 固定后，找到使残差平方和最小的那个岭函数 g。总的来说，在优化投影方向 a 和岭函数 g 时，每一步都要求取得当前状态下的最佳效果，因此称之为贪婪法。Huber 证明了由此方法求出的 $f(X)$ 是 L_1 收敛到 $f(X)$ 的[189, 190]，也就是 $E\left(\left|f(X)-\hat{f}(X)\right|\right)\to 0$，同时也猜测应有最小二乘收敛，即 $E\left(\left|f(X)-\hat{f}(X)^2\right|\right)\to 0$。

（三）返回拟合（back fitting）

在用贪婪法找到了 a 和 g 后，需要进一步考虑：在每一次过程都选取最优值后，总的结果是否一定是最好。为了解决这个问题，提出了返回拟合的办法，即在求出全部 a 和 g 后，任意去掉几个岭函数，重新再寻找新的 a 和 g，使得误差不再减小为止。

根据以上主要环节，算法的具体实现过程如下。

步骤 1　选择一个初始投影方向 a。

步骤 2　对序列$\{X_i\}_i^n$进行线性投影得到 $a^{\mathrm{T}}X_i$，对$(a^{\mathrm{T}}X_i,Y_i)(i=1,2,\cdots,n)$，用平滑方式确定岭函数 $\hat{g}(a^{\mathrm{T}}X)$。

步骤 3　利用贪婪法求解 a，使得$\sum_{i=1}^{n}\left(y_i-\hat{g}_m\left(a^{\mathrm{T}}X_i\right)\right)^2$最小，并将 a 作为$\hat{a}_1$，回到步骤 2 计算几次，直到前后误差不再改变，确定$\hat{a}_1$及$\hat{g}_1(\hat{a}_1^{\mathrm{T}}X)$。

步骤 4　计算第一次的拟合残差 $r_1(X)=Y-\hat{g}_1(\hat{a}_1^{\mathrm{T}}X)$ 代替 Y，重复以上三步，得到 $\hat{a}_2$ 及 $\hat{g}_2(\hat{a}_2^{\mathrm{T}}X)$。

步骤 5　重复步骤 4 的操作，计算 $r_2(X)=r_1(X)-\hat{g}_2(\hat{a}_2^{\mathrm{T}}X)$ 代替 $r_1(X)$，直到获得第 M 个 $\hat{a}_M$ 及 $\hat{g}_M(\hat{a}_M^{\mathrm{T}}X)$，使得 $\sum_{i=1}^{n} r_i^2$ 不再减少或满足某一精度为止。

步骤 6　采用返回拟合的策略确定最后的 m 个 a 和 g。

步骤 7　计算 $\hat{f}(x)=\sum_{m=1}^{M}\hat{g}_m(a_m^{\mathrm{T}}X)$。

实现投影寻踪回归的核心问题有以下两个。

投影问题：实现投影寻踪回归的第一步就是通过对系统信息的分析得到最能反映系统特征的投影方向。投影的过程必须实现以下两个目标——一是降低维数，二是投影方向能够反映系统特征。

寻踪问题：样本序列投影到低维子空间后，通过平滑后取中位数的非参数方法估计岭函数 g，是系统信息的载体之一。为避免信息的重复利用引起的过渡拟合问题，需要在已有的岭函数中，优选其中最能表达系统特征的岭函数，写进最后的加权和表达式（9-1）中，这个过程称为寻踪。其目标是确定模型的最优岭函数的值。

投影寻踪回归模型是对参数步步寻优，对回归函数的结构形式无太大依赖关系。回归模型对系统信息的识别由三个参数来实现：投影方向 a，岭函数 g，权重 b。

一、投影寻踪回归模型简介

以下介绍基于三种不同函数形式的投影寻踪回归模型的确定方法。

（一）基于非参数的投影寻踪回归模型

作为数据估计的一种有效的非参数方法，投影寻踪回归可以看成是平滑器，其目的是求取当投影方向固定时的岭函数的值，通过平滑过程得到函数的值来逼近基本的数据结构规律。此模型的数学表达式同式（9-1），确定岭函数的方法如下。

步骤 1　对于 $(X_i,Y_i)(i=1,2,\cdots,n)$，固定某一投影方向 a 进行投影 $z_i=a^{\mathrm{T}}X_i$ 后，再作次序统计量 $z_1\leqslant z_2\leqslant\cdots\leqslant z_n$ 及相应的 $Y_1,Y_2,\cdots,Y_n$。

步骤 2　在任一 z_i 处，用 Y_{i-1}^1、Y_i^1、Y_{i+1}^1 的中位数 Y_i^2 来代替 Y_i^1 找到对应的 z_i，作为初步光滑。

步骤 3　在任一 z_i 处，给定与 i 无关的 δ，将 $|z_j-z_i|\leqslant\delta$ 的 z_j 与相应的 Y_j^2 作线性回归，并用残差平方和来估计 z_j 处 Y 的方差 δ_i^0。

步骤 4　将 δ_i^0 再作步骤 2 中的光滑措施，得到 δ_i^1。

步骤 5　用 δ_i^1 来确定另一正数 δ^1，再作步骤 3 中的线性回归，得到 $\hat{Y}$ 作为一个 $g(a^{\mathrm{T}}X_i)$ 的估计。

从以上过程可以看出：

（1）以中位数作为平滑值，其实质是小范围的观测值，是对于初值的一种无偏的估计；

（2）平滑过程用到两次线性拟合，保证了收敛的速度。

（二）基于 Hermite 多项式的投影寻踪回归模型

在参数投影寻踪中，为了避免使用庞大的函数表，且能保证逼近的精度，采用可变阶的正交 Hermite 多项式拟合其中的一维岭函数，其数学表达式为

$$h_r(z)=(r!)^{\frac{1}{2}}\pi^{\frac{1}{4}}2^{\frac{r-1}{-2}}H_r(z)\varphi(z),\quad -\infty<z<\infty \tag{9-4}$$

式中，$r!$代表 r 的阶乘；$z=a^{\mathrm{T}}X$；φ 为标准高斯方程；$H_r(z)$为 Hermite 多项式[191, 192]，采用递推的形式给出，如 $H_0(z)=1$，$H_1(z)=2z$，$H_r(z)=2(z\,H_{r-1}(z)-(r-1)H_{r-2}(z))$。

此时式（9-1）的投影寻踪回归模型的表达式为

$$f(X)=\sum_{i=1}^{m}\sum_{j=1}^{R}c_{ij}h_{ij}\left(a_i^{\mathrm{T}}X\right) \tag{9-5}$$

式中，R 为多项式的阶数；c_{ij} 是多项式系数；h 表示正交 Hermite 多项式，根据式（9-4）计算。由式（9-4）可以分别得到 r=1、r=2、r=3、r=4、r=5、r=6、r=7、r=8 下的光滑曲线，如图 9-1～图 9-8 所示。

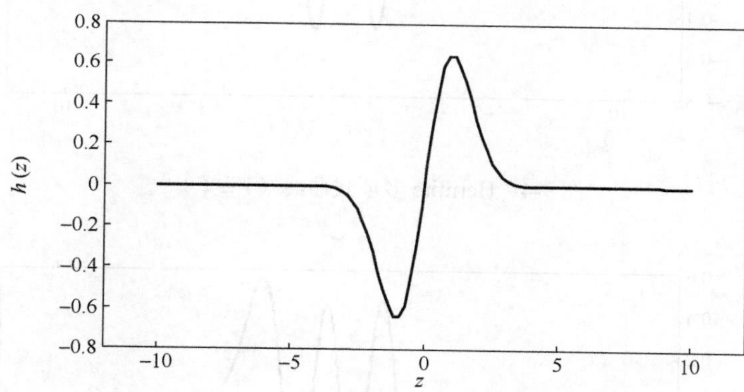

图 9-1　Hermite 多项式曲线（$r=1$）

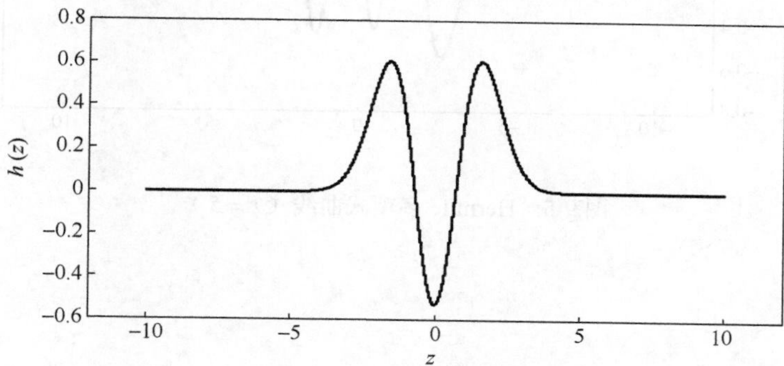

图 9-2　Hermite 多项式曲线（$r=2$）

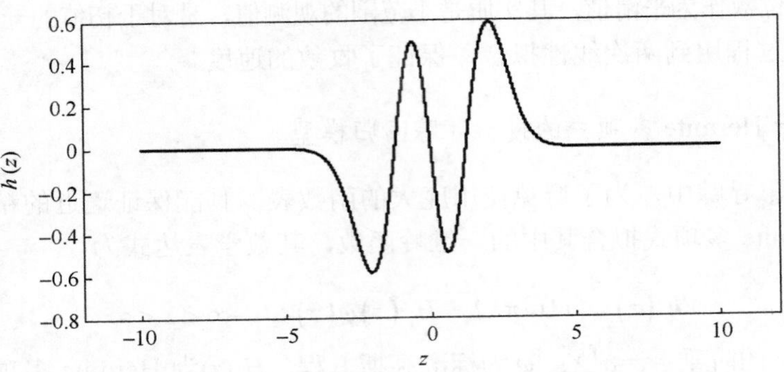

图 9-3　Hermite 多项式曲线（$r=3$）

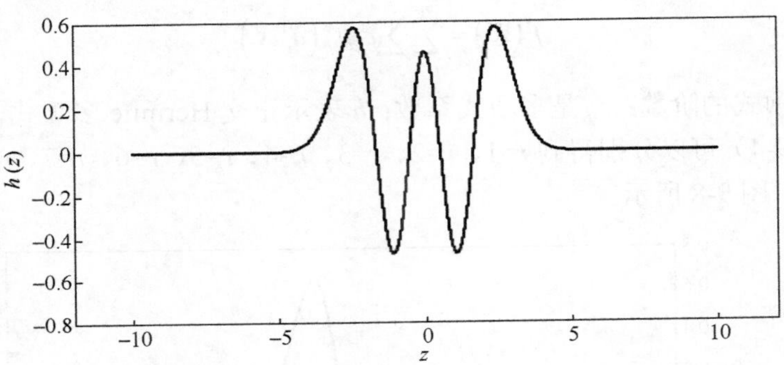

图 9-4　Hermite 多项式曲线（$r=4$）

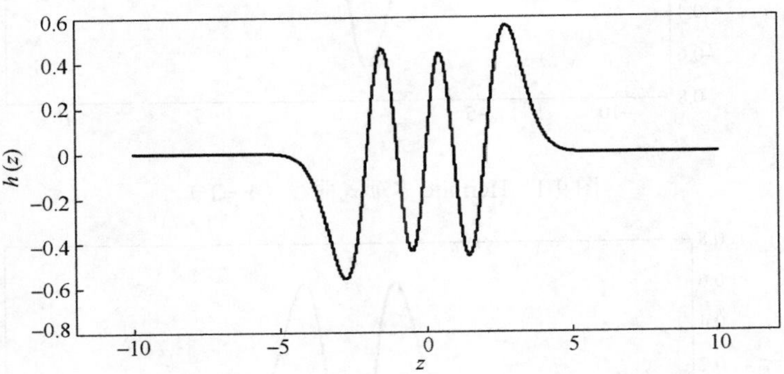

图 9-5　Hermite 多项式曲线（$r=5$）

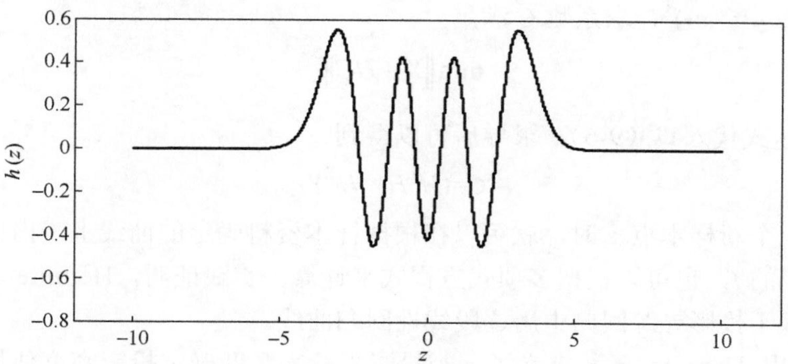

图 9-6　Hermite 多项式曲线（$r=6$）

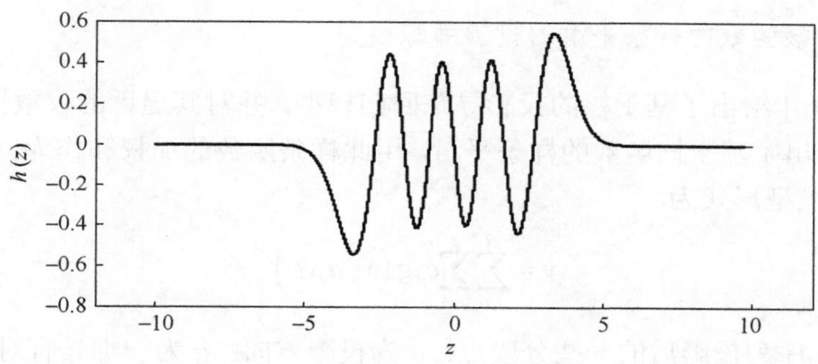

图 9-7　Hermite 多项式曲线（$r=7$）

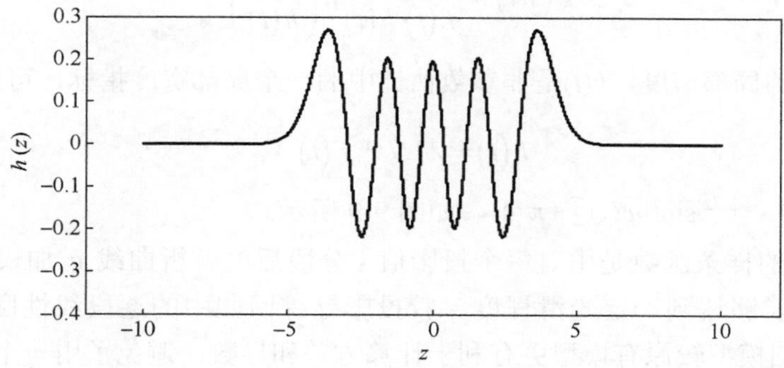

图 9-8　Hermite 多项式曲线（$r=8$）

数据中所包含的信息通过多项式的系数 c 与阶数 r 表征出来。多项式阶数 r 确定后，可以用最小二乘法求得使多项式拟合值与残差最小时的 c 值。令 r=R，计算 H 为

$$H=\begin{bmatrix} h_1(z_1) \\ h_2(z_1) \\ \cdots \\ h_R(z_1) \end{bmatrix}^{\mathrm{T}}, \quad l=1,2,\cdots,n$$

设 $C=(c_1,c_2,\cdots,c_R)^{\mathrm{T}}$，求系数 C 满足

$$\min_c \|Y-HC\|^2 \tag{9-6}$$

将 H 表达式代入式（9-6），求导后可以得到

$$C=(H^{\mathrm{T}}H)^{-1}H^{\mathrm{T}}Y \tag{9-7}$$

当给定一个新样本点 z 时，就可以在根据样本资料确定的曲线上，内插或外延新样本点 z 所对应的 f，也可以根据多项式方程式来计算。实践证明，Hermite 多项式的内插和外延性能优于投影寻踪回归中用逐段线性回归曲线。

Hall[8]在用 Hermite 函数定义了一类投影指标来帮助确定投影密度估计中的投影方向，并证明了这种统计指标在逼近中的有效性。

（三）基于核函数的样条平滑的投影寻踪模型

Hall[9]1989 年给出了基于核的投影寻踪回归模型，并对其逼近的收敛性进行了讨论。Zhao 等[49]则给出了基于核函数的样条平滑，用此样条函数的加权和作为回归函数，此时投影寻踪回归模型形式为

$$y=\sum_{j=1}^{m}\sum_{j=1}^{p}c_{ij}g\left(x\cdot a_j,t_i\right) \tag{9-8}$$

式中，t_i 为样本序列投影后的一些分段点；a 为投影方向；g 为一维具有对称形式的权函数，即 $g(s,t)=g(|s-t|)$，当样本个数 N 足够大时，三次样条函数 $g(s,t)$的计算式为

$$g(s,t)=\frac{1}{f(t)}\frac{1}{h(t)}k\left(\frac{s-1}{h(t)}\right) \tag{9-9}$$

其中，$f(t)$为 t_i 的局部密度，$h(t)$是非参数估计中的一个局部宽度指标，可定义为

$$h(t)=\lambda^{\frac{1}{4}}N^{-\frac{1}{4}}f(t)^{-\frac{1}{4}} \tag{9-10}$$

核函数 $k(u)=0.5\,\mathrm{e}^{-|u|/\sqrt{2}}\sin(|u|/\sqrt{2}+\pi/4)$，如图 9-9 所示。

式（9-8）的样条函数是由对每个投影值 s 分段后的解析曲线 g 加权拼接而成的曲线，在拼接处能够达到一定光滑程度，较投影寻踪回归中的逐段线性回归曲线光滑，此投影寻踪回归模型较原有模型更有利于计算方差和导数，避免了用一个大型的数据表来进行差分计算。但此方法对样本点的个数要求较高，必须保证局部区域 $h(t)$内具有一定的样本个数，才能较好地估计出这个区域的局部曲线 $g(s,t)$。

以上模型都是利用近代统计学中的逼近论来实现对实测序列点的尽可能地逼近、拟合，模型形式由实测数据确定。从理论上看，以上模型能实现极其复杂的样本序列的拟合，使得拟合误差达到最小，但对参数与模型确定的样本点而言，其偏差可能是较大的，特别是对于特殊的点，例如极大值或极小值。加之模型的误差较小但偏差却不一定一致地小，以上模型虽然在逼近时很有用，但对于预测问题，其效果不一定好，因此需要根据不同的研究对象全面地掌握模型变化的规律。

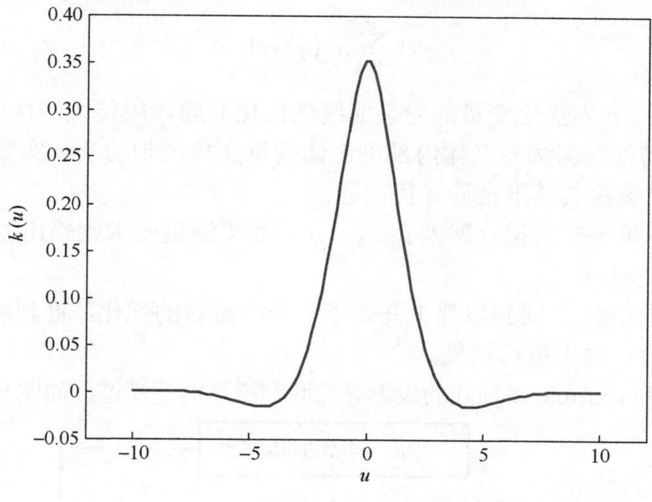

图 9-9 核函数曲线

Hermite 多项式与样条平滑都是对投影寻踪模型的有意义补充。Hermite 多项式属于参数回归的范畴，而样条平滑属于非参数的范畴。由于非参数回归模型要求大量样本才能实现无偏的估计，对资料短缺的水文水资源预测而言，用非线性的 Hermite 多项式较合适。Hermite 多项式的计算并不复杂，系数的确定有明确的计算公式，这有利于实际的应用。在其他方面的应用实践表明，Hermite 多项式的计算效果优于 BP 网络的 S 型函数，也优于投影寻踪回归模型的超级平滑器，因此本书只给出基于 Hermite 多项式的投影寻踪回归模型的参数优化方法。

基于 Hermite 多项式的投影寻踪回归模型的具体建模过程如下[193,194]。

步骤 1 设有因变量 $y_i(i=1,2,\cdots,n)$和 p 个自变量$\{x_1,x_2,\cdots,x_p\}$，观测 n 个样本点，构成自变量与因变量的数据表 $X=[x_1,x_2,\cdots,x_p]_{n\times p}$ 和 $Y=[y]_{n\times 1}$。计算投影值：

$$z_i=\sum_{j=1}^{p}a_j x_{ij},\quad i=1,2,\cdots,n \tag{9-11}$$

式中，$a_j(j=1,2,\cdots,p)$为投影方向；x_{ij} 已进行归一化处理。

步骤 2 对散布点(z,y)，用基于正交 Hermite 多项式拟合，此时基于 Hermite 多项式的投影寻踪回归模型为

$$\hat{y}=\sum_{i=1}^{m}\sum_{j=1}^{r}c_{ij}h_{ij}\left(z\right) \tag{9-12}$$

式中，m 为正交 Hermite 多项式个数；r 为多项式阶数；c 是多项式系数，可用优化算法获得；h 表示正交 Hermite 多项式。

步骤 3 优化投影指标函数。在优化投影方向 a 时，同时考虑多项式系数 c 的优化问题，可以通过求解投影指标函数最小化问题来估计最佳 a、c 值，即

$$\min Q(a,\theta,c)=\frac{1}{n}\sum_{i=1}^{n}\left(y_i-\hat{y}_i\right)^2 \tag{9-13}$$

$$\text{s.t.} \sum_{j=1}^{p} a^2\left(j\right)=1 \tag{9-14}$$

这是一个以 a、c 为优化变量的复杂非线性优化问题，用传统的优化方法处理较难。本书应用模拟生物优胜劣汰与群体内部染色体信息交换机制的基于实数编码的加速遗传算法（RAGA）来解决其高维全局寻优问题。

步骤 4　计算第一次的拟合残差 $r_1 = y - \hat{y}$，如果满足要求则输出模型参数，否则，进行步骤 5 计算。

步骤 5　用 r_1 代替 y，回到步骤 1 开始下一个岭函数的优化，直到满足一定要求，停止增加岭函数个数，输出最后结果。

基于 RAGA 和 Hermite 多项式的投影寻踪回归模型的建模过程如图 9-10 所示。

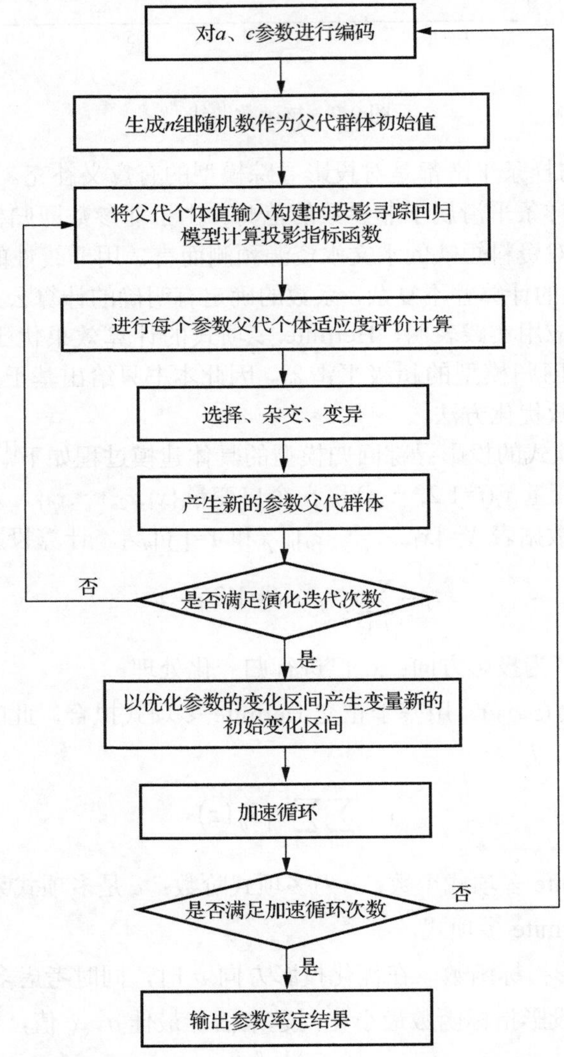

图 9-10　基于 RAGA 和 Hermite 多项式的投影寻踪回归模型流程图

二、投影寻踪回归模型的应用

（一）投影寻踪回归模型在酸雨 pH 值预测中的应用

酸雨污染是当前一个重要的环境问题。为了有效控制、减少酸雨的危害程度，一方面必须分析影响 pH 值的重要离子，另一方面必须加强 pH 值预测模型的研究。国内外做了大量的探索，投影寻踪回归分析法在环境污染浓度预测中有着广泛的用途。本节提出了投影寻踪回归模型（PPR），并用基于实数编码的加速遗传算法来优化投影指标函数，从而使模型精度、稳健性、实用性都得到提高，为处理非线性时序预测问题提供了一条新途径。

酸雨是降水中各种离子综合作用的结果。实际监测表明：城市降水 pH 值主要受酸性离子 SO_4^{2-}、NO_3^-、Ca^{2+}、NH_4^+ 影响[195]。表 9-1 中列出了我国部分城市降水中 SO_4^{2-}、NO_3^-、Ca^{2+}、NH_4^+ 的浓度和 pH 值数据。以 Ca^{2+}、NH_4^+、SO_4^{2-}、NO_3^- 和组合因子 $(Ca^{2+}+NH_4^+)/(SO_4^{2-}+NO_3^-)$ 为自变量，分别记为 $x^*(i,1)$、$x^*(i,2)$、$x^*(i,3)$、$x^*(i,4)$、$x^*(i,5)$；pH 值为因变量，记为 $y(i)$。对城市降水 pH 值建立投影寻踪回归模型，用表 9-1 中的前 12 个样本建模，预留的 5 个样本作预测检验，结果如表 9-1 和图 9-11 所示。

表 9-1　降水中离子浓度和 pH 值的实测值及预测值

城市	预测因子					pH 值		相对误差
	$x^*(i,1)$/(ueq/L)	$x^*(i,2)$/(ueq/L)	$x^*(i,3)$/(ueq/L)	$x^*(i,4)$/(ueq/L)	$x^*(i,5)$	实测值	PPR 值	/%（PPR）
北京	151.6	162.8	154.5	39.5	1.62	6.29	5.77	−8.21
长春	256.5	61.3	156.5	21.2	1.79	6.71	7.16	6.65
锦州	340.8	123.8	259.2	49.4	1.51	6.32	6.05	−4.29
烟台	289.1	39.1	182.5	22.8	1.6	6.95	6.33	−8.98
平顶山	107.7	138.3	152.3	0.4	1.61	6.29	6.20	−1.36
合肥	110.3	117.3	141.9	31.8	1.31	4.73	5.20	10.04
苏州	125.3	93.6	200.2	14.4	1.02	4.63	4.82	4.13
南宁	26.6	27.7	61.6	4.9	0.82	4.82	4.46	−7.43
重庆	127.8	151.1	326.6	27.9	0.79	4.21	4.19	−0.37
贵阳	199.6	174.3	405.2	27.9	0.86	4.23	4.36	3.09
马鞍山	123	73.7	139.2	15.1	1.27	5.33	5.54	3.97
广州	175.1	141.1	254.9	33.3	1.10	4.39	4.70	7.13
上海*	104.3	75.8	153.4	12.6	1.08	4.85	5.00	3.09
杭州*	59.9	68.2	112.3	13.5	1.02	4.84	4.75	−1.93
南宁 1*	131.8	84.9	197	14.4	1.03	4.76	4.96	4.22
南宁 2*	150.4	130.9	243.9	17	1.08	4.8	4.57	−4.80
桂林*	67.2	50	107.2	19.7	0.92	4.83	4.67	−3.27

注：*代表验证组；1 和 2 分别代表南宁的 1#样本和 2#样本。

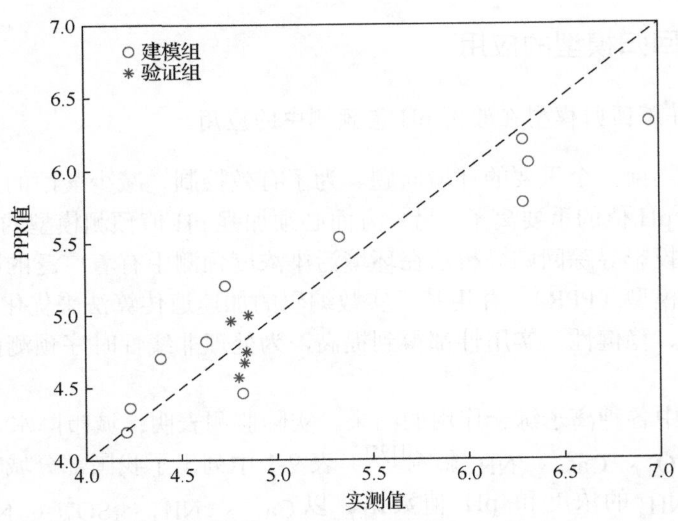

图 9-11　降水中离子浓度和 pH 值的实测值及预测结果

将因变量（pH 值）序列 $y_i(1,2,\cdots,12)$，预测因子 $x^*(i,1)$、$x^*(i,2)$、$x^*(i,3)$、$x^*(i,4)$、$x^*(i,5)(i=1,2,\cdots,12)$序列分别代入式（9-11）～式（9-14）中，采用 1 个岭函数进行拟合，多项式的阶数为 4，通过优化计算得投影指标函数为 0.0165，参数 a、c 值见表 9-2。

表 9-2　参数 a、c 值

a_1	a_2	a_3	a_4	a_5	c_1	c_2	c_3	c_4
0.3438	0.6242	−0.5221	−0.2800	−0.3759	−0.2849	0.1245	0.0427	−0.1846

表 9-1 给出了各样本点在 y_i 上的原始值、采用 PPR 模型后的拟合值和预留检验拟合值。从表中可以看出，采用 PPR 模型对历史值拟合得到的结果非常令人满意，其相对误差绝对值的均值为 5.47%。采用 PPR 模型对预留值预测得到的结果也非常令人满意，其相对误差绝对值的均值为 3.46%。可见拟合和预测效果是令人满意的。

（二）投影寻踪回归模型在北京市城市需水量预测中的应用

城市需水量的预测是进行城市合理规划建设的重要依据。考虑到经济、气候、社会是影响城市总需水量的主要因素，并且随着社会政策的调整和环境的变化，多数影响因素比如水价、人口以及气温等都会随时间的迁移而不断变化，从而造成城市的年需水量有不同程度的变化。表 9-3 给出了 7 个影响北京市年需水量的主要因素：X_1 为北京市地区居民消费价格指数，X_2 为北京市地区生产总值，X_3 为北京市常住人口总数，X_4 为北京市年平均降水量，X_5 为北京市年平均气温，X_6 表示北京市绿化面积，X_7 表示来北京市的旅游人次。用 y 表示北京市年需水量，对北京市年需水量建立投影寻踪回归模型。为了方便与文献中方法进行预测精度对比，使用表 9-3 中的前 13 个样本（2001～2014 年）建模，预留的 3 个样本（2012～2014 年）作为检验。资料来源于文献[196]。

将因变量（需水量）序列 y_i（$i=1,2,\cdots,11$），预测因子 $x^*(i,1)$、$x^*(i,2)$、$x^*(i,3)$、$x^*(i,4)$、

$x^*(i,5)$、$x^*(i,6)$、$x^*(i,7)$（i=1,2,⋯,11）序列分别代入式（9-11）～式（9-14）中，采用 1 个岭函数进行拟合，多项式的阶数为 3，通过优化计算得投影指标函数为 0.0088，参数 a、c 值见表 9-4。

表 9-3　北京市年需水量及主要影响因素

年份	地区居民消费价格指数	地区生产总值/万元	常住人口总数/万人	年平均降水量/mm	年平均气温/℃	绿化面积/m²	旅游人次/万人次	需水量/万 m³			相对误差/%	
								实测	PPR	文献[196]	PPR	文献[196]
2001	103.1	3708.0	1647.9	338.9	12.9	7554	11293	69807	70961.38	70887.17	1.65	1.55
2002	98.2	4315.0	1710.1	370.4	13.2	7907	11810	79322	75063.04	79483.07	−5.37	0.20
2003	100.2	5007.2	1764.0	444.9	12.9	9115	8885	71583	72629.34	71753.11	1.46	0.24
2004	101.0	6033.2	1822.5	483.5	13.5	10446	12266	82986	75977.62	79086.42	−8.45	4.70
2005	101.5	6969.5	1895.3	410.7	13.2	11365	12863	71600	76723.69	74991.08	7.16	4.74
2006	100.9	8117.8	2004.4	318.0	13.4	11788	13590	74970	76930.83	72525.21	2.62	−3.26
2007	102.4	9846.8	2138.7	483.9	14.0	12101	14716	77778	79369.66	78688.39	2.05	1.17
2008	105.1	11115.0	2312.1	626.3	13.4	12316	14560	80792	82647.32	81005.31	2.30	0.26
2009	98.5	12153.0	2474.2	480.6	13.3	18070	16670	86881	86414.04	88732.95	−0.54	2.13
2010	102.4	14113.6	2666.6	522.5	12.6	19020	18390	89185	89797.18	87479.57	0.69	1.91
2011	105.6	16251.9	2760.8	720.6	13.4	19728	21404	94622	93006.79	94893.73	−1.71	0.29
2012*	103.3	17879.4	2843.1	733.2	12.9	21178	23135	93826	99806.93	98164.22	6.37	4.62
2013*	103.3	19800.8	2917.5	578.9	12.8	22215	25189	98178	100208.5	91049.45	2.07	7.26
2014*	101.6	21330.8	2920.3	635.4	13.1	28798	26150	103402	102540.2	92250.64	−0.83	10.78

注：*代表验证组。

表 9-3 给出了各样本点的原始值、PPR 模型对建模组的拟合值和验证组预测值。从表中可以求得，采用 PPR 模型对建模组的拟合结果为：需水量绝对误差的均值为 2426.8 万 m³，相对误差绝对值的均值为 3.09%。采用 PPR 模型对验证组的拟合结果为：需水量绝对误差的均值为 2957.5 万 m³，相对误差绝对值的均值为 3.09%。通过对比可以发现，该方法在验证组的预测结果明显优于文献方法，预测结果的最大误差由 10.78%降至 8.45%。

表 9-4　参数 a、c 值

a_1	a_2	a_3	a_4	a_5	a_6	a_7	c_1	c_2	c_3
−0.0272	−0.1414	0.4112	−0.2380	0.3864	−0.2463	0.7373	0.1471	−0.7035	0.2333

（三）投影寻踪回归模型在地下水水位模拟中的应用

三江平原位于黑龙江省东北部，全区总控面积 10.57×10^4km²，水土资源总量比较丰富，适于大规模的耕作，增产潜力很大，是我国未来粮食安全的重要保障。近年来，该区地下水超采严重，地下埋深上升速率达 0.3～0.6m/年，水资源供需矛盾十分突出。地下水埋深动态特征综合反映了该区地下水补给、排泄和地下水埋深动态变化规律。因此，研究三江平原地下水埋深的动态变化规律，合理开发利用水资源，以逐步实现区域生态的良性发展。

地下水埋深动态是多种影响因素共同作用的结果，影响三江平原第四系孔隙水亚系统地下水埋深动态的因素，除地形、地貌、岩性和水文地质条件等静态因素外，还有气象、水文、灌溉水入渗和人为因素等动态因素。

气象因素对地下水埋深动态的影响，主要表现在降水补给、蒸发排泄及地表土层冻结与冻融对地下水位的影响。冻结期（11 月到翌年 3 月）蒸发强度最小，垂向补给量近似为零，地下水埋深逐渐上升；4 月份以后，随气温升高，冻结层融水下渗补给潜水，地下水埋深开始下降；蒸发强度以 5、6 月份较大；该区降水集中在 6～9 月份，可占全年降水量的一半以上，制约着该区地下水的季节动态变化。

水文因素对地下水埋深动态的影响，主要发生在河谷平原沿河一带，是局部性的。研究区河流春汛时间较短，河水位变幅小；由于沿岸地下水埋深较低，通常是地下水补给河水，在干旱年尤为突出，补给量较大。

人为因素主要是人工开采地下水和农田灌溉。人工开采在时空上差异较大，城镇生活、农村生活和工业集中供水，常年开采地下水，局部地段形成规模不等的降落漏斗，漏斗范围一般在枯水季节增大，雨季相对减小，但漏斗范围都不大。农业开采主要在 5～9 月季节性开采；农业灌溉水入渗对地下水的影响主要在江河沿岸及灌溉区。

根据影响地下水埋深动态的主要控制因素划分类型，结合三江平原水文地质条件，分析研究区地下水埋深动态类型主要为降水-开采蒸发型。第四系孔隙水埋深主要受气象因素控制，潜水埋深随气象变化周期而变化，具有与地区气象条件相适应的周期性和可恢复性。该区为砂砾质河谷平原区，地下水力坡度大，地表水入渗和地下水径流条件好，地下水埋深受水文气象和人工开采变化影响显著。

综上所述，三江平原地下水埋深主要受气象因素和人工开采控制，局部地段受水文因素影响。气象因素对地下水动态的影响主要表现在降水补给、蒸发排泄对地下水埋深的影响。另外，研究区地下水排泄的主要途径是人为的开采活动。因此，本节选取降水、蒸发、开采量三个指标研究因子与地下水埋深的关系。采用 PPR 模型对地下水埋深进行模拟，并用 RAGA 来优化投影指标函数，从而使模型精度、稳健性、实用性都得到提高，为处理非线性时序模拟问题提供了一条新途径。

三江平原属中温带半湿润气候区，宝清县位于三江平原腹地，多年平均气温为 4.7℃，年内、年际变化大；最大冻土深度为 2.2m；多年平均降水量为 546.6mm，每年 6～8 月降水量占全年降水量的 60.5%，降水量年际变化也比较大，丰枯极值比为 2.7；多年平均水面蒸发量为 714.4mm，蒸发量主要集中在 4～8 月。1～4 月，因季节冻土存在，深层冻土形成暂时隔水层，地下水得不到补给，完全处于径流排泄状态，由于研究区调节能力较强，地下水埋深变化不大；5～6 月冻层融化，地下水逐渐得到降水入渗补给，但开采量、蒸发量大，地下水埋深升幅较大；7～10 月为雨季，地下水得到降水的大量补给，地水水位处于回升期；11～12 月，地表开始冻结，地下水的补给来源迅速减少直至无补给，地下水埋深持续上升。该区地下水动态直接受气象和人为因素控制，年内地下水埋深季节变化主要受当年降水特征制约。为详细研究三江平原地下水动态变化特征，选取研究区5眼观测井多年平均观测数据分析地下水动态变化规律，详见表9-5。

表9-5　用PPR模型预测宝清县地下水埋深的结果

月份	预测因子			地下水埋深		绝对误差/mm	相对误差/%
	x_1/(m³/d)	x_2/mm	x_3/mm	实测值/mm	预测值/mm		
1	78.55	4.9	7	6.93	6.76	−0.17	−2.48
2	78.55	2.7	12.2	6.90	6.81	−0.09	−1.24
3	78.55	7.5	34.9	6.90	6.89	−0.01	−0.09
4	2365.83	19.7	82.1	6.94	7.11	0.17	2.50
5	4384.01	56.1	120.8	7.56	7.53	−0.03	−0.41
6	3711.28	83	108.1	9.23	8.86	−0.37	−4.03
7	3307.65	115.6	115	9.22	9.49	0.27	2.88
8	78.55	99.2	91.2	7.38	7.22	−0.16	−2.23
9	78.55	69	69.2	7.02	7.07	0.05	0.68
10	78.55	29.8	46.2	6.60	6.88	0.28	4.18
11	78.55	10.9	21.1	6.80	6.71	−0.09	−1.30
12	78.55	8.6	6.8	6.60	6.67	0.07	1.07

注：x_1-开采量；x_2-蒸发量；x_3-降水量。

表9-5和图9-12给出了各样本点的原始值及采用PPR模型后的模拟值。从表中可以看出，采用两个岭函数对历史值模拟得到的结果非常令人满意。其相对误差绝对值的均值从一个岭函数的3.42%，降低到了1.92%。

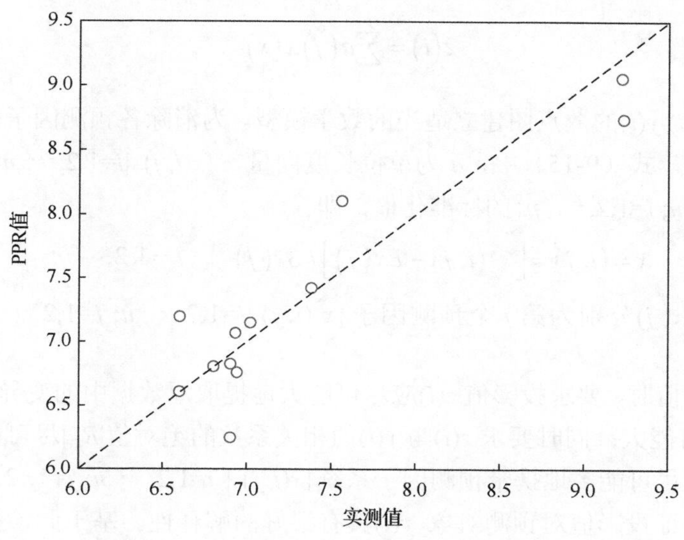

图9-12　PPR模型预测宝清县地下水埋深的结果

建立投影寻踪回归模型，用表 9-5 中的 12 个样本建模，将因变量（地下水埋深）序列 y_i（i=1,2,…,30），预测因子 $x^*(i,1)$、$x^*(i,2)$、$x^*(i,3)(i=1,2,\cdots,12)$序列分别代入式（9-11）～式（9-14）中，采用两个岭函数进行模拟，多项式的阶数为 3，通过优化计算得投影指标函数分别为 0.0048，参数 a、c 值见表 9-6。

表 9-6　参数 a、c 值

a_{11}	a_{12}	a_{13}	c_{11}	c_{12}	c_{13}
0.6359	−0.7712	0.0299	−3.7419	−3.9151	−1.6528
a_{21}	a_{22}	a_{23}	c_{21}	c_{22}	c_{23}
−0.4972	0.7314	0.4667	−4.8274	3.8355	−1.5833

第二节　投影寻踪门限回归模型简介及其应用

一、投影寻踪门限回归模型简介

建立基于 RAGA 的投影寻踪门限回归（projection pursuit threshold regressive, PPTR）模型，包括以下三步。

步骤 1　构造投影指标函数。设预测对象及其预测因子的样本为$\{y(i)\,|i=1,2,\cdots,n\}$及$\{x^*(i,j)\,|i=1,2,\cdots,n;\ j=1,2,\cdots,p\}$。其中，$n$、$p$ 分别为样本容量和预测因子数目。现在的目的就是建立$\{x^*(i,j)\,|i=1,2,\cdots,n;j=1,2,\cdots,p\}$与$\{y(i)\,|i=1,2,\cdots,n\}$之间的数学关系。PP 方法就是把 p 维数据$\{x^*(i,j)\ |i=1,2,\cdots,n;\ j=1,2,\cdots,p\}$综合成以 $a=(a(1),a(2),\cdots,a(p))$为投影方向的一维投影值 $z(i)$：

$$z(i)=\sum_{j=1}^{p}a(j)x(x) \tag{9-15}$$

然后根据 $z(i)$-$y(i)$的散点图建立适当的数学模型。为消除各预测因子的量纲效应，使建模具有一般性，式（9-15）中，a 为单位长度向量，$\{x(i,j)\ |i=1,2,\cdots,n;\ j=1,2,\cdots,p\}$为$\{x^*(i,j)\,|i=1,2,\cdots,n;j=1,2,\cdots,p\}$的标准化值，即

$$x=(i,j)=\left[x^*(i,j)-Ex(j)\right]/Sx(j),\quad j=1,2,\cdots,p \tag{9-16}$$

式中，$Ex(j)$、$Sx(j)$分别为第 j 个预测因子$\{x^*(i,j)\,|i=1,2,\cdots,n;j=1,2,\cdots,p\}$的均值和标准差。

在综合投影值时，要求投影值 $z(i)$应尽可能大地提取原数据中的变异信息，即$\{x(i,j)\}$的标准差 S_z 尽可能大；同时要求 $z(i)$与 $y(i)$的相关系数的绝对值$|R_{zy}|$尽可能大。这样得到的投影值就可以尽可能多地携带预测因子系统$\{x(i,j)\mid i=1,2,\cdots,n;\ j=1,2,\cdots,p\}$的变异信息，并且能够保证投影值对预测对象 $y(i)$具有很好的解释性。基于此，投影指标函数可构造为

$$Q(a)=S_z\left|R_{zy}\right| \tag{9-17}$$

式中，|·|为取绝对值；S_z为投影值$z(i)$的标准差，

$$S_z=\left[\sum_{i=1}^{n}\left(z(i)-Ez\right)^2/(n-1)\right]^{0.5} \tag{9-18}$$

R_{zy}为$z(i)$与$y(i)$的相关系数，即

$$R_{zy}=\frac{\sum_{i=1}^{n}\left(z(i)-Ez\right)\left(y(i)-Ey(i)\right)}{\left[\sum_{i=1}^{n}\left(z(i)-Ez\right)^2\sum_{i=1}^{n}\left(y(i)-Ey\right)^2\right]^{0.5}} \tag{9-19}$$

其中，Ez、Ey分别为序列$\{zi\}$和$\{yi\}$的均值。

步骤 2　优化投影指标函数。当给定预测对象及其预测因子的样本数据$\{y(i)|i=1,2,\cdots,n\}$和$\{x^*(i,j)\ |i=1,2,\cdots,n;j=1,2,\cdots,p\}$时，投影指标函数$Q(a)$只随投影方向$a$的变化而变化。不同的投影方向反映不同的数据结构特征，最佳投影方向就是最大可能暴露高维数据某类特征结构的投影方向。可通过求解投影指标函数最大化问题来估计最佳投影方向，即

$$\max Q(a)=S_z\left|R_{zy}\right| \tag{9-20}$$

$$\text{s.t.}\sum_{j=1}^{p}a^2(j)=1 \tag{9-21}$$

这是一个以$\{a(j)\ |\ j=1,2,\cdots,p\}$为变量的复杂优化问题，很难用常规方法处理。模拟生物进化中优胜劣汰规则与群体内部染色体信息交换机制的基于实数编码的加速遗传算法（RAGA），是一种通用的全局性优化方法，用它来求解上述优化问题十分简便和有效。

步骤 3　用门限回归（threshold regressive, TR）模型描述投影值与预测对象之间的非线性关系。TR 模型能有效地描述具有突变性、准周期性、分段相依性等复杂现象的非线性动态系统，门限的控制作用保证了 TR 模型预测精度的稳健性和广泛的适用性。把步骤 2 求得的最佳投影方向的估计值a^*代入式（9-15）后即得投影值的计算值$\{z^*(i)|i=1,2,\cdots,n\}$。当$z^*(i)$-$y(i)$的散点图中的点群大致呈分段线性分布时，就可采用分段线性模型来描述投影值与预测对象之间的关系，这正是 TR 模型的基本思路。基于此，可用如下 TR 模型描述$z^*(i)$-$y(i)$间的线性关系：

$$y(i)=Ey(j)+b(j)\left(z^*(i)-Ez(j)\right)+e(j,i) \tag{9-22}$$

式中，$e(j,i)$对每一固定的j是固定方差的白噪声序列；$Ez(j)$、$Ey(j)$分别为对应$z^*(i)$落在

门限区$[r(j-1), r(j)]$中的样本点$z^*(i)$和$y(i)$的均值；$b(j)$为第j个门限区间内的回归系数，为待定模型参数，它们通过求解如下最小化问题来确定：

$$\min F\left(r(j),b(j)\right)=\sum_{i=1}^{n}\left\{\left(y^*(i)-y(i)\right)/y(i)\right\}^2,\quad j=1,2,\cdots L-1 \tag{9-23}$$

其中，$r(0)=-\infty$，$r(L)=+\infty$，$r(j)(j=1,2,\cdots,L-1)$为门限值；L为门限区间的个数；$y^*(i)$为把$z^*(i)$代入式（9-22）后所得预测对象的计算值（不含白噪声$e(j,i)$）。该问题同样可基于 RAGA 来处理。

二、投影寻踪门限回归模型的应用

（一）投影寻踪门限回归模型在降水量预测中的应用

针对降水量预测系统的高维非线性特点，本书引入该方法，构造了新的投影指标函数，用门限回归模型描述投影值与年径流之间的非线性关系，并用 RAGA 来优化投影指标函数和 TR 模型参数，最后进行了实例研究[66]。

表 9-7 给出了某地 1954～1981 年夏季（6～8 月）降水量$y(i)$ $(i=1,2,\cdots,28)$及其有关的 4 个预报因子的观测值。其中 4 个预报因子如下。

$x^*(i,1)$：青藏高原地区 500hPa 高度 2 月和 3 月之和；

$x^*(i,2)$：上一年 12 月亚洲地面纬向环流指数；

$x^*(i,3)$：75°～85°N，180°～170°W 极地 2 月 500hPa 高度；

$x^*(i,4)$：当年 4 月副热带高压指数。

资料来源于文献[197]。

建立投影寻踪门限回归模型，用表 9-7 中的前 23 个样本（1954～1976 年）建模，预留 1977～1981 年的 5 个样本作预测检验。把建模样本$\{x^*(i,j)\ |i=1,2,\cdots,23;\ j=1,2,3,4\}$根据式（9-16）转换成标准化序列$\{x(i,j)|i=1,2,\cdots,23;\ j=1,2,3,4\}$，并与$\{y^*(i)|i=1,2,\cdots,23\}$一起依次代入式（9-15）、式（9-18）～式（9-20），求得此例的投影指标函数。

用 RAGA 求得最大投影指标函数的值为 1.1405，该 PPTR 模型中影响因子的最佳投影方向为$a^*=(0.6018,0.3642,-0.42205,0.5720)$。把$a^*$代入式（9-15）后即得各样本点投影值的计算值$z^*(i)$，见表 9-7。$z^*(i)$-$y(i)$的散点图见图 9-13。

表 9-7　某地 1954～1981 年夏季（6～8 月）降水量和预报因子数据

年份	预报因子				投影值	降水量/mm		相对误差/
	$x^*(i,1)$/m	$x^*(i,2)$	$x^*(i,3)$/m	$x^*(i,4)$	$z^*(i,4)$	实测值	PPTR	%
1954	14	1.38	−34	16	−2.2360	582	566.2	−2.72
1955	10	0.52	−29	2	−0.1561	458	355.6	−22.36
1956	13	1.70	−32	13	−2.1605	559	558.5	−0.09

续表

年份	预报因子				投影值	降水量/mm		相对误差/
	$x^*(i,1)$/m	$x^*(i,2)$	$x^*(i,3)$/m	$x^*(i,4)$	$z^*(i,4)$	实测值	PPTR	%
1957	24	0.80	24	1	−0.0440	322	344.2	6.91
1958	12	1.83	41	11	−1.0329	399	444.4	11.37
1959	6	1.77	−50	7	−1.7000	523	511.9	−2.12
1960	18	1.23	27	4	−0.3777	322	378.0	17.40
1961	−10	0.28	−8	6	0.6904	358	398.6	11.35
1962	0	1.20	66	6	0.6595	354	401.8	13.50
1963	14	1.75	−60	6	−2.0232	574	544.6	−5.12
1964	12	1.78	−70	7	−2.2009	489	562.6	15.05
1965	−18	1.37	−15	0	0.5548	232	283.6	22.25
1966	16	1.38	0	4	−0.7991	440	420.7	−4.39
1967	−4	0.29	−9	−7	1.5741	421	308.6	−26.69
1968	−23	1.12	−12	−14	2.1727	181	247.7	36.83
1969	5	1.52	0	10	−1.0315	426	444.2	4.28
1970	−16	0.63	34	4	1.3936	364	327.0	−10.16
1971	−1	1.32	22	−7	1.1072	375	356.2	−5.02
1972	−18	1.18	4	−11	1.9136	224	274.0	22.34
1973	8	1.50	−11	5	−0.8463	514	425.5	−17.23
1974	−8	1.43	4	−12	1.4508	381	321.2	−15.70
1975	−11	0.74	10	0	1.1398	275	352.9	28.31
1976	−19	1.07	−5	0	0.9612	426	371.0	−12.90
1977*	21	1.13	−17	4	−1.0223	517	443.3	−14.26
1978*	−19	1.52	18	1	0.8499	420	382.4	−8.96
1979*	−19	1.93	63	8	0.5603	400	411.9	2.97
1980*	−14	1.59	6	5	0.1058	288	329.1	14.26
1981*	−5	0.95	34	7	0.4970	342	289.5	−15.36

注：*代表验证组。

图 9-13 表明，可用式(9-24)来描述图 9-13 所示的 $z^*(i)$与 $y(i)$之间的关系。式(9-23)中的模型参数 L=2、$b(1)$、$b(2)$通过最小二乘法来估计。最后得预测入库水量的 PPTR 模型为

$$\begin{cases} y(i) = -101.8502 \times z^*(i) + 468.9441, & z^*(i) \leqslant 0.5549 \\ y(i) = -101.2389 \times z^*(i) + 339.7879, & z^*(i) > 0.5549 \end{cases} \tag{9-24}$$

式（9-24）中，$y(i)$为与 $z^*(i)$对应的年径流计算值，用式（9-24）进行拟合检验和预测检验（表 9-7、表 9-8）。

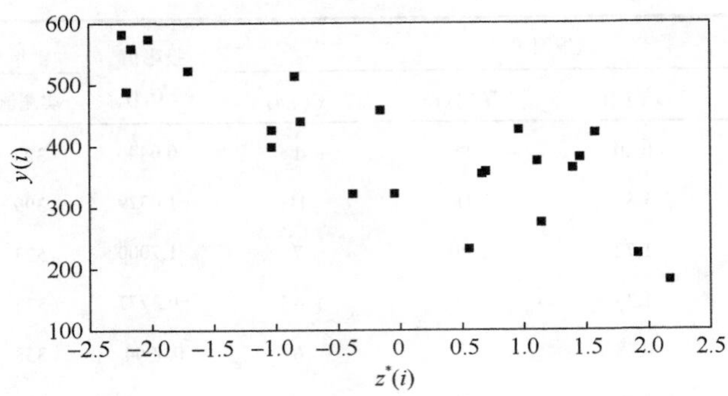

图 9-13　投影值 $z^*(i)$与降水量 $y(i)$的散点图

表 9-8　PPTR 模型的拟合误差和预测误差

项目	相对误差落在下列区间的比例/%			平均绝对误差/mm	平均相对误差/%
	[0,10]	[0,20]	[0,30]		
建模组	65	74	96	46.5	12.4
验证组	40	100	100	43.5	11.1

表 9-8 说明：若以相对误差小于 20%为合格，则 PPTR 模型中建模组预测合格率和验证组预测合格率分别为 74.00%和 100.00%。其中，降水量实测值较大的年份（≥500mm），预测误差均小于 20%，预测合格率为 100%。预测误差在 20%以上的年份降水量集中在 240～360mm，平均相对误差绝对值均值为 26.46%，说明 PPTR 模型满足该地降雨预报的应用。

（二）投影寻踪回归模型在酒埠江水库入库流量预测中的应用

改进水库的长期水文预报对于指导水库的防洪兴利调度，合理安排电站的机组运行方式，提高水库的控制运行水平，充分发挥水库的综合效益具有重要的现实意义。本节借助酒埠江电站的水文、气象观测资料，采用投影寻踪回归模型对酒埠江水库年均入库流量进行预测[198]，并用 RAGA 来优化投影指标函数，从而使模型精度、稳健性、实用性都得到提高，为处理非线性时序预测问题提供了一条新途径。

该年均入库流量 Q_p 资料与其相应的 4 个预测因子数据见表 9-9，其中，该年均入库流量 $y(i)$的预测因子分别为上一年 3 月月平均湿度 $x^*(i,1)$，上一年 12 月中旬旬平均湿度 $x^*(i,2)$，上一年 8 月中旬旬平均入库流量 $x^*(i,3)$和上一年 12 月下旬旬平均气压 $x^*(i,4)$。对年平均入库流量建立投影寻踪回归模型，用表 9-9 中的前 30 个样本（1965～1994 年）建模，预留的 5 个样本（1995～1999 年）作检验。把建模样本$\{x^*(i,j)|i=1,2,\cdots,30;j=1,2,3,4\}$根据式（9-16）转换成标准化序列$\{x(i,j)|i=1,2,\cdots,30;\ j=1,2,3,4\}$，并与$\{y^*(i)|i=1,2,\cdots,30\}$一起依次代入式（9-15）、式（9-18）～式（9-20），求得此例的投影指标函数。

用 RAGA 求得最大投影指标函数的值为 0.9864，该 PPTR 模型中影响因子的最佳投影方向为 $a^*=(0.46359,-0.48416,0.68675,-0.28116)$。经计算，建模样本 $y(i)$与 $x^*(i,1)$、$x^*(i,2)$、

$x^*(i,3)$、$x^*(i,4)$之间的同步相关系数分别为 0.47382、−0.37876、0.69714、−0.27381，可见它们与最佳投影方向是一致的。把 a^* 代入式(9-15)即得各样本点的投影值的计算值 $z^*(i)$，见表 9-9。$z^*(i)$-$y(i)$的散点图见图 9-14。

表 9-9　年平均入库流量预报与实测成果对照表

年份	预测因子				投影值	入库流量/(m^3/s)		绝对误差/(m^3/s)	相对误差/%
	$x^*(i,1)$/(g/m^3)	$x^*(i,2)$/(g/m^3)	$x^*(i,3)$/(g/m^3)	$x^*(i,4)$/100Pa		实测值	PPTR		
1965	11.2	8.4	8.0	1003.0	−0.488	15.6	16.6	1.02	6.55
1966	9.5	9.1	6.1	1003.0	−1.569	13.6	13.8	0.23	1.69
1967	12.5	10.0	10.5	1008.2	−0.726	13.6	16.0	2.41	17.70
1968	11.1	6.8	8.5	1007.3	−0.549	17.6	16.5	−1.14	−6.46
1969	12.5	9.9	10.3	1001.6	−0.008	17.3	17.9	0.56	3.24
1970	13.2	6.8	72.8	1005.4	3.621	28.7	27.2	−1.47	−5.13
1971	9.5	9.6	11.9	1007.1	−1.868	11.7	13.1	1.36	11.61
1972	10.3	8.2	7.7	1005.8	−1.175	13.5	14.8	1.35	9.98
1973	11.6	7.7	37.5	1000.3	1.535	22.6	21.8	−0.76	−3.35
1974	12.1	7.8	33.0	1007.9	0.732	18.0	19.8	1.77	9.83
1975	10.5	7.1	32.8	1002.7	0.697	22.1	19.7	−2.42	−10.96
1976	11.9	5.2	27.4	1003.6	1.518	21.8	21.8	0.00	−0.01
1977	10.3	9.5	16.2	1000.2	−0.529	20.8	16.5	−4.29	−20.61
1978	12.6	11.1	13.8	1001.4	−0.092	13.5	17.6	4.14	30.69
1979	11.4	8.0	7.7	1002.0	−0.195	17.1	17.4	0.28	1.62
1980	11.2	9.9	9.5	1000.1	−0.504	19.7	16.6	−3.12	−15.84
1981	10.5	8.0	43.2	1002.4	0.972	22.1	20.4	−1.71	−7.74
1982	12.8	6.8	9.7	999.2	1.177	26.2	20.9	−5.28	−20.16
1983	11.6	6.0	30.3	998.4	1.851	25.3	22.7	−2.64	−10.44
1984	10.7	8.5	11.6	1005.6	−0.862	15.1	15.7	0.55	3.67
1985	11.2	7.8	8.4	1006.7	−0.705	15.2	16.1	0.86	5.66
1986	9.4	5.7	12.9	1002.9	−0.400	13.4	16.8	3.45	25.74
1987	10.3	8.3	6.9	1001.2	−0.750	12.1	15.9	3.84	31.78
1988	11.1	14.3	8.9	999.2	−1.639	14.4	13.6	−0.75	−5.21
1989	10.0	7.6	3.4	1001.7	−0.924	17.1	15.5	−1.60	−9.38
1990	11.5	9.4	8.0	1000.4	−0.331	18.1	17.0	−1.07	−5.94
1991	12.3	9.3	11.0	1000.5	0.204	16.2	18.4	2.21	13.62
1992	11.0	10.3	11.5	1002.1	−0.825	23.4	15.8	−7.65	−32.69
1993	10.8	10.4	8.7	1001.3	−0.991	15.6	15.3	−0.28	−1.77
1994	11.6	5.5	25.1	1004.1	1.137	25.6	20.8	−4.79	−18.70
1995*	12.1	9.4	30.5	1000.1	1.025	19.5	20.5	1.03	5.26
1996*	11.0	10.4	11.8	1001.5	−0.773	16.2	15.9	−0.32	−1.95
1997*	12.0	10.2	45.2	1002.5	1.191	24.8	21.0	−3.85	−15.51
1998*	12.3	9.7	23.7	1000.1	0.728	22.4	19.8	−2.64	−11.79
1999*	11.9	10.1	8.5	1002.1	−0.482	17.8	16.6	−1.16	−6.54

注：*代表验证组。

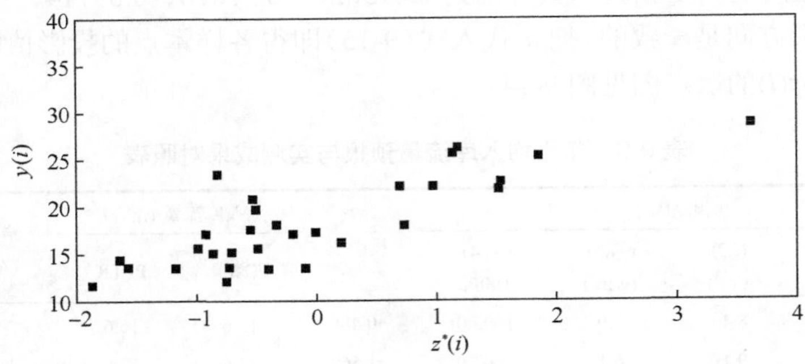

图 9-14　投影值 $z^*(i)$与降水量 $y(i)$的散点图

图 9-14 表明，可用式（9-22）来描述图 9-14 所示的 $z^*(i)$-$y(i)$的关系。式（9-22）中的模型参数 L=2、$b(1)$、$b(2)$通过最小二乘法来估计。最后得预测入库水量的 PPTR 模型为

$$\begin{cases} y(i) = 1.6625 \times z^*(i) + 22.0303, & z^*(i) \leqslant 0.9724 \\ y(i) = 2.5810 \times z^*(i) + 17.8804, & z^*(i) > 0.9724 \end{cases} \tag{9-25}$$

式中，$y(i)$为与 $z^*(i)$对应的入库径流预测值，用式（9-25）进行拟合检验和预测检验（表 9-9、表 9-10）。

表 9-10　PPTR 模型的拟合误差和预测误差

项目	相对误差落在下列区间的比例/%			平均绝对误差/(m^3/s)	平均相对误差/%
	[0,10]	[0,20]	[0,30]		
建模组	56.7	80	90	2.1	11.59
验证组	60	100	100	1.8	8.21

表 9-10 说明：若以相对误差小于 20%为合格，则 PPTR 模型中建模组预测合格率和验证组预测合格率分别为 80.00%和 100.00%，模型预测结果相对误差超过 20%的结果均出现在流量较小的年份，平均相对误差绝对值均值为 26.95%，说明 PPTR 模型在酒埠江水库入库流量预测中有较好的应用。

第三节　基于神经网络的投影寻踪耦合模型简介及其应用

在水文水资源预测中应用最为广泛、研究最多的是 BP 网络模型或基于它的一些转换模型，它是众多神经网络模型的一种，由于神经网络是一种灵活、自由的信息处理方法，其在一定程度上解决了传统方法极难解决的复杂非线性问题，在应用领域中取得了显著的成果。

在某系统中，将自变量 X 到因变量 Y 的映射关系定义为 Y=$f(X)$，这种关系往往是相

当复杂和未知的。神经网络是模仿生物神经系统来描述输入输出关系的，这是 BP 网络模型解决此类问题的出发点和思路。

在多层前馈 BP 网络的应用中，以图 9-15 所示的单隐层网络的应用最为普遍。所谓三层包括了输入层、隐层和输出层。在三层前馈网络中，输入为 $X=(x_1, x_2, \cdots, x_r)^{\mathrm{T}}$，再加入 $x_0=1$，可为隐层引入阈值；隐层输出向量为 $Y=(y_1, y_2, \cdots, y_m)^{\mathrm{T}}$，再加入 $y_0=1$，可引入阈值；输出层的输出向量为 $O=(O_1,O_2,\cdots,O_k\cdots,O_l)^{\mathrm{T}}$；期望输出向量为 $d=(d_1,d_2,\cdots,d_k,\cdots,d_1)^{\mathrm{T}}$。输入层到隐层间的权值矩阵为 $V=(V_1,V_2,\cdots,V_j,\cdots,V_m)^{\mathrm{T}}$，其中列向量 V_j 为隐层第 j 个神经元对应的权向量；隐层到输出层间的权值矩阵为 $W=(W_1,W_2,\cdots,W_k,\cdots,W_l)$，其中列向量 W_k 为输出层第 k 个神经元对应的权向量。在隐层中的转移函数多采用 S 型函数，可有效地避免出现过饱和现象，S 型函数的表达式为 $\varphi(x)=1/(1+\mathrm{e}^{-x})$；而输出层多采用线性函数，以适应实际问题的需要。一个多输入、单输出的三层 BP 网络模型的数学表达式为[114, 199]

$$y=\sum_{j=0}^{m} w_{jk}\varphi\left(\sum_{i=0}^{n} v_{ij}x_i\right) \tag{9-26}$$

以三层 BP 网络模型为例，其拓扑结构见图 9-15。

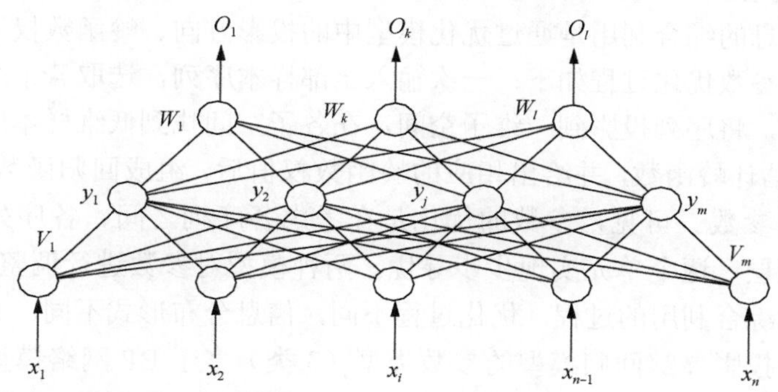

图 9-15　三层 BP 网络模型的拓扑结构图

一、基于神经网络的投影寻踪耦合模型简介

通过比较式（9-1）和式（9-26）发现，两个表达式具有相同的形式，如果将投影寻踪回归模型中的岭函数看成是 BP 网络模型中的神经元函数且不考虑阈值，可以说投影寻踪回归模型就相当于一个三层 BP 网络模型。出现两种不同模型的关键在于各方法产生背景不同，实现策略不同。简单来说，投影寻踪回归模型是借用了解决高维问题的投影寻踪思想，而 BP 网络模型则是按照神经网络模拟神经元的功能发展而来的；BP 网络模型采用反向传播算法，投影寻踪回归采用了贪婪学习策略，逐层、逐个地完成。两种模型的实现策略决定了两者在结构方面存在不同，也反映了模型在应用时会出现不同的特点。

从 BP 网络模型与回归模型的建模思路看，它们都没有假定输入到输出的直接映射关系，只是对组成此映射关系的单元进行了处理，并采用了多个单元逼近一个目标的方式。不同之处在于单元函数的形式不同，BP 网络模型选取了 S 型函数，投影寻踪回归模型采用了数值估计的岭函数，它是一种没有具体形式的值函数。从实际应用的角度来看，实现的手段及表现的特点也具有明显的差异。以下从三个方面来对比论述 BP 网络模型与投影寻踪回归模型的特性。

（1）对模型自身的假定，就 BP 网络模型而言，对单元函数进行了假定，假定神经元函数为 S 型函数。此假定在理论上并未得到可靠和充分证明，只是在实践应用中表现出非线性的逼近能力；对于投影寻踪回归模型也有一个假定，即认为回归函数可以表示为若干个岭函数和的形式，这个假定在多数的实际应用中是可行的，但是两种模型的假定也缺乏理论上的证明，而且这些假定未被证明具有普遍意义，因此在应用时最好有比较、有选择地使用。

（2）模型是信息的载体，信息分布于模型的各参数中。BP 网络模型对信息的综合利用是通过调整神经元个数、网络权值和阈值来实现的，而神经元函数只是信息处理器。模型对参数的调整过程如下：分别输入若干样本点，计算每一点的拟合误差，将它们累加求得模型总误差，然后用总误差一次性修正模型中的所有参数。这种方式的出发点是认为各样本点之间是相互独立的，没有考虑序列内部在时间、空间上的相依性。投影寻踪回归模型对信息的综合利用是通过优化模型中的投影方向、岭函数权值和岭函数三个参数完成的。其参数优化过程如下：一次输入全部样本序列，选取若干个反映序列特征的最佳投影方向，将序列投影到一维子空间，在各子空间找到低维样本序列的最佳拟合函数（值）作为估计岭函数，并给出相应的岭函数权值后，组成回归函数，计算总误差，再分组优化模型参数。可见，参数的优化是在考虑各序列之间、各序列内部的时空相依性的基础上逐层、逐个单元实现步步寻优。两种模型对参数进行调整与优化的过程，可看作是对信息综合利用的过程。优化过程不同，信息分布形式不同，必然带来信息利用的差异。由于投影寻踪回归模型的参数类型（3 类）多于 BP 网络模型（2 类），加之前者采用步步寻优的思想，因此在信息综合利用方面比 BP 网络模型更充分。

（3）由于两种模型的理论收敛性均未得到很好的证明，因此，在应用时会存在前述的问题，如结构不易确定、收敛速度慢等问题。当然，建立模型时的收敛速度不仅受到模型本身的影响而且也与模型参数的优化算法有密切联系。BP 网络模型可以使网络权值收敛到一个最终解，但它并不能保证所求为误差超平面的全局最优解，也可能是一个局部极小值。这主要是因为 BP 网格模型采用的是梯度下降法，训练是从某一起始点开始沿误差函数的斜面逐渐达到误差的最小值，故不同的起始点可能导致不同的极小值产生，即得到不同的最优解。如果训练结果未达到预定精度，常常采用多层网络和较多的神经元，以使训练结果的精度进一步提高，但与此同时也增加了网络的复杂性与训练时间。就投影寻踪回归模型而言，模型本身无此问题，但由于采用步步寻优的参数优化思想，再加之参数较多，因此收敛速度对参数的优化算法依赖性大，到目前为止，尚没有一种有效的参数优化算法能明显地改进模型的收敛速度。由此可见，BP 网络模型与投影寻踪回归模型都需要在参数优化方面引入更有效的算法以提高模型收敛速度。

用于水文水资源预测的BP网络模型和投影寻踪回归模型从数学角度上说，都属于多输入、多输出（一般为单一输出）的回归范畴，称之为网络回归。此网络回归是采用多个一维子函数（神经元函数）线性加权和的形式来拟合回归函数，不直接给出影响因子与预报因子之间相关关系的形式，并采用一系列算法根据样本资料来估计每一个子函数和权值的大小。具体来说，以这种方式建立的水文水资源预测模型可以分为两种类型：一是采用同一子函数形式的BP网络模型，其中神经元函数均采用S型函数；另一种是采用不同形式的神经元函数，指投影寻踪回归模型中的岭函数。

以上分析一方面比较了BP网络模型与投影寻踪回归模型的形式及内容上的相似性；另一方面也论述了BP网络模型与投影寻踪回归模型在应用时的优缺点，二者既表现了网络回归的共同优势，又各自具有解决问题的特点。通过对比分析发现，可以将二者的融合构造一种取长补短的新网络形式，即神经网络投影寻踪耦合模型。

神经网络投影寻踪耦合模型的基本出发点是统计学中的投影寻踪回归原理，是投影寻踪回归与人工神经网络融合的结果，在其学习策略与网络结构这两个主要方面都表现了投影寻踪回归与人工神经网络（主要指前馈神经网络中的BP网络）的特点。

以下从模型结构与学习策略两个方面来进一步说明神经网络投影寻踪耦合模型与BP网络模型、投影寻踪回归模型对比的优点。

（一）模型结构

可以说神经网络投影寻踪耦合模型的结构等同于包含了一个BP网络，输出层的网络权值隐含在神经元函数的拟合多项式系数中，没有单独给出，其作用只是用来调整输入变量与输出变量之间的单位尺度关系；神经网络投影寻踪耦合模型与BP网络模型的不同之处在于神经元函数的形式不同，可以说神经网络投影寻踪耦合模型比BP网络模型多了一个信息的载体，因此在相同结构下，前者将比后者取得更高的精度。神经网络投影寻踪耦合模型与投影寻踪回归模型相比，多出一个阈值项，具有与BP网络模型中的阈值项相同的作用，是非线性模型中的一个重要参数，可以在局部范区内提高神经元函数的拟合效果，加快网络的收敛速度，如果采用相同的神经元个数，神经网络投影寻踪耦合模型将取得较优的结果。虽然与投影寻踪回归的结构不完全相同，神经网络投影寻踪耦合模型仍是基于投影寻踪回归原理的统计耦合模型，均是采用对输入变量投影后，得到使残差平方和最小的多项式以及使总误差平方和最小的投影方向，是用多个一维半参数神经元函数的加权和来表达输入与输出之间的映射关系。

（二）学习策略

神经网络投影寻踪耦合模型采用了与BP网络模型完全不同的学习策略，首先表现为对投影方向 a 的优化。神经网络投影寻踪耦合模型采用遗传算法在不同的方向上寻找一个最优的投影方向，是一种由普遍点到特殊点的学习策略，而BP网络模型则是采用由一个初始点出发，逐步搜索、迭代直到最优解，初始方向的选择对寻优有重要的影响，是一种由特殊到特殊的寻优策略；在某一个寻优循环内部，神经网络投影寻踪耦合模型需要同时完成与某一个神经元函数相关的全部参数的优化，包括投影方向、阈值及多项式系数，当找到最优的投影方向时，也同时确定了其余两个参数，完成一个神经元函数的优化后，再开始下一个神经元函数的优化，逐个逐项地进行；而BP网络模型则是在计算了总误差的基础上，一次性完成全部权值和阈值的优化，不进行分组，也不分层。神经网络投影寻踪耦合模型与投影寻踪回归的差异在于前者单元函数的形式更加灵活，可以与投影方向编为一组同时进行优化。

以上分析了神经网络投影寻踪耦合模型在模型结构和学习策略上的优点，本书提出了基于加速遗传算法的神经网络投影寻踪耦合模型，并在水文水资源等预测方面取得了较好的效果，为分析非线性问题开创了一条新的途径。

神经网络投影寻踪耦合模型的网络结构为一种多个输入、单个输出、含一个隐层的简单形式，神经元函数为Hermite多项式。

具体过程如下。

步骤1　设有因变量$y_i(i=1,2,\cdots,n)$和p个自变量$\{x_1, x_2,\cdots, x_p\}$，观测n个样本点，构成自变量与因变量的数据表$X=[x_1, x_2,\cdots, x_p]_{n\times p}$和$Y=[y]_{n\times 1}$。计算投影值：

$$z_i=\sum_{j=1}^{p}a_j x_{ij}-\theta,\quad i=1,2,\cdots,n \tag{9-27}$$

式中，$a_j(j=1,2,\cdots,p)$为投影方向；θ为阈值项；x_{ij}已进行归一化处理。

步骤2　对散布点(z,y)，用基于正交Hermite多项式拟合，此时神经网络投影寻踪耦合模型为

$$\hat{y}=\sum_{i=1}^{m}\sum_{j=1}^{r}c_{ij}h_{ij}(z) \tag{9-28}$$

式中，r为多项式阶数，c为多项式系数，可用最小二乘法获得；h为正交Hermite多项式。

步骤3　优化投影指标函数。在优化投影方向a时，同时考虑阈值θ和多项式系数c的优化问题，可以通过求解投影指标函数最小化问题来估计最佳投影方向a、θ、c，即

$$\min Q(a,\theta,c)\sum_{i=1}^{n}(y_i-\hat{y}_i)^2 \tag{9-29}$$

$$\text{s.t.}\sum_{j=1}^{p}a^2(j)=1 \tag{9-30}$$

这是一个以a、θ、c为优化变量的复杂非线性优化问题，用传统的优化方法处理较难。本节应用模拟生物优胜劣汰与群体内部染色体信息交换机制的RAGA来解决其高维全局寻优问题。

步骤4　计算第一次的拟合残差，$r_1=y-\hat{y}$，如果满足要求则输出模型参数，否则，进行步骤5计算。

步骤5　用r_1代替y，回到步骤1开始下一个岭函数的优化，直到满足一定要求，停止增加岭函数个数，输出最后结果。

二、基于神经网络的投影寻踪耦合模型的应用

（一）基于神经网络的投影寻踪耦合模型在年径流预测中的应用

进入 21 世纪，全世界水资源危机日趋严重。预测年径流对合理开发和优化利用水资源、更好地推动区域社会经济发展具有重要意义。作为流域的水文气象、自然地理、地质地貌、植被覆盖等诸多因子综合作用的结果，年径流过程是一个弱相依、高维非线性复杂动力系统，国内外年径流预测研究至今仍处于探索阶段[200-203]。目前常用的方法可大致分为成因预测方法和统计预测方法两大类。前者是基于研究大气环流、天气过程的演变规律和流域下垫面物理状况的成因动力模型，是年径流预测研究的一个重要发展方向。但由于年径流具有时间上和空间上复杂的统计特性，这类研究仍极为困难。而后者则是基于年径流及其影响因子的成因、统计关系建立的统计模型，因其可操作性强被广泛采用。

本节针对年径流预测系统的高维非线性特点，提出了基于神经网络的投影寻踪耦合（coupling error back propagation and projection pursuit, BPPP）模型，并用 RAGA 来优化投影指标函数，最后进行了实例研究。

本例为新疆伊犁河雅马渡站年径流的预测[66]。该站 23 年实测年径流 $y(i)$资料与其相应的 4 个预测因子数据见表 9-11，其中，预测因子 $x^*(i,1)$为前一年 11 月至当年 3 月伊犁气象站的总降水量（mm），预测因子 $x^*(i,2)$为前一年 8 月欧亚地区月平均纬向环流指数，预测因子 $x^*(i,3)$为前一年 5 月欧亚地区径向环流指数，预测因子 $x^*(i,4)$为前一年 6 月 2800MHz 的太阳射电流量［10^{-22}W/(m^2·Hz)］。

建立基于神经网络的投影寻踪耦合模型，用表 9-11 中的前 20 个样本建模，预留最后 3 个样本作预测检验。

表 9-11　用 BPPP 模型预测雅马渡站年径流的结果

组号	预测因子				年径流量/(m^3/s)			相对误差/%	
	$x^*(i,1)$/mm	$x^*(i,2)$	$x^*(i,3)$	$x^*(i,4)$/[10^{-22}W/(m^2·Hz)]	实测值	PPR	BPPPR	PPR	BPPPR
1	114.6	1.10	0.71	85	346	423	389	**22.23**	**12.45**
2	132.4	0.97	0.54	73	410	422	409	**2.82**	**−0.15**
3	103.5	0.96	0.66	67	385	422	392	**9.69**	**1.87**
4	179.3	0.88	0.59	89	446	435	476	−2.43	6.72
5	92.7	1.15	0.44	154	300	326	331	8.73	10.21
6	115.0	0.74	0.65	252	453	422	458	**−6.82**	**1.21**
7	163.6	0.85	0.58	220	495	424	476	**−14.40**	**−3.82**
8	139.5	0.70	0.59	217	478	423	476	**−11.47**	**−0.52**
9	76.7	0.95	0.51	162	341	367	354	**7.60**	**3.90**
10	42.1	1.08	0.47	110	326	250	298	**−23.22**	**−8.69**
11	77.8	1.19	0.57	91	364	379	319	4.18	−12.39

续表

组号	预测因子				年径流量/(m³/s)			相对误差/%	
	$x^*(i,1)$/mm	$x^*(i,2)$	$x^*(i,3)$	$x^*(i,4)$/[10^{-22}W/(m²·Hz)]	实测值	PPR	BPPPR	PPR	BPPPR
12	100.6	0.82	0.59	83	456	421	406	−7.70	−10.94
13	55.3	0.96	0.40	69	300	283	311	**−5.54**	**3.79**
14	152.1	1.04	0.49	77	433	421	414	−2.69	−4.38
15	81.0	1.08	0.54	96	336	384	335	**14.33**	**−0.31**
16	29.8	0.83	0.49	120	289	294	319	1.75	10.32
17	248.6	0.79	0.50	147	483	488	489	1.09	1.16
18	64.9	0.59	0.50	167	402	391	402	**−2.85**	**0.10**
19	95.7	1.02	0.48	160	384	373	360	−2.79	−6.28
20	89.9	0.96	0.39	105	314	344	347	9.65	10.40
21*	121.8	0.83	0.60	140	401	422	436	5.32	8.62
22*	78.5	0.89	0.44	94	280	365	351	**13.99**	**9.55**
23*	90.0	0.95	0.43	89	301	371	352	**23.21**	**16.80**

注：*代表验证组，字体加粗代表该组使用 BPPP 模型预测时精度高于文献方法。

将因变量（年径流）$y_i\,(i=1,2,\cdots,20)$序列，预报因子 $x^*(i,1)$、$x^*(i,2)$、$x^*(i,3)$、$x^*(i,4)$ $(i=1,2,\cdots,20)$序列分别代入式（9-27）～式（9-30）中，多项式的阶数为 3，通过优化计算得投影指标函数为 0.0150，参数 a、θ、c 值见表 9-12。

表 9-12　参数 a、θ、c 值

a_1	a_2	a_3	a_4	θ	c_1	c_2	c_3
−0.9122	0.3752	−0.1476	−0.0732	−0.3574	3.1040	−0.7093	1.4517

表 9-11 给出了各样本点的原始值，采用 BPPP 模型后的拟合值和预留预测值。从表中可以看出，BPPP 模型在雅马渡站年径流预测中预测结果全部为合格（相对误差绝对值小于 20%）。相比于 PPR 模型，BPPP 模型的相对误差绝对值均值从 8.89%降低到了 6.28%，相对误差绝对值最大值从 23.2%降低到了 16.8%，并且在所有预报结果中，BPPP 模型中 13 组结果的预报结果优于文献[66]中的偏最小二乘回归（partial least squares regression，PLS）模型预测结果，占比 56.5%，可见 BPPP 模型在雅马渡站年径流预测中的预测效果比 PPR 模型好。

（二）基于神经网络的投影寻踪耦合模型在水文相关分析中的应用

在大量的社会、经济、工程问题中，对于因变量的全面解释往往需要多个自变量的共同作用。例如，水文相关分析中，可能要考虑本身站点前时段的径流量、上游站点的径流量、区间雨量等。多元线性回归模型就是一种常用的回归分析方法，以往的多元线性回归模型通常采用最小二乘估计量，但是最小二乘回归模型不能很好地解决因变量与自变量之间的高维非线性问题，导致因变量结果不稳定。因此，本书针对水文相关分析系统的高维非线性特点，提出了基于神经网络的投影寻踪耦合模型，并用 RAGA 来优化投影指标函数，最后进行了实例研究，为水文相关分析提供了一条新的思路。

本例为淮河王家坝水文站最高洪水位 H_{max} 与各因子相关分析方案[204]。该站水位流量关系因呈绳套形而极为复杂，最高洪水位受洪峰流量、起涨水位、站以上区间平均雨量和站以下几个雨量站的平均雨量的综合影响。现以洪峰流量 Q_{max}、起涨水位 $H_{起涨}$、站以上区间平均雨量 $P_{区}$ 和站以下几个雨量站的平均雨量 $P_{下}$ 作为自变量与最高洪水位 H_{max} 建立模型，基本数据资料 23 组，见表 9-13。

表 9-13　淮河王家坝水文站洪水相关分析计算成果表

组号	预测因子				最高洪水位 H_{max}			相对误差/%	
	Q_{max}/(m^3/s)	$H_{起涨}$/m	$P_{区}$/mm	$P_{下}$/mm	实测值	PLS[204]	BPPPR	PLS[204]	BPPPR
1	5485	27.19	204	134	28.80	29.11	28.58	**1.1**	**−0.76**
2	1725	26.46	66	61	26.67	26.99	26.82	**1.2**	**0.56**
3	2115	26.41	192	213	27.53	27.53	27.71	0	0.64
4	2308	23.94	84	71	27.45	27.18	27.33	**−1**	−0.44
5	1688	25.74	41	19	26.61	26.84	26.58	**0.7**	**−0.11**
6	4310	26.92	249	198	28.45	28.65	28.51	**0.7**	**0.20**
7	2115	26.74	75	70	27.32	27.22	27.15	−0.4	−0.63
8	3690	27.86	117	121	28.34	28.18	28.31	**−0.6**	**−0.12**
9	3630	25.23	123	143	28.04	28.06	28.40	0.1	1.27
10	2910	26.90	80	71	27.85	27.63	27.71	**−0.8**	**−0.49**
11	2940	26.12	125	127	27.95	27.73	27.94	**−0.8**	**−0.03**
12	3330	26.44	66	69	27.90	27.80	28.04	−0.4	0.49
13	2250	26.63	32	18	27.00	27.16	27.05	**0.6**	**0.18**
14	1750	26.36	36	39	26.78	26.94	26.82	**0.6**	**0.14**
15	2406	26.06	99	102	27.64	27.40	27.52	**−0.9**	**−0.43**
16	3358	26.00	169	126	28.16	27.96	28.01	**−0.7**	**−0.55**
17	1644	20.27	119	44	26.46	26.64	26.47	**0.7**	**0.04**
18	2174	23.92	11	12	27.06	26.97	27.12	−0.3	0.22
19	1706	25.96	150	113	26.85	27.10	26.80	**0.9**	**−0.17**
20	2532	25.78	91	94	27.59	27.43	27.60	**−0.6**	**0.02**
21*	4440	28.11	186	276	28.74	28.89	28.46	0.5	−0.99
22*	2387	24.24	197	171	27.93	27.49	27.60	**−1.6**	**−1.17**
23*	2010	25.06	77	74	27.32	27.09	27.13	**−0.8**	**−0.68**

注：*代表验证组，字体加粗代表该组使用 BPPP 模型预测时精度高于文献方法。

建立基于神经网络的投影寻踪耦合模型，用表 9-13 中的前 20 个样本建模，预留最后 3 个样本作预测检验。

将因变量（最高洪水位）$y_i\,(i=1,2,\cdots,20)$，预报因子 $x^*(i,1)$、$x^*(i,2)$、$x^*(i,3)$、$x^*(i,4)$

(i=1,2,⋯,20)序列分别代入式（9-27）～式（9-30）中，采用一个岭函数进行拟合，多项式的阶数为 3，通过优化计算得投影指标函数为 0.0033，参数值 a、θ、c 见表 9-14。

表 9-14　参数 a、θ、c 值

a_1	a_2	a_3	a_4	θ	c_1	c_2	c_3
−0.7557	0.0503	0.3252	−0.5662	−0.0052	1.5869	−0.1338	1.1106

表 9-13 给出了各样本点的原始值，采用 BPPP 模型后的拟合值和预留预测值。从表中可以看出，BPPP 模型在王家坝水文站最高洪水位预测结果全部为合格（相对误差绝对值小于 20%），相对误差绝对值均值仅为 0.45%，精度较高。且相比于文献[205]中的 PLS 模型，BPPP 模型的相对误差绝对值均值从 0.69%降低到了 0.45%，在所有预测结果中，BPPP 模型中 17 组预测结果优于文献中 PLS 模型的预测结果，占比为 74%，可见 BPPP 模型的拟合和预测效果是令人满意的。

（三）基于神经网络的投影寻踪耦合模型在描述作物-水模型中的应用

作物-水模型（model of crop response to water，MCRW）是作物在生长过程中水分变化对产量影响的数学描述，在非充分灌溉条件下，作物-水模型是灌溉制度优化计算过程中必需的数学关系之一。目前作物-水模型多属于经验模型，大致可以分为全生育期或生育阶段缺水的线性模型、阶段缺水的乘法模型以及阶段缺水的加法模型。每一模型又有多种表达形式，各个模型都有其优缺点，不能说哪一种模型最好，一般认为全生育期或生育阶段缺水的线性模型精度较差，而阶段缺水的乘法模型和阶段缺水的加法模型在建模过程中都可能出现敏感指数或敏感系数为负值的不合理现象，因此确认作物-水模型是在非充分灌溉理论中很关键的一步。实际上，由于作物产量和水分之间的关系属于复杂的非线性关系，对其机理的认识尚不够清楚，所以各种作物-水模型的应用均有一定的局限性。基于作物产量和水分之间属于非线性关系，目前尚不清楚其较复杂的机理特点，因此本节中针对作物产量和水分之间的高维非线性特点，提出了基于神经网络的投影寻踪耦合模型，并用 RAGA 来优化投影指标函数，最后进行了实例研究。

试验作物为冬小麦，于 1998～1999 年在北京市永乐店灌溉试验站进行试验。各个试验小区面积均为 50m^2，各小区四周有 150cm 深的水泥隔板封闭，隔板高出地面 10cm 左右。试验设有多种不同的施肥处理和灌水处理。本书仅针对返青后施用尿素（300kg/hm^2）试验处理的作物-水模型进行研究。冬小麦返青后的灌水处理设有不灌、灌 1 水、灌 2 水、灌 3 水、灌 4 水 5 种方式。各次灌水的生育时期分别为返青、拔节、灌浆和孕穗。各次灌水的定额均为 600m^3/hm^2。各小区的土壤水分主要采用中子仪测定，分为 10cm、20cm、30cm、40cm、60cm、80cm、100cm 7 个深度进行观测，自冬小麦返青开始每 5 天观测 1 次。冬小麦成熟后各小区单打单收，进行测产[206]。

（1）试验数据。

作物各生育阶段的耗水量是构造作物-水模型过程中必不可少的数据。本书仅研究冬小麦返青以后的作物-水模型。由于各小区隔板高出地面 10cm 左右，因此可以认为各小区无水平方向的水分交换。如果忽略最上面100cm厚的土壤与其下土壤的水分交换，则按照水量平衡原理，第j生育阶段实测耗水量的计算公式为

$$ET'_j = P_j + M_j - \Delta W_j \tag{9-31}$$

式中，ET'_j为第j生育阶段的作物耗水量，mm；P_j为第j生育阶段的有效降水量，mm；M_j为第j生育阶段的灌水量，mm；ΔW_j为第j生育阶段根系层土壤（100cm）储水量的增量，mm。

对于1998～1999年度冬小麦返青后施用尿素（300kg/hm^2）的试验处理，根据试验观测资料整理，得到各水分处理的相对产量和各生育阶段相对耗水量，共12组数据，见表9-15。其中，第8组数据是充分灌溉处理的试验结果。

表9-15　冬小麦的相对产量及各生育阶段相对耗水量

组号	各生育阶段相对耗水量/mm				相对产量
	ET_1	ET_2	ET_3	ET_4	$y(i)$
1	0.609	0.684	0.471	0.62	0.673
2	0.714	0.964	0.784	0.612	0.852
3	0.998	0.993	0.617	0.797	0.876
4	0.709	0.679	0.99	0.702	0.85
5	0.573	0.865	0.804	0.627	0.777
6	0.641	0.797	0.835	0.995	0.911
7	0.525	0.83	0.721	0.508	0.787
8	0.528	0.766	0.812	0.566	0.757
9	1.000	1.000	1.000	1.000	1.000
10	0.907	0.931	0.716	0.729	0.923
11	0.661	0.88	0.655	0.666	0.836
12	0.586	0.825	0.835	0.628	0.787

表9-15中，ET_1、ET_2、ET_3、ET_4分别表示返青、拔节、孕穗、灌浆4个生育阶段的相对耗水量，$y(i)$为各生育阶段的相对产量，各相对值均按实测值以充分灌溉条件下相应的值为基准折算而来，即

$$\begin{cases} ET_j = ET'_j / ET'_{mj} \\ y = y' / y'_m \end{cases} \tag{9-32}$$

式中，j为生育阶段序号；ET_j为第j个生育阶段的相对耗水量；ET'_j为第j个生育阶段的实测耗水量，mm；ET'_{mj}为充分灌溉条件下第j个生育阶段的实测耗水量，mm；y'为实测产量，kg/hm^2；y'_m为充分灌溉条件下实测产量，kg/hm^2。

（2）神经网络投影寻踪耦合模型在描述作物-水模型中的应用。

建立神经网络投影寻踪耦合模型，用表9-16中的前8个样本建模，预留最后4个样

本作预测检验。将因变量（相对产量）序列 $y_i\,(i=1,2,\cdots,8)$，预测因子 ET_1、ET_2、ET_3、ET_4 序列分别代入式（9-27）～式（9-30）中，多项式的阶数为 4，通过优化计算得投影指标函数为 0.0089，参数 a、θ、c 值见表 9-17。

表 9-16　不同作物-水模型计算的结果

组 号	相对产量 $y/(kg/hm^2)$			相对误差/%	
	实测值	BP	BPPP	BP[206]	BPPP
1	0.673	0.711	0.665	**5.65**	**−1.26**
2	0.852	0.841	0.877	**−3.99**	**2.88**
3	0.876	0.852	0.889	0.24	1.45
4	0.85	0.840	0.837	**8.11**	**−1.56**
5	0.777	0.835	0.848	**−8.34**	**9.09**
6	0.911	0.804	0.880	2.16	−3.39
7	0.787	0.801	0.760	5.80	−3.37
8	0.757	0.986	0.760	**−1.4**	**0.38**
9*	1.000	0.840	1.008	**−8.99**	**0.84**
10*	0.923	0.811	0.881	−2.99	−4.53
11*	0.836	0.867	0.860	1.76	2.84
12*	0.787	0.801	0.838	1.78	6.48

注：*代表验证组，字体加粗代表该组使用 BPPP 模型预测时精度高于文献方法。

表 9-17　参数 a、θ、c 值

a_1	a_2	a_3	a_4	θ	c_1	c_2	c_3	c_4
−0.3995	−0.6161	−0.2630	−0.6258	−0.6682	−2.0927	0.0465	−0.4831	0.1843

表 9-16 给出了各样本点的原始值，率定组和验证组采用 BPPP 模型、BP 模型计算的拟合值。从表中可以看出，BPPP 模型在作物-水模型作物产量的预测结果中相对误差绝对值均值仅为 3.17%，精度较高。且相比于文献[206]中的 BP 模型的预测结果，虽然在 12 组预测结果中，BP 模型有 6 组结果优于 BPPP 模型，同样，BPPP 模型有 6 组结果优于 BP 模型，两者持平，但是 BPPP 模型的相对误差绝对值均值从 4.26%降低到了 3.17%，可见 BPPP 模型的拟合和预测效果是令人满意的。

第四节　基于偏最小二乘回归的投影寻踪耦合模型简介及其应用

目前，对水文水资源进行预测时大多采用的是典型的统计模型，运用多元回归方法建模，在分析建模时常采用的是普通最小二乘法对回归参数进行无偏估计，在水文水资

源预测的实践中，该方法得到了广泛的运用并取得了较好的效果。但该方法还存在以下三个方面的问题。

（1）自变量的多重共线性。

在利用传统的最小二乘法建立起来的多元回归方程过程中，经常出现模型误差较大、稳健性差等问题。其主要原因是各影响因子之间存在多重相关性，使普通的最小二乘法失效。

（2）影响因子的选择。

预测因子的选择常常面临困难，对水文水资源有影响的因子众多，它们之间的关系十分复杂，很难准确、恰当地选择好因子。太少的因子就有可能遗漏了一些对水文水资源有较大影响的重要因子，太多的因子虽然可能考虑到影响水文水资源的各方面因素，但这会使得变量系统变得庞大，给分析带来不便。

（3）因变量与自变量间的非线性。

水文水资源与影响因子间具有十分复杂的非线性关系，线性的回归模型很难准确地模拟它们之间的复杂关系，即使在建模时采用了一些非线性化手段，但也主要是凭经验决定水文水资源与其影响变量之间的非线性关系。

在对水文水资源进行预测时，采用偏最小二乘回归（PLS）有效地解决了上述自变量的多重共线性相关问题，但对处理因变量与自变量间复杂的非线性问题效果较差。而投影寻踪回归模型有效地解决了因变量与自变量间复杂的非线性问题，但投影寻踪回归模型不能解决自变量的多重线性相关问题，为此，本书提出了基于偏最小二乘回归的投影寻踪耦合模型（projection pursuit based on PLS, PLSPP）来对水文水资源等进行预测，并用 RAGA 来优化投影指标函数，从而使模型精度、稳健性、实用性都得到提高，为处理非线性时序预测问题提供了一条新途径。

一、偏最小二乘回归简介

多元回归分析不能解决自变量间存在的多重相关性问题；而主成分分析采取成分提取的方式，虽然可以很好地处理自变量间的相关性问题，但对应变量却缺乏合理的解释，因此造成模型的结果不是很令人满意。偏最小二乘回归可以很好地解决这两个问题。偏最小二乘回归采用成分提取的方法，克服了变量间存在的多重相关性。在回归分析中，当自变量与因变量的个数都很多，并且当自变量之间及因变量之间都存在较严重的多重共线性时，如果采用一般的多元回归方法，其分析结果的可靠性极低，而采用偏最小二乘回归分析的建模方法，可以很好地解决这个问题[207-209]。

（一）模型简介

偏最小二乘回归是一种新的多元统计数据分析方法，它于 1983 年由伍德（S. Wold）和阿巴诺（C. Albano）等首次提出[112]。1996 年 10 月，在法国高等教育组织的组织和资助下，在巴黎召开了一次有关偏最小二乘回归方法理论与实践研讨会。密歇根大学的弗耐尔（Fornell）教授称偏最小二乘回归为第二代回归分析方法[112]。它集多元线性回归分析、典型相关分析和主成分分析的基本功能为一体，将建模预测类型的数据分析方法与非模型式的数据认识性方法有机地结合起来，即

偏最小二乘回归≈多元线性回归分析+典型相关分析+主成分分析

因此，偏最小二乘回归较传统的回归分析、主成分分析具有更大的优势，从而使模型精度、稳健性、实用性都得到提高。

（二）工作目标

当因变量个数只有一个时（在本书中，因变量只有一个，所涉及的是单因变量），偏最小二乘回归就是单因变量的，其模型记为 PLS1 模型。

记因变量为$y \in R^n$，自变量集合为$X=[x_1, x_2, \cdots, x_p]$，$x_j \in R^n$。如果要建立$y$对$x_1, x_2, \cdots, x_p$的回归模型，在最小二乘方法下，回归系数的估计量为

$$B=\left(X^{\mathrm{T}} X\right)^{-1} X^{\mathrm{T}} Y$$

当X中的自变量高度相关时，行列式$X^{\mathrm{T}} X$几乎接近于零，这时求($X^{\mathrm{T}} X$)的逆矩阵含有严重的舍入误差。这样，会使普通最小二乘法失效，破坏参数估计，扩大模型误差，并使模型丧失稳健性。若对这样的数据强行建模，其x_j的回归系数往往很难解释，甚至会出现与现实生活常识相反的数值。偏最小二乘回归很好地解决了这个问题。与传统的多元线性回归模型相比，偏最小二乘回归模型具有以下几个突出特点。

（1）能够在自变量存在严重多重相关性的条件下，进行回归建模。

（2）允许在样本点个数少于变量个数的条件下进行回归建模。

（3）偏最小二乘回归在最终模型中将包含原有的所有自变量。

（4）偏最小二乘回归模型更易于辨识系统信息与噪声。

（5）在偏最小二乘回归模型中，每一个自变量的回归系数将更容易解释。

（三）建模方法

设有单因变量y和p个自变量$\{x_1,x_2,\cdots,x_p\}$，观测n个样本点，构成自变量与因变量的数据表$X=[x_1,x_2,\cdots,x_p]_{n\times p}$和$Y=[y]_{n\times 1}$。偏最小二乘回归分别在$X$和$Y$中提取成分$t_1$和$u_1$，提取成分时为了回归分析的需要，有下列两个要求需要满足。

（1）t_1和u_1应尽可能多地携带它们各自数据表中的变异信息。

（2）t_1和u_1的相关程度能够达到最大。

这两个要求表明：t_1和u_1应尽可能好地代表数据表X和Y，同时自变量的成分t_1对应变量的成分u_1又有最强的解释能力。

在第一个成分t_1和u_1被提取后，偏最小二乘回归分别实施X对t_1的回归以及Y对t_1的回归，如果回归方程已经达到令人满意的精度，则算法终止；否则，将利用X被t_1解释后的残余信息以及Y被t_1解释后的残余信息进行第二轮的成分提取。如此往复，直到能达到一个比较令人满意的精度为止。若最终对X共提取了m个成分$t_1,t_2,\cdots,t_m$，偏最小

二乘回归将通过实施 y 对 $t_1,t_2,\cdots,t_m$ 的回归，然后再表达成 y 关于原变量 $x_1,x_2,\cdots,x_p$ 的回归方程，至此，偏最小二乘回归建模完成。

（四）算法推导

1. 标准化处理

记 F_0 是因变量 Y 的标准化矩阵，有

$$F_{0i}=\frac{y_i-\overline{y}}{s_y},\quad i=1,2,\cdots,n \tag{9-33}$$

式中，$\overline{y}$、s_y 分别为 y_i 的均值、标准差。

记 E_0 为自变量集合 X 的标准化矩阵，有

$$E_{ij}=\frac{x_{ij}-\overline{x}_j}{s_{x_j}},\quad i=1,2,\cdots,n;j=1,2,\cdots,p \tag{9-34}$$

式中，$\overline{x}_j$、s_{x_j} 分别是第 j 个自变量的均值、标准差。

2. 成分提取

首先从 F_0 中提取一个成分 u_1，$u_1=F_0c_1$，c_1 是 F_0 的第一主轴，并且$\|c_1\|=1$。从 E_0 中提取一个成分 t_1，$t_1=E_0w_1$，w_1 是 E_0 的第一主轴，并且$\|w_1\|=1$。如果要求 t_1、u_1 能分别很好地代表 X 与 Y 中的数据变异信息，则根据提取主成分的要求有：t_1 与 u_1 的标准差 $\mathrm{var}(t_1)$、$\mathrm{var}(u_1)$趋于最大以及 t_1 与 u_1 的相关系数 $r(t_1,u_1)$趋于最大，即要求 t_1 与 u_1 的协方差达到最大，即

$$\mathrm{COV}(t_1,u_1)=\sqrt{\mathrm{var}\left(t_1\right)\mathrm{var}\left(u_1\right)}r\left(t_1,u_1\right)\rightarrow\max \tag{9-35}$$

也就是说，在$\|w_1\|=1$ 和$\|c_1\|=1$ 的约束条件下去求 $w_1^{\mathrm{T}}E_0^{\mathrm{T}}F_0c_1$ 的最大值。采用拉格朗日算法，记

$$S=w_1^{\mathrm{T}}E_0^{\mathrm{T}}F_0c_1-\lambda_1\left(w_1^{\mathrm{T}}w_1-1\right)-\lambda_2\left(c_1^{\mathrm{T}}c_1-1\right) \tag{9-36}$$

对 S 分别求关于 w_1、c_1、λ_1 和 λ_2 的偏导，并令之为零，有

$$\begin{cases}\dfrac{\partial s}{\partial w_1}=E_0^{\mathrm{T}}F_0c_1-2\lambda_1w_1=0\\ \dfrac{\partial s}{\partial c_1}=F_0^{\mathrm{T}}E_0w_1-2\lambda_2c_1=0\\ \dfrac{\partial s}{\partial \lambda_1}=-\left(w_1^{\mathrm{T}}w_1-1\right)=0\\ \dfrac{\partial s}{\partial \lambda_2}=-\left(c_1^{\mathrm{T}}c_1-1\right)=0\end{cases} \tag{9-37}$$

可以推出

$$2\lambda_1 = 2\lambda_2 = w_1^{\mathrm{T}} E_0^{\mathrm{T}} F_0 c_1$$

记 $\theta_1 = 2\lambda_1 = 2\lambda_2 = w_1^{\mathrm{T}} E_0^{\mathrm{T}} F_0 c_1$，所以 θ_1 是优化问题的目标函数值。

通过推导可得

$$\begin{cases} E_0^{\mathrm{T}} F_0 F_0^{\mathrm{T}} E_0 w_1 = \theta_1^2 w_1 \\ F_0^{\mathrm{T}} E_0 E_0^{\mathrm{T}} F_0 c_1 = \theta_1^2 c_1 \end{cases} \tag{9-38}$$

可见，w_1 是矩阵 $E_0^{\mathrm{T}} F_0 F_0^{\mathrm{T}} E_0$ 的特征向量，对应的特征值为 θ_1^2。由上述内容可知 θ_1 为优化问题的目标函数值，并要求其取最大值。所以，w_1 是对应于 $E_0^{\mathrm{T}} F_0 F_0^{\mathrm{T}} E_0$ 矩阵特征值的单位特征向量；c_1 是对应于 $F_0^{\mathrm{T}} E_0 E_0^{\mathrm{T}} F_0$ 矩阵最大特征值 θ_1^2 的单位特征向量。

求得主轴 w_1 和 c_1 后，即可得到成分：

$$\begin{cases} t_1 = E_0 w_1 \\ u_1 = F_0 c_1 \end{cases} \tag{9-39}$$

然后，分别求 E_0 和 F_0 对 t_1 的两个回归方程：

$$\begin{cases} E_0 = t_1 p_1^{\mathrm{T}} + E_1 \\ F_0 = t_1 r_1^{\mathrm{T}} + F_1 \end{cases} \tag{9-40}$$

式中，回归系数向量为

$$\begin{cases} p_1 = \dfrac{E_0^{\mathrm{T}} t_1}{\|t_1\|^2} \\ r_1 = \dfrac{F_0^{\mathrm{T}} t_1}{\|t_1\|^2} \end{cases} \tag{9-41}$$

E_1、F_1 分别是两个回归方程的残差矩阵。

用残差矩阵 E_1 和 F_1 取代 E_0 和 F_0，用同样方法求第二个轴 w_2 和 c_2 以及第二个主成分 u_2 和 t_2，如此计算下去，如果进行了 m 次运算，则有

$$\begin{cases} E_0 = t_1 p_1^{\mathrm{T}} + t_2 p_2^{\mathrm{T}} + \cdots + t_m p_m^* + E_m \\ F_0 = t_1 r_1^{\mathrm{T}} + t_2 r_2^{\mathrm{T}} + \cdots + t_m r_m^{\mathrm{T}} + F_m \end{cases} \tag{9-42}$$

由于 $t_1, t_2, \cdots, t_m$ 均可以表示成 $E_{01}, E_{02}, \cdots, E_{0p}$ 的线性组合，因此，式（9-42）还可以还原成 $y^* = F_0$ 关于 $x_j^* = E_{0j}$ 的回归方程形式，即

$$y^* = a_1 x_1^* + a_2 x_2^* + \cdots + a_p x_p^* + F_m \tag{9-43}$$

式中，F_m 是残差矩阵。

3. 交叉有效性判别

通常情况下，偏最小二乘回归方程并不需要选用全部的成分 $t_1,t_2,\cdots,t_A$ 进行回归建模，而是可以采用截尾的方式选择前 m 个成分（$m<A,A=$秩(X)），仅用这 m 个成分 $t_1,t_2,\cdots,t_m$ 就可以得到一个预测性能较好的模型。当后续成分已经不能为解释 F_0 提供更有意义的信息时，采用过多的成分只会破坏对统计趋势的认识，引导错误的预测结论。

在偏最小二乘回归建模中，究竟应该选取多少个成分为宜，这可通过考察增加一个新的成分后，能否对模型的预测性能有明显的改进来考虑。这里采用交叉有效性进行判别：除去某个样本点 i 的所有样本集合作为一个样本并使用 h 个成分拟合一个回归方程；然后把排除的样本点 i 代入前面拟合的回归方程，得到 y_i 在样本点 i 上的拟合值 $\hat{y}_{h(-i)}$。对每一个样本点重复上述计算，定义 y_i 的预测误差平方和为 press_h，有

$$\text{press}_h=\sum_{t=1}^{n}(y_i-\hat{y}_{h(-i)})^2 \tag{9-44}$$

另外，再采用所有的样本点，拟合含 h 个成分的回归方程。记第 i 个样本点的预测值为 $\hat{y}_{hi}$，则可以定义 y_i 的误差平方和为 SS_h，有

$$\text{SS}_h=\sum_{i=1}^{n}(y_i-\hat{y}_{hi})^2 \tag{9-45}$$

一般说来，总是有 $\text{press}_h>\text{SS}_h$，而 $\text{SS}_h<\text{SS}_{h-1}$，下面比较 SS_{h-1} 和 press_h，SS_{h-1} 是用全部样本点拟合的具有$(h-1)$个成分的方程的拟合误差。press_h 增加了一个成分 t_h，但却含有样本点的扰动误差，如果 press_h 在一定程度上小于 SS_{h-1}，则认为增加一个成分 t_h，会使预测的精度明显提高。因此希望 $\dfrac{\text{press}_h}{\text{SS}_{h-1}}$ 的值越小越好，记为

$$\frac{\text{press}_h}{\text{SS}_{h-1}}\leqslant 0.95^2 \tag{9-46}$$

交叉有效性也可定义为

$$Q_h^2=1-\frac{\text{press}_h}{\text{SS}_{h-1}} \tag{9-47}$$

若 $Q_h^2\geqslant(1-0.9025)=0.0975$，表明加入成分能改善模型质量，否则不能。

二、基于偏最小二乘回归的投影寻踪耦合模型简介

建立基于偏最小二乘回归的投影寻踪耦合模型，其中投影寻踪回归模型为基于Hermite多项式的投影寻踪回归模型。具体步骤如下。

步骤 1　建立偏最小二乘回归模型提取成分，设有单因变量 $y_i(i=1,2,\cdots,n)$和 p 个自变量$\{x_1,x_2,\cdots,x_p\}$，观测 n 个样本点，构成自变量与因变量的数据表 $X=[x_1,\ x_2,\cdots,x_p]_{n\times p}$ 和 $Y=[\,y]_{n\times 1}$。偏最小二乘回归分别在 X 和 Y 中提取成分 t_1 和 u_1，在第一个成分 t_1 和 u_1 被提取后，偏最小二乘回归分别实施 X 对 t_1 的回归以及 Y 对 t_1 的回归，如果回归方程已

经达到令人满意的精度，则算法终止；否则，将利用 X 被 t_1 解释后的残余信息以及 Y 被 t_1 解释后的残余信息进行第二轮的成分提取。如此往复，通过交叉有效性判别，直至能达到一个比较令人满意的精度为止。最终对 X 共提取了 d 个成分 $t_1,t_2,\cdots,t_d$。

步骤 2　由步骤 1 提取的 d 个成分 $t_1,t_2,\cdots,t_d$ 计算投影值：

$$z_i = \sum_{j=1}^{d} a_j x_{ij}, \quad i=1,2,\cdots,n \tag{9-48}$$

式中，$a_j(j=1,2,\cdots,d)$为投影方向；t_{ij} 已进行归一化处理。

步骤 3　对散布点(z,y)，用基于正交 Hermite 多项式拟合，此时基于偏最小二乘回归的投影寻踪耦合模型为

$$\hat{y} = \sum_{i=1}^{m}\sum_{j=1}^{r} c_{ij} h_{ij}(z) \tag{9-49}$$

式中，r 为多项式阶数，c 为多项式系数，可用最小二乘法获得；h 为正交 Hermite 多项式。

步骤 4　优化投影指标函数。在优化投影方向 a 时，同时考虑多项式系数 c 的优化问题，可以通过求解投影指标函数最小化问题来估计最佳 a、c 值，即

$$\min Q(a,\theta,c) = \frac{1}{n}\sum_{i=1}^{n}(y_i - \hat{y}_i)^2 \tag{9-50}$$

$$\text{s.t.} \sum_{j=1}^{p} a^2(j) = 1 \tag{9-51}$$

这是一个以 a、c 为优化变量的复杂非线性优化问题，用传统的优化方法处理较难。本书应用模拟生物优胜劣汰与群体内部染色体信息交换机制的 RAGA 来解决其高维全局寻优问题。

步骤 5　计算第一次的拟合残差 $r_1 = y - \hat{y}$，如果满足要求则输出模型参数，否则，进行步骤 6 计算。

步骤 6　用 r_1 代替 y，回到步骤 1 开始下一个岭函数的优化，直到满足一定要求，停止增加岭函数个数，输出最后结果。

三、基于偏最小二乘回归的投影寻踪耦合模型的应用

（一）基于偏最小二乘回归的投影寻踪耦合模型在水稻腾发量预测中的应用

作物腾发量建模与计算是灌区用水决策、实行节水灌溉的重要内容。关于作物腾发量计算的模型较多[189, 192, 194, 202, 210-212]，最常用的是利用当地气象台站的气象资料，通过多元回归分析，建立气象因子与作物腾发量之间的经验模型。然而，在利用传统的最小二乘法建立起来的多元回归方程过程中，经常出现模型误差较大、稳健性差等问题。其主要原因是各气象因子之间存在多重相关性，使普通的最小二乘法失效。采用偏最小二乘回归有效地解决了自变量的多重线性相关问题，但对处理因变量与自变量间复杂的非线性问题较差。投影寻踪回归模型的出现，有效地解决了因变量与自变量间复杂的非线性问题，但投影寻踪回归模型不能解决自变量的多重线性相关问题，因此，本书提出了

基于偏最小二乘回归的投影寻踪耦合模型，并用 RAGA 来优化投影指标函数，从而使模型精度、稳健性、实用性都得到提高，为处理非线性时序预测问题提供了一条新途径。

（1）基本资料。

在太阳辐射的作用下，诸多气象因子中气温、水面蒸发、空气饱和差、日照和风速对水稻腾发量的影响较大[189]。因此本节选择富锦市长安乡高家村井灌水稻试验田 5 组试验观测资料，包括井灌水稻不同生育阶段日平均腾发量 ET（y）、阶段日平均气温 T（x_1）、阶段日平均日照时数 h（x_2）、阶段日平均风速 u（x_3）、阶段日平均水面蒸发 E（x_4）、阶段日平均饱和差 d（x_5）。取 ET 作为因变量，T、h、u、E、d 作为自变量（表 9-18）。

表 9-18　富锦市长安乡高家村井灌水稻腾发量及气象因子数据

序号	生育阶段	序号	ET/mm	T/℃	h/h	u/(m/s)	E/mm	d/hPa
1	插秧期	1	4.60	14.79	8.60	3.10	4.20	5.25
	返青期	2	5.20	17.03	6.47	2.50	5.80	7.99
	分蘖期	3	9.02	20.14	6.19	3.14	8.48	11.00
	拔节孕穗期	4	12.24	25.77	10.85	3.30	13.35	13.00
	抽穗开花期	5	10.50	23.42	8.20	3.80	10.32	9.80
	灌浆成熟期	6	7.50	20.30	7.29	2.80	6.70	6.20
2	插秧期	7	4.50	15.73	4.87	2.25	4.50	6.60
	返青期	8	6.50	15.09	6.70	3.76	5.30	6.44
	分蘖期	9	8.60	21.07	6.71	3.20	7.70	7.22
	拔节孕穗期	10	12.50	24.09	11.05	6.50	10.20	11.70
	抽穗开花期	11	9.64	23.23	8.40	4.50	9.60	8.04
	灌浆成熟期	12	5.70	19.87	5.10	4.78	6.90	5.79
3	插秧期	13	5.30	16.36	5.00	3.08	4.80	7.58
	返青期	14	3.50	13.64	6.88	3.60	3.06	6.06
	分蘖期	15	9.30	20.83	8.21	4.50	8.60	11.80
	拔节孕穗期	16	10.10	22.97	7.80	3.90	9.53	10.70
	抽穗开花期	17	11.70	26.11	10.10	5.20	11.04	12.00
	灌浆成熟期	18	6.87	20.99	5.75	2.78	7.50	3.38
4	插秧期	19	3.54	14.77	2.67	3.49	3.50	5.80
	返青期	20	5.68	17.41	6.50	2.77	6.18	6.36
	分蘖期	21	8.53	20.91	6.29	3.02	7.36	8.56
	拔节孕穗期	22	10.20	24.60	7.40	3.80	9.86	8.67
	抽穗开花期	23	8.86	23.06	8.21	2.50	8.60	8.00
	灌浆成熟期	24	5.50	20.05	5.20	2.35	7.00	5.63
5	插秧期	25	4.58	17.59	5.10	1.00	5.20	6.00
	返青期	26	6.30	15.96	7.03	2.80	5.50	7.60
	分蘖期	27	7.11	19.76	6.78	2.42	6.89	5.89
	拔节孕穗期	28	10.26	25.70	8.56	3.20	10.80	10.77
	抽穗开花期	29	10.10	21.24	7.00	3.21	8.50	9.90
	灌浆成熟期	30	5.62	20.06	5.88	2.55	6.40	5.02

（2）建立基于偏最小二乘回归的投影寻踪耦合模型。

建立基于偏最小二乘回归的投影寻踪耦合模型，用表 9-18 中前四组的 24 个样本建模，预留第五组的 6 个样本作预测检验。

提取成分，先将因变量（腾发量）序列 $y_i(i=1,2,\cdots,24)$，自变量（各气象因子）序列 $x_{ij}(i=1,2,\cdots,24;j=1,2,\cdots,5)$标准化处理，多重相关性诊断结果见表 9-19。

表 9-19　自变量、因变量间相关系数矩阵

	x_1	x_2	x_3	x_4	x_5	y
x_1	1					
x_2	0.6463	1				
x_3	0.4020	0.5363	1			
x_4	0.9593	0.7292	0.4398	1		
x_5	0.6470	0.6872	0.5154	0.7637	1	
y	0.9011	0.7848	0.5550	0.9461	0.8251	1

从表 9-19 中可以看出，自变量之间存在严重多重相关性。如 $r(x_1,x_4)=0.9593$，$r^2(x_1,x_4)=0.9201>0.9$，即方差膨胀因子 $\mathrm{VIF}_{\max}=(1-0.9201)^{-1}=12.53>10$，故变量之间存在多重相关性。

采用单因素变量 PLS 方法提取主成分，主成分贡献率及累计贡献率见表 9-20。

表 9-20　PLS 提取主成分贡献率及累计贡献率

	主成分 1*	主成分 2*	主成分 3	主成分 4	主成分 5
贡献率	**0.714**	**0.141**	0.073	0.057	0.015
累计贡献率	**0.714**	**0.854**	0.928	0.985	1.000

注：*为提取的主成分。

从表中可以看出主成分 1、2 的累计贡献率为 0.854，超过 0.85，因此提取前两个主成分进行预测。建立基于偏最小二乘回归的投影寻踪耦合模型，将因变量（腾发量）序列 y_i（$i=1,2,\cdots,24$），成分 t_{i1}、t_{i2}（$i=1,2,\cdots,24$）序列分别代入式（9-48）～式（9-51）中，采用一个岭函数进行拟合，多项式的阶数为 4，通过优化计算得投影指标函数为 0.044，参数 a、c 值见表 9-21。

表 9-21　参数 a、c 值

a_1	a_2	c_1	c_2	c_3	c_4
0.9953	0.0967	3.7815	2.3538	−0.5750	0.8100

表 9-22 给出了各样本点在 y_i 上的原始取值，采用 PLSPP 模型后的拟合值 $\hat{y}_i$ 和采用 PLS 的预测值。从表中可以看出，采用 PLSPP 模型和 PLS 模型在建模组的拟合结果较为接近，分别为 8.39%和 8.35%。但是，PLSPP 模型在验证组效果有显著提升，最大误差由 40.7%

降低为了 33.2%，验证组的平均误差也由 14.7%降低为 13.1%，可见 PLSPP 模型对水稻腾发量的拟合和预测效果是满意的。

表 9-22　PLSPP 与 PLS 模型对水稻腾发量的拟合精度比较

n	t_{i1}	t_{i2}	原始值 y_i/mm	拟合值 $\hat{y}_i$ /mm（PLSPP）	相对误差 ε_i/%（PLSPP）	拟合值 $\hat{y}_i$ /mm（PLS）	相对误差 ε_i /%（PLS）
1	−0.1578	−0.3135	4.6	4.9	4.95	6.9	7.6
2	−0.1119	−0.0035	5.2	6.2	6.06	18.3	16.5
3	0.0522	0.0976	9.02	8.7	8.46	−3.4	−6.2
4	0.3794	0.1775	12.24	12.5	13.1	2.2	7.0
5	0.1793	0.0699	10.5	10.3	10.21	−1.9	−2.8
6	−0.0534	0.0487	7.5	7.1	7.02	−4.9	−6.4
7	−0.2263	0.0324	4.5	4.3	4.56	−3.8	1.3
8	−0.1348	−0.2684	6.5	5.4	5.32	−17.4	−18.2
9	−0.0057	0.0758	8.6	7.9	7.71	−8.4	−10.3
10	0.3648	−0.4567	12.5	11.8	11.88	−5.8	−5.0
11	0.1549	−0.0672	9.64	9.8	9.69	2.1	0.5
12	−0.0564	−0.1317	5.7	6.8	6.69	19.7	17.4
13	−0.1668	−0.0683	5.3	5.2	5.2	−2.6	−1.9
14	−0.2083	−0.3779	3.5	4.0	4.13	13.0	18.0
15	0.1650	−0.1795	9.3	9.8	9.55	5.8	2.7
16	0.1666	0.0301	10.1	10.1	9.96	0.0	−1.4
17	0.3553	−0.1303	11.7	12.0	12.3	2.5	5.1
18	−0.1149	0.1894	6.87	6.4	6.46	−6.8	−6.0
19	−0.2901	−0.0984	4.58	3.0	3.48	−34.5	−24.0
20	−0.1198	−0.0130	6.3	6.0	5.97	−4.6	−5.2
21	−0.0058	0.1011	7.11	7.9	7.72	11.3	8.6
22	0.1466	0.1330	10.26	10.0	9.9	−2.7	−3.5
23	0.0689	0.1909	10.1	9.1	8.92	−10.3	−11.7
24	−0.1227	0.2250	5.62	6.3	6.36	12.7	13.2
25*	−0.2281	0.2853	3.54	4.7	4.98	33.2	40.7
26*	−0.1179	−0.1168	5.68	5.9	5.79	3.6	1.9
27*	−0.0852	0.1214	8.53	6.8	6.7	−20.8	−21.5
28*	0.2288	0.2208	10.2	11.0	11.15	8.2	9.3
29*	0.0686	0.0842	8.86	8.9	8.69	0.7	−1.9
30*	−0.1243	0.1424	5.5	6.2	6.21	12.4	12.9

注：*代表验证组。

（二）基于偏最小二乘回归的投影寻踪耦合模型在农业基本现代化水平预测中的应用

（1）基本资料。

农村水利作为实现农业现代化的重要支撑要素和基础设施，在保证农田灌溉、农村居民用水、生态环境用水和促进农业发展中起着重要的保障作用。本节选取 5 个农村水利发展指标：固定机电排灌站装机容量（x_1）、人均耕地灌溉面积（x_2）、投资完成额（x_3）、水库容量（x_4）、除涝面积（x_5）作为自变量对因变量农业基本现代化水平（y）进行预测，其中 1990～2008 年的数据作为训练样本，2009～2012 年的数据作为检验样本，具体指标数据见表 9-23[213]。

表 9-23　农村水利发展指标及农业基本现代化水平

年份	x_1/（10^8kW·h）	x_2/（亩/人）	x_3/10^{10}元	x_4/10^8L	x_5/10^4hm^2	y
1990	0.20	0.81	0.49	4660	1933.7	39.34
1991	0.23	0.82	0.65	4248	1958.0	40.55
1992	0.22	0.82	0.97	4688	1977.1	37.55
1993	0.21	0.83	1.25	4717	1988.3	36.62
1994	0.21	0.83	1.69	4751	1997.9	39.30
1995	0.21	0.82	2.06	4797	2006.5	42.41
1996	0.21	0.83	2.39	4571	2027.9	46.07
1997	0.22	0.86	3.15	4583	2052.6	48.03
1998	0.22	0.88	4.68	4924	2068.1	47.76
1999	0.22	0.86	4.99	4924	2068.1	49.14
2000	0.22	0.87	6.13	5184	2098.9	48.74
2001	0.24	0.89	5.61	5281	2102.1	50.30
2002	0.23	0.90	8.19	5595	2109.7	52.39
2003	0.22	0.89	7.43	5658	2113.9	52.71
2004	0.22	0.90	7.84	5542	2119.8	54.94
2005	0.22	0.89	7.47	5624	2133.9	55.93
2006	0.25	0.90	7.94	5842	2137.6	57.23
2007	0.24	1.19	9.45	6345	2141.9	59.55
2008	0.22	1.22	10.88	6924	2142.5	63.60
2009*	0.24	1.25	18.94	7064	2158.4	65.22
2010*	0.23	1.34	23.20	7162	2169.2	68.16
2011*	0.23	1.41	30.86	7201	2172.2	72.34
2012*	0.27	1.46	39.64	8255	2185.7	75.74

注：*代表验证组。

（2）建立基于偏最小二乘回归的投影寻踪耦合模型。

建立基于偏最小二乘回归的投影寻踪耦合模型，用表 9-23 中前 19 个样本建模，预留后面的 4 个样本作预测检验。提取成分，先将因变量（腾发量）序列 $y_i(i=1,2,\cdots,19)$，自变量（各气象因子）序列 $x_{ij}(i=1,2,\cdots,19;j=1,2,\cdots,5)$标准化处理，多重相关性诊断结果见表 9-24。

表 9-24　自变量、因变量间相关系数矩阵

	x_1	x_2	x_3	x_4	x_5	y
x_1	1	0.6265	0.6982	0.6924	0.6708	0.6989
x_2	0.6265	1.0000	0.9302	0.9526	0.7509	0.9144
x_3	0.6982	0.9302	1.0000	0.9282	0.7577	0.9101
x_4	0.6924	0.9526	0.9282	1.0000	0.8536	0.9534
x_5	0.6708	0.7509	0.7577	0.8536	1.0000	0.9261
y	0.6989	0.9144	0.9101	0.9534	0.9261	1.0000

从表 9-24 中可以看出，自变量之间存在严重多重相关性。如 $r(x_2,x_4)=0.9526$，其 $r^2(x_2,x_4)=0.9074$，即方差膨胀因子 $\text{VIF}_{\max}=(1-0.9074)^{-1}=10.7991>10$，故变量之间存在多重相关性。

采用单因素变量 PLS 方法提取主成分，主成分贡献率及累计贡献率见表 9-25，从表中可以看出主成分 1、2 的累计贡献率为 0.9033，超过 0.85，因此提取前两个主成分进行预测。

表 9-25　PLS 提取主成分贡献率及累计贡献率

	主成分 1*	主成分 2*	主成分 3	主成分 4	主成分 5
贡献率	0.8324	0.0710	0.0758	0.0102	0.0107
累计贡献率	0.8324	0.9033	0.9791	0.9893	1.0000

注：*为提取的主成分。

表 9-26 给出了各样本点的原始值，采用 PLSPP 模型后的拟合值和预留预测值。从表中可以看出，PLSPP 模型的相对误差绝对值的均值从 PLS 模型的 5.15%，降低到了 3.60%；尤其是验证组的相对误差绝对值的均值从 PLS 模型的 11.41%，降低到了 1.76%，以上结果均能显示 PLSPP 模型的精度要高于 PLS 模型。

表 9-26　PLSPP 与 PLS 模型对青海省农业用水总量的拟合精度比较

年份	主成分		农业基本现代化水平			相对误差/%	
	t_{i1}	t_{i2}	实际值	PLSPP	PLS	PLSPP	PLS
1990	−0.158	−0.313	39.34	36.72	35.94	−6.65	−8.64
1991	−0.112	−0.004	40.55	38.48	39.40	−5.11	−2.83
1992	0.052	0.098	37.55	40.55	39.80	7.98	6.00
1993	0.379	0.177	36.62	41.06	40.21	12.12	9.82
1994	0.179	0.070	39.3	41.85	41.13	6.48	4.65
1995	−0.053	0.049	42.41	42.45	41.84	0.10	−1.34

续表

年份	主成分		农业基本现代化水平			相对误差/%	
	t_{i1}	t_{i2}	实际值	PLSPP	PLS	PLSPP	PLS
1996	−0.226	0.032	46.07	43.28	43.61	−6.05	−5.34
1997	−0.135	−0.268	48.03	45.84	46.37	−4.55	−3.45
1998	−0.006	0.076	47.76	48.42	48.49	1.39	1.52
1999	0.365	−0.457	49.14	48.23	48.66	−1.85	−0.98
2000	0.155	−0.067	48.74	51.19	51.24	5.03	5.12
2001	−0.056	−0.132	50.3	52.65	51.95	4.68	3.28
2002	−0.167	−0.068	52.39	54.31	54.11	3.66	3.28
2003	−0.208	−0.378	52.71	53.98	52.97	2.40	0.48
2004	0.165	−0.179	54.94	54.22	53.86	−1.32	−1.96
2005	0.167	0.030	55.93	55.01	54.12	−1.65	−3.23
2006	0.355	−0.130	57.23	57.29	56.14	0.11	−1.91
2007	−0.115	0.189	59.55	62.30	58.72	4.63	−1.40
2008	−0.228	0.285	63.6	63.66	58.75	0.10	−7.63
2009*	−0.118	−0.117	65.22	67.41	68.48	3.35	5.00
2010*	−0.085	0.121	68.16	69.45	73.18	1.90	7.36
2011*	0.229	0.221	72.34	71.62	81.18	−0.99	12.21
2012*	0.069	0.084	75.74	76.33	91.70	0.78	21.07

注：*代表验证组；t_{i1}、t_{i2} 为每年的数据在两个方向上的投影数值。

（三）基于偏最小二乘回归的投影寻踪耦合模型在农业用水预测中的应用

（1）基本资料。

水资源是粮食生产的基础，在我国的农业大省中农业用水占总用水的比例较高，例如，2013年青海省农业用水占总用水量的81.15%（数据来源于《2013青海省水资源公报》），因此，预测农业用水情况对农业大省的持续发展具有至关重要的作用[214]。本节选取了11个影响农业用水（y）的因子，分为社会经济系统因子：总人口（x_1）、耕地面积（x_2）、GDP（x_3）、第一产业占GDP比例（x_4）；水资源系统因子：年降水总量（x_5）、水资源总量（x_6）、供水量（x_7）、农田灌溉用水量（x_8）、有效灌溉面积（x_9）、农田灌溉单位面积用水量（x_{10}）；管理因子：水资源费征收（x_{11}），其中2000～2009年的数据作为训练样本，2010～2013年的数据作为检验样本（表9-27），统计的数据来自历年的青海省统计年鉴、青海省水资源公报、中国水利年鉴和黄河年鉴。

（2）建立基于偏最小二乘回归的投影寻踪耦合模型。

建立基于偏最小二乘回归的投影寻踪耦合模型，用表9-27中的前面的10个样本建模，预留后面的4个样本作预测检验。提取成分，先将因变量（腾发量）序列 $y_i(i=1,2,\cdots,10)$，自变量（各气象因子）序列 $x_{ij}(i=1,2,\cdots,10;\ j=1,2,\cdots,11)$ 标准化处理，多重相关性诊断结果见表9-28。

表 9-27　青海省 2000～2013 年农业用水及其影响因子的统计数据

年份	社会经济系统因子				水资源系统因子						管理因子	农业用水
	x_1/10^4人	x_2/10^3hm^2	x_3/10^8元	x_4/%	x_5/10^8m^3	x_6/10^8m^3	x_7/10^8m^3	x_8/10^8m^3	x_9/10^3hm^2	X_{10}/m^3	x_{11}/10^4元	y/亿 m^3
2000	516.5	669.16	263.68	0.15	2047.20	612.70	27.91	20.04	211.42	631.86	100	21.27
2001	523.1	652.50	300.10	0.15	1947.60	580.02	27.23	19.23	208.33	615.30	100	20.52
2002	528.6	604.67	340.70	0.14	2053.50	558.23	27.03	19.05	193.55	656.17	100	20.36
2003	533.8	555.21	390.20	0.12	2146.70	634.66	29.01	19.64	181.73	720.46	100	22.76
2004	538.6	542.05	466.10	0.13	2094.90	606.80	30.17	19.65	180.33	726.48	100	22.82
2005	543.2	542.25	543.30	0.12	2430.40	768.72	31.46	19.66	176.54	742.35	620	22.87
2006	547.7	542.10	648.50	0.10	2052.70	569.00	32.20	19.66	176.32	743.39	3200	22.82
2007	551.6	542.20	797.35	0.10	2283.40	661.62	31.11	17.72	176.59	669.05	3600	21.47
2008	554.3	542.72	1018.62	0.10	2317.20	657.78	31.56	18.95	177.24	712.62	3740	23.44
2009	557.3	565.40	1081.27	0.10	2654.20	868.58	34.96	18.55	175.43	704.87	5032	23.40
2010	563.2	567.30	1350.43	0.10	2454.40	741.11	36.23	18.40	177.69	690.41	7684	24.31
2011	569.1	588.32	1670.44	0.09	2417.50	733.12	36.60	18.71	179.44	695.00	8370	24.61
2012	573.2	588.53	1893.54	0.09	2653.00	895.22	27.62	16.30	186.69	582.00	11000	22.48
2013	572.6	588.64	2307.86	0.09	2134.40	645.60	28.09	16.18	187.19	576.28	21192	22.52

表 9-28　自变量、因变量间相关系数矩阵

	x_1	x_2	x_3	x_4	x_5	x_6	x_7	x_8	x_9	x_{10}	x_{11}	y
x_1	1.000	−0.437	0.927	−0.951	0.695	0.635	0.491	−0.762	−0.622	−0.141	0.817	0.675
x_2	−0.437	1.000	−0.123	0.577	−0.355	−0.201	−0.450	0.040	0.947	−0.668	−0.031	−0.536
x_3	0.927	−0.123	1.000	−0.817	0.541	0.542	0.268	−0.857	−0.313	−0.445	0.955	0.511
x_4	−0.951	0.577	−0.817	1.000	−0.656	−0.561	−0.548	0.647	0.739	−0.036	−0.710	−0.699
x_5	0.695	−0.355	0.541	−0.656	1.000	0.965	0.549	−0.434	−0.552	0.066	0.330	0.604
x_6	0.635	−0.201	0.542	−0.561	0.965	1.000	0.408	−0.467	−0.391	−0.077	0.358	0.506
x_7	0.491	−0.450	0.268	−0.548	0.549	0.408	1.000	0.092	−0.661	0.563	0.104	0.832
x_8	−0.762	0.040	−0.857	0.647	−0.434	−0.467	0.092	1.000	0.146	0.683	−0.864	−0.083
x_9	−0.622	0.947	−0.313	0.739	−0.552	−0.391	−0.661	0.146	1.000	−0.623	−0.182	−0.707
x_{10}	−0.141	−0.668	−0.445	−0.036	0.066	−0.077	0.563	0.683	−0.623	1.000	−0.546	0.458
x_{11}	0.817	−0.031	0.955	−0.710	0.330	0.358	0.104	−0.864	−0.182	−0.546	1.000	0.345
y	0.675	−0.536	0.511	−0.699	0.604	0.506	0.832	−0.083	−0.707	0.458	0.345	1.000

从表 9-28 中可以看出，自变量之间存在严重多重相关性。如 $r(x_3,x_{11})=0.955$，其 $r^2(x_2,x_4)=0.9120$，即方差膨胀因子 $\text{VIF}_{\max}=(1-0.9120)^{-1}=11.37>10$，故变量之间存在多重相关性。

采用单因素变量 PLS 方法提取主成分，主成分贡献率及累计贡献率见表 9-29，从表中可以看出主成分 1～3 的累计贡献率为 0.88，超过 0.85，因此提取前三个主成分进行预测。

表 9-29 主成分贡献率及累计贡献率

	主成分 1*	主成分 2*	主成分 3*	主成分 4	主成分 5	主成分 6	主成分 7	主成分 8	主成分 9	主成分 10	主成分 11
贡献率	0.51	0.30	0.08	0.06	0.05	0.00	0.00	0.00	0.00	0.00	0.00
累计贡献率	0.51	0.81	0.88	0.94	0.99	0.99	0.99	1.00	1.00	1.00	1.00

注：*为提取的主成分。

建立基于偏最小二乘回归的投影寻踪耦合模型，将因变量（农业用水总量）序列 $y_i(i=1,2,\cdots,14)$，成分 t_{i1}、t_{i2}、t_{i3}（$i=1,2,\cdots,14$）序列分别代入式（9-48）～式（9-51）中，采用一个岭函数进行拟合，多项式的阶数为 4，通过优化计算得投影指标函数为 0.07，参数 a、c 值见表 9-30。

表 9-30 参数 $\boldsymbol{a}$、$\boldsymbol{c}$ 值

a_1	a_2	a_3	c_1	c_2	c_3	c_4
−0.7272	−0.6119	−0.3109	−1.3399	3.1010	0.6804	1.0133

表 9-31 给出了各样本点的原始值、采用 PLSPP 模型后的拟合值和预留预测值。从表中可以看出，PLSPP 模型的相对误差绝对值的均值从 PLS 模型的 2.45%降低到了 2.33%，基本持平；相对误差绝对值的最大值从 PLS 模型的 8.10%降低到了 6.81%，最小值由 0.27%降低为 0.03%；验证组 PLSPP 模型的相对误差绝对值的均值从 PLS 模型的 5.42%降低到了 4.87%，以上结果均能显示 PLSPP 模型的精度要高于 PLS 模型。

表 9-31 PLSPP 与 PLS 模型对青海省农业用水总量的拟合精度比较

组号	主成分			农业用水总量（y）/亿 m³			相对误差/%	
	1	2	3	实测值	PLSPP	PLS	PLSPP	PLS
1	−0.5068	0.0149	0.3654	21.27	21.21	21.21	0.30	0.27
2	−0.5065	−0.0985	0.1624	20.52	20.38	20.43	0.67	0.44
3	−0.3460	−0.0441	−0.1726	20.36	20.68	20.83	1.55	2.32
4	−0.1041	0.1643	−0.2647	22.76	22.21	22.37	2.41	1.73
5	−0.0884	0.2189	−0.2157	22.82	22.48	22.50	1.49	1.41
6	0.0962	0.2412	−0.2262	22.87	23.02	23.38	0.64	2.22
7	0.0521	0.2850	−0.0069	22.82	23.20	23.09	1.65	1.19
8	0.0877	−0.0796	−0.3859	21.47	21.98	21.51	2.37	0.17
9	0.1316	0.1110	−0.1073	23.44	22.96	22.90	2.04	2.32
10	0.3068	0.1126	0.0363	23.4	23.41	23.52	0.03	0.50
11*	0.2755	0.1167	0.2856	24.31	23.50	23.31	3.31	4.09
12*	0.3023	0.1471	0.5519	24.61	23.63	23.81	3.98	3.24
13*	0.2006	−0.5935	−0.2284	22.48	20.95	21.07	6.81	6.27
14*	0.0988	−0.5958	0.2061	22.52	21.31	20.70	5.39	8.10

注：*代表验证组。

第五节　基于偏最小二乘回归的神经网络投影寻踪耦合模型简介及其应用

一、基于偏最小二乘回归的神经网络投影寻踪耦合模型简介

尽管基于偏最小二乘回归的投影寻踪耦合模型在对水文水资源（水稻腾发量）进行预测中，解决了因变量与自变量间复杂的非线性问题和自变量间的多重共线性问题，并且取得了较好的预测效果[212]，但是为了弥补偏最小二乘回归的投影寻踪耦合模型没有自学习能力的不足，本书提出了基于偏最小二乘回归的神经网络投影寻踪耦合（coupling error back propagation and projection pursuit based on PLS, PLSBPPP）模型，并用RAGA来优化投影指标函数，从而使模型精度、稳健性、实用性、收敛性都得到提高，为处理非线性时序预测问题提供了一条新途径。

建立基于偏最小二乘回归的神经网络投影寻踪耦合模型，其中投影寻踪回归模型为基于 Hermite 多项式的投影寻踪回归模型。具体步骤如下。

步骤 1　建立偏最小二乘回归模型提取成分，设有单因变量 y_i（i=1,2,⋯,n）和 p 个自变量$\{x_1,x_2,\cdots,x_p\}$，观测 n 个样本点，构成自变量与因变量的数据表 $X=[x_1,x_2,\cdots,x_p]_{n\times p}$ 和 $Y=[y]_{n\times 1}$。偏最小二乘回归分别在 X 和 Y 中提取成分 t_1 和 u_1，在第一个成分 t_1 和 u_1 被提取后，偏最小二乘回归分别实施 X 对 t_1 的回归以及 Y 对 t_1 的回归，如果回归方程已经达到令人满意的精度，则算法终止；否则，将利用 X 被 t_1 解释后的残余信息以及 Y 被 t_1 解释后的残余信息进行第二轮的成分提取。如此往复，通过交叉有效性判别，直至能达到一个比较令人满意的精度为止。最终对 X 共提取了 d 个成分 $t_1,t_2,\cdots,t_d$。

步骤 2　由步骤 1 提取的 d 个成分 $t_1,t_2,\cdots,t_d$ 计算投影值：

$$z_i=\sum_{j=1}^{d}a_j t_{ij}-\theta,\quad i=1,2,\cdots,n \tag{9-52}$$

式中，$a_j\left(j=1,2,\cdots,d\right)$为投影方向；$\theta$ 为阈值项；t_{ij} 已进行归一化处理。

步骤 3　对散布点(z,y)，用基于正交 Hermite 多项式拟合，此时基于偏最小二乘回归的神经网络投影寻踪耦合模型为

$$\hat{y}=\sum_{i=1}^{m}\sum_{j=1}^{r}c_{ij}h_{ij}\left(z\right) \tag{9-53}$$

式中，r 为多项式阶数，c 为多项式系数，可用最小二乘法获得；h 为正交 Hermite 多项式。

步骤 4　优化投影指标函数。在优化投影方向 a 时，同时考虑阈值 θ 和多项式系数 c 的优化问题，可以通过求解投影指标函数最小化问题来估计最佳 a、θ、c 值，即

$$\min Q\left(a,\theta,c\right)=\frac{1}{n}\sum_{i=1}^{n}\left(y_i-\hat{y}_i\right)^2 \tag{9-54}$$

$$\text{s.t.}\sum_{j=1}^{p}a^2\left(j\right)=1 \tag{9-55}$$

这是一个以 a、θ、c 为优化变量的复杂非线性优化问题，用传统的优化方法处理较难。本书应用模拟生物优胜劣汰与群体内部染色体信息交换机制的 RAGA 来解决其高维全局寻优问题。

步骤 5　计算第一次的拟合残差 $r_1=y-\hat{y}$，如果满足要求则输出模型参数，否则，进入下一步。

步骤 6　用 r_1 代替 y，回到步骤 1 开始下一个岭函数的优化，直到满足一定要求，停止增加岭函数个数，输出最后结果。

二、基于偏最小二乘回归的神经网络投影寻踪耦合模型的应用

（一）基于偏最小二乘回归的神经网络投影寻踪耦合模型在城市水资源承载力预测中的应用

城市水资源承载力是指某一城市（含郊区）的水资源在某一具体历史发展阶段下，以可预见的技术、经济和社会发展水平为依据，以可持续发展为原则，以维护生态环境良性循环发展为条件，经过合理优化配置，对该城市社会经济发展的最大支撑能力[203]。在水资源短缺的今天，城市发展首先要考虑水资源的承载能力，以供定需，量水而行，节约用水，不断提高水的利用价值，这是缓解城市水资源短缺的有效途径，是水资源可持续利用、城市经济可持续发展的重要保障。影响某一城市的水资源承载力因素有很多，例如人口、经济、工业、供水能力、人均日生活用水量、固定资产值等。但这些影响因素可能是彼此相关的，这使得预测问题变得异常复杂。在水资源预测方面，许多学者采用不同方法做了大量研究[205, 215]。在建立自变量集合与因变量集合的回归方程中，一般常用最小二乘法，但若自变量间存在多重相关性时，该法估计结果误差较大且不稳定。在这种情况下，应用新的估计方法是很必要的。本书提出了基于偏最小二乘回归的神经网络投影寻踪耦合模型，并用 RAGA 来优化投影指标函数，从而使模型精度、稳健性、实用性都得到提高，为处理城市水资源承载力等非线性时序预测问题提供了一条新途径。

（1）基本资料。

根据烟台市 1980～2000 年序列资料[215]（表 9-32），从中选 7 个因子。x_1 为总人口数，x_2 为固定资产值，x_3 为工业单位个数，x_4 为国内生产总值 GDP，x_5 为人均 GDP，x_6 为人均日生活用水量，x_7 为供水能力，y 为水资源量。

表 9-32　烟台市 1980～2000 年序列资料

年份	$x_1/10^4$ 人	$x_2/10^4$ 元	x_3/个	$x_4/10^4$ 元	x_5/元	x_6/L	$x_7/(10^4\text{m}^3/\text{d})$	$y/10^4\text{m}^3$
1980	567.21	36574	1660	304923	535	83.0	18.0	6235
1981	573.89	44719	1540	311590	542	82.0	19.7	6897
1982	581.21	55828	1594	340400	585	85.0	20.5	7012

续表

年份	$x_1/10^4$人	$x_2/10^4$元	x_3/个	$x_4/10^4$元	x_5/元	x_6/L	$x_7/(10^4m^3/d)$	$y/10^4m^3$
1983	585.75	50629	1499	407773	693	85.5	21.0	7023
1984	588.89	57645	1600	470404	795	86.0	21.3	7289
1985	592.43	79552	1947	572569	962	86.8	22.7	7896
1986	598.72	105800	1950	660180	1100	87.0	24.0	7589
1987	607.21	150016	1955	847263	1394	84.0	23.8	7986
1988	615.90	182673	1966	1150970	1867	98.0	24.1	7998
1989	619.91	123278	1999	1258556	2010	97.0	24.2	8012
1990	625.27	159147	2430	1485282	2362	99.0	25.4	8123
1991	626.27	208114	2465	1721637	2720	100.0	26.2	8456
1992	629.00	414659	2600	2296046	3624	110.0	26.8	8498
1993	629.93	595437	2610	3254235	5043	140.0	28.3	8654
1994	631.63	711650	2732	4278600	6730	273.0	54.3	8723
1995	634.88	696761	2700	5394000	8451	287.2	90.3	8923
1996	638.37	661720	2530	6152400	9589	132.8	96.8	10093
1997*	641.48	683437	2200	6750000	10466	128.0	107.3	11626
1998*	643.35	973217	2230	7400000	11439	137.1	109.3	11536
1999*	644.79	983256	2210	8006600	12345	135.2	106.9	11276
2000*	645.80	995612	2256	8795900	13546	108.3	111.8	11309

注：表中数据来自烟台统计年鉴（1980～2000）；*代表验证组。

（2）建立基于偏最小二乘回归的神经网络投影寻踪耦合模型。

建立基于偏最小二乘回归的神经网络投影寻踪回归模型，用表 9-32 中的 1980～1996 年的 17 个样本建模，预留 1997～2000 年的 4 个样本作预测检验。提取成分，将因变量（城市水资源承载力）序列 $y_i(i=1,2,\cdots,16)$，自变量序列 $x_{ij}(i=1,2,\cdots,16;j=1,2,\cdots,7)$标准化处理，多重相关性诊断结果见表 9-33。

表 9-33　自变量、因变量间相关系数矩阵

	x_1	x_2	x_3	x_4	x_5	x_6	x_7	y
x_1	1							
x_2	0.8483	1						
x_3	0.8260	0.6446	1					
x_4	0.8335	0.9739	0.5616	1				
x_5	0.8347	0.9742	0.5648	1.0000	1			
x_6	0.5069	0.5773	0.6805	0.4837	0.4888	1		
x_7	0.7499	0.9131	0.4489	0.9720	0.9725	0.4645	1	
y	0.8712	0.9095	0.5345	0.9497	0.9492	0.3269	0.9257	1

从表 9-33 中可以看出，自变量之间存在严重多重相关性。如 $r(x_2,x_5)=0.9742$，$r^2(x_2,x_5)=0.9490$，即方差膨胀因子 $\text{VIF}_{max}=(1-0.9490)^{-1}=19.61>10$，故变量之间存在多重相关性。

采用单因素变量 PLS 方法提取主成分，主成分贡献率及累计贡献率见表 9-34，从表中可以看出主成分 1、2 的累计贡献率为 0.9118，超过 0.85，因此提取前两个主成分进行预测。

表 9-34　主成分贡献率及累计贡献率

	主成分 1*	主成分 2*	主成分 3	主成分 4	主成分 5
贡献率	0.7772	0.1346	0.0696	0.0106	0.0038
累计贡献率	0.7772	0.9118	0.9814	0.9921	0.9958

注：*为提取的主成分。

建立基于偏最小二乘回归的神经网络投影寻踪耦合模型，将因变量（粮食产量）序列 $y_i(i=1,2,\cdots,16)$，成分 t_{i1}、t_{i2}、$t_{i3}(i=1,2,\cdots,16)$序列分别代入式（9-48）～式（9-51）中，采用一个岭函数进行拟合，多项式的阶数为 4，通过优化计算得投影指标函数为 0.0263，参数 a、c、θ 值见表 9-35。

表 9-35　参数 a、c、θ 值

a_1	a_2	c_1	c_2	c_3	c_4	θ
−0.9156	−0.4022	5.0261	−6.8712	2.1188	−0.3311	−1.1995

表 9-36 给出了各样本点的原始值、采用 PLSBPPP 模型后的拟合值和预留预测值。从表中可以看出，采用 PLSBPPP 模型对历史值拟合得到的结果非常令人满意，其相对误差绝对值的均值从 PLS 模型的 5.14%降低到了 5.01%。采用 PLSBPPP 模型对验证组预测得到的结果也非常令人满意。其相对误差绝对值的均值从 PLS 模型的 16.17%降低到了 13.00%，可见 PLSBPPP 模型对城市水资源承载力拟合和预测效果是令人满意的。

表 9-36　PLSBPPP 与 PLS 模型城市水资源承载力的拟合精度比较

年份	t_{i1}	t_{i2}	原始值 y_i/mm	拟合值 $\hat{y}_i$/mm		相对误差 ε_i/%	
				PLSBPPP	PLS	PLSBPPP	PLS
1980	−0.2624	0.0371	6235	6727	6669	7.90	6.96
1981	−0.2565	0.0826	6897	6965	6802	0.99	−1.38
1982	−0.2381	0.0710	7012	7087	7003	1.08	−0.13
1983	−0.2346	0.1019	7023	7244	7085	3.14	0.88
1984	−0.2206	0.0818	7289	7292	7201	0.04	−1.21
1985	−0.1869	0.0033	7896	7284	7421	−7.75	−6.01
1986	−0.1699	0.0159	7589	7492	7585	−1.27	−0.05

续表

年份	t_{i1}	t_{i2}	原始值 y_i/mm	拟合值 $\hat{y}_i$/mm		相对误差 ε_i/%	
				PLSBPPP	PLS	PLSBPPP	PLS
1987	−0.1467	0.0431	7986	7815	7797	−2.14	−2.36
1988	−0.1159	0.0153	7998	7986	8003	−0.15	0.06
1989	−0.1119	0.0172	8012	8031	8123	0.24	1.38
1990	−0.0651	−0.0801	8123	8069	8417	−0.67	3.61
1991	−0.0478	−0.0807	8456	8226	8458	−2.72	0.02
1992	0.0087	−0.1190	8498	8591	8556	1.10	0.69
1993	0.0686	−0.1844	8654	8878	8556	2.59	−1.13
1994	0.1864	−0.5853	8723	8341	8663	−4.38	−0.69
1995	0.2642	−0.5276	8923	9290	8975	4.12	0.59
1996	0.2446	0.0778	10093	11527	9247	14.21	−8.39
1997	0.2597	0.2170	11626	12202	9288	4.95	−20.11
1998	0.3213	0.2138	11536	12725	9332	10.31	−19.11
1999	0.3378	0.2424	11276	12974	9356	15.06	−17.03
2000	0.3650	0.3569	11309	13625	9475	20.48	−16.21

（二）基于偏最小二乘回归的神经网络投影寻踪耦合模型在粮食产量预测中的应用

（1）基本资料。

粮食问题是国家一直高度关注的重点问题，粮食产量关系到国计民生，随着社会经济的发展和人口数量的不断增长，通过各种途径提高粮食生产和供应能力就显得尤为重要，对影响粮食产量的因素进行分析和预测具有一定的实际意义。本节选取粮食播种面积（x_1）、有效灌溉面积（x_2）、农业机械总动力（x_3）、农业化肥施用量（x_4）、受灾面积（x_5）作为自变量，粮食产量（y）作为因变量，构建基于偏最小二乘回归的神经网络投影寻踪耦合粮食产量预测模型[216]。

（2）建立基于偏最小二乘回归的神经网络投影寻踪耦合模型。

建立基于偏最小二乘回归的神经网络投影寻踪回归模型，用表 9-37 中的 2000～2009 年的 10 个样本建模，预留 2010～2015 年的 6 个样本作预测检验。提取成分，将因变量（粮食产量）序列 $y_i(i=1,2,\cdots,10)$、自变量序列 $x_{ij}(i=1,2,\cdots,10;\ j=1,2,\cdots,5)$标准化处理，多重相关性诊断结果见表 9-38。

表 9-37 2000～2015 年全国粮食产量及影响因子指标

年份	$x_1/10^3\text{hm}^2$	$x_2/10^3\text{hm}^2$	x_3/（10^4kW·h）	$x_4/10^4$kg	$x_5/10^3\text{hm}^2$	$y/10^4$t
2000	108463	53820.3	52573.6	4146.4	54688.0	46217.5
2001	106080	54249.4	55172.1	4253.8	52215.0	45263.7

续表

年份	$x_1/10^3hm^2$	$x_2/10^3hm^2$	$x_3/（10^4kW·h）$	$x_4/10^4kg$	$x_5/10^3hm^2$	$y/10^4t$
2002	103891	54354.8	57929.9	4339.4	47119.0	45705.8
2003	994100	54014.2	60386.5	4411.6	5406.0	43069.5
2004	101606	54478.4	64027.9	4636.6	37106.0	46946.9
2005	104278	55029.3	68397.8	4766.2	38818.0	48402.2
2006	104958	55750.5	72522.1	4927.7	10522.0	49804.2
2007	105638	56518.3	76589.6	5107.8	25063.8	50160.3
2008	106793	58471.7	82190.4	5239.0	39990.0	52870.9
2009	108986	59261.4	87496.1	5404.4	47214.0	53082.1
2010*	109876	60347.7	93780.5	5561.7	37425.9	54647.7
2011*	110573	61681.6	97734.7	5704.2	32470.5	57120.8
2012*	111205	62490.5	102559	5838.8	24962.0	58958
2013*	111956	63473.3	103906.8	5911.9	31349.8	60193.8
2014*	112723	64539.5	108056.6	5995.9	24890.7	60702.6
2015*	113343	65872.6	111728.1	6022.6	21769.8	62143.9

注：*代表验证组。

表 9-38　自变量、因变量间相关系数矩阵

	x_1	x_2	x_3	x_4	x_5	y
x_1	1					
x_2	−0.2659	1				
x_3	−0.2587	0.9834	1			
x_4	−0.2825	0.9657	0.9958	1		
x_5	−0.5319	−0.2634	−0.3328	−0.3361	1	
y	−0.3813	0.9860	0.9809	0.9726	−0.2300	1

从表 9-38 中可以看出，自变量之间存在严重多重相关性。如 $r(x_3,x_4)=0.9958$，变量之间存在多重相关性。其 $r^2(x_3,x_4)=0.9916$，即方差膨胀因子 $\mathrm{VIF}_{\max}=(1-0.9916)^{-1}=119.05>10$，故变量之间存在多重相关性。

采用单因素变量 PLS 方法提取主成分，主成分贡献率及累计贡献率见表 9-39，从表中可以看出主成分 1、2 的累计贡献率为 0.9344，超过 0.85，因此提取前两个主成分进行预测。

表 9-39　主成分贡献率及累计贡献率

主成分	主成分 1*	主成分 2*	主成分 3	主成分 4	主成分 5
贡献率	0.6292	0.3052	0.0564	0.0091	0.0001
累计贡献率	0.6292	0.9344	0.9908	0.9999	1.0000

注：*为提取的主成分。

建立基于偏最小二乘回归的投影寻踪耦合模型，将因变量（粮食产量）序列 y_i（i=1,2,…,10），成分 t_{i1}、t_{i2}、t_{i3}（i=1,2,…,10）序列分别代入式（9-48）～式（9-51）中，采用一个岭函数进行拟合，多项式的阶数为 4，通过优化计算得投影指标函数为 0.0077，参数 a、c、θ 值见表 9-40。

表 9-40　参数 $\boldsymbol{a}$、$\boldsymbol{c}$、$\boldsymbol{\theta}$ 值

a_1	a_2	c_1	c_2	c_3	c_4	θ
−0.9942	−0.1074	0.5406	−1.4702	1.4473	−0.2304	−0.2368

表 9-41 给出了各样本点的原始值、采用 PLSBPPP 模型后的拟合值和预留预测值。从表中可以看出，PLSBPPP 模型的相对误差绝对值的均值从 PLS 模型的 1.54%降低到了 1.38%，预测精度基本持平；但相对误差绝对值的最大值从 PLS 模型的 3.45%降低到了 2.94%，最小值由 0.18%降低为 0.20%；并且验证组 PLSBPPP 模型的相对误差绝对值的均值从 PLS 模型的 2.39%降低到了 1.92%，以上结果均能显示 PLSBPPP 模型的精度要高于 PLS 模型。

表 9-41　PLSBPPP 与 PLS 模型对全国粮食产量的拟合精度比较

组号	主成分		全国粮食产量（y）/万 t			相对误差/%	
	1	2	实测值	PLSBPPP	PLS	PLSBPPP	PLS
1	−0.3471	0.2918	46217.5	45279.7	45208.4	−2.03	−2.18
2	−0.3114	0.2625	45263.7	45839.1	45859.5	1.27	1.32
3	−0.2805	0.1982	45705.8	46265.8	46265.7	1.23	1.22
4	−0.3388	−0.8030	43069.5	43576.6	43223.5	1.18	0.36
5	−0.2032	0.0657	46946.9	47443.8	47357.5	1.06	0.87
6	−0.1616	0.0851	48402.2	48303.8	48313.5	−0.20	−0.18
7	−0.0727	−0.2638	49804.2	49355.5	48983.3	−0.90	−1.65
8	−0.0392	−0.0846	50160.3	50481.5	50332.8	0.64	0.34
9	0.0172	0.1116	52870.9	52194.7	52329.5	−1.28	−1.02
10	0.0641	0.2001	53082.1	53478.2	53649.4	0.75	1.07
11*	0.1432	0.0823	54647.7	55011.8	54946.6	0.67	0.55
12*	0.2093	0.0278	57120.8	56418.0	56220.4	−1.23	−1.58
13*	0.2712	−0.0633	58958.0	57634.2	57234.2	−2.25	−2.92
14*	0.2960	0.0218	60193.8	58425.0	58117.1	−2.94	−3.45
15*	0.3526	−0.0521	60702.6	59546.7	59113.1	−1.90	−2.62
16*	0.4009	−0.0801	62143.9	60577.7	60131.6	−2.52	−3.24

注：*代表验证组。

（三）基于偏最小二乘回归的神经网络投影寻踪耦合模型在都市农区农民收入预测中的应用

（1）基本资料。

随着现代化与城镇化进程加快，大城市较好的经济实力为现代农业发展提供有力支撑。同时，农村人口大量流向城市、集体建设用地征用等现象使得都市中农村与城镇在空间上和地域上的界限逐渐模糊，城乡居民的行为习惯与收入结构不断趋于一致。然而，在居民生活质量和消费水平上，城乡依旧存在较大差距。研究表明产业结构、第一产业就业情况、财政支农情况、医疗费用支出等对农民收入有较大影响。本书研究收集了1998～2017年都市农区农民收入及影响因子指标数据（表9-42），以1998～2017年农村居民可支配收入（y/元）为因变量，选择财政在农业支出（x_1/万元）、耕地面积（x_2/hm^2）、农村从事第一产业劳动力（x_3/人）作为自变量，构建基于偏最小二乘回归的神经网络投影寻踪耦合都市农区农民收入预测模型[217]。

表9-42　1998～2017年都市农区农民收入及影响因子指标

年份	x_1/万元	x_2/hm^2	x_3/人	y/元
1998	26618	30177	63732	5280
1999	32705	29827	68848	5169
2000	29696	29317	70855	5371
2001	29132	28640	68611	5642
2002	43115	28129	69190	6036
2003	45099	27837	64945	6488
2004	51142	27584	62406	7056
2005	49610	26791	54609	7959
2006	22931	28162	50430	8587
2007	27596	27865	47110	9560
2008	28455	27700	45360	10714
2009	32417	27349	43233	11814
2010	40852	26877	41537	13180
2011	42797	25795	38813	15004
2012	54671	21985	56849	16789
2013*	68784	21486	55791	18602
2014*	76466	21225	53765	20904
2015*	87824	21021	49655	22988
2016*	73006	20431	48697	25565
2017*	76091	20960	40115	27892

注：*代表验证组。

（2）建立基于偏最小二乘回归的神经网络投影寻踪耦合模型。

建立基于偏最小二乘回归的神经网络投影寻踪回归模型，用表 9-42 中的 1998～2012 年的 15 个样本建模，预留 2013～2017 年的 5 个样本作预测检验。提取成分，将因变量（粮食产量）序列 $y_i(i=1,2,\cdots,15)$、自变量序列 $x_{ij}(i=1,2,\cdots,15;j=1,2,3)$标准化处理，多重相关性诊断结果见表 9-43。

表 9-43　自变量、因变量间相关系数矩阵

	x_1	x_2	x_3	y
x_1	1			
x_2	−0.91	1		
x_3	−0.25	0.45	1	
y	0.84	−0.95	−0.62	1

从表 9-43 中可以看出，自变量之间存在严重多重相关性。如 $r(x_2,x_1)=-0.91$，变量之间存在多重相关性。

采用单因素变量 PLS 方法提取主成分，主成分贡献率及累计贡献率见表 9-44，从表中可以看出主成分 1、2 的累计贡献率为 0.97，超过 0.85，因此提取前两个主成分进行预测。

表 9-44　主成分贡献率及累计贡献率

	主成分 1*	主成分 2*	主成分 3
贡献率	0.71	0.26	0.03
累计贡献率	0.71	0.97	1.00

注：*为提取的主成分。

建立基于偏最小二乘回归的神经网络投影寻踪耦合模型，将因变量（粮食产量）序列 $y_i(i=1,2,\cdots,15)$，成分 t_{i1}、t_{i2}、$t_{i3}(i=1,2,\cdots,15)$序列分别代入式（9-48）～式（9-51）中，采用一个岭函数进行拟合，多项式的阶数为 4，通过优化计算得投影指标函数为 0.0115，参数 a、c、θ 值见表 9-45。

表 9-45　参数 a、c、θ 值

a_1	a_2	c_1	c_2	c_3	c_4	θ
0.1945	0.9809	3.0783	−5.0173	2.4581	−1.7710	0.0022

表 9-46 给出了各样本点的原始值，采用 PLSBPPP 模型后的拟合值和预留预测值。从表中可以看出，PLSBPPP 模型的相对误差绝对值的均值从 PLS 模型的 13.10%降低到了 5.70%，预测精度明显提高；相对误差绝对值的最大值从 PLS 模型的 29.86%降低到了 22.96%；并且验证组 PLSBPPP 模型的相对误差绝对值的均值从 PLS 模型的 22.92%降低到了 3.33%，以上结果均能显示 PLSBPPP 模型的精度要高于 PLS 模型。

表 9-46 PLSBPPP 与 PLS 模型对全国粮食产量的拟合精度比较

组号	主成分		全国粮食产量（y）/万 t			相对误差/%	
	1	2	实测值	PLSBPPP	PLS	PLSBPPP	PLS
1	−0.2877	−0.0421	5280	5085	4723	−3.70	−10.54
2	−0.2816	−0.1949	5169	5000	4171	−3.26	−19.32
3	−0.2930	−0.1903	5371	4986	4279	−7.17	−20.32
4	−0.2597	−0.1282	5642	5132	5420	−9.04	−3.93
5	−0.1813	−0.2759	6036	5487	6016	−9.09	−0.34
6	−0.1348	−0.2111	6488	6248	7172	−3.70	10.55
7	−0.0816	−0.2219	7056	7150	8006	1.33	13.46
8	−0.0127	−0.0431	7959	9787	10337	22.96	29.88
9	−0.1546	0.2880	8587	7931	9383	−7.64	9.27
10	−0.1014	0.3073	9560	9398	10398	−1.69	8.77
11	−0.0807	0.3345	10714	10170	10922	−5.08	1.94
12	−0.0369	0.3399	11814	11599	11753	−1.82	−0.51
13	0.0290	0.2926	13180	13581	12682	3.04	−3.78
14	0.0900	0.3457	15004	16464	14373	9.73	−4.21
15	0.1472	−0.0388	16789	15425	15014	−8.12	−10.57
16*	0.2366	−0.1573	18602	18140	15916	−2.48	−14.44
17*	0.2945	−0.1949	20904	20402	16678	−2.40	−20.22
18*	0.3817	−0.2333	22988	24196	17830	5.26	−22.44
19*	0.3363	−0.0469	25565	23926	18456	−6.41	−27.81
20*	0.3907	0.0706	27892	27921	19607	0.10	−29.70

注：*代表验证组。

第十章　投影寻踪自回归模型及其应用

第一节　投影寻踪自回归模型简介及其应用

一、投影寻踪自回归模型简介

目前PP方法的计算量相当大，在一定程度上限制了PP方法的深入研究和广泛应用。为此，本书提出投影寻踪自回归（projection pursuit auto regressive, PPAR）模型，用RAGA优化投影指标函数，投影寻踪自回归模型的函数为Hermite多项式，该模型构建具体过程如下。

步骤1　确定预测因子。时序$\{x(i)\}$延迟k步的自相关系数$\{R(k)\}$为

$$R(k)=\sum_{i=k+1}^{n}\left(x(i)-Ex\right)\left(x(i-k)-Ex\right)/\sum_{i=1}^{n}\left(x(i)-Ex\right)^{2} \tag{10-1}$$

$$Ex=\sum_{i=1}^{n}x(i)/n \tag{10-2}$$

式中，n为实测时序$\{x(i)\}$的容量，$k=1,2,\cdots,m$, $m<[n/4]$。$R(k)$的方差随k的增大而增大，$R(k)$的预测精度随k的增加而降低，因此m应取较小的数值。根据$R(k)$的抽样分布理论，在置信水平$1-\alpha$的情况下，当自相关系数值

$$R(k)\notin\left[-1-u_{\alpha/2}\left(n-k-1\right)^{0.5}/\left(n-k\right),\ -1+u_{\alpha/2}\left(n-k-1\right)^{0.5}/\left(n-k\right)\right] \tag{10-3}$$

时则推断时序$\{x(i)\}$延迟k步相依性显著，$x(i-k)$可作为$x(i)$的预测因子；否则时序$\{x(i)\}$延迟k步相依性不显著。式（10-3）中的分位值$u_{\alpha/2}$可从正态分布表中查得。

步骤2　设预测对象及其预测因子的样本为$\{x(i)|i=1,2,\cdots,n\}$及$\{x(i-k)|k=1,2,\cdots,p;i=k+1,k+2,\cdots,n\}$，其中$n$、$p$分别为样本容量和预测因子数目，$x(i)$、$x(i-k)$ $(k=1,2,\cdots,p)$已进行标准化处理（即原数据减去样本均值再除以样本标准差），以消除时序的量纲效应。现在的目的就是建立$\{x(i-k)|k=1,2,\cdots,p\}$与$x(i)$之间的数学关系。PP方法就是把$p$维数据$\{x(i-k)|k=1,2,\cdots,p\}$综合成以$a=(a(1),a(2),\cdots,a(p))$为投影方向的一维投影值$z(i)$：

$$z(i)=\sum_{k=1}^{p}a(k)x(i-k),\quad i=p+1,p+2,\cdots,n \tag{10-4}$$

式中，a为单位长度向量。

步骤 3　对散布点(z,x)，用基于正交 Hermite 多项式拟合，此时投影寻踪自回归模型为

$$\hat{x}=\sum_{i=1}^{m}\sum_{j=1}^{r}c_{ij}h_{ij}\left(z\right) \tag{10-5}$$

式中，r为多项式阶数，c为多项式系数，可用最小二乘法获得；h为正交 Hermite 多项式。

步骤 4　优化投影指标函数。在优化投影方向a时，同时考虑多项式系数c的优化问题，可以通过求解投影指标函数最小化问题来估计最佳a、c值，即

$$\min Q\left(a,c\right)=\frac{1}{n-p+1}\sum_{i=p+1}^{n}\left(x(i)-\hat{x}(i)\right)^{2} \tag{10-6}$$

$$\text{s.t.}\sum_{j=1}^{p}a^{2}\left(j\right)=1 \tag{10-7}$$

这是一个以a、c为优化变量的复杂非线性优化问题，用传统的优化方法处理较难。本书应用模拟生物优胜劣汰与群体内部染色体信息交换机制的 RAGA 来解决其高维全局寻优问题。

步骤 5　计算第一次的拟合残差$r=x-\hat{x}$，如果满足要求则输出模型参数，否则，进行步骤 6 计算。

步骤 6　用r_1代替x，回到步骤 1 开始下一个岭函数的优化，直到满足一定要求，停止增加岭函数个数，输出最后结果。

二、投影寻踪自回归模型的应用

（一）投影寻踪自回归模型在农村用电量预测中的应用

随着我国国民经济的快速发展以及农村人民生活水平的提高，风光互补发电系统在农村地区已经得到了广泛运用。而农村用电量预测是农村风光互补发电系统容量配置的基础。为了实现风光互补系统容量的合理配置，需要运用数学模型对农村用电量进行预测，根据用电量的预测来制定合理的风光互补发电系统容量，从而保证风光互补发电系统的稳定运行[218]。我国农村地区的电网特征是点多、面广、线长，技术和管理水平比较低，并且需要考虑经济、气候等各种相关因素，导致农村用电量属于一种非平稳随机的状态[219]。为了更客观地获取农村用电量数据的结构特征，我们引入投影寻踪自回归模型，建立投影寻踪自回归农村用电量预测模型，解决具有非线性特征的序列问题。投影寻踪自回归是投影寻踪技术和时间序列自回归分析的结合。即通过线性投影，将不同滞后时段的高维时间序列数据投影至低维子空间，优选出客观反映数据结构特征的岭函数，再用这些不确定形式岭函数的和来逼近回归函数，从而构出模型。线性投影克服了“维数灾难”问题，通过一系列岭函数和的逼近，较好地解决了非正态、非线性问题，为降水量时间序列分析提供了一条新的途径。

以 1990～2019 年全国农村用电量数据统计值进行分析（表 10-1）（数据来源于各年的中国统计年鉴）。现利用表 10-1 中 1990～2015 年全国农村用电量资料序列 $\{x(i)|i=1,2,\cdots,26\}$来建立 PPAR 预测模型，预留 2016～2019 年样本作预测检验。

表 10-1　全国农村用电量数据统计值、PPAR 模型和 PLS 模型的拟合结果和预测结果

		1990 年	1991 年	1992 年	1993 年	1994 年	1995 年	1996 年	1997 年	1998 年	1999 年
全国农村用电量/(10^8kW·h)	统计值	844.5	963.2	1107.1	1244.9	1473.9	1655.7	1812.7	1980.1	2042.1	2173.4
	PPAR								1889.52	2068.11	2202.81
	PLS								2103.65	2262.76	2298.73
相对误差/%	PPAR								−4.57	1.27	1.35
	PLS								6.24	10.81	5.77
		2000 年	2001 年	2002 年	2003 年	2004 年	2005 年	2006 年	2007 年	2008 年	2009 年
全国农村用电量/(10^8kW·h)	统计值	2421.3	2610.8	2993.4	3432.9	3933	4375.7	4895.8	5509.93	5713.15	6104.44
	PPAR	2521.40	2773.56	3086.97	3486.51	3737.63	4331.59	4839.80	5234.03	5999.09	6446.97
	PLS	2418.40	2684.15	2926.65	3365.26	3833.78	4332.01	4823.08	5288.06	5863.25	6114.97
相对误差/%	PPAR	4.13	6.23	3.13	1.56	−4.97	−1.01	−1.14	−5.01	5.00	5.61
	PLS	−0.12	2.81	−2.23	−1.97	−2.52	−1.00	−1.49	−4.03	2.63	0.17
		2010 年	2011 年	2012 年	2013 年	2014 年	2015 年	2016 年*	2017 年*	2018 年*	2019 年*
全国农村用电量/(10^8kW·h)	统计值	6632.35	7139.62	7508.46	8549.52	8884.45	9026.92	9238.26	9524.42	9358.54	9482.87
	PPAR	6899.12	7301.77	8036.75	8468.72	8719.79	9080.46	9309.53	9280.36	9458.19	9666.63
	PLS	6469.07	6951.28	7500.22	8090.87	9091.13	9510.00	9663.00	9777.96	9796.24	9886.14
相对误差/%	PPAR	4.02	2.27	7.04	−0.95	−1.85	0.59	0.77	−2.56	1.06	1.94
	PLS	−2.46	−2.64	−0.11	−5.36	2.33	5.35	4.60	2.66	4.68	4.25

注：*代表验证组。

计算该序列前 7 阶自相关系数 $R(k)$和与之相应的式（10-3）右边上限、下限 $R_2(k)$、$R_1(k)$值，结果见表 10-2 和图 10-1，其中置信水平取 70%。表 10-2 显示 $R(1)$、$R(2)$、$R(3)$、$R(4)$、$R(6)$、$R(7)$的相依性在置信水平 70%的条件下是显著的，故这里预测 $x(i)$的因子取 $x(i-1)$、$x(i-2)$、$x(i-3)$、$x(i-4)$、$x(i-6)$、$x(i-7)$。

表 10-2　全国农村用电量序列自相关系数及其上限、下限值(置信水平 70%)

	1	2	3	4	5	6	7
$R_1(k)$	−0.1826	−0.1826	−0.1826	−0.1826	−0.1826	−0.1826	−0.1826
$R(k)$	1.0116	−0.4095	−0.2326	−0.3956	−0.1541	0.6684	−0.6530
$R_2(k)$	0.1826	0.1826	0.1826	0.1826	0.1826	0.1826	0.1826

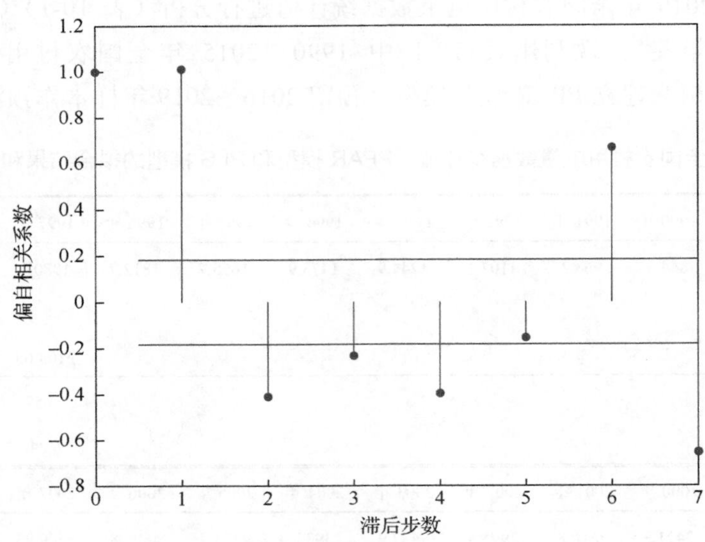

图 10-1　全国农村用电量序列 PACF

PACF：偏自相关函数（partial auto correlation function）

把建模样本$\{x(i)|i=1,2,\cdots,26\}$及$\{x(i-k)|k=1,2,3,4,6,7;\ i=7,8,\cdots,26\}$进行标准化处理后依次代入式（10-4）、式（10-5）、式（10-6）和式（10-7），采用 1 个岭函数进行拟合，多项式的阶数为 3，即得此例的投影指标函数，然后用 RAGA 优化该函数，得最小指标函数值为6.31×10^{-4}，参数 a、c 值见表 10-3。

表 10-3　参数 a、c 值

a_1	a_2	a_3	a_4	a_5	a_6	c_1	c_2	c_3
0.3672	−0.7392	−0.1938	0.3522	−0.1019	−0.3831	2.1059	0.0117	1.4102

把参数 a、c 值代入 PPAR 模型中，进行拟合检验、预测检验和预测，结果见表 10-1。表 10-1 说明：用 PPAR 模型对 19 个历史数据拟合检验中，相对误差绝对值的平均值为 3.25%，2016～2019 年的预测相对误差分别为 1.58%。PPAR 模型仅利用全国农村用电量时序延迟 1 步、2 步、3 步、4 步和 6 步、7 步的相依信息得到这样的结果令人满意。

（二）投影寻踪自回归模型在全国造林总面积预测中的应用

《林业发展“十三五”规划》提出：开展大规模国土绿化行动，做优做强林业产业，全面提高森林质量，强化资源和生物多样性保护，全面深化林业改革，大力推进创新驱动，切实加强依法治林，发展生态公共服务，夯实林业基础保障，扩大林业开放合作。林业资源，是指一个国家或地区林地面积、树种及木材蓄积量等的总称[220]。合理开发和利用林业资源，对我国生态文明建设和可持续发展都具有十分重要的战略意义。从现实国

情来看，我国人均森林资源占有量比较低，我国发展和恢复森林资源的任务还十分艰巨。造林面积是林业资源恢复和发展的重要指标，一般有两种统计方式：第一种按造林方式划分为人工造林、飞机播种、无林地和疏林地新封山育林；第二种按林种用途划分为用材林、防护林、经济林、薪炭林和特种用途林。造林面积关乎着林业资源的未来，对我国林业资源的开发和保护起着至关重要的作用[221]。以 2000～2019 年全国造林总面积数据进行分析（表 10-4）（数据来源于各年的中国统计年鉴）。现利用表 10-4 中 2000～2017 年全国造林总面积资料序列$\{x(i)|i=1,2,\cdots,18\}$来建立 PPAR 预测模型，预留 2018～2019 年样本作预测检验。

表 10-4　全国造林总面积统计值、PPAR 模型和 PLS 模型的拟合结果和预测结果

		2000 年	2001 年	2002 年	2003 年	2004 年	2005 年	2006 年	2007 年	2008 年	2009 年
全国造林总面积/10^3hm^2	统计值	5105.14	4953.04	7770.97	9118.89	5598.08	5105.14	5403.79	3838.79	3907.71	5354.39
	PPAR							5549.64	4862.62	3961.07	5597.97
	PLS							5805.21	4788.59	4056.08	5516.00
相对误差/%	PPAR							2.70	26.67	1.37	4.55
	PLS							7.43	24.74	3.80	3.02
		2010 年	2011 年	2012 年	2013 年	2014 年	2015 年	2016 年	2017 年	2018 年*	2019 年*
全国造林总面积/10^3hm^2	统计值	6262.33	5909.92	5996.61	6100.06	5549.61	7683.70	7203.51	7680.71	7299.47	7390.29
	PPAR	5851.94	6327.18	6590.98	6193.77	5867.46	5584.65	7522.03	7075.93	7403.67	7311.07
	PLS	5843.15	5928.26	6459.26	6351.52	5826.55	5432.28	6174.17	5994.61	6082.77	6203.54
相对误差/%	PPAR	−6.55	7.06	9.91	1.54	5.73	−27.32	4.42	−7.87	1.43	−1.07
	PLS	−6.69	0.31	7.72	4.12	4.99	−29.30	−14.29	−21.95	−16.67	−16.06

注：*代表验证组。

计算该序列前 7 阶自相关系数 $R(k)$和与之相应的式（10-3）右边上限、下限 $R_2(k)$、$R_1(k)$值，结果见表 10-5 和图 10-2，其中置信水平取 70%。表 10-5 显示，只有 $R(1)$、$R(2)$、$R(6)$的相依性在置信水平 70%的条件下是显著的，故这里预测 $x(i)$的因子取 $x(i-1)$、$x(i-2)$、$x(i-6)$。

表 10-5　全国造林总面积序列自相关系数及其上限、下限值(置信水平 70%)

	1	2	3	4	5	6	7
$R_1(k)$	−0.2236	−0.2236	−0.2236	−0.2236	−0.2236	−0.2236	−0.2236
$R(k)$	**0.5239**	**−0.2478**	0.1604	−0.2230	−0.0951	**0.2858**	0.0781
$R_2(k)$	0.2236	0.2236	0.2236	0.2236	0.2236	0.2236	0.2236

注：加粗代表置信水平 70%的条件下显著。

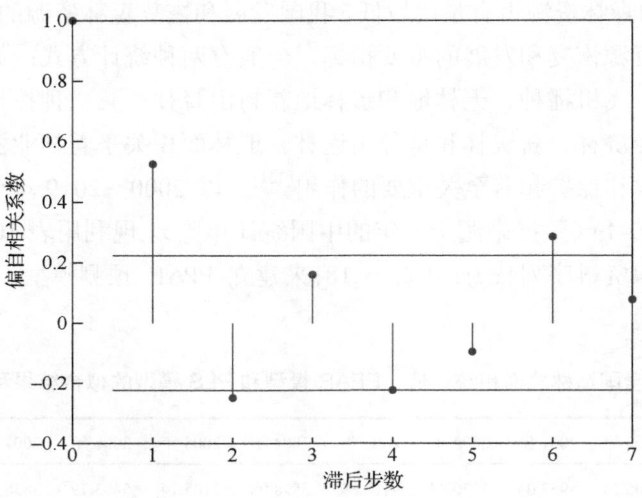

图 10-2　全国造林总面积序列 PACF

把建模样本$\{x(i)|i=1,2,\cdots,18\}$及$\{x(i-k)|k=1,2,6;\ i=7,8,\cdots,18\}$进行标准化处理后依次代入式（10-4）、式（10-5）、式（10-6）和式（10-7），采用 1 个岭函数进行拟合，多项式的阶数为 8，即得此例的投影指标函数，然后用 RAGA 优化该函数，得最小指标函数值为 0.0384，参数 a、c 值见表 10-6。

表 10-6　参数 a、c 值

a_1	a_2	a_3	c_1	c_2
−0.4147	0.4190	−0.8077	−1.0927	−0.1540

把参数 a、c 值代入 PPAR 模型中，进行拟合检验、预测检验和预测，结果见表 10-4。表 10-4 说明：用 PPAR 模型对 14 个历史数据拟合检验中，相对误差绝对值的平均值为 7.73%，2018～2019 年的预测相对误差分别为 1.43%和−1.07%，远小于 PLS 模型的−16.67%和−16.06%。PPAR 模型仅利用降水量时序延迟 1 步、2 步和 6 步的相依信息得到这样的结果令人满意。

第二节　投影寻踪门限自回归模型简介及其应用

一、投影寻踪门限自回归模型简介

建立基于 RAGA 的投影寻踪门限自回归（projection pursuit threshold auto regressive, PPTAR）模型，具体建模过程包括如下 4 步。

步骤 1　确定预测因子（具体内容参考本章第一节投影寻踪自回归模型步骤 1）。

步骤 2　构造投影指标函数。设预测对象及其预测因子的样本为$\{x(i)|i=1,2,\cdots,n\}$及

$\{x(i-k)|k=1,2,\cdots,p;\ i=k+1,k+2,\cdots,n\}$，其中 n、p 分别为样本容量和预测因子数目，$x(i)$、$x(i-k)(k=1,2,\cdots,p)$已进行标准化处理（即原数据减去样本均值再除以样本标准差），以消除时序的量纲效应。现在的目的就是建立$\{x(i-k)|k=1,2,\cdots,p\}$与 $x(i)$之间的数学关系。PP 方法就是把p维数据$\{x(i-k)|k=1,2,\cdots,p\}$综合成以 $a=(a(1),a(2),\cdots,a(p))$为投影方向的一维投影值 $z(i)$：

$$z(i)=\sum_{k=1}^{p}a(k)x(i-k),\quad i=p+1,p+2,\cdots,n \tag{10-8}$$

式中，a 为单位长度向量。然后根据 $z(i)$-$x(i)$的散点图建立适当的数学模型。

在综合投影值时，要求投影值 $z(i)$应尽可能大地提取$\{x(i-k)\}$中的变异信息，即使 $z(i)$的标准差 S_z 达到尽可能大；同时要求 $z(i)$与 $x(i)$的相关系数的绝对值 $|R_{zx}|$ 达到尽可能大。这样得到的投影值就可以尽可能多地携带预测因子系统$\{x(i-k)|\ k=1,2,\cdots,p\}$的变异信息，并且能够保证投影值对预测对象 $x(i)$具有很好的解释性。基于此，投影指标函数可构造为

$$Q_a=S_z\left|R_{zx}\right| \tag{10-9}$$

式中，$|\cdot|$为取绝对值；R_{zx} 为 $z(i)$与 $x(i)$的相关系数；S_z 为投影值 $z(i)$的标准差，即

$$S_z=\left[\sum_{i=p+1}^{n}\left(z(i)-Ez\right)^2/\left(n-p-1\right)\right]^{0.5} \tag{10-10}$$

$$R_{zx}=\frac{\sum_{i=p+1}^{n}\left(z(i)-Ez\right)\left(x(i)-Ex(i)\right)}{\left[\sum_{i=p+1}^{n}\left(z(i)-Ez)^2\right)\sum_{i=p+1}^{n}\left(x(i)-Ex\right)^2\right]^{0.5}} \tag{10-11}$$

其中，Ez，Ex 分别为序列$\{z(i)\}$和$\{x(i)\}(i=p+1,p+2,\cdots,n)$的均值。

步骤 3　优化投影指标函数。当给定预测对象及其预测因子的样本数据$\{x(i)|i=1,2,\cdots,n\}$及$\{x(i-k)|k=1,2,\cdots,p;\ i=k+1,k+2,\cdots,n\}$时，投影指标函数 Q_a 只随投影方向 a 的变化而变化。不同的投影方向反映不同的数据结构特征，最佳投影方向就是最大可能暴露高维数据某类特征结构的投影方向。可通过求解投影指标函数最大化问题来估计最佳投影方向，即

$$\max Q_a=S_z\left|R_{zx}\right| \tag{10-12}$$

$$\text{s.t.}\sum_{j=1}^{p}a^2(j)=1 \tag{10-13}$$

这是一个以$\{a(j)\,|\,j=1,2,\cdots,p\}$为优化变量的复杂非线性优化问题，用常规方法处理很困难。模拟生物优胜劣汰规则与群体内部染色体信息交换机制的基于实数编码的加速遗传算法（RAGA），是一种通用的全局优化方法，用它来求解上述问题十分简便和有效。

步骤 4 用门限自回归（threshold auto-regressive, TAR）模型描述投影值与预测对象之间的非线性关系。TAR 模型能有效地描述具有突变性、准周期性、分段相依性等复杂现象的非线性动态系统。门限的控制作用保证了 TAR 模型预测精度的稳健性和广泛的适用性。把由步骤 3 求得的最佳投影方向的估计值 a^*代入式（10-8）后即得投影值的计算值$\{z^*(i)|i=p+1,p+2,\cdots,n\}$。当 $z^*(i)$-$x^*(i)$的散点图中的点群大致呈分段线性分布时，就可采用分段线性模型来描述投影值与预测对象之间的关系，这正是 TAR 模型的基本思路。基于此，可用如下 TAR 模型描述 $z^*(i)$-$x(i)$的非线性关系：

$$x(i)=Ex(j)+b(j)\left(z^*(i)-Ez(j)\right)+e(j,i)，\quad 当 z^*(i)\in[r(j-1),r(j)]时 \tag{10-14}$$

式中，$r(0)=-\infty$，$r(L)=+\infty$，$r(j)(j=1,2,\cdots,L-1)$为门限值；L 为门限区间的个数；$e(j,i)$对每一固定的门限 j 是固定方差的白噪声序列；$Ez(j)$、$Ex(j)$分别为对应 $z^*(i)$落在门限区间$[r(j-1),r(j)]$中的样本点 $z^*(i)$和 $x(j)$的均值；$b(j)$为第 j 个门限区间内的回归系数，为待定模型参数，它们通过求解如下最小化问题来确定：

$$\min F\left(r(j),b(j),j=1,2,\cdots,L-1\right)=\sum_{i=p+1}^{n}\left(x^*(i)-x(i)\right)^2 \tag{10-15}$$

其中，$x^*(i)$为把 $z^*(i)$代入式（10-14）后所得预测对象的计算值（不含白噪声 $e(j,i)$）。该优化问题同样可用 RAGA 处理。

二、投影寻踪门限自回归模型的应用

海洋冰情时间序列的准确预测，可为海洋灾害有效管理提供重要的参考依据[222]。因受众多不确定性因素影响，海洋冰情时序常表现出弱相依性、突变性和随机性等复杂非线性特征。目前常用的线性时序模型往往不能充分利用资料所提供的信息，所建预测模型的不确定性较大，降低了它的预测成果的实用价值。门限自回归模型能有效地描述具有周期性、跳跃性、相依性、谐波等复杂现象的非线性动态系统，在表征海冰时序特性上有其独到之处。这些方法的共同特点是采用“对数据结果或分布特征作某种假定—按照一定准则寻找最优模拟—对建立的模型进行证实”这样一条证实性数据分析方法。由于过于形式化、束缚性强，该类方法预测海洋冰情这类非线性非正态系统具有一定的局限性。

近 20 年来国际统计界兴起了“直接审视数据—计算机分析模拟—设计软件程序检验”这样一条探索性数据分析方法。投影寻踪方法就是这类方法的突出代表。在本节中针对海洋冰情预测的特点引入 PP 方法，构造新的投影指标函数，用 TAR 模型描述投影值与海洋冰情之间的非线性关系，并用 RAGA 来优化投影指标函数和 TAR 模型参数，最后进行实例分析。

现利用表 10-7 中 1966～1993 年海洋冰情等级资料序列$\{x(i)\ |i=1,2,\cdots,28\}$来建立 PPTAR 预测模型。

表 10-7　某海洋冰情等级序列实测值和 PPTAR 模型的拟合结果与预测结果（单位：冰级）

	1966 年	1967 年	1968 年	1969 年	1970 年	1971 年	1972 年	1973 年	1974 年	1975 年	1976 年	1977 年	1978 年	1979 年
实测值	3	4.5	5	3	3.5	3	1	3	1.5	1.5	4.5	2.5	2.5	3
PPTAR 值							1.2	2.2	1.7	1.8	3.1	1.7	2.7	3.2
绝对误差							0.17	−0.75	0.21	0.25	−1.36	−0.83	0.20	0.23
	1980 年	1981 年	1982 年	1983 年	1984 年	1985 年	1986 年	1987 年	1988 年	1989 年	1990 年	1991 年	1992 年	1993 年
实测值	2.5	2.5	2	3	3.5	3	3	2	1.5	3	1.5	1.5	3	1.5
PPTAR 值	1.4	2.4	2.3	2.1	2.3	2.1	2.6	2.3	2.0	2.2	1.8	2.3	2.9	2.0
绝对误差	−1.1	−0.1	0.3	−0.9	−1.2	−0.9	−0.4	0.3	0.5	−0.8	0.3	0.8	−0.1	0.5

计算该序列前 7 阶自相关系数 $R(k)$和与之相应的式（10-10）右边上限、下限 $R_2(k)$、$R_1(k)$值，结果见表 10-8 和图 10-3，其中置信水平取 70%。表 10-8 显示，只有 $R(1)$、$R(3)$、$R(4)$、$R(6)$的相依性在置信水平 70%的条件下是显著的，故这里预测 $x(i)$的因子取 $x(i-1)$、$x(i-3)$、$x(i-4)$、$x(i-6)$。

表 10-8　某海洋冰情等级序列自相关系数及其上、下限值(置信水平 70%)

	1	2	3	4	5	6	7
$R_1(k)$	−0.1890	−0.1890	−0.1890	−0.1890	−0.1890	−0.1890	−0.1890
$R(k)$	**0.3019**	0.1041	**0.3026**	**−0.4296**	0.1270	**−0.2277**	0.1136
$R_2(k)$	0.1890	0.1890	0.1890	0.1890	0.1890	0.1890	−0.1890

注：加粗代表置信水平 70%的条件下显著。

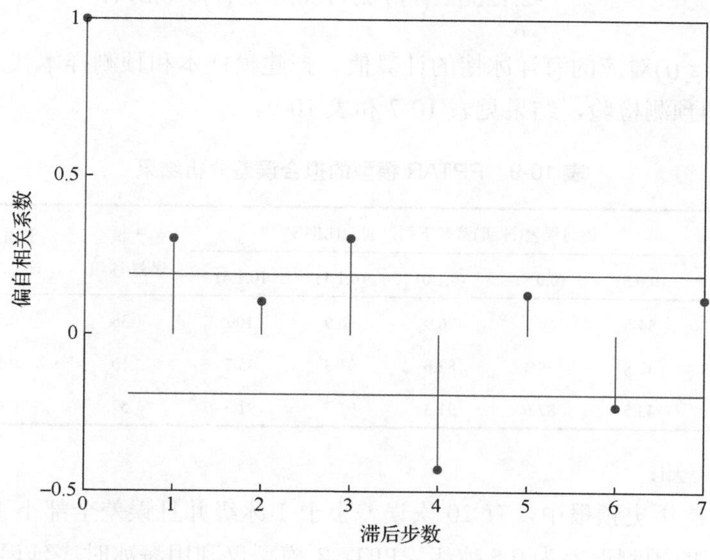

图 10-3　某海洋冰情等级序列 PACF

把建模样本{$x(i)$ |i=1,2,⋯,21}及{$x(i-k)$|k=1,3,4,6; i=5,6,⋯,21}进行标准化处理后依次代入式（10-8）、式（10-10）、式（10-11）和式（10-12），即得此例的投影指标函数，然后用 RAGA 优化该函数，得最大指标函数值为 7.79，最佳投影方向 a^*=(0.1675,0.8973,−0.3928,0.1114)。

把 a^*代入式（10-8）后即得各样本点的投影值的计算值 $z^*(i)$。图 10-4 为 $z^*(i)$- $x(i)$的散点图。

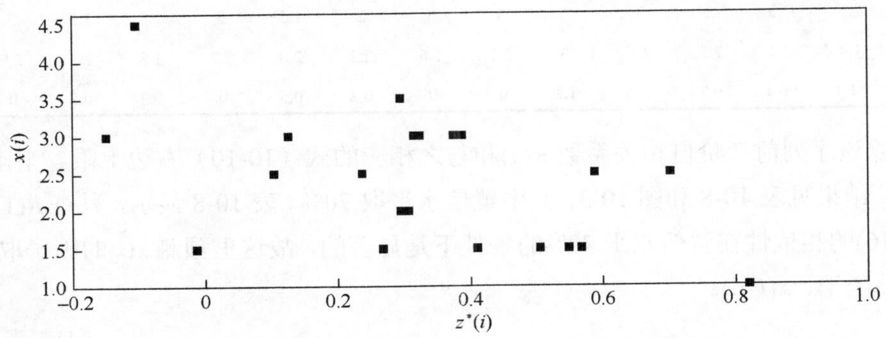

图 10-4　投影值 $z^*(i)$与海洋冰情等级 $x(i)$的散点图

可用式（10-16）来描述图 10-4 所示的 $z^*(i)$与 $x(i)$间的关系。式（10-14）中的模型参数 L=2、b(1)、b(2)和 r(1)通过用 RAGA 优化式（10-15）来估计。最后得到的预测海洋冰情的 PPTAR 模型为

$$x^*(i)=\begin{cases}-2.5915z^*(i)+3.4296, & z^*(i)\leqslant 0.2947\\ -2.1253z^*(i)+2.9166, & z^*(i)>0.2947\end{cases} \tag{10-16}$$

式中，$x^*(i)$为与 $z^*(i)$对应的海洋冰情的计算值。把建模样本和预测样本代入式（10-16），进行拟合检验和预测检验，结果见表 10-7 和表 10-9。

表 10-9　PPTAR 模型的拟合误差分析结果

模型	绝对误差(冰级)落在下列区间的比例/%					最大拟合误差/冰级	平均绝对误差/冰级	平均相对误差/%
	(0,0.5)	(0,0.8)	(0,1.0)	(0,1.1)	(0,1.4)			
PPTAR 模型	54.5	68.2	90.9	90.9	100	1.36	0.55	27
自回归模型[223]	47.8	78.3	82.6	91.3	95.7	2.10	0.57	27
门限自回归模型[222]	43.5	82.6	91.3	91.3	91.3	1.57	0.61	30

由表 10-9 可知：

（1）在 22 次历史预报中，有 20 次误差小于 1 冰级并且误差全部小于 1.4 冰级，占 90.9%。1993 年的预测误差为 0.5 冰级。PPTAR 模型仅利用海冰时序延迟 1 步、3 步、4 步、6 步的相依信息得到这样的结果令人满意。

（2）从整体看，PPTAR模型的预测效果好于自回归（AR）模型和门限自回归（TAR）模型的相应结果。AR 模型只描述时序系统的平均状态，不能反映时序的极值状态。文献[223]中 AR 模型的预测误差大于 1 冰级的情况有 4 次，它们都对应于实际冰情偏离平均状态，而且偏离程度越大、预测误差就越大。TAR 模型利用门限值来反映时序系统高、中、低等不同取值状态的特征，因此实质上是分区间的 AR 模型。TAR 模型在实际应用中的主要问题是模型参数的个数随门限区间的个数的增加而迅速增加，导致计算量增大，要求实测样本很大，否则散布在各门限区间的样本点很稀疏，增大了模型参数估计的不确定性。

本节实例的计算结果说明，用 PPTAR 模型预测海洋冰情是可行而有效的。PPTAR 模型计算简便、适用性强，克服了传统投影寻踪方法计算复杂、编程实现困难的缺点，有利于投影寻踪方法的推广应用，为处理非线性时序预测问题提供了一条值得探索的新途径。

第三节 基于神经网络的投影寻踪自回归模型简介及其应用

一、基于神经网络的投影寻踪自回归模型简介

目前PP方法的计算量相当大，在一定程度上限制了PP方法的深入研究和广泛应用。为此，本书提出基于神经网络的投影寻踪自回归模型（projection pursuit auto regressive based on error back propagation, BPPPAR），用 RAGA 来优化投影指标函数，模型的网络结构为一种多个输入、单个输出，含一个隐层的简单形式，神经元函数为 Hermite 多项式，该模型构建的具体过程如下。

步骤 1 确定预测因子。时序$\{x(i)\}$延迟 k 步的自相关系数 $R(k)$为

$$R(k)=\sum_{i=k+1}^{n}\left(x(i)-Ex\right)\left(x(i-k)-Ex\right)/\sum_{i=1}^{n}\left(x(i)-Ex\right)^2 \tag{10-17}$$

$$Ex=\sum_{i=1}^{n}x(i)/n \tag{10-18}$$

式中，n 为实测时序$\{x(i)\}$的容量；$k=1,2,\cdots,m$, $m<[n/4]$。$R(k)$的方差随 k 的增大而增大，$R(k)$的预测精度随 k 的增加而降低，因此 m 应取较小的数值。根据 $R(k)$的抽样分布理论，在置信水平$1-\alpha$ 的情况下，当自相关系数值

$$R(k)\notin\left[-1-u_{\alpha/2}\left(n-k-1\right)^{0.5}/\left(n-k\right),-1+u_{\alpha/2}\left(n-k-1\right)^{0.5}/\left(n-k\right)\right] \tag{10-19}$$

时，推断时序$\{x(i)\}$延迟 k 步相依性显著，$x(i-k)$可作为 $x(i)$的预测因子；否则时序$\{x(i)\}$延迟 k 步相依性不显著。式（10-19）中的分位值$u_{\alpha/2}$可从正态分布表中查得。

步骤 2 设预测对象及其预测因子的样本为$\{x(i)|i=1,2,\cdots,n\}$及$\{x(i-k)|k=1,$

$2,\cdots,p;\ i=k+1,k+2,\cdots,n\}$，其中 n、p 分别为样本容量和预测因子数目，$x(i)$、$x(i-k)$（$k=1,2,\cdots,p$）已进行标准化处理（即原数据减去样本均值再除以样本标准差），以消除时序的量纲效应。现在的目的就是建立$\{x(i-k)|\ k=1,2,\cdots,p\}$与 $x(i)$之间的数学关系。PP 方法就是把 p 维数据$\{x(i-k)\ |\ (k=1,2,\cdots,p)\}$综合成以 $a=(a(1),a(2),\cdots,\ a(p))$为投影方向的一维投影值 $z(i)$：

$$z(i)=\sum_{k=1}^{p}a(k)x(i-k)-\theta,\quad i=p+1,p+2,\cdots,n \tag{10-20}$$

式中，a 为单位长度向量；θ 为阈值项。

步骤 3 对散布点(z,x)，用基于正交 Hermite 多项式拟合，此时神经网络投影寻踪自回归耦合模型为

$$\hat{x}=\sum_{i=1}^{m}\sum_{j=1}^{r}c_{ij}h_{ij}(z) \tag{10-21}$$

式中，r 为多项式阶数，c 为多项式系数，可用最小二乘法获得；h 为正交 Hermite 多项式。

步骤 4 优化投影指标函数。在优化投影方向 a 时，同时考虑阈值 θ 和多项式系数 c 的优化问题，可以通过求解投影指标函数最小化问题来估计最佳 a、θ、c 值，即

$$\min Q(a,\theta,c)=\frac{1}{n-p+1}\sum_{i=p+1}^{n}\left(x(i)-\hat{x}(i)\right)^2 \tag{10-22}$$

$$\text{s.t.}\sum_{j=1}^{p}a^2(j)=1 \tag{10-23}$$

这是一个以 a、θ、c 为优化变量的复杂非线性优化问题，用传统的优化方法处理较难。本书应用模拟生物优胜劣汰与群体内部染色体信息交换机制的基于实数编码的加速遗传算法（RAGA）来解决其高维全局寻优问题。

步骤 5 计算第一次的拟合残差 $r_1=x-\hat{x}$，如果满足要求则输出模型参数，否则，进行步骤 6 计算。

步骤 6 用 r_1 代替 x，回到步骤 1 开始下一个岭函数的优化，直到满足一定要求，停止增加岭函数个数，输出最后结果。

二、基于神经网络的投影寻踪自回归模型的应用

时间序列的预测受众多不确定性因素影响，时间序列常表现出弱相依性、突变性和随机性等复杂非线性特征。为此，本书提出了基于神经网络的投影寻踪自回归模型，它既克服了单纯使用人工神经网络算法易于陷入局部极值的缺陷，也弥补了单纯使用 PPAR 方法没有自学习能力的不足，并用 RAGA 来优化投影指标函数，从而使模型精度、稳健性、实用性都得到提高，为处理非线性时序预测问题提供了一条新途径。

（一）基于神经网络的投影寻踪自回归模型在全国水资源总量预测中的应用

随着流域社会经济的快速发展，水资源供求状况发生了很大改变；人口的增长和城市化进程的加快，使人们对水的需求量越来越大，有限的可利用水资源量已经无法满足日益增长的需水量，水资源短缺已成为我国经济社会发展的严重制约因素，水资源可持续利用已成为我国乃至世界经济发展的战略目标，水资源的优化配置和合理开发利用已成为经济发展的核心问题[224]。因此，全国水资源总量实现准确可靠的评估和预测是水资源合理开发和科学调配的基础。

利用表 10-10 中 2000～2017 年全国水资源总量时间序列$\{x(i)|i=1,2,\cdots,20\}$来建立 BPPPAR 预测模型，预留 2018～2019 年的 2 个样本作预测检验。

表 10-10　全国水资源总量序列实测值、PLS 模型和 BPPPAR 模型的拟合结果和预测结果

		2000 年	2001 年	2002 年	2003 年	2004 年	2005 年	2006 年	2007 年	2008 年	2009 年
水资源总量/亿 m³	实测值	27701	26526	28124	28124	24130	28053	25330	25255	27435	24180
	PLS							25410	27681	26451	25371
	BPPPAR							25307	26376	26459	25560
相对误差/%	PLS							0.32	9.61	−3.59	4.93
	BPPPAR							−0.09	4.44	−3.56	5.71
		2010 年	2010 年	2011 年	2012 年	2013 年	2014 年	2015 年	2016 年	2017 年*	2018 年*
水资源总量/亿 m³	实测值	30906	23257	29529	27958	27267	27963	32466	28761	27463	29041
	PLS	30095	23698	29614	26561	25666	28533	22951	26697	23642	25506
	BPPPAR	29976	25345	27160	27542	25962	30931	31562	27868	25539	25324
相对误差/%	PLS	−2.62	1.90	0.29	−5.00	−5.87	2.04	−29.31	−7.18	−13.91	−12.17
	BPPPAR	−3.01	8.98	−8.02	−1.49	−4.79	10.61	−2.78	−3.11	−7.01	−12.80

注：*代表验证组。

计算该序列前 6 阶自相关系数 $R(k)$和与之相应的式（10-19）右边上限、下限 $R_2(k)$、$R_1(k)$值，结果见表 10-11 和图 10-5，其中置信水平取 70%。表 10-11 显示，只有 $R(1)$、$R(2)$、$R(3)$、$R(6)$的相依性在置信水平 70%的条件下是显著的，故这里预测 $x(i)$的因子取 $x(i-1)$、$x(i-2)$、$x(i-3)$、$x(i-6)$。

表 10-11　全国水资源总量序列自相关系数及其上限、下限值(置信水平 70%)

	1	2	3	4	5	6
$R_1(k)$	0.2236	0.2236	0.2236	0.2236	0.2236	0.2236
$R(k)$	**−0.2712**	**0.2780**	**0.3601**	0.1639	−0.1018	**−0.5779**
$R_2(k)$	−0.2236	−0.2236	−0.2236	−0.2236	−0.2236	−0.2236

注：加粗代表置信水平 70%的条件下显著。

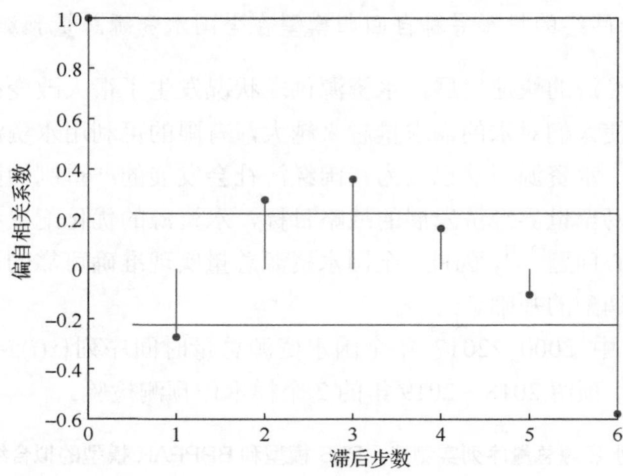

图 10-5　全国水资源总量序列 PACF

对全国水资源总量建立投影寻踪回归模型，把建模样本$\{x(i)|i=1,2,\cdots,18\}$及$\{x(i-k)|k=1,2,3,6;\ i=7,8,\cdots,18\}$进行标准化处理后依次代入式（10-20）、式（10-21）、式（10-22）和式（10-23），采用 1 个岭函数进行拟合，多项式的阶数为 4，即得此例的投影指标函数，然后用 RAGA 优化该函数，得最小指标函数值为 0.0268，参数 a、θ、c 值见表 10-12。

表 10-12　参数 a、θ、c 值

a_1	a_2	a_3	θ	c_1	c_2	c_3	c_4
−0.2994	−0.3488	0.3276	−0.8254	0.4344	−1.7821	−0.8199	−0.6868

把参数 a、θ、c 值代入 BPPPAR 模型中，进行拟合检验、预测检验和预测，结果见表 10-10。

表 10-10 说明：对 12 个历史数据拟合检验中，相对误差绝对值的平均值由 PLS 模型的 7.05%下降到 BPPPAR 模型的 4.72%，2018 年、2019 年的预测相对误差分别为 7%和 12.8%。BPPPAR 模型仅利用全国水资源总量时序延迟 1 步、2 步、3 步和 6 步的相依信息，得到这样的结果令人满意。

（二）基于神经网络的投影寻踪自回归模型在农业机械总动力变化预测中的应用

农业机械总动力指用于农、林、牧、渔业生产的各种动力机械的动力之和，包括耕作机械、农用排灌机械、收获机械、植保机械、林业机械、渔业机械、农产品加工机械、农用运输机械、其他农用机械。农业机械总动力的市场需求量的时间数据序列常常呈现趋势性和较大的波动性[225]。农业机械是发展现代农业的重要物质基础，农业机械化是农业现代化的重要标志。现阶段，我国经济进入新常态、改革进入深水区，全国各地面临更加深刻的结构调整，农业发展的内外部环境也发生了深刻变化。因此，需要对农业机

械的未来发展进行预测研究。为了更好地指导农业发展，根据历史数据对未来发展趋势进行预测时需要选择适当的预测模型，以确保预测模型的准确性。

利用表 10-13 中 1994～2015 年农业机械总动力时间序列$\{x(i)|i=1,2,\cdots,20\}$来建立 BPPPAR 预测模型，预留 2016～2019 年的 4 个样本作预测检验。

表 10-13　农业机械总动力序列实测值、PLS 模型和 BPPPAR 模型的拟合结果和预测结果

年份	农业机械总动力			相对误差	
	统计值	PLS	BPPPAR	PLS	BPPPAR
1994	33802.5	—	—	—	—
1995	36118.1	—	—	—	—
1996	38546.9	—	—	—	—
1997	42015.6	—	—	—	—
1998	45207.7	—	—	—	—
1999	48996.1	—	—	—	—
2000	52573.6	52534.5	52914.0	−0.07	0.65
2001	55172.1	56156.4	54922.0	1.78	−0.45
2002	57929.9	58791.8	57125.2	1.49	−1.39
2003	60386.5	61594.1	60485.5	2.00	0.16
2004	64027.9	64091.0	63916.2	0.10	−0.17
2005	68397.8	67786.4	68567.1	−0.89	0.25
2006	72522.1	72215.2	73548.5	−0.42	1.42
2007	76589.6	76390.3	77604.2	−0.26	1.32
2008	82190.4	80509.1	81869.1	−2.05	−0.39
2009	87496.1	86172.3	86297.0	−1.51	−1.37
2010	92780.5	91545.2	91735.4	−1.33	−1.13
2011	97734.7	96901.1	97492.9	−0.85	−0.25
2012	102559	101922.4	102255.8	−0.62	−0.30
2013	103906.8	106812.5	106064.8	2.80	2.08
2014	108056.6	108205.9	108928.8	0.14	0.81
2015	111728.1	112423.3	110160.6	0.62	−1.40
2016*	97245.6	116158.2	109029.2	19.45	12.12
2017*	98783.3	101583.5	108813.3	2.83	10.15
2018*	100371.7	103163.7	105614.8	2.78	5.22
2019*	102758.3	104773.8	104016.7	1.96	1.22

注：*代表验证组。

计算该序列前 6 阶自相关系数 $R(k)$和与之相应的式（10-19）右边上限、下限 $R_2(k)$、$R_1(k)$值，结果见表 10-14 和图 10-6，其中置信水平取 70%。表 10-14 显示，只有 $R(1)$、$R(6)$的相依性在置信水平 70%的条件下是显著的，故这里预测 $x(i)$的因子取 $x(i-1)$、$x(i-6)$。

表 10-14 农业机械总动力序列自相关系数及其上限、下限值(置信水平 70%)

	1	2	3	4	5	6
$R_1(k)$	0.1961	0.1961	0.1961	0.1961	0.1961	0.1961
$R(k)$	0.9599	−0.0745	−0.0293	−0.1260	0.1763	0.6024
$R_2(k)$	−0.1961	−0.1961	−0.1961	−0.1961	−0.1961	−0.1961

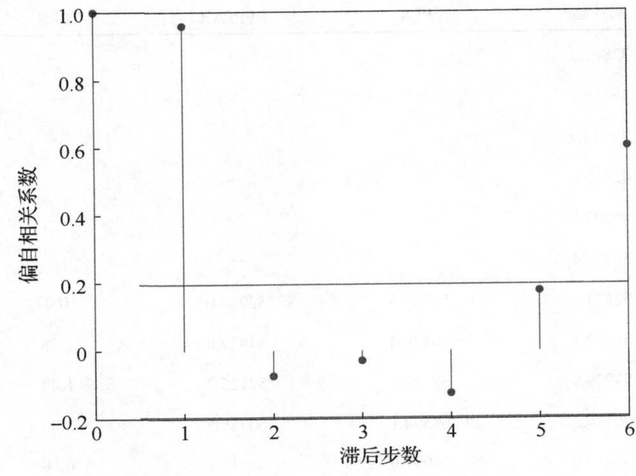

图 10-6 农业机械总动力序列 PACF

对全国水资源总量建立投影寻踪回归模型，把建模样本$\{x(i)|i=1,2,\cdots,22\}$及$\{x(i-k)|k=1,2,\cdots,6;\ i=7,8,\cdots,22\}$进行标准化处理后依次代入式（10-20）、式（10-21）、式（10-22）和式（10-23），采用 1 个岭函数进行拟合，多项式的阶数为 4，即得此例的投影指标函数，然后用 RAGA 优化该函数，得最小指标函数值为 2×10^{-4}，参数 a、θ、c 值见表 10-15。

表 10-15 参数 a、θ、c 值

a_1	a_2	θ	c_1	c_2	c_3	c_4
−0.2630	−0.9648	−0.3419	2.2450	−1.0706	1.1743	−0.2377

把参数 a、θ、c 值代入 BPPPAR 模型中，进行拟合检验、预测检验和预测，结果见表 10-13。

表 10-13 说明：对 16 个历史数据拟合检验中，BPPPAR 模型相对误差绝对值的平均值为 2.11%，与 PLS 模型相对误差绝对值的平均值 2.20%基本持平，但是相对误差绝对值的最大值由 19.45%降低到了 12.12%。验证组 2016～2019 年的预测相对误差绝对值均值为 7.18%。BPPPAR 模型对于农业机械总动力变化的预测满足要求。

参 考 文 献

[1] BELLMAN R E. Adaptive Control Process[M]. New York: Princeton University Press, 1961.

[2] KRUSKAL J B. Toward a practical method which helps uncover the structure of a set of multivariate observations by finding the linear transformation which optimizes a new "Index of condensation"[C]. Statistical Computation, 1969.

[3] KRUSKAL J. Linear Transformation of Multivariate Data to Reveal Clustering[M]. New York: Academic Press, 1972.

[4] SWITZER P. Numerical Classification[M]. New York: Springer, 1970: 31-43.

[5] FRIEDMAN J H, TUKEY J W. A projection pursuit algorithm for exploratory data analysis[J]. IEEE Transactions on Computers, 1974, 100(9): 881-890.

[6] FRIEDMAN J, FISHERKELLER M, TUKEY J. PRIM-9: an interactive multidimensional data display and analysis system[C]. Proceedings of the Fourth International Congress for Stereology, 1974: 1-26.

[7] FRIEDMAN J, WERNER S. Projection pursuit regression[J]. Publications of the American Statistical Association, 1981, 76(376): 817-823.

[8] HALL P. On projection pursuit regression[J]. Annals of Statistics, 1989, 17(2): 573-588.

[9] HALL P. On polynomial-based projection indices for exploratory projection pursuit[J]. Annals of Statistics, 1989, 17(2): 589-605.

[10] FRIEDMAN J H, STUETZLE W, SCHROEDER A. Projection pursuit density estimation[J]. Publications of the American Statistical Association, 1981: 599-608.

[11] WIGGINS R A. Minimum entropy deconvolution[J]. Geoexploration, 1978, 16(1-2): 21-35.

[12] LI G Y, CHEN Z L. Projection-pursuit approach to robust dispersion matrices and principal components: primary theory and monte carlo[J]. Publications of the American Statistical Association, 1985, 80(391): 759-766.

[13] DIACONIS P, FREEDMAN D. Asymptotics of graphical projection pursuit[J]. Annals of Statistics, 1984, 12(3): 793-815.

[14] FILL J A, JOHNSTONE I. On projection pursuit measures of multivariate location and dispersion[J]. Annals of Statistics, 1984, 12(1): 127-141.

[15] 陈家骅. PPDE 中的一个极限定理[J]. 系统科学与数学, 1987, 7(2): 183-192.

[16] 宋立新, 成平. 投影追踪回归逼近的均方收敛性[J]. 应用概率统计, 1996(2): 113-115.

[17] 安凯. PPDA 中的几个结论[J]. 系统科学与数学, 1997, 17(1): 42-47.

[18] HUBER P J. Projection pursuit[J]. Annals of Statistics, 1985, 13(2): 435-475.

[19] FISHER R A. The use of multiple measurements in taxonomic problems[J]. Annals of eugenics, 1936, 7(2): 179-188.

[20] LIU B, SHEN Z, SUN Z. A pattern recognition method using projection pursuit[C]. Proceedings of the IEEE Conference on Aerospace and Electronics, 1990: 300-302.

[21] BACHMANN C M, MUSMAN S A, LUONG D, et al. Unsupervised BCM projection pursuit algorithms for classification of simulated radar presentations[J]. Neural Networks, 1994, 7(4): 709-728.

[22] BACHMANN C M. Novel projection pursuit indices for feature extraction and classification: an inter-comparison in a remote sensing application[C]. Proceedings of the Neural Networks for Signal Processing VII: Proceedings of the 1997 IEEE Signal Processing Society Workshop, 1997: 54-63.

[23] 颜光宇, 夏结来. PP 稳健 Fisher 判别分析方法[J]. 中国卫生统计, 1993, 10(2): 16-19.

[24] 王顺久, 张欣莉, 侯玉, 等. 投影寻踪聚类分析在环境质量综合评价中的应用[J]. 重庆环境科学, 2002, 24(3): 74-76.

[25] 孔凡秋, 童恒庆. 投影寻踪聚类分析在股票研究中的应用[J]. 统计与决策, 2005(2): 112-113.

[26] 王顺久, 倪长健. 投影寻踪动态聚类模型及其应用[J]. 哈尔滨工业大学学报, 2009(1): 178-180.

[27] 廖力, 邹强, 何耀耀, 等. 基于模糊投影寻踪聚类的洪灾评估模型[J]. 系统工程理论与实践, 2015, 35(9): 2422-2432.

[28] 楼文高, 熊聘, 冯国珍, 等. 影响投影寻踪聚类建模的关键因素分析与实证研究[J]. 数理统计与管理, 2017, 36(5): 783-801.

[29] 戴嘉璐，李瑞平，李聪聪，等. 基于投影寻踪聚类评价模型的河套灌区玉米灌溉施肥模式优选[J]. 灌溉排水学报，2020, 39(10): 57-64.

[30] 郑祖国，杨力行. 1998 年长江三峡年最大洪峰的投影寻踪长期预报与验证[J]. 新疆农业大学学报, 1998(4): 60-63.

[31] 刘大秀，郑祖国. 投影寻踪回归在试验设计分析中的应用研究[J]. 数理统计与管理, 1995, 14(1): 47-51.

[32] 常红. 投影寻踪方法及其在气象中的应用研究[D]. 北京：中国气象科学研究院, 1988.

[33] 李祚泳. 用投影寻踪回归进行大气颗粒物的污染源解析[J]. 中国环境科学, 1999, 19(3): 270-272.

[34] 李祚泳. 我国部分城市降水中离子浓度与 pH 值的关系研究[J]. 环境科学学报, 1999, 19(3): 303-306.

[35] 李祚泳. 投影寻踪回归技术在光辐射亮度值预测中的应用[J]. 红外技术, 1999(1): 24-26.

[36] 张欣莉，丁晶，金菊良. 基于遗传算法的参数投影寻踪回归及其在洪水预报中的应用[J]. 水利学报, 2000(6): 45-48.

[37] 杨永生，何平. 投影寻踪回归与 BP 神经网络方法在前汛期降水预测中的比较研究[J]. 气象与环境学报，2008, 24(1): 14-17.

[38] 迟道才，曲霞，崔磊，等. 基于遗传算法的投影寻踪回归模型在参考作物滕发量预测中的应用[J]. 节水灌溉，2011(2): 5-7.

[39] 崔东文. 飞蛾火焰优化算法-投影寻踪回归模型在需水预测中的应用[J]. 华北水利水电大学学报（自然科学版），2017, 38(2): 25-29.

[40] 王亮，慈军，宫经伟，等. 基于 PPR 建模的全固废材料固化盐渍土抗压强度计算模型[J]. 环境工程，2020, 38(10): 177-182, 152.

[41] BARRON A. Statistical learning networks: a unifying view[C]. Proceedings of the Symposium on the Interface: Statistics & Computing Science, 1988: 1-12.

[42] MAECHLER M, MARTIN D, SCHIMERT J, et al. Projection pursuit learning networks for regression[C]. Proceedings of the 2nd International IEEE Conference on Tools for Artificial Intelligence, 1990: 350-358.

[43] 颜光宇，夏结来. 稳健因子分析方法及其医学应用[J]. 中国卫生统计, 1994, 11(3): 12-15.

[44] MIYOSHI T, NAKAO K, ICHIHASHI H, et al. Neuro-fuzzy projection pursuit regression[C]. IEEE International Conference on Neural Networks-Conference Proceedings, 1995: 766-770.

[45] BROWN M, BOSSLEY K, MILLS D, et al. High dimensional neurofuzzy systems: overcoming the curse of dimensionality[C]. Proceedings of 1995 IEEE International Conference on Fuzzy Systems, 1995: 2139-2146.

[46] DONOHO D L, JOHNSTONE I M. Projection-based approximation and a duality with kernel methods[J]. Annals of Statistics, 1989, 17: 58-106.

[47] HWANG J N. A unified perspective of statistical learning networks[J]. IEEE Signal Processing Magazine, 1997, 14(6): 36-38.

[48] HWANG J N, YOU S S, LAY S R, et al. The cascade-correlation learning: a projection pursuit learning perspective[J]. IEEE Transactions on Neural Networks, 1996, 7(2): 278-289.

[49] ZHAO Y, ATKESON C G. Implementing projection pursuit learning[J]. IEEE Transactions on Neural Networks, 1996, 7(2): 362-373.

[50] DOTAN Y, INTRATOR N. Multimodality exploration by an unsupervised projection pursuit neural network[J]. IEEE Transactions on Neural Networks, 1998, 9(3): 464-472.

[51] 田铮，文奇，金子. 非线性时间序列的投影寻踪学习网络逼近[J]. 应用概率统计, 2001, 17(2): 139-148.

[52] 严勇，李清泉，孙久运. 投影寻踪学习网络的遥感影像分类[J]. 武汉大学学报（信息科学版）, 2007, 32(10): 876-879.

[53] 杜欣，黄晓霞，李红旮，等. 基于投影寻踪学习网络算法的植物群落高分遥感分类研究[J]. 地球信息科学学报，2016, 18(1): 124-132.

[54] FLICK T E, JONES L K, PRIEST R G, et al. Pattern classification using projection pursit[J]. Pattern Recognit Let, 1990, 23(12): 1367-1376.

[55] HWANG J N, LAY S R, MAECHLER M, et al. Regression modeling in back-propagation and projection pursuit learning[J]. IEEE Transactions on Neural Networks, 1994, 5(3): 342-353.

[56] SAFAVIAN S, RABIEE H, FARDANESH M. Projection pursuit image compression with variable block size segmentation[J]. IEEE Signal Processing Letters, 1997, 4(5): 117-120.

[57] 田铮，肖华勇. 声呐目标信号特征量的投影寻踪压缩与目标分类[J]. 西北工业大学学报, 1997, 15(2): 319-321.

[58] YUAN J L, FINE T L. Neural-network design for small training sets of high dimension[J]. IEEE Transactions on Neural Networks, 1998, 9(2): 266-280.

[59] 李祚泳，邓新民，侯宇光. 流域年均含沙量的 PP 回归预测[J]. 泥沙研究, 1999(1): 66-69.

[60] 张欣莉，丁晶，郑祖国. 投影寻踪回归在紫坪埔洪水预报中的应用[J]. 工程科学与技术, 2000, 32(2): 22-24.

[61] 王春峰，李汶华. 商业银行信用风险评估：投影寻踪判别分析模型[J]. 管理工程学报, 2000, 14(2): 43-46.

[62] 谢美萍，赵希人. 基于投影寻踪学习的大型船舶运动极短期预报[J]. 船舶力学, 2000(4): 28-32.

[63] 王顺久，张欣莉，丁晶. 投影寻踪回归技术在自由面重力流数值模拟和仿真中的应用[J]. 工程科学与技术, 2001, 33(6): 117-118.

[64] 付强，李晓秋，肖建民. 基于 RAGA 的 PPC 模型在水稻节水效益评价中的应用[J]. 黑龙江大学工程学报, 2001, 28(4): 18-22.

[65] 杜一平，王文明. 用投影寻踪方法建立准确的定量构性关系模型[J]. 山东理工大学学报（自然科学版）, 2002, 16(2): 25-27.

[66] 金菊良，魏一鸣，丁晶. 投影寻踪门限回归模型在年径流预测中的应用[J]. 地理科学, 2002, 22(2): 171-175.

[67] 侯杰，牧振伟，赵涛，等. 悬栅消能率的投影寻踪回归数值模拟及检验[J]. 新疆农业大学学报, 2003, 35(3): 38-40.

[68] 刘卓，易东云. 投影寻踪方法与高光谱遥感图像数据特征提取的研究[J]. 数学理论与应用, 2003(1): 76-81.

[69] 林伟，田铮，何帆. 基于投影寻踪子波学习网络的图像无监督恢复[J]. 西北工业大学学报, 2003, 21(3): 344-347.

[70] 金菊良，汪淑娟，魏一鸣. 动态多指标决策问题的投影寻踪模型[J]. 中国管理科学, 2012(1): 64-67.

[71] 杨晓华，杨志峰，郦建强. 水质综合评价的遗传投影寻踪插值模型[J]. 环境工程, 2004, 22(3): 69-71.

[72] 张玲玲，王宗志，顾敏. 房地产风险评价的投影寻踪模型研究[J]. 水利经济, 2005, 23(1): 20-22.

[73] 陈曜，丁晶，赵永红. 基于投影寻踪原理的四川省洪灾评估[J]. 水利学报, 2010(2): 220-225.

[74] 高杨，黄华梅，吴志峰. 基于投影寻踪的珠江三角洲景观生态安全评价[J]. 生态学报, 2010, 30(21): 5894-5903.

[75] 姜秋香，付强，王子龙. 基于粒子群优化投影寻踪模型的区域土地资源承载力综合评价[J]. 农业工程学报, 2011, 27(11): 319-324.

[76] 王茜茜，周敬宣，李湘梅，等. 基于投影寻踪法的武汉市“两型社会”评价模型与实证研究[J]. 生态学报, 2011, 31(20): 6224-6230.

[77] 王柏，张忠学，李芳花，等. 基于改进双链量子遗传算法的投影寻踪调亏灌溉综合评价[J]. 农业工程学报, 2012, 28(2): 84-89.

[78] 殷欣，刘小刚，张彦，等. 基于投影寻踪的云南省农业水资源效率评价[J]. 水土保持通报, 2013, 33(5): 271-275.

[79] 孟德友，陆玉麒，樊新生，等. 基于投影寻踪模型的河南县域交通与经济协调性评价[J]. 地理研究, 2013, 32(11): 2092-2106.

[80] 王明昊，董增川，马红亮. 基于混合蛙跳与投影寻踪模型的水资源系统脆弱性评价[J]. 水电能源科学, 2014(9): 31-35.

[81] 葛延峰，孔祥勇，李丹，等. 基于层次分析和模糊专家评判的投影寻踪决策方法[J]. 系统仿真学报, 2014, 26(3): 567-573.

[82] 楼文高，乔龙. 投影寻踪分类建模理论的新探索与实证研究[J]. 数理统计与管理, 2015, 34(1): 47-58.

[83] GUAN X J, LIANG S X, MENG Y. Evaluation of water resources comprehensive utilization efficiency in the Yellow River Basin[J]. Water Science and Technology: Water Supply, 2016, 16(6): 1561-1570.

[84] LIU D, ZHAO D, FU Q, et al. Complexity measurement of regional groundwater resources system using improved Lempel-Ziv complexity algorithm[J]. Arabian Journal of Geosciences, 2016, 9(20): 746.

[85] ZHOU R X, PAN Z W, JIN J L, et al. Forewarning model of regional water resources carrying capacity based on combination weights and entropy principles[J]. Entropy, 2017, 19(11): 574.

[86] PEI W, FU Q, LIU D, et al. Assessing agricultural drought vulnerability in the Sanjiang Plain based on an improved projection pursuit model[J]. Natural hazards, 2016, 82(1): 683-701.

[87] PEI W, FU Q, LIU D, et al. Spatiotemporal analysis of the agricultural drought risk in Heilongjiang Province, China[J]. Theoretical and Applied Climatology, 2018, 133(1-2): 151-164.

[88] 刁俊科，崔东文. 基于鲸鱼优化算法与投影寻踪耦合的云南省初始水权分配[J]. 自然资源学报，2017, 32(11): 1954-1967.

[89] LIU D, LIU C, FU Q, et al. Projection pursuit evaluation model of regional surface water environment based on improved chicken swarm optimization algorithm[J]. Water Resources Management, 2018, 32(4): 1325-1342.

[90] YU S, LU H. An integrated model of water resources optimization allocation based on projection pursuit model—grey wolf optimization method in a transboundary river basin[J]. Journal of Hydrology, 2018, 559: 156-165.

[91] 胡恒博，甘升伟，俞芳琴，等. 基于投影寻踪法的太湖流域主要城市水资源利用效率评估[J]. 人民珠江，2018, 39(3): 49-53.

[92] HU Y J, WU L Z, SHI C, et al. Research on optimal decision-making of cloud manufacturing service provider based on grey correlation analysis and TOPSIS[J]. International Journal of Production Research, 2020, 58(3): 1-10.

[93] MENG Y, LIU M, GUAN X, et al. Comprehensive evaluation of ecological compensation effect in the Xiaohong River Basin, China[J]. Environmental Science and Pollution Research, 2019, 26(8): 7793-7803.

[94] 钱龙霞，张韧，王红瑞. 一种改进投影寻踪风险评估函数模型[J]. 应用科学学报, 2019, 37(1): 116-129.

[95] 张亚晶，楼文高. 基于投影寻踪动态聚类模型的 p2p 网贷风险评价体系构建及实例分析[J]. 软件, 2019(3): 88-93.

[96] 方洪鹰. 数据挖掘中数据预处理的方法研究[D]. 重庆：西南大学, 2009.

[97] 关大伟. 数据挖掘中的数据预处理[D]. 长春：吉林大学, 2006.

[98] 孔钦，叶长青，孙赟. 大数据下数据预处理方法研究[J]. 计算机技术与发展, 2018, 28(5): 1-4.

[99] HOLLAND J H. Genetic algorithms and the optimal allocation of trials[J]. SIAM Journal on Computing, 1973, 2(2): 88-105.

[100] HOLLAND J H. Genetic algorithms[J]. Scientific American, 1992, 267(1): 66-73.

[101] 金菊良. 遗传算法及其在水问题中的应用[D]. 南京：河海大学, 1998.

[102] RITZEL B J, EHEART J W, RANJITHAN S. Using genetic algorithms to solve a multiple objective groundwater pollution containment problem[J]. Water Resources Research, 1994, 30(5): 1589-1603.

[103] MCKINNEY D C, LIN M D. Genetic algorithm solution of groundwater management models[J]. Water Resources Research, 1994, 30(6): 1897-1906.

[104] WANG Q. The genetic algorithm and its application to calibrating conceptual rainfall-runoff models[J]. Water Resources Research, 1991, 27(9): 2467-2471.

[105] 丁晶，金菊良，杨晓华，等. 基因算法在水科学中的应用[J]. 人民长江, 1999(S1): 13-15.

[106] 付强，王兆菡，魏永霞，等. 基于加速遗传算法的多孔变径管优化设计[J]. 农业机械学报, 2003, 34(2): 80-82.

[107] 邢贞相，付强，肖建红. 灌区非均匀给水系统中分区给水优化的遗传算法[J]. 农业工程学报, 2005, 21(4): 47-51.

[108] 高雪笛，周丽娟，张树东，等. 基于改进遗传算法的测试数据自动生成的研究[J]. 计算机科学, 2017, 44(3): 215-220.

[109] 杨从锐，钱谦，王锋，等. 改进的自适应遗传算法在函数优化中的应用[J]. 计算机应用研究, 2018, 35(4): 1042-1045.

[110] 贺建文，何英. 基于 NSGA-Ⅱ遗传算法的丰收灌区优化配水研究[J]. 人民黄河, 2020, 42(S2): 276-278, 286.

[111] 王庆利，林鹏飞，贾玲，等. 基于遗传算法优化的水库多目标供水能力分析——以岳城水库为例[J]. 水利水电技术，2020, 51(12): 55-62.

[112] 赵小勇. 投影寻踪模型及其在水土资源中的应用[D]. 哈尔滨：东北农业大学, 2006.

[113] 刘勇，康立山，陈毓屏. 非数值并行算法[M]. 北京：科学出版社, 1995.

[114] 邢贞相. 遗传算法与 BP 模型的改进及其在水资源工程中的应用[D]. 哈尔滨：东北农业大学, 2004.

[115] 金菊良，杨晓华. 基于实数编码的加速遗传算法[J]. 四川大学学报（工程科学版）, 2000, 32(4): 20-24.

[116] 付强, 金菊良, 门宝辉, 等. 基于RAGA的PPE模型在土壤质量等级评价中的应用研究[J]. 水土保持通报, 2002, 22(5): 51-54.

[117] 倪长健. 免疫进化算法研究及其在水问题中的应用[D]. 成都: 四川大学, 2003.

[118] 张礼兵, 金菊良, 刘丽. 基于实数编码的免疫遗传算法研究[J]. 运筹与管理, 2004, 13(4): 17-20.

[119] EBERHART R, KENNEDY J. A new optimizer using particle swarm theory[C]. Proceedings of the Sixth International Symposium on Micro Machine and Human Science, 1995: 39-43.

[120] KENNEDY J. Particle swarm optimization[J]. Encyclopedia of machine learning, 2010: 760-766.

[121] 王李进, 胡欣欣, 宁正元. 基于粒子群优化的投影寻踪聚类模型及其应用[J]. 南京信息工程大学学报（自然科学版）, 2010, 2(4): 320-323.

[122] 王子龙, 付强, 姜秋香. 基于粒子群优化算法的土壤养分管理分区[J]. 农业工程学报, 2008, 24(10): 80-84.

[123] 陈广洲, 汪家权, 解华明. 粒子群算法在投影寻踪模型优化求解中的应用[J]. 计算机仿真, 2008, 25(8): 159-161.

[124] 李祚泳. 可持续发展评价模型与应用[M]. 北京: 科学出版社, 2007.

[125] 侯志荣, 吕振肃. 基于 MATLAB 的粒子群优化算法及其应用[J]. 计算机仿真, 2003, 20(10): 68-70.

[126] 杜栋, 庞庆华, 吴炎. 现代综合评价方法与案例精选[M]. 北京: 清华大学出版社, 2008.

[127] 丁青锋, 尹晓宇. 差分进化算法综述[J]. 智能系统学报, 2017, 12(4): 431-442.

[128] 蔡自兴, 龚涛. 免疫算法研究的进展[J]. 控制与决策, 2004(8): 841-846.

[129] 张纪会, 徐心和. 一种新的进化算法——蚁群算法[J]. 系统工程理论与实践, 1999(3): 85-88, 110.

[130] 刘建芳. 蚁群算法的研究及其应用[D]. 重庆: 重庆大学, 2015.

[131] 李晓磊, 邵之江, 钱积新. 一种基于动物自治体的寻优模式: 鱼群算法[J]. 系统工程理论与实践, 2002(11): 32-38.

[132] 董宗然, 周慧. 禁忌搜索算法评述[J]. 软件工程师, 2010(Z1): 96-98.

[133] 贺一. 禁忌搜索及其并行化研究[D]. 重庆: 西南大学, 2006.

[134] KULLBACK S. Information Theory and Statistics[M]. New York: Wiley, 1959.

[135] 赵小勇, 崔广柏, 付强. K-L 绝对信息散度投影寻踪分类模型及其应用[J]. 人民长江, 2010, 41(15): 91-93.

[136] JONES M C, SIBSON R. What is projection pursuit[J]. Journal of the Royal Statistical Society, 1987, 150(1): 1-37.

[137] FRIEDMAN J H. Exploratory projection pursuit[J]. Journal of the American Statistical Association, 1987, 82(397): 249-266.

[138] DIDAY E. Data Analysis, Learning Symbolic and Numeric Knowledge: Proceedings of the Conference on Data Analysis, Learning Symbolic and Numeric Knowledge[M]. Antibes: Nova Science Publishers Incorporated, 1989.

[139] COOK D, BUJA A, CABRERA J. Projection pursuit indexes based on orthonormal function expansions[J]. Journal of Computational and Graphical Statistics, 1993, 2: 225-250.

[140] POLZEHL J. Projection pursuit discriminant analysis[J]. Computational statistics & Data Analysis, 1995, 20(2): 141-157.

[141] VIDAKOVIC B. Statistical Modeling by Wavelets[M]. New York: John Wiley & Sons, 2009.

[142] 张欣莉, 丁晶, 李祚泳, 等. 投影寻踪新算法在水质评价模型中的应用[J]. 中国环境科学, 2000, 20(2): 187-189.

[143] 裴巍, 付强, 刘东, 等. 基于改进投影寻踪模型黑龙江省土地资源生态安全评价[J]. 东北农业大学学报, 2016, 47(7): 92-100.

[144] 陈宝平. 基于灰色聚类理论的人口年龄结构评估模型[J]. 电脑与信息技术, 2014(1): 1-3.

[145] 徐辉, 韦吉飞. 人口红利、人口年龄结构与中国人口老龄化[J]. 生态经济, 2014, 30(3): 16-20.

[146] 陈琳, 赵陟峰, 赵廷宁, 等. 基于因子与聚类分析的不同林分土壤理化性质评价[J]. 水土保持研究, 2011, 18(5): 191-196.

[147] 叶鑫, 周华坤, 赵新全, 等. 草地生态系统健康研究述评[J]. 草业科学, 2011, 28(4): 549-560.

[148] 都耀庭. 聚类分析法在高寒草甸生态系统健康评价中的应用——以青海玉树县为例[J]. 土壤通报, 2014, 45(2): 307-313.

[149] 邹蕴. 锡林浩特市露天矿区草地生态系统健康评价[D]. 呼和浩特: 内蒙古农业大学, 2019.

[150] 陈常理，骆霞虹，廖球林，等. 农家红花油茶种质产量和果实性状主成分聚类分析及综合评价[J]. 浙江农业学报, 2015, 27(11): 1882-1888.

[151] 李敏，盖甜甜，宋泽君，等. 青岛市典型树种叶片持水力特征及聚类分析[J]. 现代农业科技, 2019(11): 129-132.

[152] 付强，金菊良. 基于实码加速遗传算法的投影寻踪分类模型在水稻灌溉制度优化中的应用[J]. 水利学报, 2002, 33(10): 39-45.

[153] 付强，王志良，梁川. 基于 RAGA 的 PPC 模型在土壤质量变化评价中的应用研究[J]. 水土保持学报, 2002, 16(5): 108-111.

[154] 付强，刘建禹，王立坤. 基于 RAGA 的 PPC 模型在农村能源区划中的应用[J]. 农业现代化研究, 2002, 23(5): 374-377.

[155] Fu Q, Lu T G, Fu H. Applying PPE model based on raga to classify and evaluate soil grade[J]. Chinese Geographical Science, 2002, 12(2): 136-141.

[156] 付强，杨广林，金菊良. 基于 PPC 模型的农机选型与优序关系研究[J]. 农业机械学报, 2003, 34(1): 101-103.

[157] 付强，付红，王立坤. 基于加速遗传算法的投影寻踪模型在水质评价中的应用研究[J]. 地理科学, 2003, 23(2): 236-239.

[158] 付强，邢桂君，王兆函，等. 基于RAGA的PPC模型在节水灌溉项目投资决策中的应用[J]. 系统工程理论与实践, 2003, 23(2): 139-144.

[159] 许东阳，任永泰，王如意，等. 基于 PSO-PPE 模型的黑龙江省水资源生态安全探析[J]. 中国环境监测, 2019(4): 109-114.

[160] 许东阳. 黑龙江省水土资源生态安全评价[D]. 哈尔滨：东北农业大学, 2019.

[161] 尹夏楠，鲍新中，孟杰. 高精尖产业科技资源配置效率评价及优化路径研究[J]. 科技促进发展, 2019, 15(10): 1-11.

[162] 范德成，杜明月. 高端装备制造业技术创新资源配置效率及影响因素研究——基于两阶段 StoNED 和 Tobit 模型的实证分析[J]. 中国管理科学, 2018, 26(1): 13-24.

[163] 周琪慧，方国华，吴学文，等. 基于遗传投影寻踪模型的泵站运行综合评价[J]. 南水北调与水利科技, 2015, 13(5): 985-989.

[164] 姜秋香，付强，王子龙. 三江平原水资源承载力评价及区域差异[J]. 农业工程学报, 2011, 27(9): 184-190.

[165] 姜秋香. 三江平原水土资源承载力评价及其可持续利用动态仿真研究[D]. 哈尔滨：东北农业大学, 2011.

[166] 王应武，陈栋格. 基于磷虾觅食算法——最大熵投影寻踪模型的区域水安全评价[J]. 水资源与水工程学报, 2017, 28(5): 80-86.

[167] 张欣莹，解建仓，刘建林，等. 基于熵权法的节水型社会建设区域类型分析[J]. 自然资源学报, 2017(2): 301-309.

[168] 左其亭，李可任. 最严格水资源管理制度理论体系探讨[J]. 南水北调与水利科技, 2013, 11(1): 34-38, 65.

[169] 凌佳楠，张婷婷，于荣科. PP-FCE 评价模型在最严格水资源管理制度实施效果评价中的应用[J]. 人民珠江, 2019, 40(11): 89-94, 104.

[170] 祁英弟，靳春玲，贡力. 基于 GSA-PP 模型的寒区引水隧洞结构健康状态评价[J]. 铁道科学与工程学报, 2019, 16(12): 3078-3085.

[171] 贾士靖，杨广林. 耕地资源的可持续利用评价——以黑龙江省创业农场为例[J]. 现代化农业, 2002(10): 41-43.

[172] 卢铁光，杨广林，付强，等. 基于 AHP 方法的三江平原农业水资源供需状况评价与分析[J]. 土壤与作物, 2003, 19(1): 53-55.

[173] 卢铁光，杨广林，王立坤. 基于相对土壤质量指数法的土壤质量变化评价与分析[J]. 东北农业大学学报, 2003, 34(1): 56-59.

[174] SHANNON C E. A mathematical theory of communication[J]. Acm Sigmobile Mobile Computing & Communications Review, 1948, 27(4): 379-423.

[175] 龚伟. 基于信息熵和互信息的流域水文模型不确定性分析[D]. 北京：清华大学, 2012.

[176] WANG S, ZHANG X, YANG Z, et al. Projection pursuit cluster model based on genetic algorithm and its application in Karstic water pollution evaluation[J]. International Journal of Environment and Pollution, 2006, 28(3-4): 253-260.

[177] 赵小勇, 付强, 邢贞相, 等. 投影寻踪模型的改进及其在生态农业建设综合评价中的应用[J]. 农业工程学报, 2006, 22(5): 222-225.

[178] EBRAHIMI N, MAASOUMI E, SOOFI E S. Ordering univariate distributions by entropy and variance[J]. Journal of Econometrics, 1999, 90(2): 317-336.

[179] 赵秀菊. 风险的两种度量方法——信息熵与方差[J]. 湖北文理学院学报, 2010, 31(2): 12-15.

[180] MAASOUMI E, RACINE J. Entropy and predictability of stock market returns[J]. Journal of Econometrics, 2002, 107(1-2): 291-312.

[181] 杜发兴, 戈春华, 吴贺林. 基于改进模糊综合评价模型的节水灌溉效益评价[J]. 节水灌溉, 2017, (11): 77-79.

[182] 沈菊琴, 李琳, 张凯泽, 等. 基于混沌优化-投影寻踪的排水权初始配置研究[J]. 资源与产业, 2019, 21(6): 41-49.

[183] 侯甜甜, 户亚慈. 基于主成分判别分析的全国主要城市空气质量评价[J]. 平顶山学院学报, 2020, 35(5): 16-21.

[184] 李杰, 汪明武, 龙静云, 等. 基于博弈论的水体富营养化综合联系云评价模型[J]. 环境工程, 2021, 39(6): 192-197.

[185] 金菊良, 魏一鸣, 丁晶. 解不确定型决策问题的投影寻踪方法[J]. 系统工程理论与实践, 2003, 23(4): 42-46.

[186] 谭跃进, 陈英武, 易进先. 系统工程原理[M]. 北京: 科学出版社, 2010.

[187] 郭仲伟. 风险分析与决策[M]. 北京: 机械工业出版社, 1987.

[188] 汪应洛. 系统工程[M]. 北京: 机械工业出版社, 2001.

[189] 付强. 基于偏最小二乘回归的水稻腾发量建模[J]. 农业工程学报, 2002, 18(6): 9-12.

[190] FERRATY F, GOIA A, SALINELLI E, et al. Functional projection pursuit regression[J]. TEST, 2013, 22: 293-320.

[191] 陈守煜. 模糊水文学与水资源系统模糊优化原理[M]. 大连: 大连理工大学出版社, 1990.

[192] 付强, 梁川, 杨广林. 气象因子对三江平原井灌水稻腾发量的影响研究[J]. 节水灌溉, 2001, (4): 4-6, 20-43.

[193] 张欣莉, 丁晶. 参数投影寻踪回归及其在年径流预测中的应用[J]. 四川大学学报（工程科学版）, 2000, 32(3): 13-15.

[194] 付强, 王志良, 梁川. 多变量自回归模型在三江平原井灌水稻需水量预测中的应用[J]. 水利学报, 2002, 33(8): 107-112.

[195] 王文圣, 熊华康, 曹宏伟. 酸雨 pH 预测的偏最小二乘回归模型[J]. 四川环境, 2003, 22(6): 77.

[196] 孙彩云, 常梦颖. 对北京市年需水量预测模型的研究[J]. 数理统计与管理, 2017, 36(6): 1049-1058.

[197] 曹鸿兴, 陈国范. 模糊集方法及其在气象中的应用[M]. 北京: 气象出版社, 1988.

[198] 李茂贵, 朱承山. 酒埠江水库入库流量预报的逐步回归方法[J]. 水电能源科学, 2001, 19(1): 49-51.

[199] Fu Q, Wang Z L, Liang C. Applying PPE Model Based on RAGA in Evaluating the Soil Quality Variation[C]. Proceedings of the 12th ISCO Conference, 2002: 268-274.

[200] 陈守煜. 中长期水文预报综合分析理论模式与方法[J]. 水利学报, 1997(8): 15-21.

[201] 王劲峰, 李连发, 葛咏, 等. 地理信息空间分析的理论体系探讨[J]. 地理学报, 2000, 55(1): 92-103.

[202] 付强, 宋艳芬. 基于人工神经网络模型的井灌水稻需水量预测[J]. 东北水利水电, 2002, 20(5): 38-40.

[203] 薛小杰, 惠泱河. 城市水资源承载力及其实证研究[J]. 西北农林科技大学学报（自然科学版）, 2000, 28(6): 135-139.

[204] 秦蓓蕾, 王文圣, 丁晶. 偏最小二乘回归模型在水文相关分析中的应用[J]. 四川大学学报（工程科学版）, 2003, 35(4): 115-118.

[205] 辜寄蓉, 范晓, 杨俊义, 等. 九寨沟水资源灰色系统预测模型[J]. 成都理工大学学报（自然科学版）, 2003, 30(2): 192-197.

[206] 缴锡云, 雷志栋, 杨诗秀, 等. 利用 BP 神经网络描述作物-水模型[J]. 河北工程技术高等专科学校学报, 2002(1): 1-5.

[207] 付强. 农业水土资源系统分析与综合评价[M]. 北京: 水利水电出版, 2005.

[208] 李林, 付强. 偏最小二乘回归模型的城市水资源承载能力研究[J]. 水科学进展, 2005, 16(6): 822-825.

[209] 王惠文. 偏最小二乘回归方法及其应用[M]. 北京: 国防工业出版社, 1999.

[210] 付强, 梁川, 杨广林. 基于时间序列分析的井灌水稻需水量预测[J]. 农业系统科学与综合研究, 2002, 18(2): 81-83.

[211] 付强, 潘峰, 金菊良. 基于自激励门限自回归模型的井灌水稻需水量预测[J]. 水利水电技术, 2002, 33(7): 31-34.

[212] 王永成, 韩跃东, 赵小勇. 投影寻踪门限自回归模型在水稻单产变化预测中的应用[J]. 黑龙江水利科技, 2007(2): 12-14.

[213] 赖红兵, 鲁杏. 我国农业现代化发展与农村水利建设关系的研究[J]. 中国农业资源与区划, 2020, 41(2): 66-74.

[214] 王洁, 章恒全. 改进的偏最小二乘法在青海省农业用水预测中的应用[J]. 水资源保护, 2016, 32(4): 55-59.

[215] 孟凡德, 刘贤赵. 烟台市水资源承载力变化的驱动力研究[J]. 鲁东大学学报, 2003, 19(1): 46-50.

[216] 田秀芹. 基于多元线性回归的粮食产量预测[J]. 科技创新与应用, 2017(16): 3-4.

[217] 程逸斐, 曹正伟. 都市农区农民收入结构及影响因素分析[J]. 浙江农业科学, 2020, 61(8): 1649-1652.

[218] 潘勇. 短期负荷预测精度影响因素分析和对策[J]. 农村电气化, 2003(5): 16-17.

[219] 王晓燕, 张建华, 翁訸, 等. 基于我国农村月用电量的预测方法[J]. 科技风, 2020(2): 174-176.

[220] 梅光义, 孙玉军. 国内外森林资源规划与模拟研究综述[J]. 世界林业研究, 2017, 30(1): 49-55.

[221] 李帅. 我国造林面积关联预测分析[J]. 中国林业经济, 2017(6): 85-87.

[222] 杨晓华, 金保明, 金菊良, 等. 门限自回归模型在海洋冰情预测中的应用[J]. 灾害学, 1999(4): 2-7.

[223] 金菊良, 杨晓华, 储开凤, 等. 加速基因算法在海洋环境预报中的应用[J]. 海洋环境科学, 1997(4): 8-13.

[224] 金兴平, 程海云, 杨文发, 等. 长江流域水资源预测技术[J]. 人民长江, 2005(12): 18-20, 55.

[225] 周杰, 刘立波. 基于灰色 BP 神经网络的农业机械总动力预测[J]. 农机化研究, 2016, 38(9): 43-47.